人工
智能

科学与技术丛书

PYTHON MACHINE LEARNING AND PRACTICE

Python
机器学习及实践

梁佩莹◎编著
Liang Peiying

清華大學出版社
北京

内容简介

Python是目前比较热门的编程语言,以简单易学、应用广泛、类库强大而著称,是实现机器学习算法的首选语言。本书以 Python 3.6.5 为编写平台,以帮助读者快速上手、理论与实践相结合为出发点,介绍Python机器学习的相关内容。全书共10章,分别介绍了机器学习的基础知识、近邻法、数据降维、分类算法、回归算法、聚类算法、神经网络、推荐算法、频繁项集、数据预处理。通过本书的学习,读者可了解Python编程及在机器学习中的应用。

本书可作为对Python和机器学习感兴趣的初学者的参考书,也可作为从事Python开发的广大科研人员、学者、工程技术人员的参考书,还可作为高等院校人工智能、计算机等相关专业的教材。

图书在版编目(CIP)数据

Python机器学习及实践/梁佩莹编著. —北京:清华大学出版社,2020.5(2022.1重印)
(人工智能科学与技术丛书)
ISBN 978-7-302-53973-5

Ⅰ. ①P… Ⅱ. ①梁… Ⅲ. ①软件工具－程序设计 Ⅳ. ①TP311.56

中国版本图书馆CIP数据核字(2019)第230610号

责任编辑:刘 星 李 晔
封面设计:李召霞
责任校对:李建庄
责任印制:丛怀宇

出版发行:清华大学出版社
网 址:http://www.tup.com.cn,http://www.wqbook.com
地 址:北京清华大学学研大厦A座 **邮 编**:100084
社 总 机:010-62770175 **邮 购**:010-83470235
投稿与读者服务:010-62776969,c-service@tup.tsinghua.edu.cn
质量反馈:010-62772015,zhiliang@tup.tsinghua.edu.cn
课件下载:http://www.tup.com.cn,010-83470236
印 刷 者:北京富博印刷有限公司
装 订 者:北京市密云县京文制本装订厂
经 销:全国新华书店
开 本:185mm×260mm **印 张**:20.75 **字 数**:503千字
版 次:2020年5月第1版 **印 次**:2022年1月第4次印刷
印 数:4001~5500
定 价:79.00元

产品编号:084936-01

前言

PREFACE

机器学习(Machine Learning,ML)是多领域交叉学科,涉及概率论、统计学、逼近论、凸分析、算法复杂度理论等。机器学习专门研究计算机怎样模拟或实现人类的学习行为,以获取新的知识或技能,重新组织已有的知识结构,使之不断改善自身的性能。

由于Python语言的简洁性、易读性及可扩展性,在国外用Python做科学计算的研究机构日益增多,一些知名大学也采用Python来教授程序设计课程,Python已经成为最受欢迎的程序设计语言之一。

Python在设计上坚持清晰划一的风格,这使得Python成为一门易读、易维护,并且被大量用户欢迎的、用途广泛的语言。

本书将机器学习背后的基本理论与应用实践联系起来,通过这种方式让读者聚焦于如何正确地提出问题、解决问题。书中讲解了如何使用Python的核心元素以及强大的机器学习库,同时还展示了如何正确使用一系列统计模型。不管你是机器学习的初学者,还是想进一步拓展对机器学习领域的认知,本书都是一个重要且不可错失的资源,它能帮助你了解如何使用Python解决机器学习中的关键问题。

之所以学习Python,用Python解决机器问题,是因为Python对于大数据的提取、分析完全是没有压力的,这也与其自身的特点有关。

本书共10章,从各方面介绍了机器学习内容,主要包括:

第1章　机器学习的基础知识,主要介绍了机器学习的概念、综合分类、推荐系统和深度学习、Python软件相关介绍等内容。

第2章　Python近邻法,主要介绍了k近邻法三要素、k近邻法、kd树等内容。

第3章　Python数据降维,主要介绍了维度灾难与降维、主成分分析、SVD降维、多维缩放降维等内容。

第4章　Python分类算法,主要介绍了逻辑回归、Softmax回归、因子分解机、支持向量机、随机森林的内容。

第5章　Python回归算法,主要介绍了线性回归、岭回归与Lasso回归的内容。

第6章　Python聚类算法,主要介绍了k-Means算法、Mean Shift聚类算法、DBSCAN聚类的内容。

第7章　Python神经网络,主要介绍了感知机、BP神经网络、径向基神经网络的内容。

第8章　Python推荐算法,主要介绍了协同过滤算法、基于矩阵分解的推荐算法、基于图的推荐算法的内容。

第9章　Python频繁项集,主要介绍了关联分析、Apriori算法、FP-Growth算法的内容。

第10章　Python数据预处理，主要介绍了数据预处理的基本概述、数据清理、处理缺失值、机器模型的内容。

这些算法目前应用非常广泛，效果也不错，是机器学习的入门知识，另外还需要深入理解算法的原理、优劣势等特点以及应用场景，要掌握利用Python解决这些问题的方法，并达到应用自如的程度。

本书特点

- 每个章节都是理论与Python实例相结合进行编写，让读者快速掌握利用Python实现机器学习算法；
- 每章最后通过小结与习题进行章节内容的总结与掌握情况的检测，习题类型有填空题、问答题、编写题，这样可使读者做到学以致用，上手快。
- 本书提供PPT课件、程序代码、习题答案等资料，请扫描下方二维码获取。

配套资料

本书主要由梁佩莹编写，此外参加编写的还有王宇华、吴茂、辛焕平、李晓东、李丹、李炳辉、顾艳春、方清城、邓奋发、周品、赵书兰、杨文茵。

由于时间仓促，加之编者水平有限，书中疏漏之处在所难免。在此，诚恳地希望得到各领域的专家和广大读者的批评指正。

编　者

2020年2月

目录

CONTENTS

第1章 机器学习的基础知识

CHAPTER 1

机器学习(Machine Learning,ML)是多领域交叉学科,涉及概率论、统计学、逼近论、凸分析、算法复杂度理论等。机器学习专门研究计算机怎样模拟或实现人类的学习行为,以获取新的知识或技能,重新组织已有的知识结构,使之不断改善自身的性能。

机器学习能让我们从数据集中受到启发,换句话说,我们会利用计算机来彰显数据背后的真实含义,这才是机器学习的真实含义。它既不是只会模仿的机器人,也不是具有人类感情的仿生人。

1.1 何谓机器学习

除去一些无关紧要的情况,人们很难直接从原始数据本身获得所需信息。例如,对于垃圾邮件的检测,侦测一个单词是否存在并没有太大的作用,然而当某几个特定单词同时出现时,再辅以考查邮件长度及其他因素,就可以更准确地判定该邮件是否为垃圾邮件。简单地说,机器学习就是把无序的数据转换成有用的信息。

机器学习横跨计算机科学、工程技术和统计学等多个学科,需要多学科的专业知识。它也可以作为实际工具应用于从社会科学到自然科学的多个领域,解决其中的很多问题。甚至可以说,机器学习对于任何需要解释并操作数据的领域都有裨益。

机器学习用到了统计学知识。在多数人看来,统计学不过是企业用来炫耀产品功能的一种“诡计”而已。那为什么我们还要利用统计学知识呢?拿工程实践来说,它要利用科学知识来解决具体问题,在该领域中,常会面对那种解法确凿不变的问题。假如要编写自动售货机的控制软件,那最好让它在任何时候都能正确运行,而不必让人们再考虑塞进的钱或按下的按钮。然而,在现实世界中,并不是每个问题都存在确定的解决方案。在很多时候,我们都无法透彻地理解问题,或没有足够的计算资源为问题精确建立模型。例如,我们无法给人类活动的动机建立模型。为了解决这些问题,就需要使用统计学知识。

在社会科学领域,正确率达60%以上的分析被认为是非常成功的。如果能准确地预测人类当下60%的行为,那就很强了。

1.1.1 传感器和海量数据

虽然我们已从互联网上获取了大量的人工数据,但最近涌现了更多的非人工数据。传感器技术并不时髦,但如何将它们接入互联网确实是新的挑战。有预测表明,在不久后,20%的互联网非视频流量都将由物理传感器产生。

地震预测就是一个很好的例子,传感器收集了海量的数据,如何从这些数据中抽取出有价值的信息是一个非常值得研究的课题。1989年,洛马·普列埃塔地震袭击了北加利福尼亚州,63人死亡,3757人受伤,成千上万人无家可归;然而,相同规模的地震在2010年袭击了海地,死亡人数却超过23万。洛马·普列埃塔地震后不久,一份研究报告宣称低频磁场检测可以预测地震,但后续的研究显示,最初的研究并没有考虑诸多环境因素,因而存在着明显的缺陷。如果想要重做这个研究,以便更好地理解我们的星球,寻找预测地震的方法,避免灾难性的后果,那么该如何入手呢?我们可以自己掏钱购买磁力计,然后再买一些地来安放它们,当然也可以寻求政府的帮助。即便如此,我们也无法保证磁力计没有受到任何干扰,另外,我们又该如何获取磁力计的读数呢?这些都不是理想的解决方法。使用移动电话可以低成本地解决这个问题。

现今市面上销售的智能手机均带有三轴磁力计,智能手机还有操作系统,可以运行我们编写的应用软件,十几行代码就可以让手机按照每秒上百次的频率读取磁力计的数据。此外,如果说服人们在智能手机上安装运行磁力计读取软件,就可以记录下大量的磁力计数据,而付出的代价则是非常小的。除了磁力计,智能电话还封装了很多其他传感器,如偏航率陀螺仪、三轴加速计、温度传感器和GPS接收器,这些传感器都可以用于测量研究。

移动计算和传感器产生的海量数据意味着未来我们将面临越来越多的数据,如何从海量数据中抽取到有价值的信息将是一个非常重要的课题。

1.1.2 机器学习的重要性

在过去的半个世纪里,发达国家的多数工作岗位都已从体力劳动转化为脑力劳动。过去的工作基本上都有明确的定义,类似于把物品从A处搬到B处,或者在这里打个洞,但是现在这类工作在逐步消失。现今的情况具有很大的二义性,类似于"最大化利润""最小化风险""找到最好的市场策略"……诸如此类的任务要求都已成为常态。虽然可从互联网上获取到海量数据,但这并没有简化知识工人的工作难度。针对具体任务搞懂所有相关数据的意义所在正成为基本的技能要求。正如谷歌公司的首席经济学家Hal Varian所说的那样:"我不断地告诉大家,未来十年最热门的职业是统计学家。很多人认为我是开玩笑,谁又能想到计算机工程师会是20世纪90年代最诱人的职业呢?如何解释数据、处理数据、从中抽取价值、展示和交流数据结果,在未来十年将是最重要的职业技能,甚至是大学、中学、小学的学生也必须具备的技能,因为我们每时每刻都在接触大量的免费信息,如何理解数据,从中抽取有价值的信息才是其中的关键。这里统计学家只是其中的一个关键环节,我们还需要合理地展示数据,交流和利用数据。我确实认为,能够从数据分析中领悟到有价值信息是非常重要的。职业经理人尤其需要能够合理使用和理解自己部门产生的数据。"

大量的经济活动都依赖于信息,我们不能在海量的数据中迷失,机器学习将有助于我们穿越数据雾霭,从中抽取出有用的信息。

1.1.3 机器学习的表现

机器学习最近的几种应用主要表现以下方面。

1. 学习识别人类的讲话

所有最成功的语音识别系统都使用了某种形式的机器学习技术。例如,Sphinx 系统可学习特定讲话者的语音识别策略,从检测到的语音信号中识别出基本的音素(phoneme)和单词。神经网络学习方法和隐式马尔可夫模型(hidden Markov model)的学习方法在语音识别系统中也非常在效,它们可以让系统自动适应不同的讲话者、词汇、麦克风特性和背景噪声等。类似的技术在很多信号解释课题中都有应用潜力。

2. 学习驾驶车辆

机器学习方法已被应用于训练计算机控制,使其在各种类型的道路上正确行驶。例如 ALVINN 系统(Pomer leau,1988)已经利用它学会的策略独自在高速公路的其他车辆之间奔驰,以 70 英里(1 英里=1.609 千米)的时速共行驶了 90 英里。类似的技术可能在很多基于传感器的控制问题中得到应用。

3. 学习分类新的天文结构

机器学习方法已经被应用于从各种大规模的数据库中发现隐藏的一般规律。例如,决策树学习算法已经被美国国家航空和航天局(NASA)用来分类天体,数据来自第二帕洛马天文台太空调查(Fayyad et al.,1995)。这一系统现在被用于自动分类太空调查中的所有天体,其中包含 3TB 的图像数据。

4. 学习以世界级的水平对弈西洋双陆棋

最成功的博弈类(如西洋双陆棋)计算机程序是基于机器学习算法的。例如,世界最好的西洋双陆棋程序 TD-Gammon(Tesauro 1992,1995)是通过一百万次以上的与自己对弈来学习其策略的。现在它的水平与人类的世界冠军相当。类似的技术被应用于许多实际问题,其中都需要高效地搜索庞大的搜索空间。

1.1.4　机器学习的主要任务

机器学习的任务除了实现如何解决分类问题外,它的主要任务是将实例数据划分到合适的类别中。机器学习的另一项任务是回归,它主要用于预测数值型数据。在机器学习中,根据任务的不同,可以分为监督学习(Supervised Learning)、无监督学习(Unsupervised Learning)、半监督学习(Semi-Supervised Learning)和增强学习(Reinforcement Learning)等。

监督学习的训练数据包含了类别信息,如在垃圾邮件检测中,其训练样本包含了邮件的类别信息:垃圾邮件和非垃圾邮件。在监督学习中,典型的问题是分类(Classification)和回归(Regression),典型的算法有逻辑回归、BP 神经网络算法和线性回归算法。

与监督学习不同的是,无监督学习的训练数据中不包含任何类别信息。在无监督学习中,其典型的问题为聚类(Clustering)问题,代表算法有 k-Means 算法、DBSCAN 算法等。

半监督学习的训练数据中有一部分数据包含类别信息,同时有一部分数据不包含类别信息,是监督学习和无监督学习的融合。在半监督学习中,其算法一般是在监督学习的算法上进行扩展,使之可以对未标注数据建模。

图 1-1 给出了机器学习的主要任务,以及解决相应问题的算法。

监督学习的用途	
k 近邻法	线性回归
朴素贝叶斯算法	局部加权线性回归
支持向量机	岭回归
决策树	Lasso 最小回归系数估计
无监督学习的用途	
k-Means	最大期望算法
DBSCAN	Parzen 窗设计

图 1-1 机器学习算法

1.1.5 选择合适的算法

从图 1-1 中所列的算法中选择实际可用的算法,必须考虑下面两个问题：一是使用机器学习算法的目的,想要算法完成何种任务,例如,是预测明天下雨的概率还是对投票者按照兴趣分组；二是需要分析或收集的数据是什么。

首先考虑使用机器学习算法的目的。如果想要预测目标变量的值,则可以选择监督学习算法,否则可以选择无监督学习算法。确定选择监督学习算法之后,需要进一步确定目标变量类型,如果目标变量是离散型,如是/否、1/2/3、A/B/C 或者红/黄/黑等,则可以选择分类器算法；如果目标变量是连续型的数值,如 0.0～100.00、－99～99 或者－∞～＋∞等,则需要选择回归算法。

如果不想预测目标变量的值,则可以选择无监督学习算法。进一步分析是否需要将数据划分为离散的组。如果这是唯一的需求,则使用聚类算法；如果还需要估计数据与每个分组的相似程度,则需要使用密度估计算法。

在大多数情况下,上面给出的选择方法都能帮助读者选择恰当的机器学习算法,但这也并非一成不变。

其次需要考虑的是数据问题。应该充分了解数据,对实际数据了解得越充分,越容易创建符合实际需求的应用程序。主要应该了解数据的以下特性：特征值是离散型变量还是连续型变量,特征值中是否存在缺失的值,何种原因造成缺失值,数据中是否存在异常值,某个特征发生的频率如何(是否罕见得如同海底捞针),等等。充分了解上面提到的这些数据特性可以缩短选择机器学习算法的时间。

我们只能在一定程度上缩小算法的选择范围,一般并不存在最好的算法或者可以给出最好结果的算法,同时还要尝试不同算法的执行效果。对于所选的每种算法,都可以使用其他的机器学习技术来改进其性能。在处理输入数据之后,两个算法的相对性能也可能会发生变化。本书后续章节将进一步讨论此类问题,一般来说,发现最好算法的关键环节是反复试错的迭代过程。

1.1.6 机器学习程序的步骤

本书学习和使用机器学习算法的开发应用程序,通常遵循以下的步骤。

1. 收集数据

可以使用很多方法收集样本数据,例如制作网络爬虫从网站中抽取数据。从 RSS 反馈或者 API 中得到信息、设备发送过来的实测数据(风速、血糖等)。提取数据的方法非常多，为了节省时间与精力，可以使用公开可用的数据源。

2. 准备输入数据

得到数据后，还必须确保数据格式符合要求，本书采用的格式是 Python 语言的 List。使用这种标准数据格式可以融合算法和数据源，方便进行匹配操作。

此外，还需要为机器学习算法准备特定的数据格式，如某些算法要求特征值使用特定的格式，一些算法要求目标变量和特征值是字符串类型，而另一些算法可能要求是整数类型。与收集数据的格式相比，处理特殊算法要求的格式相对简单得多。

3. 分析输入数据

此步骤主要是人工分析以前得到的数据。为了确保前两步有效，最简单的方法是用文本编辑器打开数据文件，查看得到的数据是否为空值。此外，还可以进一步浏览数据，分析是否可以识别出模式；数据中是否存在明显的异常值，如某些数据点与数据集中的其他值存在明显的差异。通过一维、二维或三维图形展示数据也是不错的方法，然而大多数时候我们得到的数据的特征值都不会低于 3 个，无法一次图形化展开所有特征。

这一步的主要作用是确保数据集中没有垃圾数据。如果是在产品化系统中使用机器学习算法并且算法可以处理系统产生的数据格式，或者我们信任数据来源，那么可以直接跳过第 3 步。此步骤需要人工干预，如果在自动化系统中还需要人工干预，显然就降低了系统的价值。

4. 训练算法

机器学习算法从这一步才真正开始学习。根据算法的不同，第 4 步和第 5 步是机器学习算法的核心。我们将前两步得到的格式化数据输入到算法，从中抽取知识或信息。这里得到的知识需要存储为计算机可以处理的格式，方便后续步骤使用。

如果使用无监督学习算法，由于不存在目标变量值，故不需要训练算法，所有与算法相关的内容都集中在第 5 步。

5. 测试算法

这一步将实际使用第 4 步机器学习得到的知识信息。为了评估算法，必须测试算法工作的效果。对于监督学习，必须已知用于评估算法目标变量值；对于无监督学习，也必须用其他的评测手段来检验算法的成功率。无论哪种情形，如果不满意算法的输出结果，则可以回到第 4 步，改进并加以测试。问题常常会与数据的收集和准备有关，这时就必须跳回第 1 步重新开始。

6. 使用算法

将机器学习算法转换为应用程序，执行实际任务，以检验上述步骤是否可以在实际环境中正常工作。此时如果碰到新的数据问题，同样需要重复执行上述的步骤。

1.2　综合分类

综合考虑各种学习方法出现的历史渊源、知识表示、推理策略、结果评估的相似性、研究人员交流的相对集中性以及应用领域等诸因素，将机器学习方法区分为以下 6 类。

1. 经验性归纳学习

经验性归纳学习(empirical inductive learning)采用一些数据密集的经验方法(如版本空间法、ID3 法,定律发现方法)对例子进行归纳学习。其例子和学习结果一般都采用属性、谓词、关系等符号表示。它相当于基于学习策略分类中的归纳学习,但扣除联接学习、遗传算法、加强学习的部分。

2. 分析学习

分析学习(analytic learning)方法是从一个或少数几个实例出发,运用领域知识进行分析。其主要特征为:

- 推理策略主要是演绎,而非归纳;
- 使用过去的问题求解经验(实例)指导新的问题求解,或产生能更有效地运用领域知识的搜索控制规则。

分析学习的目标是改善系统的性能,而不是新的概念描述。分析学习包括应用解释学习、演绎学习、多级结构组块以及宏操作学习等技术。

3. 类比学习

类比学习(analogy learning)相当于基于学习策略分类中的类比学习。在这一类型的学习中,比较引人注目的研究是通过与过去经历的具体事例作类比来学习,称为基于范例的学习(case-based learning),或简称范例学习。

4. 遗传算法

遗传算法(genetic algorithm)模拟生物繁殖的突变、交换和达尔文的自然选择(在每一生态环境中适者生存)。它把问题可能的解编码为一个向量,称为个体;向量的每一个元素称为基因,并利用目标函数(相应于自然选择标准)对群体(个体的集合)中的每一个个体进行评价,根据评价值(适应度)对个体进行选择、交换、变异等遗传操作,从而得到新的群体。遗传算法适用于非常复杂和困难的环境,例如,带有大量噪声和无关数据、事物不断更新、问题目标不能明显和精确地定义,以及通过很长的执行过程才能确定当前行为的价值等。同神经网络一样,遗传算法的研究已经发展为人工智能的一个独立分支,其代表人物为霍勒德(J. H. Holland)。

5. 联接学习

典型的联接(cassociative)模型实现为人工神经网络,其由称为神经元的一些简单计算单元以及单元间的加权联接组成。

6. 增强学习

增强学习(reinforcement learning)的特点是通过与环境的试探性(trial and error)交互来确定和优化动作的选择,以实现所谓的序列决策任务。在这种任务中,学习机制通过选择并执行动作,导致系统状态的变化,并有可能得到某种强化信号(立即回报),从而实现与环境的交互。强化信号就是对系统行为的一种标量化的奖惩。系统学习的目标是寻找一个合适的动作选择策略,即在任一给定的状态下选择哪种动作的方法,使产生的动作序列可获得某种最优的结果(如累计立即回报最大)。

在综合分类中,经验归纳学习、遗传算法、联接学习和增强学习均属于归纳学习,其中经验归纳学习采用符号表示方式，而遗传算法、联接学习和加强学习则采用亚符号表示方式；分析学习属于演绎学习。

实际上，类比策略可看成是归纳和演绎策略的综合。因而最基本的学习策略只有归纳和演绎。

从学习内容的角度看，采用归纳策略的学习由于是对输入进行归纳，所学习的知识显然超过原有系统知识库所能蕴涵的范围，所学结果改变了系统的知识演绎闭包，因而这种类型的学习又可称为知识级学习；而采用演绎策略的学习尽管所学的知识能提高系统的效率，但仍能被原有系统的知识库所蕴涵，即所学的知识未能改变系统的演绎闭包，因而这种类型的学习又被称为符号级学习。

1.3　推荐系统和深度学习

在机器学习算法中，除了按照上述的分类将算法分成监督学习和无监督学习外，还有其他的一些分类方法，如按照算法的功能，将算法分成分类算法、回归算法、聚类算法和降维算法等。随着机器学习领域的不断发展，出现了很多新的研究方向，推荐系统(Recommendation System，RS)和深度学习是近年来研究较多的方向。

1.3.1　推荐系统

随着信息量的急剧扩大，信息过载的问题变得尤为突出，当用户无明确的信息需求时，用户无法从大量的信息中获取到感兴趣的信息，同时，信息量的急剧上升也导致了大量的信息被埋没，无法触及一些潜在用户。推荐系统的出现被称为连接用户与信息的桥梁，一方面帮助用户从海量数据中找到感兴趣的信息；另一方面将有价值的信息传递给潜在用户。

在推荐系统中，推荐算法起着重要的作用，常用的推荐算法主要有：协同过滤算法、基于矩阵分解的推荐算法和基于图的推荐算法。

1.3.2　深度学习

传统的机器学习算法都是利用浅层的结构，这些结构一般包含最多一到两层的非线性特征变换，浅层结构在解决很多简单的问题上效果较为明显，但是在处理一些更为复杂的与自然信号的问题时，就会遇到很多问题。

随着计算机的不断发展，人们尝试使用深层的结构来处理这些更加复杂的问题，但是，同样也遇到了很多的困难，直到2006年，Hinton等人提出了逐层训练的概念，深度学习又一次进入了人们的视野，数据量的不断扩大以及计算机能力的增强，使得深度学习技术成为可能。在深度学习中，常用的几种模型包括：

- 自编码模型，通过堆叠自编码器构建深层网络；
- 卷积神经网络模型，通过卷积层与采样层的不断交替构建深层网络；
- 循环神经网络。

1.4 何为 Python

Python 是一种解释型、面向对象、动态数据类型的高级程序设计语言。它拥有高效的高级数据结构，并且能够用简单而又高效的方式进行面向对象编程。Python 优雅的语法和动态类型，再结合它的解释性，使其在大多数平台的许多领域成为编写脚本或开发应用程序的理想语言。

1.4.1 使用 Python 软件的由来

如果要用计算机做很多工作，最后你会发现有一些任务你更希望用自动化的方式进行处理。例如，想要在大量的文本文件中执行查找/替换，或者以复杂的方式对大量的图片进行重命名和整理。也许你想要编写一个小型的自定义数据库、一个特殊的 GUI 应用程序或一个简单的小游戏。

如果你是一名专业的软件开发者，那么可能必须使用几种 C/C++/Java 类库，并且发现通常编写/编译/测试/重新编译的周期是如此漫长。也许你正在为这些类库编写测试用例，但是发现这是一个让人烦躁的工作。又或者你已经完成了一个可以使用扩展语言的程序，但你并不想为此重新设计并实现一套全新的语言。

那么 Python 正是你所需要的语言。

虽然 Python 易于使用，但它是一门完整的编程语言；与 Shell 脚本或批处理文件相比，它为编写大型程序提供了更多的结构和支持。另一方面，Python 提供了比 C 更多的错误检查，并且作为一门高级语言，它内置支持高级的数据结构类型。Python 内置提供了大量的标准模块，可以将其用作程序的基础，或者作为学习 Python 编程的示例。这些模块提供了诸如文件 I/O、系统调用、Socket 支持，甚至类似 Tk 的用户图形界面(GUI)工具包接口。

Python 让程序更加紧凑和可读。用 Python 编写的程序通常比同样的 C、C++或 Java 程序更短小，这是因为以下几个原因：

- 高级数据结构使你可以在一条语句中表达复杂的操作；
- 语句组使用缩进代替开始和结束大括号来组织；
- 变量或参数无须声明。

Python 是可扩展的，如果你会 C 语言编程，便可以轻易地为解释器添加内置函数或模块，或者为了对性能瓶颈作优化，或者将 Python 程序与只有二进制形式的库(例如某个专业的商业图形库)连接起来。一旦真正掌握了它，你就可以将 Python 解释器集成进某个 C 应用程序，并把它当作那个程序的扩展或命令行语言。

1.4.2 为什么使用 Python

自 20 世纪 90 年代初 Python 语言诞生至今，它已被逐渐广泛应用于系统管理任务的处理和 Web 编程，其标志图如图 1-2 所示。

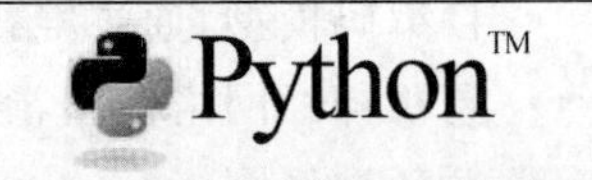

图 1-2 Python 标志

Python 的创始人为 Guido van Rossum，其在设计上

坚持了清晰的风格，这使得 Python 成为一门易读、易维护，并且被大量用户所欢迎的、用途广泛的语言。

Python 是作者有意设计限制性很强的语法，使得不好的编程习惯(例如 if 语句的下一行不向右缩进)都不能通过编译。其中很重要的一项就是 Python 的缩进规则。

一个和其他大多数语言(如 C)的区别就是，一个模块的界限，完全是由每行的首字符在这一行的位置来决定的(而 C 语言是用一对大括号{}来明确的定出模块的边界的，与字符的位置毫无关系)。这一点曾经引起过争议。因为自从 C 这类的语言诞生后，语言的语法含义与字符的排列方式分离开来，曾经被认为是一种程序语言的进步。不过不可否认的是，通过强制程序员们缩进(包括 if、for 和函数定义等所有需要使用模块的地方)，Python 确实使得程序更加清晰和美观。

1.4.3 Python 设计定位

Python 的设计哲学是“优雅”“明确”“简单”。因此，Perl 语言中“总是有多种方法来做同一件事”的理念在 Python 开发者中通常是难以忍受的。Python 开发者的哲学是“用一种方法，最好是只有一种方法来做一件事”。在设计 Python 语言时，如果面临多种选择，Python 开发者一般会拒绝花哨的语法，而选择明确的、没有或者很少有歧义的语法。由于这种设计观念的差异，Python 源代码通常被认为比 Perl 具备更好的可读性，并且能够支撑大规模的软件开发。这些准则被称为 Python 格言。在 Python 解释器内运行 import this 可以获得完整的列表。

(1) Python 开发人员尽量避开不成熟或者不重要的优化。

一些针对非重要部位的加快运行速度的补丁通常不会被合并到 Python 内。所以很多人认为 Python 很慢。不过，根据二八定律，大多数程序对速度要求不高。在某些对运行速度要求很高的情况，Python 设计师倾向于使用 JIT 技术，或者用使用 C/C++语言改写这部分程序。

(2) Python 是完全面向对象的语言。

函数、模块、数字、字符串都是对象，并且完全支持继承、重载、派生、多继承，有益于增强源代码的复用性。Python 支持重载运算符和动态类型。相对于 Lisp 这种传统的函数式编程语言，Python 对函数式设计只提供了有限的支持。

虽然 Python 可能被粗略地分类为“脚本语言”(script language)，但实际上一些大规模软件开发计划也广泛地使用它。Python 的支持者较喜欢称它为一种高级动态编程语言，原因是“脚本语言”泛指仅作简单程序设计任务的语言，如 shellscript、VBScript 等只能处理简单任务的编程语言，它们并不能与 Python 相提并论。

(3) Python 本身被设计为可扩充的。

并非所有的特性和功能都集成到语言核心。Python 提供了丰富的 API 和工具，以便程序员能够轻松地使用 C 语言、C++、Cython 来编写扩充模块。Python 编译器本身也可以被集成到其他需要脚本语言的程序内。因此，很多人还把 Python 作为一种“胶水语言”(glue language)使用。使用 Python 将其他语言编写的程序进行集成和封装。

在 Google 内部的很多项目，例如 Google Engine 使用 C++编写性能要求极高的部分，然后用 Python 或 Java/Go 调用相应的模块。《Python 技术手册》的作者马特利(Alex

Martelli)说:"这很难讲,不过,2004 年,Python 已在 Google 内部使用,Google 招募了许多 Python 高手,但在这之前就已决定使用 Python,他们的目的是在操控硬件的场合使用 C++,在快速开发时候使用 Python。"

1.4.4 Python 的优缺点

Python 是一种语言,其有优点也有缺点,下面进行介绍。

1. Python 的优点

Python 的优点主要表现在以下几个方面。

- 简单:Python 是一种代表简单主义思想的语言。阅读一个良好的 Python 程序就感觉像是在读英语一样。它使你能够专注于解决问题而不是去搞明白语言本身。
- 易学:Python 极容易上手,因为 Python 有极简单的说明文档。
- 速度快:Python 的底层是用 C 语言写的,很多标准库和第三方库也都是用 C 语言写的,运行速度非常快。
- 免费、开源:Python 是 FLOSS(自由/开放源码软件)之一。使用者可以自由地发布这个软件的副本、阅读它的源代码、对它做改动、把它的一部分用于新的自由软件中。FLOSS 是基于一个团体分享知识的概念。
- 高层语言:用 Python 语言编写程序的时候无须考虑诸如如何管理你的程序使用的内存一类的底层细节。
- 可移植性:由于它的开源本质,Python 已经被移植在许多平台上(经过改动使它能够工作在不同平台上)。这些平台包括 Linux、Windows、FreeBSD、Macintosh、Solaris、OS/2、Amiga、AROS、AS/400、BeOS、OS/390、z/OS、Palm OS、QNX、VMS、Psion、Acom RISC OS、VxWorks、PlayStation、Sharp Zaurus、Windows CE、PocketPC、Symbian 以及 Google 基于 Linux 开发的 Android 平台。
- 解释性:一个用编译性语言(例如 C 或 C++)写的程序可以从源文件(即 C 或 C++ 语言)转换到一个计算机使用的语言(二进制代码,即 0 和 1)。这个过程通过编译器和不同的标记、选项完成。

运行程序的时候,连接/转载器软件把程序从硬盘复制到内存中并且运行。而 Python 语言写的程序不需要编译成二进制代码,可以直接从源代码运行程序。

在计算机内部,Python 解释器把源代码转换成称为字节码的中间形式,然后再把它翻译成计算机使用的机器语言并运行。这使得使用 Python 更加简单,也使得 Python 程序更加易于移植。

- 面向对象:Python 既支持面向过程的编程,也支持面向对象的编程。在"面向过程"的语言中,程序是由过程或仅仅是可重用代码的函数构建起来的。在"面向对象"的语言中,程序是由数据和功能组合而成的对象构建起来的。
- 可扩展性:如果需要一段关键代码运行得更快或者希望某些算法不公开,可以用 C 或 C++编写部分程序,然后在 Python 程序中使用它们。
- 可嵌入性:可以把 Python 嵌入 C/C++程序,从而向程序用户提供脚本功能。
- 丰富的库:Python 标准库确实很庞大。它可以处理各种工作,包括正则表达式、文档生成、单元测试、线程、数据库、网页浏览器、CGI、FTP、电子邮件、XML、XML-RPC、HTML、WAV文件、密码系统、GUI(图形用户界面)、Tk以及其他与系统有关的操作。这被称为Python的"功能齐全"理念。除了标准库以外,还有许多其他高质量的库,如wxPython、Twisted和Python图像库等。

- 规范的代码:Python采用强制缩进的方式使得代码具有较好的可读性,而Python语言编写的程序不需要编译成二进制代码。

2. Python的缺点

不管什么软件,都不是完美的,既有优点也会伴随着缺点,主要表现在如下几个方面。

- 单行语句和命令行输出问题:很多时候不能将程序连写成一行,如"import sys;for i in sys.path:print i"。而perl和awk就无此限制,可以较为方便地在shell下完成简单程序,不需要像Python那样,必须将程序写入一个.py文件。
- 独特的语法:这也许不应该被称为局限,但是它用缩进来区分语句关系的方式还是给很多初学者带来了困惑。即便是很有经验的Python程序员,也可能陷入陷阱当中。
- 运行速度慢:这里是指与C和C++相比。

1.4.5 Python的应用

根据Python的发展速度,其目前主要应用在如下几个方面。

- 系统编程:提供API(Application Programming Interface,应用程序编程接口),能方便进行系统维护和管理,它是Linux下的标志性语言之一,是很多系统管理员理想的编程工具。
- 图形处理:有PIL、Tkinter等图形库支持,能方便地进行图形处理。
- 数学处理:NumPy扩展提供大量与许多标准数学库的接口。
- 文本处理:Python提供的re模块能支持正则表达式,还提供SGML、XML分析模块,许多程序员利用Python进行XML程序的开发。
- 数据库编程:程序员可通过遵循Python DB-API(数据库应用程序编程接口)规范的模块与Microsoft SQL Server、Oracle、Sybase、DB2、MySQL、SQLite等数据库通信。Python自带一个Gadfly模块,提供了一个完整的SQL环境。
- 网络编程:提供丰富的模块支持sockets编程,能方便快速地开发分布式应用程序。很多大规模软件开发计划都在广泛地使用它。
- Web编程:应用的开发语言,支持最新的XML技术。
- 多媒体应用:Python的PyOpenGL模块封装了"OpenGL应用程序编程接口",能进行二维和三维图像处理。PyGame模块可用于编写游戏软件。
- Pymo引擎:Pymo全称为python memories off,是一款运行于Symbian S60V3、Symbian、S60V5、Symbian3、Android系统上的AVG游戏引擎。因其基于Python 2.0平台开发,并且适用于创建"秋之回忆"(memories off)风格的AVG游戏,故命名为PYMO。
- 黑客编程:Python有一个hack库,内置了你熟悉的或不熟悉的函数。
- 用Python写简单爬虫:要通过urllib2这个Module获得对应的HTML源码。

1.5 Python 编程第一步

下面尝试来写一个斐波那契数列程序。

```
#Fibonacci series:斐波那契数列
#两个元素的总和确定了下一个数
a, b = 0, 1
while b < 10:
    print(b)
    a, b = b, a + b
```

以上代码中,a, b = b, a+b 的计算方式为先计算右边表达式,然后同时赋值给左边,等价于:

```
n = b
m = a + b
a = n
b = m
```

执行以上程序,输出结果为:

```
1
1
2
3
5
8
```

这个例子介绍了几个新特点。

第一行包含了一个复合赋值:变量 a 和 b 同时得到新值 0 和 1。最后一行再次使用了同样的方法,可以看到,右边的表达式会在赋值变动之前执行。右边表达式的执行顺序是从左往右的。

1. 输出变量值

通过以下代码可输出变量的值:

```
>>> i = 250 * 250
>>> print('i 的值为:', i)
```

运行程序,输出如下:

```
i 的值为: 62500
```

2. end 关键字

关键字 end 可以用于将结果输出到同一行,或者在输出的末尾添加不同的字符,实例如下:

```
#Fibonacci series:斐波那契数列
#两个元素的总和确定了下一个数
a, b = 0, 1
while b < 1000:
```

```
    print(b, end = ',')
    a, b = b, a + b
```

运行程序,输出如下:

```
1,1,2,3,5,8,13,21,34,55,89,144,233,377,610,987,
```

1.6 NumPy 函数库基础

机器学习算法涉及很多线性代数知识,因此本书在使用 Python 语言构造机器学习应用时,会经常使用 NumPy 函数库。如果不熟悉线性代数也不用着急,这里用到线性代数只是为了简化不同的数据点上执行的相同数学运算。将数据表示为矩阵形式,只需要执行简单的矩阵运算而不需要复杂的循环操作。在开始学习机器算法之前,必须确保可以正确运行 Python 开发环境,同时正确安装了 NumPy 函数库。NumPy 函数库是 Python 开发环境的一个独立模块,而且大多数 Python 发行版都没有默认安装 NumPy 函数库,因此在安装 Python 之后必须单独安装 NumPy 函数库。

在 Python 中,一旦看到提示符“ >>> ”就意味着已经进入了 Python shell 开发环境。在 Python shell 开发环境中输入下列命令:

```
>>> from numpy import *
```

上述命令将 NumPy 函数库中的所有模块引入当前的命令空间。

然后在 Python shell 开发环境中输入下述命令:

```
>>> random.rand(4,4)
array([[0.40707406, 0.46978497, 0.62091993, 0.05070719],
       [0.71993929, 0.86561149, 0.72962976, 0.96530508],
       [0.14856581, 0.12505465, 0.71472422, 0.77125931],
       [0.49550852, 0.3339932 , 0.89607886, 0.61650265]])
```

上述命令用于构造一个 4×4 的随机数组,因为产生的是随机数组,不同计算机的输出结果可能与上述结果完全不同。

提示:NumPy 矩阵与数组的区别在于,NumPy 函数库中存在两种不同的数据类型(矩阵 matrix 和 array),都可以用于处理行列表示的数字元素。虽然它们看起来很相似,但是在这两个数据类型上执行相同的数学运算可能得到不同的结果,其中 NumPy 函数库中的 matrix 与 MATLAB 中的 matrices 等价。

调用 mat()函数可以将数组转化为矩阵,如:

```
>>> randMat = mat(random.rand(4,4))
```

由于使用随机函数产生矩阵,不同计算机上输出的值可能略有不同:

```
>>> randMat.I
matrix([[7.56732624e-01, -4.21975899e+00,3.66695332e+00,     -3.94609266e+00],
        [5.39860919e-01,5.34691462e+00, -6.05214771e+00,     6.89527758e+00],
        [-1.62123844e+00, -8.47886013e-01,   1.98331432e+00,6.87924006e-01],
        [-1.11523542e-03,   3.72531851e-02,   1.72074468e+00, -2.67223631e+00]])
```

“.I”操作符实现了矩阵求逆的运算，非常简单。没有 NumPy 库，Python 就不能这么容易地算出矩阵的逆运算。下面命令执行存储逆矩阵：

```
invRandMat = randMat.I
```

接着，执行矩阵乘法，得到矩阵与其逆矩阵相乘的结果：

```
>>> randMat * invRandMat
matrix([[ 1.00000000e+00,  0.00000000e+00,  0.00000000e+00,0.00000000e+00],
        [ 5.55111512e-17,  1.00000000e+00, -1.11022302e-16,1.11022302e-16],
        [-5.55111512e-17,  0.00000000e+00,  1.00000000e+00,4.44089210e-16],
        [-1.11022302e-16,  0.00000000e+00,  0.00000000e+00,1.00000000e+00]])
```

结果应该是单位矩阵，除了对角线元素是 1，4×4 矩阵的其他元素应该全是 0。实际输出结果略有不同，矩阵中还留下了许多非常小的元素，这是计算机处理误差产生的结果。输入以下命令，得到误差值：

```
>>> rev = randMat * invRandMat
>>> rev - eye(4)
matrix([[-1.11022302e-16,  0.00000000e+00,  0.00000000e+00,0.00000000e+00],
        [ 5.55111512e-17, -1.11022302e-16, -1.11022302e-16,1.11022302e-16],
        [-5.55111512e-17,  0.00000000e+00,  4.44089210e-16,4.44089210e-16],
        [-1.11022302e-16,  0.00000000e+00,  0.00000000e+00,2.22044605e-16]])
```

函数 eye(4)用于创建 4×4 的单位矩阵。

1.7 Python 迭代器与生成器

1.7.1 迭代器

迭代是 Python 最强大的功能之一，是访问集合元素的一种方式。迭代器是一个可以记住遍历的位置的对象。迭代器对象从集合的第一个元素开始访问，直到所有的元素被访问完结束。迭代器只能往前不会后退。迭代器有两个基本的方法：iter()和 next()。

字符串、列表或元组对象都可用于创建迭代器，如：

```
>>> list=[1,2,3,4]
>>> it = iter(list)    # 创建迭代器对象
>>> print(next(it))   # 输出迭代器的下一个元素
1
>>> print(next(it))
2
```

迭代器对象可以使用常规 for 语句来进行遍历，如下例所示。

【例 1-1】 使用 for 语句来遍历迭代器。

```
list=[1,2,3,4]
it = iter(list)                    # 创建迭代器对象
for x in it:
    print(x, end=" ")
```

运行程序,输出如下:

```
1 2 3 4
```

也可以使用 next()函数对迭代器进行遍历,如下例所示。

【例 1-2】 使用 next()函数遍历迭代器。

```
#!/usr/bin/python3
import sys                              #引入 sys 模块
list=[1,2,3,4]
it = iter(list)                         #创建迭代器对象
while True:
    try:
        print(next(it))
    except StopIteration:
        sys.exit()
```

运行程序,输出如下:

```
1
2
3
4
```

1. 创建一个迭代器

把一个类作为一个迭代器使用需要在类中实现两个方法__iter__()与__next__()。如果你已经了解了面向对象编程,就知道类都有一个构造函数,Python 的构造函数为__init__(),它会在对象初始化的时候执行。__iter__()方法返回一个特殊的迭代器对象,这个迭代器对象实现了__next__()方法并通过 StopIteration 异常标识迭代的完成。__next__() 方法会返回下一个迭代器对象。

【例 1-3】 利用内置函数 iter()创建一个迭代器。

```
#iter(IterableObject)
ita = iter([1, 2, 3])
print(type(ita))
print(next(ita))
print(next(ita))
print(next(ita))
#创建迭代对象
class Container:
    def __init__(self, start = 0, end = 0):
        self.start = start
        self.end = end
    def __iter__(self):
        print("[LOG] I made this iterator!")
        return self
    def __next__(self):
        print("[LOG] Calling __next__ method!")
        if self.start < self.end:
            i = self.start
```

```
                self.start += 1
                return i
            else:
                raise StopIteration()
c = Container(0, 5)
for i in c:
    print(i)
```

运行程序,输出如下:

```
<class 'list_iterator'>
1
2
3
[LOG] I made this iterator!
[LOG] Calling __next__ method!
0
[LOG] Calling __next__ method!
1
[LOG] Calling __next__ method!
2
[LOG] Calling __next__ method!
3
[LOG] Calling __next__ method!
4
[LOG] Calling __next__ method!
```

创建迭代器对象的好处是当序列长度很大时,可以减少内存消耗,因为每次只需要记录一个值。

2. StopIteration

StopIteration 异常用于标识迭代的完成,防止出现无限循环的情况,在__next__()方法中可以设置在完成指定循环次数后触发 StopIteration 异常来结束迭代。

【例 1-4】 利用 StopIteration 实现在 20 次迭代后停止执行。

```
class MyNumbers:
  def __iter__(self):
    self.a = 1
    return self

  def __next__(self):
    if self.a <= 20:
      x = self.a
      self.a += 1
      return x
    else:
      raise StopIteration
myclass = MyNumbers()
myiter = iter(myclass)
for x in myiter:
  print(x)
```

运行程序，输出如下：

```
1
2
3
4
5
6
…
18
19
20
```

1.7.2　生成器

创建 Python 迭代器的过程虽然强大，但是很多时候使用不方便。生成器是一个简单的方式来完成的迭代。简单地说，Python 的生成器是一个返回可以迭代对象的函数。

在一个一般函数中使用 yield 关键字，可以实现一个最简单的生成器，此时这个函数变成一个生成器函数。yield 与 return 返回相同的值，区别在于 return 返回后，函数状态终止，而 yield 会保存当前函数的执行状态，在返回后，函数又回到之前保存的状态继续执行。

生成器函数与一般函数的不同，主要表现在：

- 生成器函数包含一个或者多个 yield；
- 当调用生成器函数时，函数将返回一个对象，但是不会立刻向下执行；
- 像__iter__()和__next__()方法等是自动实现的，所以可以通过 next()方法对对象进行迭代；
- 一旦函数被 yield，函数就会暂停，将控制权返回调用者；
- 局部变量和它们的状态会被保存，直到下一次调用；
- 函数终止的时候，StopIteraion 会被自动抛出。

【例 1-5】　以下实例使用 yield 实现斐波那契数列。

```
#!/usr/bin/python3
import sys
def fibonacci(n):                    #生成器函数—斐波那契
    a, b, counter = 0, 1, 0
    while True:
        if (counter > n):
            return
        yield a
        a, b = b, a + b
        counter += 1
f = fibonacci(10)                    #f 是一个迭代器，由生成器返回生成
while True:
    try:
        print(next(f), end = " ")
    except StopIteration:
        sys.exit()
```

运行程序，输出如下：

```
0 1 1 2 3 5 8 13 21 34 55
```

1.8 多线程

多线程类似于同时执行多个不同程序，多线程运行具有如下优点：

- 使用线程可以把占据长时间的程序中的任务放到后台去处理。
- 用户界面可以更加吸引人，例如用户单击了一个按钮去触发某些事件的处理，可以弹出一个进度条来显示处理的进度。
- 程序的运行速度可能加快。
- 在一些等待的任务实现上如用户输入、文件读写和网络收发数据等，线程就比较有用了。在这种情况下，可以释放一些珍贵的资源（如内存）等。

线程在执行过程中与进程还是有区别的。每个独立的线程都有一个程序运行的入口、顺序执行序列和程序的出口。但是线程不能够独立执行，必须依存在应用程序中，由应用程序提供多个线程执行控制。每个线程都有它自己的一组CPU寄存器，称为线程的上下文，该上下文反映了线程上次运行该线程的CPU寄存器的状态。

指令指针和堆栈指针寄存器是线程上下文中两个最重要的寄存器，线程总是在进程的上下文中运行的，这些地址都用于标志拥有线程的进程地址空间中的内存。

- 线程可以被抢占（中断）。
- 在其他线程正在运行时，线程可以暂时搁置（也称为睡眠）——这就是线程的退让。

线程可以分为内核线程和用户线程：

- 内核线程：由操作系统内核创建和撤销。
- 用户线程：不需要内核支持而在用户程序中实现的线程。

Python3线程中常用的两个模块为：

- _thread。
- threading（推荐使用）。

thread模块已被废弃。用户可以使用threading模块代替它。所以，在Python3中不能再使用thread模块。为了兼容性，Python3将thread重命名为_thread。

1.8.1 学习Python线程

Python中使用线程有两种方式：函数或者用类来包装线程对象。

函数方式：调用_thread模块中的start_new_thread()函数来产生新线程。其语法如下：

```
_thread.start_new_thread(function, args[, kwargs])
```

其中，参数function为线程函数；args为传递给线程函数的参数，它必须是tuple类型；kwargs为可选参数。

【例 1-6】 利用函数_thread 模块实现线程。

```
import _thread
import time
#为线程定义一个函数
def print_time(threadName, delay):
   count = 0
   while count < 5:
      time.sleep(delay)
      count += 1
      print("%s: %s" % (threadName, time.ctime(time.time())))

#创建两个线程
try:
   _thread.start_new_thread(print_time, ("Thread-1", 2,))
   _thread.start_new_thread(print_time, ("Thread-2", 4,))
except:
   print("Error:无法启动线程")
while 1:
   pass
```

运行程序,输出如下:

```
Thread-1: Fri Feb  1 14:01:07 2019
Thread-2: Fri Feb  1 14:01:09 2019
Thread-1: Fri Feb  1 14:01:09 2019
Thread-1: Fri Feb  1 14:01:11 2019
Thread-2: Fri Feb  1 14:01:13 2019
Thread-1: Fri Feb  1 14:01:13 2019
Thread-1: Fri Feb  1 14:01:15 2019
Thread-2: Fri Feb  1 14:01:17 2019
Thread-2: Fri Feb  1 14:01:21 2019
Thread-2: Fri Feb  1 14:01:25 2019
```

1.8.2 线程模块

Python3 通过两个标准库_thread 和 threading 提供对线程的支持。

_thread 提供了低级别的、原始的线程以及一个简单的锁,它相比于 threading 模块的功能还是比较有限的。threading 模块除了包含_thread 模块中的所有方法外,还提供其他方法。

- threading.currentThread():返回当前的线程变量。
- threading.enumerate():返回一个包含正在运行的线程的 list。正在运行指线程启动后、结束前,不包括启动前和终止后的线程。
- threading.activeCount():返回正在运行的线程数量,与 len(threading.enumerate())有相同的结果。

除了使用方法外,线程模块同样提供了 Thread 类来处理线程,Thread 类提供了以下方法。

- run():用来表示线程活动的方法。

- start()：启动线程活动。
- join([time])：等待至线程中止。这阻塞调用线程直至线程的join()方法被调用中止——正常退出或者抛出未处理的异常——或者是可选的超时发生。
- isAlive()：返回线程是否是活动的。
- getName()：返回线程名。
- setName()：设置线程名。

【例 1-7】 通过直接从 threading. Thread 继承创建一个新的子类，并实例化后调用 start()方法启动新线程，即它调用了线程的 run()方法。

```
import threading
import time
exitFlag = 0

class myThread(threading.Thread):
    def __init__(self, threadID, name, counter):
        threading.Thread.__init__(self)
        self.threadID = threadID
        self.name = name
        self.counter = counter
    def run(self):
        print("开始线程:" + self.name)
        print_time(self.name, self.counter, 5)
        print("退出线程:" + self.name)

def print_time(threadName, delay, counter):
    while counter:
        if exitFlag:
            threadName.exit()
        time.sleep(delay)
        print ("%s: %s" % (threadName, time.ctime(time.time())))
        counter -= 1

#创建新线程
thread1 = myThread(1, "Thread-1", 1)
thread2 = myThread(2, "Thread-2", 2)

#开启新线程
thread1.start()
thread2.start()
thread1.join()
thread2.join()
print("退出主线程")
```

运行程序，输出如下：

```
开始线程:Thread-1
开始线程:Thread-2
Thread-1: Fri Feb  1 14:06:21 2019
Thread-1: Fri Feb  1 14:06:22 2019
```

```
Thread-2: Fri Feb  1 14:06:22 2019
Thread-1: Fri Feb  1 14:06:23 2019
Thread-1: Fri Feb  1 14:06:24 2019
Thread-2: Fri Feb  1 14:06:24 2019
Thread-1: Fri Feb  1 14:06:25 2019
退出线程:Thread-1
Thread-2: Fri Feb  1 14:06:26 2019
Thread-2: Fri Feb  1 14:06:28 2019
Thread-2: Fri Feb  1 14:06:30 2019
退出线程:Thread-2
退出主线程
```

1.8.3 线程同步

如果多个线程共同对某个数据修改,则可能出现不可预料的结果,为了保证数据的正确性,需要对多个线程进行同步。使用 Thread 对象的 Lock 和 Rlock 可以实现简单的线程同步,这两个对象都有 acquire 方法和 release 方法,对于那些需要每次只允许一个线程操作的数据,可以将其操作放到 acquire 和 release 方法之间。如下:

多线程的优势在于可以同时运行多个任务(至少感觉起来是这样)。但是当线程需要共享数据时,可能存在数据不同步的问题。考虑这样一种情况:一个列表中所有元素都是 0,线程 set 从后向前把所有元素改成 1,而线程 print 负责从前往后读取列表并打印。那么,可能线程 set 开始改的时候,线程 print 便来打印列表了,输出就成了一半 0、一半 1,这就是数据的不同步。为了避免这种情况,引入了锁的概念。

锁有两种状态:锁定和未锁定。每当一个线程比如 set 要访问共享数据时,必须先获得锁定;如果已经有别的线程例如 print 获得锁定了,那么就让线程 set 暂停,也就是同步阻塞;等到线程 print 访问完毕,释放锁以后,再让线程 set 继续。经过这样的处理,打印列表时要么全部输出 0,要么全部输出 1,不会再出现一半 0、一半 1 的尴尬场面。

【例 1-8】 实现线程同步实例。

```
import threading
import time

class myThread (threading.Thread):
    def __init__(self, threadID, name, counter):
        threading.Thread.__init__(self)
        self.threadID = threadID
        self.name = name
        self.counter = counter
    def run(self):
        print ("开启线程: " + self.name)
        # 获取锁,用于线程同步
        threadLock.acquire()
        print_time(self.name, self.counter, 3)
        # 释放锁,开启下一个线程
        threadLock.release()

def print_time(threadName, delay, counter):
```

```
        while counter:
            time.sleep(delay)
            print(" %s: %s" % (threadName, time.ctime(time.time())))
            counter -= 1

threadLock = threading.Lock()
threads = []
# 创建新线程
thread1 = myThread(1, "Thread-1", 1)
thread2 = myThread(2, "Thread-2", 2)
# 开启新线程
thread1.start()
thread2.start()
# 添加线程到线程列表
threads.append(thread1)
threads.append(thread2)
# 等待所有线程完成
for t in threads:
    t.join()
print("退出主线程")
```

运行程序,输出如下:

```
开启线程: Thread-1
开启线程: Thread-2
Thread-1: Fri Feb  1 14:11:49 2019
Thread-1: Fri Feb  1 14:11:50 2019
Thread-1: Fri Feb  1 14:11:51 2019
Thread-2: Fri Feb  1 14:11:53 2019
Thread-2: Fri Feb  1 14:11:55 2019
Thread-2: Fri Feb  1 14:11:57 2019
退出主线程
```

1.8.4 线程优先级队列(Queue)

Python 的 Queue 模块中提供了同步的、线程安全的队列类,包括 FIFO(先入先出)队列 Queue、LIFO(后入先出)队列 LifoQueue 以及优先级队列 PriorityQueue。这些队列都实现了锁原语,能够在多线程中直接使用,可以使用队列来实现线程间的同步。

Queue 模块中的常用方法如下:

- Queue.qsize()——返回队列的大小。
- Queue.empty()——如果队列为空,则返回 True;反之返回 False。
- Queue.full()——如果队列满了,则返回 True;反之返回 False。Queue.full 与 maxsize 大小对应。
- Queue.get([block[, timeout]])——获取队列,timeout 为等待时间。
- Queue.get_nowait()——相当于 Queue.get(False)。
- Queue.put(item)——写入队列,timeout 为等待时间。
- Queue.put_nowait(item)——相当于 Queue.put(item, False)。

- Queue.task_done()——在完成一项工作之后,Queue.task_done()函数向任务已经完成的队列发送一个信号。
- Queue.join()——实际上意味着等到队列为空时,再执行其他操作。

【例 1-9】 线程优先级队列实例。

```
import queue
import threading
import time

exitFlag = 0
class myThread(threading.Thread):
    def __init__(self, threadID, name, q):
        threading.Thread.__init__(self)
        self.threadID = threadID
        self.name = name
        self.q = q
    def run(self):
        print("开启线程:" + self.name)
        process_data(self.name, self.q)
        print("退出线程:" + self.name)

def process_data(threadName, q):
    while not exitFlag:
        queueLock.acquire()
        if not workQueue.empty():
            data = q.get()
            queueLock.release()
            print("%s processing %s" % (threadName, data))
        else:
            queueLock.release()
        time.sleep(1)

threadList = ["Thread-1", "Thread-2", "Thread-3"]
nameList = ["One", "Two", "Three", "Four", "Five"]
queueLock = threading.Lock()
workQueue = queue.Queue(10)
threads = []
threadID = 1
#创建新线程
for tName in threadList:
    thread = myThread(threadID, tName, workQueue)
    thread.start()
    threads.append(thread)
    threadID += 1
#填充队列
queueLock.acquire()
for word in nameList:
    workQueue.put(word)
queueLock.release()
#等待队列清空
```

```
while not workQueue.empty():
    pass
#通知线程是时候退出
exitFlag = 1
#等待所有线程完成
for t in threads:
    t.join()
print("退出主线程")
```

运行程序,输出如下:

```
开启线程:Thread - 1
开启线程:Thread - 2
开启线程:Thread - 3
Thread - 3 processing One
Thread - 2 processing Two
Thread - 1 processing Three
Thread - 3 processing Four
Thread - 2 processing Five
退出线程:Thread - 1
退出线程:Thread - 3
退出线程:Thread - 2
退出主线程
```

1.9 小结

到目前为止,机器学习算法已经广泛应用于我们的日常生活中。每天需要我们处理的数据在不断增加,能够深入理解数据背后的真实含义,是数据驱动产业的必须具备的基本技能。

学习机器学习算法已成为必要,机器学习的应用前景几乎是无限的。本章节从机器学习的概念、分类、推荐系统和深度学习等几个方面向读者介绍了何为机器学习,并介绍了Python软件。本书是在Python平台上解决机器学习问题。

1.10 习题

1. 机器学习是一门多领域________,涉及________、________、________、________、________等多门学科。

2. 在机器学习中,根据任务的不同,可以分为________、________、________和________。

3. Python是一种________、________、________的高级程序设计语言。

4. 机器学习最近的几种应用主要表现在哪几方面?

5. 机器学习方法区分为哪6类?

6. Python具有哪些优点?

第2章 Python 近邻法

CHAPTER 2

k 近邻法(k-Nearest Neighbor,kNN)是机器学习所有算法中理论最简单、最好理解的算法。它是一种基本的分类与回归方法,它的输入为实例的特征向量,通过计算新数据与训练数据特征值之间的距离,然后选取 k($k\geqslant 1$)个距离最近的邻居进行分类判断(投票法)或者回归。如果 $k=1$,那么新数据被简单地分配给其近邻的类。

对于分类问题:输出为实例的类别。分类时,对于新的实例,根据其 k 个最近邻的训练实例的类别,通过多数表决等方式进行预测。

对于回归问题:输出为实例的值。回归时,对于新的实例,取其 k 个最近邻的训练实例的平均值为预测值。

k 近邻法分类的直观理解:给定一个训练数据集,对于新的输入实例,在训练集中找到与该实例最邻近的 k 个实例。这 k 个实例的多数属于某个类别,则该输入实例就划分为这个类别。

k 近邻法不具有显式的学习过程,它是直接进行预测。实际上它是利用训练数据集对特征向量空间进行划分,并且作为其分类的"模型"。

2.1 k 近邻法的三要素

k 近邻法的三要素:距离、度量和分类决策规则(取均值的决策规则)。

2.1.1 k 值选择

当 $k=1$ 时的 k 近邻法称为最近邻算法。此时将训练集中与 $\vec{x}$ 最近的点的类别作为 $\vec{x}$ 的分类。

k 值的选择会对 k 近邻法的结果产生重大影响。

(1) 如果 k 值较小,则相当于用较小的邻域中的训练实例进行预测,"学习"的近似误差减小。

- 优点:只有与输入实例较近的训练实例才会对预测起作用。
- 缺点:"学习"的估计误差会增大,预测结果会对近邻的实例点非常敏感。如果近邻的训练实例点刚好是噪声,则预测会出错。即 k 值的减小意味着模型整体变复杂,易发生过拟合。

(2) 如果 k 值较大,则相当于用较大的邻域中的训练实例进行预测。

- 优点:减少学习的估计误差。
- 缺点:学习的近似误差会增大。这时输入实例较远的训练实例也会对预测起作用,使预测发生错误,即 k 值增大意味着模型整体变简单。当 $k=N$ 时,无论输入实例是什么,都将它预测为训练实例中最多的类(即预测结果是一个常量)。此时模型过于简单,完全忽略了训练实例中大量有用的信息。

应用中,k 值一般取一个较小的数值。通常采用交叉验证法来选取最优的 k 值,就是比较不同 k 值时的交叉验证平均误差率,选择误差率最小的那个 k 值。例如选择 $k=1,2,\cdots$,对每个 $k=i$ 做若干次交叉验证,计算出平均误差,然后比较、选出误差最小的那个。

2.1.2 距离度量

k 近邻法算法要求数据的所有特征都可以做可比较的量化。如果在数据特征中存在非数值的类型,必须采取手段将其量化为数值。例如,如果样本特征中包含颜色(红、黑、蓝)一项,颜色之间是没有距离可言的,可通过将颜色转换为灰度值来实现距离计算。另外,样本有多个参数,每一个参数都有自己的定义域和取值范围,它们对距离计算的影响也就不一样,如取值较大的影响力会盖过取值较小的参数。为了公平,样本参数必须做一些归一化处理,最简单的方式就是所有特征的数值都采取归一化处理。

特征空间中两个实例点的距离是两个实例点相似程度的反映。k 近邻模型的特征空间一般是 n 维实数向量空间 $\mathbf{R}^n$。k 近邻模型的特征空间的距离一般为欧氏距离,也可以是一般的 L_p 距离:

$$L_p(\vec{x}_i,\vec{x}_j)=\left(\sum_{l=1}^{n}|x_i^{(l)}-x_j^{(l)}|^p\right)^{1/p} *$$

$$\vec{x}_i,\vec{x}_j\in \chi=\mathbf{R}^n$$

$$\vec{x}_i=(x_i^{(1)},x_i^{(2)},\cdots,x_i^{(n)})^{\mathrm{T}}$$

$$\vec{x}_j=(x_i^{(1)},x_i^{(2)},\cdots,x_i^{(n)})^{\mathrm{T}}$$

$$p\geqslant 1$$

- 当 $p=2$ 时,为欧氏距离:$L_2(\vec{x}_i,\vec{x}_j)=\left(\sum_{l=1}^{n}|x_i^{(l)}-x_j^{(l)}|^2\right)^{\frac{1}{2}}$。
- 当 $p=1$ 时,曼哈顿距离:$L_1(\vec{x}_i,\vec{x}_j)=\sum_{l=1}^{n}|x_i^{(l)}-x_j^{(l)}|$。
- 当 $p=\infty$ 时,为各维度距离中的最大值:$L_\infty(\vec{x}_i,\vec{x}_j)=\max_{l}|x_i^{(l)}-x_j^{(l)}|$。

不同的距离度量所确定的最近邻点是不同的。一般情况下,选择欧氏距离作为距离度量,但这只适用于连续变量。在文本分类这种非连续变量情况下,汉明距离可以用来作为度量。通常情况下,如果运用一些特殊的算法来计算度量,那么 k 近邻分类的精度可显著提高,如运用大边缘最近邻法或者近邻成分分析法。

---

* 本书中符号若具有向量属性,为强调其方向性,以上面加"→"的形式表示。

2.1.3 分类决策规则

分类决策通常采用多数表决，也可以基于距离的远近进行加权投票，距离越近的样本权重越大。

多数表决规则等价于经验风险最小化。设分类的损失函数为 0-1 损失函数，分类函数为 $f:\mathbf{R}^n \rightarrow \{c_1, c_2, \cdots, c_K\}$，误分类概率为：$P(Y \neq f(X)) = 1 - P(Y = f(X))$。

给定实例 $\vec{x} \in \chi$，其最近邻的 k 个训练点构成集合 $N_k(\vec{x})$。设涵盖 $N_k(\vec{x})$ 区域的类别为 c_j（这是个待求的未知量，但它肯定是 $c_1, c_2, \cdots, c_K$ 之一），则误分类率为：

$$\frac{1}{k}\sum_{\vec{x}_i \in N_k(\vec{x})} I(y_i \neq c_j) = 1 - \frac{1}{k}\sum_{\vec{x}_i \in N_k(\vec{x})} I(y_i = c_j)$$

误分类率就是训练数据的经验风险。要使误分类率最小，即经验风险最小，就要使得 $\sum_{\vec{x}_i \in N_k(\vec{x})} I(y_i = c_j)$ 最大。即多数表决：

$$c_j = \underset{c_j}{\arg\max} \sum_{\vec{x}_i \in N_k(\vec{x})} I(y_i = c_j)$$

2.2 *k* 近邻法

k 近邻法的分类算法描述步骤如下：

(1) 输入：训练数据集 $T = \{(\vec{x}_1, y_1), (\vec{x}_2, y_2), \cdots, (\vec{x}_N, y_N)\}$，$\vec{x}_i \in \chi \subseteq \mathbf{R}^n$ 为实例的特征向量，$y_i \in Y = \{c_1, c_2, \cdots, c_K\}$ 为实例的类别，$i = 1, 2, \cdots, N$。给定实例特征向量 $\vec{x}$。

(2) 输出：实例 $\vec{x}$ 所属的类别 y。

(3) 其实现步骤为：

- 根据给定的距离度量，在 T 中寻找与 $\vec{x}$ 最近邻的 k 个点。定义涵盖这 k 个点的 $\vec{x}$ 的邻域记作 $N_k(\vec{x})$。
- 从 $N_k(\vec{x})$ 中，根据分类决策规则（如多数表决）决定 $\vec{x}$ 的类别 y：

$$y = \underset{c_j}{\arg\max} \sum_{\vec{x}_i \in N_k(\vec{x})} I(y_i = c_j),\ i = 1, 2, \cdots, N;\ j = 1, 2, \cdots, K$$

其中，I 为指示函数：$I(\text{true}) = 1, I(\text{false}) = 0$。上式中，对于 $y_i, i = 1, 2, \cdots, N$，只考虑 $\vec{x}_i \in N_k(\vec{x})$ 中的样本点。

k 近邻法的学习有一个明显的特点：它没有显式的训练过程。它在训练阶段仅仅将样本保存起来，训练时间开销为零，等到收到测试样本后再进行处理。

2.3 kd 树

2.3.1 什么是 kd 树

实现 k 近邻法算法时，主要考虑的问题是如何在训练样本集中快速 k 近邻搜索。最简单的想法是，使用线性扫描的方式，即计算所有样本点与输入实例的距离，再取 k 个距离最小的点作为 k 近邻点。当训练集很大时，这种方法计算非常耗时。另一种想法是，构建数据索引，即通过构建树对输入空间进行划分，kd 树就是此种实现。

kd 树（k-dimension tree，k 是指特征向量的维数），是一种存储 k 维空间中数据的平衡二叉树型结构，主要用于范围搜索和最近邻搜索。kd 树实质是一种空间划分树，其每个节点对应一个 k 维的点，每个非叶节点相当于一个分割超平面，将其所在区域划分为两个子区域。

kd 树的结构可使得每次在局部空间中搜索目标数据，减少了不必要的数据搜索，从而加快了搜索速度。

2.3.2 如何构建 kd 树

构建 kd 树的过程，是不断地选择垂直于坐标轴（切分轴）的超平面将样本集所在的 k 维空间二分，生成一系列不重叠的 k 维超矩形区域。

1. 选择切分轴

有多种方法可以选择切分轴超平面，如随着树的深度轮流选择各轴、每次选择数值方差最大的轴等。

2. 选择切分点

一般使用中位数作为切分点，可保证切分后得到的左右子树深度差不超过 1，所得二叉树为平衡二叉树。

3. 构建过程

输入数据集 $T=\{x_1,x_2,\cdots,x_N\}$，其中 $x_i=(x_i^{(1)},x_i^{(2)},\cdots,x_i^{(k)})$，具体步骤如下：

(1) 构建根节点，根节点对应于包含 T 的 k 维空间的超矩形区域。选取 $x^{(1)}$ 为切分轴、T 中所有点 $x^{(1)}$ 坐标的中位数为切分点，使用切分点且与垂直于切分轴的超平面，将根节点对应的超矩形区域切分为两个子区域，并对应于其左右子节点。其中，左节点区域各点的 $x^{(1)}$ 坐标不大于切分点，右节点区域各点的 $x^{(1)}$ 坐标大小于切分点，并将切分点保存在根节点。

(2) 对子节点重复以上步骤，即对于深度为 j 的节点 j_i，选择 $x^{(l)}$ 为切分轴、j_i 包含的区域中所有点 $x^{(l)}$ 坐标的中位数为切分点，其中 $l=(j+1)\bmod k$，将 j_i 对应的区域划分为两个子区域，并对应其左右子节点，直至两个子区域没有实例为止。

2.3.3 如何在 kd 树中搜索

利用 kd 树搜索最近邻样本，可省去对大部分数据的搜索，从而减少计算量。当数据随机分布时，搜索最近邻的时间复杂度为 $O(\log N)$，N 为样本集容量，当空间维数接近 N 时，效率迅速下降。

1. 最近邻搜索

给定一个输入实例，首先找到包含输入实例的叶节点。然后从该叶节点出发，依次回退到父节点。不断查找与输入实例最近邻的节点，当不存在距离更小的节点时终止搜索。

输入实例与其最近邻样本点形成的超球体的内部一定没有其他样本点。基于这种性质，最近邻搜索算法如下：

（1）从根节点出发，找到包含输入实例的叶节点，即若输入实例当前维的坐标小于切分点的坐标，移动到左子节点，否则移动到右子节点，直到到达叶节点未知，并将当前叶节点作为“当前最近点”；

（2）递归地向上回退，对每个节点执行以下操作：

- 若该节点保存的实例比“当前最近点”距离输入实例更近，则将该实例作为“当前最近点”；
- “当前最近点”一定存在于该节点一个子节点对应的区域，检查该子节点的兄弟节点对应区域是否有更近的点。即若“当前最近点”与输入实例形成的超球体与“当前最近点”的父节点的分割超平面相交，则“当前最近点”的兄弟节点可能含有更近的点，此时将该兄弟节点作为根节点一样，执行步骤（1）。若不相交，则向上回退。

（3）当回退到根节点时，搜索结束。最后的“当前最近点”，即为输入实例的最近邻点。

2. *k* 近邻搜索

最近邻的搜索算法是首先找到叶节点，再依次向上回退，直至到达根节点。此处的 *k* 近邻的搜索算法与其相反，是从根节点开始依次向下查找，直至到达叶节点。算法实现如下：

（1）首先构建空的最大堆（列表），从根节点出发，计算当前节点与输入实例的距离，若最大堆元素小于 *k* 个，则将距离插入最大堆中；否则比较该距离是否小于堆顶距离值，若小于，则使用该距离替换堆顶元素。

（2）递归的遍历 kd 树中的节点，通过如下方式控制进入分支：

- 若堆中元素小于 *k* 个或该节点中的样本点与输入实例形成的超球体包含堆顶样本点，则进入左右子节点搜索；
- 否则，若输入实例当前维的坐标小于该节点当前维的坐标，则进入左子节点搜索；
- 否则，进入右子节点搜索。

（3）当到达叶节点时，搜索结束。最后最大堆中的 *k* 个节点，即为输入实例的 *k* 近邻点。

2.4 Python 实现 kd 树、*k* 近邻法

以下关于 kd 树与 *k* 近邻法的 Python 实现来自于 stefankoegl，在其代码的基础上，添加了相应的中文注释。

```
# 导入必要的编程包
import random
from copy import deepcopy
from time import time
import numpy as np
from numpy.linalg import norm
from collections import Counter
```

```
#给定数据
Counter([0, 1, 1, 2, 2, 3, 3, 4, 3, 3]).most_common(1)

def partition_sort(arr, k, key = lambda x: x):
    """
    以枢纽(位置 k)为中心将数组划分为两部分, 枢纽左侧的元素不大于枢纽右侧的元素
    :param arr:待划分数组
    :param p:枢纽前部元素个数
    :param key:比较方式
    :return:无
    """
    start, end = 0, len(arr) - 1
    assert 0 <= k <= end
    while True:
        i, j, pivot = start, end, deepcopy(arr[start])
        while i < j:
            #从右向左查找较小元素
            while i < j and key(pivot) <= key(arr[j]):
                j -= 1
            if i == j: break
            arr[i] = arr[j]
            i += 1
            #从左向右查找较大元素
            while i < j and key(arr[i]) <= key(pivot):
                i += 1
            if i == j: break
            arr[j] = arr[i]
            j -= 1
        arr[i] = pivot
        if i == k:
            return
        elif i < k:
            start = i + 1
        else:
            end = i - 1

def max_heapreplace(heap, new_node, key = lambda x: x[1]):
    """
    大根堆替换堆顶元素
    :param heap:大根堆/列表
    :param new_node:新节点
    :return:无
    """
    heap[0] = new_node
    root, child = 0, 1
    end = len(heap) - 1
    while child <= end:
        if child < end and key(heap[child]) < key(heap[child + 1]):
            child += 1
        if key(heap[child]) <= key(new_node):
            break
```

```
        heap[root] = heap[child]
        root, child = child, 2 * child + 1
    heap[root] = new_node

def max_heappush(heap, new_node, key = lambda x: x[1]):
    """
    大根堆插入元素
    :param heap:大根堆/列表
    :param new_node:新节点
    :return:无
    """
    heap.append(new_node)
    pos = len(heap) - 1
    while 0 < pos:
        parent_pos = pos - 1 >> 1
        if key(new_node) <= key(heap[parent_pos]):
            break
        heap[pos] = heap[parent_pos]
        pos = parent_pos
    heap[pos] = new_node

#需要初始化一个 Node 类,表示 kd 树中的一个节点,主要包括节点本身的 data 值,以及其左右子节点
class KDNode(object):
    """kd 树节点"""
    def __init__(self, data = None, label = None, left = None, right = None, axis = None, parent = None):
        """
        构造函数
        :param data:数据
        :param label:数据标签
        :param left:左孩子节点
        :param right:右孩子节点
        :param axis:分割轴
        :param parent:父节点
        """
        self.data = data
        self.label = label
        self.left = left
        self.right = right
        self.axis = axis
        self.parent = parent

class KDTree(object):
    """kd 树"""
    def __init__(self, X, y = None):
        """
        构造函数
        :param X:输入特征集, n_samples * n_features
        :param y:输入标签集, 1 * n_samples
        """
        self.root = None
        self.y_valid = False if y is None else True
```

```
        self.create(X, y)

    def create(self, X, y = None):
        """
        构建kd树
        :param X:输入特征集, n_samples * n_features
        :param y:输入标签集, 1 * n_samples
        :return: KDNode
        """
        def create_(X, axis, parent = None):
            """
            递归生成kd树

            :param X:合并标签后输入集
            :param axis:切分轴
            :param parent:父节点
            :return: KDNode
            """
            n_samples = np.shape(X)[0]
            if n_samples == 0:
                return None
            mid = n_samples >> 1
            partition_sort(X, mid, key = lambda x: x[axis])
            if self.y_valid:
                kd_node = KDNode(X[mid][:-1], X[mid][-1], axis = axis, parent = parent)
            else:
                kd_node = KDNode(X[mid], axis = axis, parent = parent)
            next_axis = (axis + 1) % k_dimensions
            kd_node.left = create_(X[:mid], next_axis, kd_node)
            kd_node.right = create_(X[mid + 1:], next_axis, kd_node)
            return kd_node
        print('building kd-tree...')
        k_dimensions = np.shape(X)[1]
        if y is not None:
            X = np.hstack((np.array(X), np.array([y]).T)).tolist()
        self.root = create_(X, 0)

    def search_knn(self, point, k, dist = None):
        """
        kd树中搜索k个最近邻样本
        :param point:样本点
        :param k:近邻数
        :param dist:度量方式
        :return:
        """

        def search_knn_(kd_node):
            """
            搜索k近邻节点
            :param kd_node: KDNode
            :return: None
```

```
            """
            if kd_node is None:
                return
            data = kd_node.data
            distance = p_dist(data)
            if len(heap) < k:
                # 向大根堆中插入新元素
                max_heappush(heap, (kd_node, distance))
            elif distance < heap[0][1]:
                # 替换大根堆堆顶元素
                max_heapreplace(heap, (kd_node, distance))
            axis = kd_node.axis
            if abs(point[axis] - data[axis]) < heap[0][1] or len(heap) < k:
                # 当前最小超球体与分割超平面相交或堆中元素少于 k 个
                search_knn_(kd_node.left)
                search_knn_(kd_node.right)
            elif point[axis] < data[axis]:
                search_knn_(kd_node.left)
            else:
                search_knn_(kd_node.right)
        if self.root is None:
            raise Exception('kd-tree must be not null.')
        if k < 1:
            raise ValueError("k must be greater than 0.")
        # 默认使用 2 范数度量距离
        if dist is None:
            p_dist = lambda x: norm(np.array(x) - np.array(point))
        else:
            p_dist = lambda x: dist(x, point)
        heap = []
        search_knn_(self.root)
        return sorted(heap, key=lambda x: x[1])

    def search_nn(self, point, dist=None):
        """
        搜索 point 在样本集中的最近邻
        :param point:
        :param dist:
        :return:
        """
        return self.search_knn(point, 1, dist)[0]

    def pre_order(self, root=KDNode()):
        """先序遍历"""
        if root is None:
            return
        elif root.data is None:
            root = self.root
        yield root
        for x in self.pre_order(root.left):
            yield x
```

```
            for x in self.pre_order(root.right):
                yield x

    def lev_order(self, root = KDNode(), queue = None):
        """层次遍历"""
        if root is None:
            return
        elif root.data is None:
            root = self.root
        if queue is None:
            queue = []
        yield root
        if root.left:
            queue.append(root.left)
        if root.right:
            queue.append(root.right)
        if queue:
            for x in self.lev_order(queue.pop(0), queue):
                yield x

    @classmethod
    def height(cls, root):
        """kd 树深度"""
        if root is None:
            return 0
        else:
            return max(cls.height(root.left), cls.height(root.right)) + 1


class KNeighborsClassifier(object):
    """K 近邻分类器"""

    def __init__(self, k, dist = None):
        """构造函数"""
        self.k = k
        self.dist = dist
        self.kd_tree = None

    def fit(self, X, y):
        """建立 kd 树"""
        print('fitting...')
        X = self._data_processing(X)
        self.kd_tree = KDTree(X, y)

    def predict(self, X):
        """预测类别"""
        if self.kd_tree is None:
            raise TypeError('Classifier must be fitted before predict!')
        search_knn = lambda x: self.kd_tree.search_knn(point = x, k = self.k, dist = self.dist)
        y_ptd = []
        X = (X - self.x_min) / (self.x_max - self.x_min)
```

```
        for x in X:
            y = Counter(r[0].label for r in search_knn(x)).most_common(1)[0][0]
            y_ptd.append(y)
        return y_ptd

    def score(self, X, y):
        """预测正确率"""
        y_ptd = self.predict(X)
        correct_nums = len(np.where(np.array(y_ptd) == np.array(y))[0])
        return correct_nums / len(y)

    def _data_processing(self, X):
        """数据归一化"""
        X = np.array(X)
        self.x_min = np.min(X, axis=0)
        self.x_max = np.max(X, axis=0)
        X = (X - self.x_min) / (self.x_max - self.x_min)
        return X

##代码测试
if __name__ == '__main__':
    """测试程序正确性
    使用kd-tree和计算全部距离，比较两种结果是否一致"""
    N = 100000
    X = [[np.random.random() * 100 for _ in range(3)] for _ in range(N)]
    kd_tree = KDTree(X)

    for x in X[:10]:
        res1 = ([list(node[0].data) for node in kd_tree.search_knn(x, 20)])
        distances = norm(np.array(X) - np.array(x), axis=1)
        res2 = ([list(X[i]) for _, i in sorted(zip(distances, range(N)))[:20]])
        if all(x in res2 for x in res1):
            print('correct ^_^^_^')
        else:
            print('error >_<>_<')
    print('\n')

    """10万个样本集中查找10个实例的最近邻"""
    n = 10
    indices = random.sample(range(N), n)
    #1. kd-tree搜索，0.19251227378845215s
    tm = time()
    for i, index in enumerate(indices):
        kd_tree.search_nn(X[index])
    print('kd-tree search: {}s'.format(time() - tm))

    #2. numpy计算全部样本与新实例的距离，0.5163719654083252s
    tm = time()
    for i, index in enumerate(indices):
        min(norm(X - np.array(X[index]), axis=0))
    print('numpy search: {}s'.format(time() - tm))
```

```
    #3. python循环计算距离, 7.144993782043457s
    tm = time()
    for i, index in enumerate(indices):
        min([norm(np.array(X[index]) - np.array(x)) for x in X])
    print('python search: {}s'.format(time() - tm))
    print()

if __name__ == '__main__':
    """模型测试"""
    X, y = [], []
    with open(r"knn_dataset.txt") as f:
        for line in f:
            tmp = line.strip().split('\t')
            X.append(tmp[:-1])
            y.append(tmp[-1])
    X = np.array(X, dtype=np.float64)
    y = np.array(y, dtype=np.float64)

    """训练误差"""
    knc = KNeighborsClassifier(10)
    knc.fit(X, y)
    print(knc.score(X, y))  #0.963
    print()

    """测试误差"""
    X_train, X_test = X[:980], X[-20:]
    y_train, y_test = y[:980], y[-20:]
    knc = KNeighborsClassifier(10)
    knc.fit(X_train, y_train)
    print(knc.score(X_test, y_test))  #1.0
```

运行程序,输出如下:

```
building kd-tree...
correct ^_^^_^
correct ^_^^_^
correct ^_^^_^
correct ^_^^_^
correct ^_^^_^
correct ^_^^_^
correct ^_^^_^
correct ^_^^_^
correct ^_^^_^
correct ^_^^_^

kd-tree search: 0.24733781814575195s
numpy search: 0.5934069156646729s
python search: 7.5303590297698975s

fitting...
```

```
building kd-tree...
0.963

fitting...
building kd-tree...
1.0
```

2.5 小结

k 近邻法是一种很基本的机器学习方法，在日常的生活中也会经常应用。本章从 k 近邻法的三要素、k 近邻法的分类算法、kd 树这几个方面介绍了近邻法，每节都通过理论与实例相结合进行了介绍，让读者快速掌握利用 Python 解决近邻问题。

2.6 习题

1. k 近邻法的三要素是什么？
2. k 近邻法的特点是什么？
3. 请给出 kd 树的定义。
4. 如果 k 值选择较小时，会有什么影响？
5. 已知标签 labels = ['A', 'B', 'C', 'D']，对应的数据组为([[1.0, 1.1], [2.0, 2.0], [0, 0], [4.1, 5.1]])，利用 k 近邻法对其进行近邻分类。

第 3 章 Python 数据降维

CHAPTER 3

伴随 ICT(通信与信息技术)和互联网技术的不断发展,人们收集和获得数据的能力越来越强。而这些数据已呈现出维数高、规模大和结构复杂等特点。

人们想利用这些大数据(维数大、规模大、复杂大),挖掘其中有意义的知识和内容以指导实际生产和具体应用,数据的降维就显得尤为重要了。数据降维又称为维数约简。顾名思义,就是降低数据的维数。为什么要降低数据的维数?如何有效地降低数据的维数?由此问题引发了广泛的研究和应用。

数据降维,一方面可以解决"维数灾难",缓解"信息丰富、知识贫乏"现状,降低复杂度;另一方面可以更好地认识和理解数据。

截止到目前,数据降维的方法很多。从不同的角度入手可以有着不同的分类,主要分类方法有:根据数据的特性可以划分为线性降维和非线性降维,根据是否考虑和利用数据的监督信息可以划分为无监督降维、有监督降维和半监督降维,根据保持数据的结构可以划分为全局保持降维、局部保持降维和全局与局部保持一致降维等。

总之,数据降维意义重大,数据降维方法众多,很多时候需要根据特定问题选用合适的数据降维方法。数据降维是机器学习领域中非常重要的内容。

3.1 维度灾难与降维

1. 维度灾难

维度灾难(curse of dimensionality)用来描述当(数学)空间维度增加时,分析和组织高维空间(通常有成百上千维),因体积指数增加而遇到各种问题场景。在机器学习中,维度灾难常指以下问题:

在高维情况下,数据样本稀疏。

例如,k 近邻法的讨论中经常涉及维度灾难,是因为 k 近邻法基于一个重要的基本假设:任意样本附近任意小的距离内总能找到一个训练样本,即训练样本的采样密度足够大,也称为"密采样",才能保证分类性能;当特征维度很大时,满足密采样的样本数量会呈指数级增长,大到几乎无法达到。

在高维情况下,涉及距离、内积的计算变得困难。

其实,不仅是 k 近邻,其他机器学习算法几乎都会遇到维度灾难的问题。

2. 降维

缓解维度灾难的一个重要途径就是降维。

1）为什么能够进行降维

这是因为很多时候，数据是高维的，但是与学习任务（分类、回归等）密切相关的仅是某个低维分布，即高维空间中的某个低维难嵌入。因此，很多情况下，高维空间中的样本点，在低维嵌入子空间中更容易学习。

2）线性降维

一般来说，想获得低维子空间，最简单的方法是对原始高维空间进行线性变换：

给定 d 维空间中的样本 $\boldsymbol{X}=(x_1,x_2,\cdots,x_m)\in\mathbf{R}^{d\times m}$，变换之后得到 $d'\leqslant d$ 维空间中的样本

$$\boldsymbol{Z}=\boldsymbol{W}^{\mathrm{T}}\boldsymbol{X}$$

其中，$\boldsymbol{W}\in\mathbf{R}^{d\times d'}$ 是变换矩阵，$\boldsymbol{Z}\in\mathbf{R}^{d'\times m}$ 是样本在新空间中的表达。

变换矩阵 $\boldsymbol{W}$ 可视为 d' 个 d 维基向量，新空间中的属性是原空间属性的线性组合，基于线性变换来进行降维的方法称为线性维方法，都符合上面的式子，主要区别在于对低维子空间的性质有所不同，相当于对 $\boldsymbol{W}$ 施加了不同的约束。

3）降维效果的评估

通常通过比较降维前后学习器性能，若性能有提高，则认为降维起到了作用。针对已经降到二维或者三维的情况，可以利用可视化技术直观地判断降维效果。

3.2 主成分分析

主成分分析(Principal Component Analysis，PCA)是一种最常用的无监督降维方法，通过降维技术把多个变量化为少数几个主成分(综合变量)的统计分析方法。这些主成分能够反映原始变量的绝大部分信息，它们通常表示为原始变量的某种线性组合。

3.2.1 PCA 原理

为了便于维度变换，有如下假设。

- 假设样本数据是 n 维的。
- 假设原始坐标系为：由标准正交基向量$\{\vec{i}_1,\vec{i}_2,\cdots,\vec{i}_n\}$张成的空间，其中$\|\vec{i}_s\|=1$；$\vec{i}_s\cdot\vec{i}_t=0,s\neq t$。
- 假设经过线性变换后的新坐标系为：由标准正交基向量$\{\vec{j}_1,\vec{j}_2,\cdots,\vec{j}_n\}$张成的空间，其中$\|\vec{j}_s\|=1$；$\vec{j}_s\cdot\vec{j}_t=0,s\neq t$。

根据定义，有：

$$\vec{j}_s=(\vec{i}_1,\vec{i}_2,\cdots,\vec{i}_n)\begin{bmatrix}\vec{j}_s\cdot\vec{i}_1\\ \vdots\\ \vec{j}_s\cdot\vec{i}_n\end{bmatrix},s=1,2,\cdots,n$$

记 $\boldsymbol{w}_s=(\vec{j}_s\cdot\vec{i}_1,\vec{j}_s\cdot\vec{i}_2,\cdots,\vec{j}_s\cdot\vec{i}_n)^{\mathrm{T}}$（它是一个列向量，但是为了与基向量做区分，这里没有给出向量的箭头符号），其各分量就是基向量 $\vec{j}_s$ 在原始坐标系 $\{\vec{i}_1,\vec{i}_2,\cdots,\vec{i}_n\}$ 中的投影。即：$\vec{j}_s=(\vec{i}_1,\vec{i}_2,\cdots,\vec{i}_n)\cdot\boldsymbol{w}_s$。根据标准正交基的性质，有：

- $\|\boldsymbol{w}_s\|=1,s=1,2,\cdots,n$；
- $\boldsymbol{w}_s\cdot\boldsymbol{w}_t=0,s\neq t$。

根据定义，有：

$$(\vec{j}_1,\vec{j}_2,\cdots,\vec{j}_n)=(\vec{i}_1,\vec{i}_2,\cdots,\vec{i}_n)(\boldsymbol{w}_1,\boldsymbol{w}_2,\cdots,\boldsymbol{w}_n)$$

令坐标变换矩阵 $\boldsymbol{W}$ 为：

$$\boldsymbol{W}=(\boldsymbol{w}_1,\boldsymbol{w}_2,\cdots,\boldsymbol{w}_n)=\begin{bmatrix}\vec{j}_1\cdot\vec{i}_1 & \vec{j}_2\cdot\vec{i}_1 & \cdots & \vec{j}_n\cdot\vec{i}_1\\ \vec{j}_1\cdot\vec{i}_2 & \vec{j}_2\cdot\vec{i}_2 & \cdots & \vec{j}_n\cdot\vec{i}_2\\ \vdots & \vdots & \ddots & \vdots\\ \vec{j}_1\cdot\vec{i}_n & \vec{j}_2\cdot\vec{i}_n & \cdots & \vec{j}_n\cdot\vec{i}_n\end{bmatrix}$$

则有

$$(\vec{j}_1,\vec{j}_2,\cdots,\vec{j}_n)=(\vec{i}_1,\vec{i}_2,\cdots,\vec{i}_n)\boldsymbol{W}$$

$\boldsymbol{W}$ 的第 s 列就是 $\vec{j}_s$ 在原始坐标系 $\{\vec{i}_1,\vec{i}_2,\cdots,\vec{i}_n\}$ 中的投影，且有 $\boldsymbol{W}=\boldsymbol{W}^{\mathrm{T}}$，$\boldsymbol{W}\boldsymbol{W}^{\mathrm{T}}=\boldsymbol{I}$（即它的逆矩阵就是它的转置）。

假设样本点 $\vec{x}_i$ 在原始坐标系中的表示为：

$$\vec{x}_i=(\vec{i}_1,\vec{i}_2,\cdots,\vec{i}_n)\begin{bmatrix}x_i^{(1)}\\ x_i^{(2)}\\ \vdots\\ x_i^{(n)}\end{bmatrix}$$

令 $\boldsymbol{x}_i=(x_i^{(1)},x_i^{(2)},\cdots,x_i^{(n)})^{\mathrm{T}}$，则 $\vec{x}_i=(\vec{i}_1,\vec{i}_2,\cdots,\vec{i}_n)\boldsymbol{x}_i$。

假设样本点 $\vec{x}_i$ 在新坐标系中的表示为：

$$\vec{x}_i=(\vec{j}_1,\vec{j}_2,\cdots,\vec{j}_n)\begin{bmatrix}z_i^{(1)}\\ z_i^{(2)}\\ \vdots\\ z_i^{(n)}\end{bmatrix}$$

令 $\boldsymbol{z}_i=(z_i^{(1)},z_i^{(2)},\cdots,z_i^{(n)})^{\mathrm{T}}$，则 $\vec{x}_i=(\vec{j}_1,\vec{j}_2,\cdots,\vec{j}_n)\boldsymbol{z}_i$。根据 $\vec{x}_i-\vec{x}_i$，则有：

$$(\vec{j}_1,\vec{j}_2,\cdots,\vec{j}_n)\boldsymbol{z}_i=(\vec{i}_1,\vec{i}_2,\cdots,\vec{i}_n)\boldsymbol{W}\boldsymbol{z}_i=(\vec{i}_1,\vec{i}_2,\cdots,\vec{i}_n)\boldsymbol{x}_i$$

于是有：

$$\boldsymbol{z}_i=\boldsymbol{W}^{-1}\boldsymbol{x}_i=\boldsymbol{W}^{\mathrm{T}}\boldsymbol{x}_i$$

丢弃其中的部分坐标，将维度降低到 $d<n$，则样本点 $\vec{x}_i$ 在低维坐标系中的坐标为$\boldsymbol{z}_i'=(z_i^{(1)},z_i^{(2)},\cdots,z_i^{(n)})^{\mathrm{T}}$。现在的问题是：最好丢弃哪些坐标？想法是：基于降低之后的坐标重构样本时，尽量要与原始样本相近。

如果基于降维后的坐标 $\boldsymbol{z}_i'$ 来重构 $\vec{x}_i$：

$$\hat{\vec{x}}_i=(\vec{j}_1,\vec{j}_2,\cdots,\vec{j}_d)\begin{bmatrix}z_i^{(1)}\\z_i^{(2)}\\\vdots\\z_i^{(d)}\end{bmatrix}=(\vec{i}_1,\vec{i}_2,\cdots,\vec{i}_n)(\boldsymbol{w}_1,\boldsymbol{w}_2,\cdots,\boldsymbol{w}_d)\begin{bmatrix}z_i^{(1)}\\z_i^{(2)}\\\vdots\\z_i^{(d)}\end{bmatrix}$$

$$=(\vec{i}_1,\vec{i}_2,\cdots,\vec{i}_n)(\boldsymbol{w}_1,\boldsymbol{w}_2,\cdots,\boldsymbol{w}_d)\begin{bmatrix}\boldsymbol{w}_1^{\mathrm{T}}\cdot\boldsymbol{x}_i\\\boldsymbol{w}_2^{\mathrm{T}}\cdot\boldsymbol{x}_i\\\vdots\\\boldsymbol{w}_d^{\mathrm{T}}\cdot\boldsymbol{x}_i\end{bmatrix}$$

$$=(\vec{i}_1,\vec{i}_2,\cdots,\vec{i}_n)(\boldsymbol{w}_1,\boldsymbol{w}_2,\cdots,\boldsymbol{w}_d)\begin{bmatrix}\boldsymbol{w}_1^{\mathrm{T}}\\\boldsymbol{w}_2^{\mathrm{T}}\\\vdots\\\boldsymbol{w}_d^{\mathrm{T}}\end{bmatrix}\cdot\boldsymbol{x}_i$$

令 $\boldsymbol{W}_d=(\boldsymbol{w}_1,\boldsymbol{w}_2,\cdots,\boldsymbol{w}_d)$，即它是坐标变换矩阵 $\boldsymbol{W}$ 的前 d 列，则：

$$\hat{\vec{x}}_i=(\vec{i}_1,\vec{i}_2,\cdots,\vec{i}_n)\boldsymbol{W}_d\boldsymbol{W}_d^{\mathrm{T}}\boldsymbol{x}_i$$

考虑整个训练集，原样本点 $\vec{x}_i$ 和基于投影重构的样本点 $\hat{\vec{x}}_i$ 之间的距离为(即所有重构的样本点与原样本点的整体误差)：

$$\sum_{i=1}^{N}\|\hat{\vec{x}}_i-\vec{x}_i\|_2^2=\sum_{i=1}^{N}\|x_i-\boldsymbol{W}_d\boldsymbol{W}_d^{\mathrm{T}}\boldsymbol{x}_i\|_2^2$$

考虑：

$$\boldsymbol{W}_d\boldsymbol{W}_d^{\mathrm{T}}\boldsymbol{x}_i=(\boldsymbol{w}_1,\boldsymbol{w}_2,\cdots,\boldsymbol{w}_d)\begin{bmatrix}\boldsymbol{w}_1^{\mathrm{T}}\\\boldsymbol{w}_2^{\mathrm{T}}\\\vdots\\\boldsymbol{w}_d^{\mathrm{T}}\end{bmatrix}\boldsymbol{x}_i=\sum_{s=1}^{d}\boldsymbol{w}_s(\boldsymbol{w}_s^{\mathrm{T}}\boldsymbol{x}_i)$$

由于 $\boldsymbol{w}_s^{\mathrm{T}}\boldsymbol{x}_i$ 是标量，所以有：

$$\boldsymbol{W}_d\boldsymbol{W}_d^{\mathrm{T}}\boldsymbol{x}_i=\sum_{s=1}^{d}(\boldsymbol{w}_s^{\mathrm{T}}\boldsymbol{x}_i)\boldsymbol{w}_s$$

由于 $\boldsymbol{w}_s^{\mathrm{T}}\boldsymbol{x}_i$ 是标量，所以它的转置等于它本身，所以有：

$$\boldsymbol{W}_d\boldsymbol{W}_d^{\mathrm{T}}\boldsymbol{x}_i=\sum_{s=1}^{d}(\boldsymbol{x}_i^{\mathrm{T}}\boldsymbol{w}_s)\boldsymbol{w}_s$$

于是有：

$$\sum_{i=1}^{N}\|\hat{\vec{x}}_i-\vec{x}_i\|_2^2=\sum_{i=1}^{N}\|\boldsymbol{x}_i-\boldsymbol{W}_d\boldsymbol{W}_d^{\mathrm{T}}\boldsymbol{x}_i\|_2^2=\sum_{i=1}^{N}\|\boldsymbol{x}_i-\sum_{s=1}^{d}(\boldsymbol{x}_i^{\mathrm{T}}\boldsymbol{w}_s)\boldsymbol{w}_s\|_2^2$$

定义矩阵 $\boldsymbol{X}=(\boldsymbol{x}_1,\boldsymbol{x}_2,\cdots,\boldsymbol{x}_N)$，即矩阵 $\boldsymbol{X}$ 的第 i 列就是 $\boldsymbol{x}_i$。即可以证明：

$$\|\boldsymbol{X}^{\mathrm{T}}-\boldsymbol{X}^{\mathrm{T}}\boldsymbol{W}_d\boldsymbol{W}_d^{\mathrm{T}}\|_{\mathrm{F}}^2=\sum_{i=1}^{N}\|x_i-\sum_{s=1}^{d}(\boldsymbol{x}_i^{\mathrm{T}}\boldsymbol{w}_s)\boldsymbol{w}_s\|_2^2$$

其中，$\|\cdot\|_{\mathrm{F}}$ 为矩阵的 Frobenius 范数(简称 F 范数)。接下来的证明过程中，要用到矩阵的 F 范数和矩阵的迹的性质：

(1) 矩阵 $\boldsymbol{A}$ 的 F 范数定义为：$\|\boldsymbol{A}\|_F=\sqrt{\sum_i\sum_j a_{ij}^2}$，即矩阵所有元素的平方和的开方。F 范数的性质有：

- $\|\boldsymbol{A}\|_F=\|\boldsymbol{A}^T\|_F$。
- $\|\boldsymbol{A}\|_F=\mathrm{tr}(\boldsymbol{A}^T\boldsymbol{A})$，tr 为矩阵的迹。

(2) 对于方阵，矩阵的迹定义为：$\mathrm{tr}(\boldsymbol{A})=\sum_i a_{ii}$，即矩阵对角线元素之和。矩阵的迹的性质有：

- $\mathrm{tr}(\boldsymbol{A})=\mathrm{tr}(\boldsymbol{A}^T)$。
- $\mathrm{tr}(\boldsymbol{A}\pm\boldsymbol{B})=\mathrm{tr}(\boldsymbol{A})\pm\mathrm{tr}(\boldsymbol{B})$。
- 如果 $\boldsymbol{A}$ 为 $m\times n$ 阶矩阵，$\boldsymbol{B}$ 为 $n\times m$ 阶矩阵，则 $\mathrm{tr}(\boldsymbol{AB})=\mathrm{tr}(\boldsymbol{BA})$。
- 矩阵的迹等于矩阵的特征值之和：$\mathrm{tr}(\boldsymbol{A})=\lambda_1+\lambda_2+\cdots+\lambda_n$。
- 对任何正整数 k 有：$\mathrm{tr}(\boldsymbol{A}^k)=\lambda_1^k+\lambda_2^k+\cdots+\lambda_n^k$。

要求解最优化问题：

$$\begin{aligned}
\boldsymbol{W}_d^* &= \underset{\boldsymbol{W}_d}{\mathrm{argmin}}\|\hat{\vec{x}}_i-\vec{x}_i\|_2^2\\
&= \underset{\boldsymbol{W}_d}{\mathrm{argmin}}\|\boldsymbol{X}^T-\boldsymbol{X}^T\boldsymbol{W}_d\boldsymbol{W}_d^T\|_F^2\\
&= \underset{\boldsymbol{W}_d}{\mathrm{argmin}}\mathrm{tr}[(\boldsymbol{X}^T-\boldsymbol{X}^T\boldsymbol{W}_d\boldsymbol{W}_d^T)^T(\boldsymbol{X}^T-\boldsymbol{X}^T\boldsymbol{W}_d\boldsymbol{W}_d^T)]\\
&= \underset{\boldsymbol{W}_d}{\mathrm{argmin}}\mathrm{tr}[(\boldsymbol{X}-\boldsymbol{W}_d\boldsymbol{W}_d^T\boldsymbol{X})(\boldsymbol{X}^T-\boldsymbol{X}^T\boldsymbol{W}_d\boldsymbol{W}_d^T)]\\
&= \underset{\boldsymbol{W}_d}{\mathrm{argmin}}\mathrm{tr}[\boldsymbol{XX}^T-\boldsymbol{XX}^T\boldsymbol{W}_d\boldsymbol{W}_d^T-\boldsymbol{W}_d\boldsymbol{W}_d^T\boldsymbol{XX}^T+\boldsymbol{W}_d\boldsymbol{W}_d^T\boldsymbol{XX}^T\boldsymbol{W}_d\boldsymbol{W}_d^T]\\
&= \underset{\boldsymbol{W}_d}{\mathrm{argmin}}\mathrm{tr}[\mathrm{tr}(\boldsymbol{XX}^T)-\mathrm{tr}(\boldsymbol{XX}^T\boldsymbol{W}_d\boldsymbol{W}_d^T)-\mathrm{tr}(\boldsymbol{W}_d\boldsymbol{W}_d^T\boldsymbol{XX}^T)+\mathrm{tr}(\boldsymbol{W}_d\boldsymbol{W}_d^T\boldsymbol{XX}^T\boldsymbol{W}_d\boldsymbol{W}_d^T)]
\end{aligned}$$

因为矩阵及其转置的迹相等，因此 $\mathrm{tr}(\boldsymbol{XX}^T\boldsymbol{W}_d\boldsymbol{W}_d^T)=\mathrm{tr}(\boldsymbol{W}_d\boldsymbol{W}_d^T\boldsymbol{XX}^T)$。由于可以在 $\mathrm{tr}(\cdot)$ 中调整矩阵的顺序，则 $\mathrm{tr}(\boldsymbol{W}_d\boldsymbol{W}_d^T\boldsymbol{XX}^T\boldsymbol{W}_d\boldsymbol{W}_d^T)=\mathrm{tr}(\boldsymbol{XX}^T\boldsymbol{W}_d\boldsymbol{W}_d^T\boldsymbol{W}_d\boldsymbol{W}_d^T)$。

考虑到：

$$\boldsymbol{W}_d\boldsymbol{W}_d^T=\begin{bmatrix}\boldsymbol{w}_1^T\\ \boldsymbol{w}_2^T\\ \vdots\\ \boldsymbol{w}_d^T\end{bmatrix}(\boldsymbol{w}_1,\boldsymbol{w}_2,\cdots,\boldsymbol{w}_d)=\boldsymbol{I}_{d\times d}$$

代入上式有：

$$\mathrm{tr}(\boldsymbol{W}_d\boldsymbol{W}_d^T\boldsymbol{XX}^T\boldsymbol{W}_d\boldsymbol{W}_d^T)=\mathrm{tr}(\boldsymbol{XX}^T\boldsymbol{W}_d\boldsymbol{W}_d^T)$$

于是：

$$\begin{aligned}
\boldsymbol{W}_d^* &= \underset{\boldsymbol{W}_d}{\mathrm{argmin}}[\mathrm{tr}(\boldsymbol{XX}^T)-2\mathrm{tr}(\boldsymbol{XX}^T\boldsymbol{W}_d\boldsymbol{W}_d^T)+\mathrm{tr}(\boldsymbol{XX}^T\boldsymbol{W}_d\boldsymbol{W}_d^T)]\\
&= \underset{\boldsymbol{W}_d}{\mathrm{argmin}}[\mathrm{tr}(\boldsymbol{XX}^T)-\mathrm{tr}(\boldsymbol{XX}^T\boldsymbol{W}_d\boldsymbol{W}_d^T)]
\end{aligned}$$

由于 $\mathrm{tr}(\boldsymbol{XX}^T)$ 与 $\boldsymbol{W}_d$ 无关，因此，

$$\boldsymbol{W}_d^*=\underset{\boldsymbol{W}_d}{\mathrm{argmin}}-\mathrm{tr}(\boldsymbol{XX}^T\boldsymbol{W}_d\boldsymbol{W}_d^T)=\underset{\boldsymbol{W}_d}{\mathrm{argmin}}\mathrm{tr}(\boldsymbol{XX}^T\boldsymbol{W}_d\boldsymbol{W}_d^T)$$

调整矩阵顺序，有：

$$W_d^* = \underset{W_d}{\arg\min}\operatorname{tr}(W_d^{\mathrm{T}} XX^{\mathrm{T}} W_d)$$

该最优化问题的求解就是求解 XX^{T} 的特征值。因此只需要对矩阵 XX^{T}(也称为样本的协方差矩阵,它是一个 n 阶方阵)进行特征值分解,将求得的特征值排序:$\lambda_1 \geqslant \lambda_2 \geqslant \cdots \geqslant \lambda_n$,然后取前 d 个特征值对应的特征向量构成 $W=(w_1, w_2, \cdots, w_d)$。

3.2.2 PCA 算法

下面介绍 PCA 算法。

(1) 输入:样本集 $D=\{\vec{x}_1, \vec{x}_2, \cdots, \vec{x}_N\}$;低维空间维数 d。

(2) 输出:投影矩阵 $W=(\vec{w}_1, \vec{w}_2, \cdots, \vec{w}_d)$。

(3) 算法步骤表现在:

- 对所有样本进行中心化操作

$$\vec{x}_i \leftarrow \vec{x}_i - \frac{1}{N}\sum_{j=1}^{N}\vec{x}_j$$

- 计算样本的协方差矩阵 XX^{T};
- 对协方差矩阵 XX^{T} 做特征值分解;
- 取最大的 d 个特征值对应的特征向量 $\vec{w}_1, \vec{w}_2, \cdots, \vec{w}_d$,构造投影矩阵 $W=(\vec{w}_1, \vec{w}_2, \cdots, \vec{w}_d)$。

通常低维空间维数 d 的选取有两种方法:

- 通过交叉验证法选取较好的 d(在降维后的学习器的性能比较好)。
- 从算法原理的角度设置一个阈值,例如 $t=95\%$,然后选取使得下式成立的最小的 d 的值:

$$\frac{\sum_{i=1}^{d}\lambda_i}{\sum_{i=1}^{n}\lambda_i} \geqslant t$$

其中,λ_i 从大到小排列。

3.2.3 PCA 降维的两个准则

PCA 降维的准则有以下两个:

- 最近重构性——就是前面介绍的样本集中所有点,重构后的点距离原来的点的误差之和最小。
- 最大可分性——样本点在低维空间的投影尽可能分开。

可以证明,最近重构性就等价于最大可分性。证明如下:对于样本点 $\vec{x}_i$,它在降维后空间中的投影是 $\vec{z}_i$。根据:

$$\hat{\vec{x}}_i = (\vec{w}_1, \vec{w}_2, \cdots, \vec{w}_d)\begin{bmatrix} z_i^{(1)} \\ z_i^{(2)} \\ \vdots \\ z_i^{(d)} \end{bmatrix} = W\vec{z}_i$$

由投影矩阵的性质，以及$\hat{\vec{x}}_i$与$\vec{x}_i$的关系，有$\vec{z}_i=\boldsymbol{W}^{\mathrm{T}}\vec{x}_i$。

由于样本数据进行了中心化：即$\sum_i\vec{x}_i=(0,0,\cdots,0)^{\mathrm{T}}$，因此投影后，样本点的方差为：

$$\sum_{i=1}^{N}\boldsymbol{W}^{\mathrm{T}}\vec{x}_i\vec{x}_i^{\mathrm{T}}\boldsymbol{W}$$

令$\boldsymbol{X}=(\vec{x}_1,\vec{x}_2,\cdots,\vec{x}_N)$为$n\times N$维矩阵，于是根据样本点的方差最大，优化目标可为：

$$\max_{\boldsymbol{W}}\operatorname{tr}(\boldsymbol{W}^{\mathrm{T}}\boldsymbol{X}\boldsymbol{X}^{\mathrm{T}}\boldsymbol{W})$$

$$\text{s.t.}\quad \boldsymbol{W}^{\mathrm{T}}\boldsymbol{W}=\boldsymbol{I}$$

这就是前面最后重构性推导的结果。

【例3-1】 通过Python的sklearn库来实现鸢尾花数据进行降维，数据本身是四维的降维后变成二维，可以在平面中画出样本点的分布。样本数据结构如图3-1所示。

萼片长度	萼片宽度	花瓣长度	花瓣宽度	类别
5.1	3.5	1.4	0.2	Iris-setosa
4.9	3	1.4	0.2	Iris-setosa
4.7	3.2	1.3	0.2	Iris-setosa
4.6	3.1	1.5	0.2	Iris-setosa
5	3.6	1.4	0.2	Iris-setosa
5.4	3.9	1.7	0.4	Iris-setosa
4.6	3.4	1.4	0.3	Iris-setosa
5	3.4	1.5	0.2	Iris-setosa
4.4	2.9	1.4	0.2	Iris-setosa
4.9	3.1	1.5	0.1	Iris-setosa
5.4	3.7	1.5	0.2	Iris-setosa
4.8	3.4	1.6	0.2	Iris-setosa
4.8	3	1.4	0.1	Iris-setosa
4.3	3	1.1	0.1	Iris-setosa
5.8	4	1.2	0.2	Iris-setosa

图3-1 鸢尾花数据

其中样本总数为150，鸢尾花的类别有3种，分别标记为0、1、2。

```
import matplotlib.pyplot as plt               #加载matplotlib用于数据的可视化
from sklearn.decomposition import PCA         #加载PCA算法包
from sklearn.datasets import load_iris

data = load_iris()
y = data.target
x = data.data
pca = PCA(n_components = 2)                   #加载PCA算法,设置降维后主成分数目为2
reduced_x = pca.fit_transform(x)              #对样本进行降维

red_x,red_y = [],[]
blue_x,blue_y = [],[]
green_x,green_y = [],[]

for i in range(len(reduced_x)):
    if y[i] == 0:
        red_x.append(reduced_x[i][0])
        red_y.append(reduced_x[i][1])
```

```
    elif y[i] == 1:
        blue_x.append(reduced_x[i][0])
        blue_y.append(reduced_x[i][1])
    else:
        green_x.append(reduced_x[i][0])
        green_y.append(reduced_x[i][1])
#可视化
plt.scatter(red_x,red_y,c = 'r',marker = 'x')
plt.scatter(blue_x,blue_y,c = 'b',marker = 'D')
plt.scatter(green_x,green_y,c = 'g',marker = '.')
plt.show()
```

运行程序,得到如图 3-2 所示的效果。

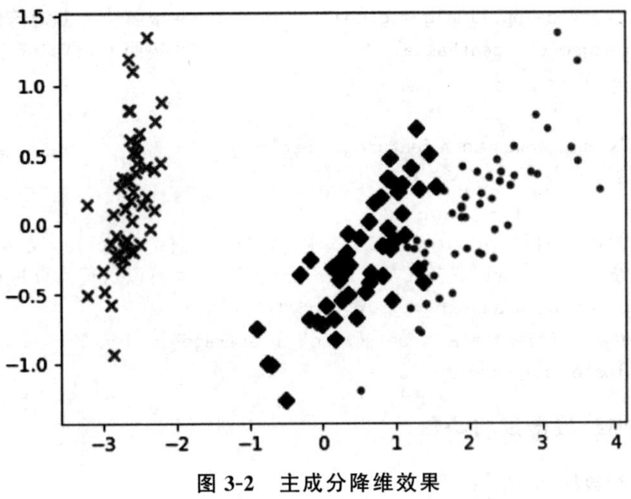

图 3-2 主成分降维效果

【例 3-2】 利用 PCA 对给定的数据 data2.txt 进行降维处理。

其实现步骤为:

(1) 首先引入 numpy,由于测试中用到了 pandas 和 matplotlib,所以这里一并加载。

```
import numpy as np
import pandas as pd
import matplotlib.pyplot as plt
```

(2) 定义一个均值函数。

```
#计算均值,要求输入数据为 numpy 的矩阵格式,行表示样本数,列表示特征
def meanX(dataX):
    return np.mean(dataX,axis = 0) #axis = 0 表示按照列来求均值,如果输入 list,则 axis = 1
```

(3) 编写 pca 方法,具体解释参考注释。

```
"""
参数:
- XMat——传入的是一个 numpy 的矩阵格式,行表示样本数,列表示特征。
- k——表示取前 k 个特征值对应的特征向量。
```

返回值：
- finalData——指的是返回的低维矩阵，对应于输入 reconData。
- reconData——对应的是移动坐标轴后的矩阵。

```
"""
def pca(XMat, k):
    average = meanX(XMat)
    m, n = np.shape(XMat)
    data_adjust = []
    avgs = np.tile(average, (m, 1))
    data_adjust = XMat - avgs
    covX = np.cov(data_adjust.T)                          #计算协方差矩阵
    featValue, featVec = np.linalg.eig(covX)              #求解协方差矩阵的特征值和特征向量
    index = np.argsort( - featValue)                      #按照 featValue 进行从大到小排序
    finalData = []
    if k > n:
        print("k must lower than feature number")
        return
    else:
  #注意特征向量时列向量，而 numpy 的二维矩阵(数组)a[m][n]中，a[1]表示第 1 行值
        selectVec = np.matrix(featVec.T[index[:k]])  #所以这里需要进行转置
        finalData = data_adjust * selectVec.T
        reconData = (finalData * selectVec) + average
    return finalData, reconData
```

(4) 编写一个加载数据集的函数。

```
#输入文件的每行数据都以\t 隔开
def loaddata(datafile):
    return np.array(pd.read_csv(datafile, sep = "\t", header = - 1)).astype(np.float)
```

(5) 可视化结果。将维数 k 指定为 2，所以可以使用下面的函数将其绘制出来：

```
def plotBestFit(data1, data2):
    dataArr1 = np.array(data1)
    dataArr2 = np.array(data2)

    m = np.shape(dataArr1)[0]
    axis_x1 = []
    axis_y1 = []
    axis_x2 = []
    axis_y2 = []
    for i in range(m):
        axis_x1.append(dataArr1[i,0])
        axis_y1.append(dataArr1[i,1])
        axis_x2.append(dataArr2[i,0])
        axis_y2.append(dataArr2[i,1])
    fig = plt.figure()
    ax = fig.add_subplot(111)
    ax.scatter(axis_x1, axis_y1, s = 50, c = 'red', marker = 's')
    ax.scatter(axis_x2, axis_y2, s = 50, c = 'blue')
```

```
    plt.xlabel('x1'); plt.ylabel('x2');
    plt.savefig("outfile.png")
    plt.show()
```

(6) 测试方法。将测试方法写入 main 函数中,然后直接执行 main 函数即可:

```
#根据数据集 data.txt
def main():
    datafile = "data2.txt"
    XMat = loaddata(datafile)
    k = 2
    return pca(XMat, k)
if __name__ == "__main__":
    finalData, reconMat = main()
    plotBestFit(finalData, reconMat)
```

运行程序,效果如图 3-3 所示。

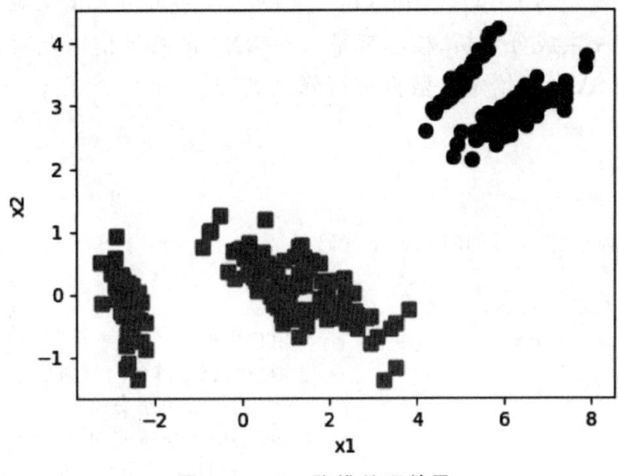

图 3-3　PCA 降维处理效果

3.3　SVD 降维

奇异值分解(SVD):设 $\boldsymbol{X}$ 为 $n\times N$ 阶矩阵,且 $\text{rank}(\boldsymbol{X})=r$,则 n 阶正交矩阵 $\mathbf{V}$ 和 N 阶正交矩阵 $\boldsymbol{U}$,使得:

$$\mathbf{V}^{\mathrm{T}}\boldsymbol{X}\boldsymbol{U}=\begin{bmatrix}\boldsymbol{\Sigma} & 0\\ 0 & 0\end{bmatrix}_{n\times N}$$

其中,

$$\boldsymbol{\Sigma}=\begin{bmatrix}\sigma_1 & 0 & \cdots & 0\\ 0 & \sigma_2 & \cdots & 0\\ \vdots & \vdots & \ddots & \vdots\\ 0 & 0 & \cdots & \sigma_r\end{bmatrix}$$

其中,$\sigma_1\geqslant\sigma_2\geqslant\cdots\geqslant\sigma_r>0$。

根据正交矩阵的性质，$\boldsymbol{VV}^{\mathrm{T}}=\boldsymbol{I}$，$\boldsymbol{UU}^{\mathrm{T}}=\boldsymbol{I}$，有：

$$\boldsymbol{X}=\boldsymbol{V}\begin{bmatrix}\boldsymbol{\Sigma} & 0\\ 0 & 0\end{bmatrix}_{n\times N}\boldsymbol{U}^{\mathrm{T}}\Rightarrow\boldsymbol{X}^{\mathrm{T}}=\boldsymbol{U}\begin{bmatrix}\boldsymbol{\Sigma} & 0\\ 0 & 0\end{bmatrix}_{n\times N}\boldsymbol{V}^{\mathrm{T}}$$

则有 $\boldsymbol{XX}^{\mathrm{T}}=\boldsymbol{VMV}^{\mathrm{T}}$，其中 $\boldsymbol{M}$ 是 n 阶对角矩阵：

$$\boldsymbol{M}=\begin{bmatrix}\boldsymbol{\Sigma} & 0\\ 0 & 0\end{bmatrix}_{n\times N}\begin{bmatrix}\boldsymbol{\Sigma} & 0\\ 0 & 0\end{bmatrix}_{N\times n}=\begin{bmatrix}\lambda_1 & 0 & 0 & \cdots & 0\\ 0 & \lambda_2 & 0 & \cdots & 0\\ \vdots & \vdots & \vdots & \ddots & \vdots\\ 0 & 0 & 0 & \cdots & \lambda_n\end{bmatrix}_{n\times n}$$

$$\lambda_i=\sigma_i^2 \quad i=1,2,\cdots,r$$

$$\lambda_i=0 \quad i=r+1,r+2,\cdots,n$$

于是有：$\boldsymbol{XX}^{\mathrm{T}}\boldsymbol{V}=\boldsymbol{VM}$。根据 $\boldsymbol{M}$ 是对角矩阵的性质，有 $\boldsymbol{VM}=\boldsymbol{MV}$，则有：

$$\boldsymbol{XX}^{\mathrm{T}}\boldsymbol{V}=\boldsymbol{MV}$$

则 $\lambda_i(i=1,2,\cdots,r)$就是 $\boldsymbol{XX}^{\mathrm{T}}$ 的特征值，其对应的特征向量组成正交矩阵 $\boldsymbol{V}$。因此 SVD 奇异值分解等价于 PCA 主成分分析，核心都是求解 $\boldsymbol{XX}^{\mathrm{T}}$ 的特征值以及对应的特征向量。

【例 3-3】 利用 SVD 对给定的数据进行降维处理。

```
import numpy as np
class CSVD(object):
    '''
    实现 SVD 分解降维应用示例的 Python 代码
    '''
    def __init__(self, data):
        self.data = data                    #用户数据
        self.S = []                         #用户数据矩阵的奇异值序列
        self.U = []                         #svd 后的单位正交向量
        self.VT = []                        #svd 后的单位正交向量
        self.k = 0                          #满足 self.p 的最小 k 值(k 表示奇异值的个数)
        self.SD = []                        #对角矩阵,对角线上元素是奇异值
    def _svd(self):
        '''
        用户数据矩阵的 SVD 奇异值分解
        '''
        self.U, self.S, self.VT = np.linalg.svd(self.data)
        return self.U, self.S, self.VT
    def _calc_k(self, percentge):
    '''确定 k 值:前 k 个奇异值的平方和占比 >= percentage, 求满足此条件的最小 k 值
        :param percentage, 奇异值平方和的占比的阈值
        :return 满足阈值 percentage 的最小 k 值
        '''
        self.k = 0
        #用户数据矩阵的奇异值序列的平方和
        total = sum(np.square(self.S))
        svss = 0                            #奇异值平方和
        for i in range(np.shape(self.S)[0]):
            svss += np.square(self.S[i])
            if (svss/total) >= percentge:
```

```
                self.k = i+1
                break
        return self.k

    def _buildSD(self, k):
        '''构建由奇异值组成的对角矩阵
        :param k,根据奇异值开放和的占比阈值计算出来的 k 值
        :return 由 k 个前奇异值组成的对角矩阵
        '''
        #方法 1:用数组乘方法
        self.SD = np.eye(self.k) * self.S[:self.k]
        #方法 2:用自定义方法
        e = np.eye(self.k)
        for i in range(self.k):
            e[i,i] = self.S[i]
        return self.SD

    def DimReduce(self, percentage):
        '''
        SVD 降维
        :param percentage, 奇异值开方和的占比阈值
        :return 降维后的用户数据矩阵
        '''
        #Step1:svd 奇异值分解
        self._svd()
        #Step2:计算 k 值
        self._calc_k(percentage)
        print('\n 按照奇异值开方和占比阈值 percentage = %d, 求得降维的 k = %d' % (percentage,
self.k))
        #Step3:构建由奇异值组成的对角矩阵
        self._buildSD(self.k)
        k,U,SD,VT = self.k,self.U, self.SD, self.VT
      #Step4:按照 svd 分解公式对用户数据矩阵进行降维,得到降维压缩后的数据矩阵
        a = U[:len(U), :k]
        b = np.dot(SD, VT[:k, :len(VT)])
        newData = np.dot(a,b)
        return newData

def CSVD_manual():
    #训练数据集,用户对商品的评分矩阵,行为多个用户对单个商品的评分,列为用户对每个
    #商品的评分
    data = np.array([[5, 5, 0, 5],
                     [5, 0, 3, 4],
                     [3, 4, 0, 3],
                     [0, 0, 5, 3],
                     [5, 4, 4, 5],
                     [5, 4, 5, 5]])
    percentage = 0.9
    svdor = CSVD(data)
    ret = svdor.DimReduce(percentage)
    print('===========================================================')
```

```
    print('原始用户数据矩阵:\n', data)
    print('降维后的数据矩阵:\n', ret)
    print('=========================================================')
if __name__ == '__main__':
    CSVD_manual()
```

运行程序,输出如下:

```
按照奇异值开方和占比阈值 percentage = 0, 求得降维的 k = 2
=========================================================
原始用户数据矩阵:
 [[5 5 0 5]
 [5 0 3 4]
 [3 4 0 3]
 [0 0 5 3]
 [5 4 4 5]
 [5 4 5 5]]
降维后的数据矩阵:
 [[ 5.28849359  5.16272812  0.21491237  4.45908018]
 [ 3.27680994  1.90208543  3.74001972  3.80580978]
 [ 3.53241827  3.54790444 -0.13316888  2.89840405]
 [ 1.14752376 -0.64171368  4.94723586  2.3845504 ]
 [ 5.07268706  3.66399535  3.78868965  5.31300375]
 [ 5.10856595  3.40187905  4.6166049   5.58222363]]
=========================================================
```

3.4 核主成分分析降维

PCA 方法假设从高维空间到低维空间的函数映射是线性的,但是在很多现实任务中,可能需要非线性映射才能找到合适的降维空间来降维。非线性降维的一种常用方法是基于核技巧对线性降维方法进行核化(kernelized)。核主成分分析(Kernelized PCA,KPCA)是对 PCA 的一种推广。

假定原始属性空间中的样本点 $\vec{x}_i$ 通过将 ϕ 映射到高维特征空间的坐标为 $\vec{x}_{i,\phi}$,即 $\vec{x}_{i,\phi}=\phi(\vec{x}_i)$。且假设高维特征空间是 n 维的,即:$\vec{x}_{i,\phi}\in\mathbf{R}^n$。

假定要将高维特征空间中的数据投影到低维空间中,投影矩阵 $\boldsymbol{W}$ 为 $n\times d$ 维矩阵,根据 PCA 推导的结果,要求解方程:

$$\boldsymbol{X}_\phi\boldsymbol{X}_\phi^{\mathrm{T}}\boldsymbol{W}=\lambda\boldsymbol{W}$$

其中,$\boldsymbol{X}_\phi=(\vec{x}_{1,\phi},\vec{x}_{2,\phi},\cdots,\vec{x}_{N,\phi})$ 为 $n\times N$ 维矩阵,于是有:

$$\left(\sum_{i=1}^{N}\phi(\vec{x}_i)\phi(\vec{x}_i)^{\mathrm{T}}\right)\boldsymbol{W}=\lambda\boldsymbol{W}$$

通常并不清楚 ϕ 的解析表达式,于是引入核函数:

$$k(\vec{x}_i,\vec{x}_j)=\phi(\vec{x}_i)^{\mathrm{T}}\phi(\vec{x}_j)$$

定义核矩阵:

$$K=\begin{bmatrix} k(\vec{x}_1,\vec{x}_1) & k(\vec{x}_1,\vec{x}_2) & \cdots & k(\vec{x}_1,\vec{x}_N) \\ k(\vec{x}_2,\vec{x}_1) & k(\vec{x}_2,\vec{x}_2) & \cdots & k(\vec{x}_2,\vec{x}_N) \\ \vdots & \vdots & \ddots & \vdots \\ k(\vec{x}_N,\vec{x}_1) & k(\vec{x}_N,\vec{x}_2) & \cdots & k(\vec{x}_N,\vec{x}_N) \end{bmatrix}$$

则有 $\boldsymbol{X}_\phi^{\mathrm{T}}\boldsymbol{X}_\phi=\boldsymbol{K}$。

定义：

$$\vec{\alpha}_i=\frac{\vec{x}_{i,\phi}^{\mathrm{T}}\boldsymbol{W}}{\lambda}$$

则 $\vec{\alpha}_i$ 为 $1\times d$ 维行向量。

定义：$\boldsymbol{A}=(\vec{\alpha}_1,\vec{\alpha}_2,\cdots,\vec{\alpha}_N)^{\mathrm{T}}$ 为 $N\times d$ 维矩阵，则有：

$$\boldsymbol{W}=\frac{1}{\lambda}\left(\sum_{i=1}^{N}\vec{x}_{i,\phi}\vec{x}_{i,\phi}^{\mathrm{T}}\right)\boldsymbol{W}=\sum_{i=1}^{N}\vec{x}_{i,\phi}\frac{\vec{x}_{i,\phi}^{\mathrm{T}}\boldsymbol{W}}{\lambda}=\sum_{i=1}^{N}\vec{x}_{i,\phi}\vec{\alpha}_i=\boldsymbol{X}_\phi\boldsymbol{A}$$

将 $\boldsymbol{W}=\boldsymbol{X}_\phi\boldsymbol{A}$ 代入

$$\boldsymbol{X}_\phi\boldsymbol{X}_\phi^{\mathrm{T}}\boldsymbol{W}=\lambda\boldsymbol{W}$$

得到：

$$\boldsymbol{X}_\phi\boldsymbol{X}_\phi^{\mathrm{T}}\boldsymbol{X}_\phi\boldsymbol{A}=\lambda\boldsymbol{X}_\phi\boldsymbol{A}$$

两边同时左乘以 $\boldsymbol{X}_\phi^{\mathrm{T}}$，再代入 $\boldsymbol{X}_\phi^{\mathrm{T}}\boldsymbol{X}_\phi=\boldsymbol{K}$，有：

$$\boldsymbol{KKA}=\lambda\boldsymbol{KA}$$

如果要求核矩阵可逆，则上式两边同时左乘以 $\boldsymbol{K}^{-1}$，则有：

$$\boldsymbol{KA}=\lambda\boldsymbol{A}$$

同样该问题也是一个特征值分解问题，取 $\boldsymbol{K}$ 最大的 d 个特征值对应的特征向量组成 $\boldsymbol{W}$ 即可。

对于新样本 $\vec{x}$，其投影后第 $j(j=1,2,\cdots,d)$ 维的坐标为：

$$z_j=\boldsymbol{w}_j^{\mathrm{T}}\boldsymbol{\phi}(\vec{x})=\sum_{i=1}^{N}\alpha_i^{(j)}\boldsymbol{\phi}(\vec{x}_i)^{\mathrm{T}}\boldsymbol{\phi}(\vec{x})=\sum_{i=1}^{N}\alpha_i^{(j)}k(\vec{x}_i,\vec{x})$$

其中，$\alpha_i^{(j)}$ 为行向量 $\vec{\alpha}_i$ 的第 j 个分量。可以看到，为了获取投影后的坐标，KPCA 需要对所有样本求和，因此它的计算开销更大。

【例 3-4】 对数据实现非线性映射降维（KPCA 方法）。

```
import pandas as pd
import numpy as np
import matplotlib.pyplot as plt
from scipy.spatial.distance import pdist,squareform
from scipy import exp
from scipy.linalg import eigh
from sklearn.datasets import make_moons
from sklearn.datasets import make_circles
from sklearn.decomposition import PCA
from matplotlib.ticker import FormatStrFormatter
def rbf_kernel_pca(X,gama,n_components):
    #1:计算样本对欧几里得距离,并生成核矩阵 k(x,y) = exp( - gama * ||x - y||^2),x 和 y 表示
```

```
    #样本,构建一个NXN的核矩阵,矩阵值是样本间的欧氏距离值。计算两两样本间欧几里得距离
    sq_dists = pdist (X, 'sqeuclidean')
    ##距离平方
    mat_sq_dists = squareform(sq_dists)
    ##计算对称核矩阵
    K = exp( - gama * mat_sq_dists)
    #2:聚集核矩阵K' = K - L*K - K*L + L*K*L,其中L是一个n×n的矩阵(和核矩阵K的维数相#同,所有的值都是1/n。聚集核矩阵的必要性是:样本经过标准化处理后,当在生成协方差矩阵#并以非线性特征的组合替代点积时,所有特征的均值为0;但用低维点积计算时并没有精确计#算新的高维特征空间,也无法确定新特征空间的中心在零点
    N = K.shape[0]
    one_n = np.ones((N,N))/N                #N×N单位矩阵
    K = K - one_n.dot(K) - K.dot(one_n) + one_n.dot(K).dot(one_n)
    #3:对聚集后的核矩阵求取特征值和特征向量
    eigvals,eigvecs = eigh(K)

    #4:选择前K个特征值所对应的特征向量,和PCA不同,KPCA得到的K个特征,不是主成分轴,而#是高维映射到低维后的低维特征数量核化过程是低维映射到高维,PCA是降维,经过核化后的#维度已经不是原来的特征空间。核化是低维映射到高维,但并不是在高维空间计算(非线性特#征组合)而是在低维空间计算(点积),做到这点关键是核函数,核函数通过两个向量点积来度#量向量间相似度,能在低维空间内近似计算出高维空间的非线性特征空间
    X_pc = np.column_stack((eigvecs[:, - i] for i in range(1,n_components + 1)))
    return X_pc
###分离半月形数据
##生成二维线性不可分数据
X,y = make_moons(n_samples = 100,random_state = 123)
plt.scatter(X[y == 0,0],X[y == 0,1],color = 'red',marker = '^',alpha = 0.5)
plt.scatter(X[y == 1,0],X[y == 1,1],color = 'blue',marker = 'o',alpha = 0.5)
plt.show()
##PCA降维,映射到主成分,仍不能很好地进行线性分类
sk_pca = PCA(n_components = 2)
X_spca = sk_pca.fit_transform(X)
fig,ax = plt.subplots(nrows = 1,ncols = 2,figsize = (7,3))
ax[0].scatter(X_spca[y == 0,0],X_spca[y == 0,1],color = 'red',marker = '^',alpha = 0.5)
ax[0].scatter(X_spca[y == 1,0],X_spca[y == 1,1],color = 'blue',marker = 'o',alpha = 0.5)
ax[1].scatter(X_spca[y == 0,0],np.zeros((50,1)) + 0.02,color = 'red',marker = '^',alpha = 0.5)
ax[1].scatter(X_spca[y == 1,0],np.zeros((50,1)) - 0.02,color = 'blue',marker = '^',alpha = 0.5)
ax[0].set_xlabel('PC1')
ax[0].set_ylabel('PC2')
ax[1].set_ylim([ - 1,1])
ax[1].set_yticks([])
ax[1].set_xlabel('PC1')
plt.show()
##利用基于RBF核的KPCA来实现线性可分
X_kpca = rbf_kernel_pca(X, gama = 15, n_components = 2)
fig,ax = plt.subplots(nrows = 1,ncols = 2,figsize = (7,3))
ax[0].scatter(X_kpca[y == 0,0],X_kpca[y == 0,1],color = 'red',marker = '^',alpha = 0.5)
ax[0].scatter(X_kpca[y == 1,0],X_kpca[y == 1,1],color = 'blue',marker = 'o',alpha = 0.5)
```

```
ax[1].scatter(X_kpca[y == 0,0],np.zeros((50,1)) + 0.02,color = 'red',marker = '^',alpha = 0.5)
ax[1].scatter(X_kpca[y == 1,0],np.zeros((50,1)) - 0.02,color = 'blue',marker = '^',alpha = 0.5)
ax[0].set_xlabel('PC1')
ax[0].set_ylabel('PC2')
ax[1].set_ylim([ - 1,1])
ax[1].set_yticks([])
ax[1].set_xlabel('PC1')
ax[0].xaxis.set_major_formatter(FormatStrFormatter('%0.1f'))
ax[1].xaxis.set_major_formatter(FormatStrFormatter('%0.1f'))
plt.show()

###分离同心圆
##生成同心圆数据
X,y = make_circles(n_samples = 1000,random_state = 123,noise = 0.1,factor = 0.2)
plt.scatter(X[y == 0,0],X[y == 0,1],color = 'red',marker = '^',alpha = 0.5)
plt.scatter(X[y == 1,0],X[y == 1,1],color = 'blue',marker = 'o',alpha = 0.5)
plt.show()
##标准 PCA 映射
sk_pca  =  PCA(n_components = 2)
X_spca = sk_pca.fit_transform(X)
fig,ax  =  plt.subplots(nrows = 1,ncols = 2,figsize = (7,3))
ax[0].scatter(X_spca[y == 0,0],X_spca[y == 0,1],color = 'red',marker = '^',alpha = 0.5)
ax[0].scatter(X_spca[y == 1,0],X_spca[y == 1,1],color = 'blue',marker = 'o',alpha = 0.5)
ax[1].scatter(X_spca[y == 0,0],np.zeros((500,1)) + 0.02,color = 'red',marker = '^',alpha = 0.5)
ax[1].scatter(X_spca[y == 1,0],np.zeros((500,1)) - 0.02,color = 'blue',marker = '^',alpha = 0.5)
ax[0].set_xlabel('PC1')
ax[0].set_ylabel('PC2')
ax[1].set_ylim([ - 1,1])
ax[1].set_yticks([])
ax[1].set_xlabel('PC1')
plt.show()
##RBF - KPCA 映射
X_kpca = rbf_kernel_pca(X, gama = 15, n_components = 2)
fig,ax  =  plt.subplots(nrows = 1,ncols = 2,figsize = (7,3))
ax[0].scatter(X_kpca[y == 0,0],X_kpca[y == 0,1],color = 'red',marker = '^',alpha = 0.5)
ax[0].scatter(X_kpca[y == 1,0],X_kpca[y == 1,1],color = 'blue',marker = 'o',alpha = 0.5)
ax[1].scatter(X_kpca[y == 0,0],np.zeros((500,1)) + 0.02,color = 'red',marker = '^',alpha = 0.5)
ax[1].scatter(X_kpca[y == 1,0],np.zeros((500,1)) - 0.02,color = 'blue',marker = '^',alpha = 0.5)
ax[0].set_xlabel('PC1')
ax[0].set_ylabel('PC2')
ax[1].set_ylim([ - 1,1])
ax[1].set_yticks([])
ax[1].set_xlabel('PC1')
ax[0].xaxis.set_major_formatter(FormatStrFormatter('%0.1f'))
ax[1].xaxis.set_major_formatter(FormatStrFormatter('%0.1f'))
plt.show()
```

运行程序,效果如图 3-4 所示。

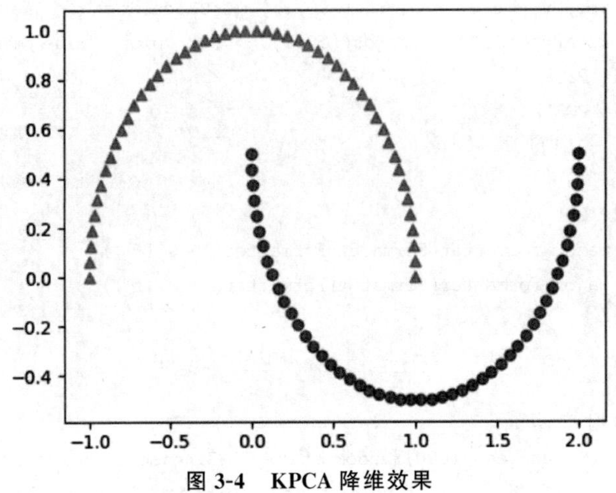

图 3-4 KPCA 降维效果

3.5 流形学习降维

流形学习(Manifold Learning)是一类借鉴了拓扑流形概念的降维方法,被认为属于非线性降维的一个分支。流形学习假设所处理的数据点分布在嵌入于欧氏空间的一个潜在的流形体上,或者说这些数据点可以构成这样一个潜在的流形体。流形学习的方法有很多,并具有一些共同的特征:首先需要构造流形上样本点的局部邻域结构,然后用这些局部邻域结构将样本点全局地映射到一个降维空间。这些方法之间的不同之处主要在于构造的局部邻域结构不同,以及利用这些局部邻域结构来构造全局的低维嵌入方法的不同。

3.6 多维缩放降维

3.6.1 原理

多维缩放(Multiple Dimensional Scaling,MDS)要求原始空间中样本之间的距离在低维空间中得到保持。

假设 N 个样本在原始空间中的距离矩阵为 $\boldsymbol{D}=(d_{i,j})_{N\times N}$:

$$\boldsymbol{D}=\begin{bmatrix} d_{1,1} & d_{1,2} & \cdots & d_{1,N} \\ d_{2,1} & d_{2,2} & \cdots & d_{2,N} \\ \vdots & \vdots & \ddots & \vdots \\ d_{N,1} & d_{N,2} & \cdots & d_{N,N} \end{bmatrix}$$

其中,$d_{i,j}=\|\vec{x}_i-\vec{x}_j\|$ 为样本 $\vec{x}_i$ 到样本 $\vec{x}_j$ 的距离。

假设原始样本是在 n 维空间,我们的目标是在 $n,n'<n$ 维空间里获取样本,欧氏距离保持不变。

假设样本集在原空间的表示 $\boldsymbol{X}=(\vec{x}_1,\vec{x}_2,\cdots,\vec{x}_N)$ 为 $n\times N$ 维矩阵,样本集在降维后空间的坐标 $\boldsymbol{Z}=(\vec{z}_1,\vec{z}_2,\cdots,\vec{z}_N)$ 为 $n'\times N$ 维矩阵。所求的正是 $\boldsymbol{Z}$ 矩阵。

令 $\boldsymbol{B}=\boldsymbol{Z}^{\mathrm{T}}\boldsymbol{Z}$ 为 $N\times N$ 维矩阵，即

$$\boldsymbol{B}=\begin{bmatrix} b_{1,1} & b_{1,2} & \cdots & b_{1,N} \\ b_{2,1} & b_{2,2} & \cdots & b_{2,N} \\ \vdots & \vdots & \ddots & \vdots \\ b_{N,1} & b_{N,2} & \cdots & b_{N,N} \end{bmatrix}$$

其中，$b_{i,j}=\vec{z}_i \cdot \vec{z}_j$ 为降维后样本的内积。

根据降维前后样本的欧氏距离保持不变，有：

$$d_{i,j}^2=\| \vec{z}_i-\vec{z}_j \|^2=\| \vec{z}_i \|^2+\| \vec{z}_j \|^2-2\vec{z}_i^{\mathrm{T}}\vec{z}_j=b_{i,i}+b_{j,j}-2b_{i,j}$$

假设降维后的样本集 $\boldsymbol{Z}$ 被中心化，即 $\sum_{i=1}^{N}\vec{z}_i=\vec{0}$，则矩阵 $\boldsymbol{B}$ 的每行之和均为零，每列之和均为零，即：

$$\sum_{i=1}^{N} b_{i,j}=0,\quad j=1,2,\cdots,N$$

$$\sum_{j=1}^{N} b_{i,j}=0,\quad i=1,2,\cdots,N$$

于是有：

$$\sum_{i=1}^{N} d_{i,j}^2=\sum_{i=1}^{N} b_{i,i}+Nb_{j,j}=\mathrm{tr}(\boldsymbol{B})+Nb_{j,j}$$

$$\sum_{j=1}^{N} d_{i,j}^2=\sum_{j=1}^{N} b_{j,j}+Nb_{i,i}=\mathrm{tr}(\boldsymbol{B})+Nb_{i,i}$$

$$\sum_{i=1}^{N}\sum_{j=1}^{N} d_{i,j}^2=\sum_{i=1}^{N}(\mathrm{tr}(\boldsymbol{B})+Nb_{i,i})=2N\,\mathrm{tr}(\boldsymbol{B})$$

其中，$\mathrm{tr}(B)$表示矩阵 $\boldsymbol{B}$ 的迹。

令

$$d_{i,\cdot}^2=\frac{1}{N}\sum_{i=1}^{N} d_{ij}^2=\frac{\mathrm{tr}(\boldsymbol{B})}{N}+b_{i,i}$$

$$d_{j,\cdot}^2=\frac{1}{N}\sum_{j=1}^{N} d_{ij}^2=\frac{\mathrm{tr}(\boldsymbol{B})}{N}+b_{j,j}$$

$$d_{\cdot,\cdot}^2=\frac{1}{N^2}\sum_{i=1}^{N}\sum_{j=1}^{N} d_{ij}^2=\frac{2\mathrm{tr}(\boldsymbol{B})}{N}$$

代入 $d_{i,j}^2=b_{i,i}+b_{j,j}-2b_{i,j}$，有

$$b_{i,j}=\frac{b_{i,i}+b_{j,j}-d_{i,j}^2}{2}=\frac{d_{i,\cdot}^2+d_{j,\cdot}^2-d_{\cdot,\cdot}^2-d_{i,j}^2}{2}$$

上面右式根据 $d_{i,j}$ 给出了 $b_{i,j}$，因此可以根据原始空间中的距离矩阵 $\boldsymbol{D}$ 求出在降维后空间的内积矩阵 $\boldsymbol{B}$。现在的问题是：已知内积矩阵 $\boldsymbol{B}=\boldsymbol{Z}^{\mathrm{T}}\boldsymbol{Z}$，如何求得矩阵 $\boldsymbol{Z}$。

对矩阵 $\boldsymbol{B}$ 做特征值分解，设 $\boldsymbol{B}=\boldsymbol{V\Lambda V}^{\mathrm{T}}$，其中$\boldsymbol{\Lambda}=\mathrm{diag}(\lambda_1,\lambda_2,\cdots,\lambda_N)$为特征值构成的对角矩阵，其中 $\lambda_1\geqslant\lambda_2\geqslant\cdots\geqslant\lambda_N$，$\boldsymbol{V}$ 为特征向量矩阵。

假定特征中有 n^* 个非零特征值，它们构成对角矩阵$\boldsymbol{\Lambda}_*=\mathrm{diag}(\lambda_1,\lambda_2,\cdots,\lambda_{n^*})$。令 $\boldsymbol{V}_*$ 为对应的特征向量矩阵，则

$$\boldsymbol{Z}=\boldsymbol{\Lambda}_*^{1/2}\boldsymbol{V}_*^{\mathrm{T}}$$

其中,$\boldsymbol{Z}$ 为 $n^* \times N$ 阶矩阵,此时有 $n'=n^*$ 。

在现实应用中,为了有效降维,往往仅需要降维后的距离与原始空间中的距离尽可能相等,而不必严格相等。此时可以取 $n' \ll n^* \leqslant n$ 个最大特征值构成的对角矩阵为:

$$\widetilde{\boldsymbol{\Lambda}}=\mathrm{diag}(\lambda_1,\lambda_2,\cdots,\lambda_{n'})$$

令$\widetilde{\boldsymbol{V}}$ 表示对应的特征向量矩阵,则

$$\boldsymbol{Z}=\widetilde{\boldsymbol{\Lambda}}^{1/2}\boldsymbol{V}^{\mathrm{T}} \in \mathbf{R}^{n' \times N}$$

3.5.2 MDS 算法

多维缩放(MDS)算法如下。

(1) 输入:距离矩阵 $\boldsymbol{D} \in \mathbf{R}^{N \times N}$;低维空间维数 n'。

(2) 输出:样本集在低维空间中的矩阵 $\boldsymbol{Z}$。

(3) 算法步骤为:

- 根据下列式子计算 $d_{i,\cdot}^2$、$d_{j,\cdot}^2$、$d_{\cdot,\cdot}^2$。

$$d_{i,\cdot}^2=\frac{1}{N}\sum_{i=1}^{N}d_{i,j}^2=\frac{\mathrm{tr}(\boldsymbol{B})}{N}+b_{i,i}$$

$$d_{j,\cdot}^2=\frac{1}{N}\sum_{j=1}^{N}d_{i,j}^2=\frac{\mathrm{tr}(\boldsymbol{B})}{N}+b_{j,j}$$

$$d_{\cdot,\cdot}^2=\frac{1}{N^2}\sum_{i=1}^{N}\sum_{j=1}^{N}d_{i,j}^2=\frac{2\mathrm{tr}(\boldsymbol{B})}{N}$$

- 根据正式计算矩阵 $\boldsymbol{B}$:

$$b_{i,j}=\frac{b_{i,i}+b_{j,j}-d_{i,j}^2}{2}=\frac{d_{i,\cdot}^2+d_{j,\cdot}^2-d_{\cdot,\cdot}^2-d_{i,j}^2}{2}$$

- 对矩阵 $\boldsymbol{B}$ 进行特征值分解。
- $\widetilde{\boldsymbol{\Lambda}}$ 为 n' 个最大特征值所构成的对角矩阵,$\widetilde{\boldsymbol{V}}$ 表示对应的特征向量矩阵,则:

$$\boldsymbol{Z}=\widetilde{\boldsymbol{\Lambda}}^{1/2}\boldsymbol{V}^{\mathrm{T}} \in \mathbf{R}^{n' \times N}$$

【例 3-5】 利用 MDS 算法实现数据的降维。

```
"""
    MDS 降维
"""
import numpy as np
import matplotlib.pyplot as plt
from sklearn import   datasets,manifold
def load_data():
    '''
    加载用于降维的数据
    :return: 一个元组,依次为训练样本集和样本集的标记
    '''
    iris = datasets.load_iris()                # 使用 scikit - learn 自带的 iris 数据集
```

```
    return  iris.data,iris.target
def test_MDS( * data):
    '''
    测试 MDS 的用法
    :param data: 可变参数.它是一个元组,这里要求其元素依次为:训练样本集、训练样本的标记
    '''
    X,y = data
    for n in [4,3,2,1]:                      #依次考查降维目标为四维、三维、二维、一维
        mds = manifold.MDS(n_components = n)
        mds.fit(X)
        print('stress(n_components = %d) : %s'% (n, str(mds.stress_)))
def plot_MDS( * data):
    '''
    绘制经过 使用 MDS 降维到二维之后的样本点
    :param data: 可变参数.它是一个元组,这里要求其元素依次为:训练样本集、训练样本的标记
    '''
    X,y = data
    mds = manifold.MDS(n_components = 2)
    X_r = mds.fit_transform(X)                #原始数据集转换到二维
    ###绘制二维图形
    fig = plt.figure()
    ax = fig.add_subplot(1,1,1)
    colors = ((1,0,0),(0,1,0),(0,0,1),(0.5,0.5,0),(0,0.5,0.5),(0.5,0,0.5),
        (0.4,0.6,0),(0.6,0.4,0),(0,0.6,0.4),(0.5,0.3,0.2),)  #颜色集合,不同标记的样本
                                                              #染不同的颜色
    for label ,color in zip( np.unique(y),colors):
        position = y == label
        ax.scatter(X_r[position,0],X_r[position,1],label = "target =  %d" % label,color =
color)
    ax.set_xlabel("X[0]")
    ax.set_ylabel("X[1]")
    ax.legend(loc = "best")
    ax.set_title("MDS")
    plt.show()
if __name__ == '__main__':
    X,y = load_data()                         #产生用于降维的数据集
    test_MDS(X,y)                             #调用 test_MDS
    plot_MDS(X,y)                             #调用 plot_MDS
```

运行程序,输出如下,效果如图 3-5 所示。

```
stress(n_components = 4) : 11.887221490372065
stress(n_components = 3) : 27.590871404910008
stress(n_components = 2) : 113.30127128702554
stress(n_components = 1) : 28321.42085807291
```

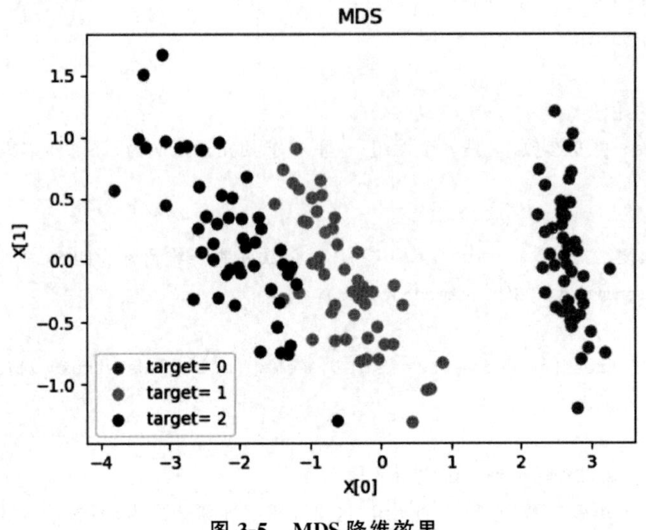

图 3-5 MDS 降维效果

3.7 等度量映射降维

等度量映射(Isometric Mapping,Isomap)原理如下：

(1) 首先建立近邻连接图：利用流形在局部上与欧氏空间同胚这个性质，基于欧氏距离，对每个点找出它在低维流形上的近邻点，建立近邻连接图。

(2) 计算任意两点之间的距离：计算近邻连接图上任意两点之间的最短路径问题，作为两点之间的距离。

(3) 在得到任意两点的距离之后，就可以通过 MDS 算法来获得样本点在低维空间中的坐标。

Isomap 算法如下。

(1) 输入：样本集 $\boldsymbol{D}=\{\vec{x}_1,\vec{x}_2,\cdots,\vec{x}_N\}$；近邻参数 k；低维空间维数 n'。

(2) 输出：样本集在低维空间中的矩阵 $\boldsymbol{Z}$。

(3) 算法步骤为：

- 对每个样本点 $\vec{x}_i$，计算它的 k 近邻；同时将 $\vec{x}_i$ 与它的 k 近邻的距离设置为欧氏距离，与其他点的距离设置为无穷大。
- 调用最短路径算法计算任意两个样本点之间的距离，获得距离矩阵 $\boldsymbol{D}\in\mathbf{R}^{N\times N}$。
- 调用多维缩放 MDS 算法，获得样本集在低维空间中的矩阵 $\boldsymbol{Z}$。

Isomap 算法有个很大的问题：对于新样本，难以将其映射到低维空间。理论上可以将新样本添加到样本集中，重新调用 Isomap 算法，这种方案计算量太大。一般的解决方法是：训练一个回归学习器来对新样本的低维空间进行预测。

近邻图有如下两种类型。

(1) k 近邻图：指定近邻点个数，如指定距离最近的 k 个点为近邻点。

(2) ε 近邻图：指定距离阈值 ε，距离小于 ε 的点被认为是近邻点。

在建立近邻图的时候要注意控制近邻图的范围，否则容易出现“短路”或者“断路”问题。

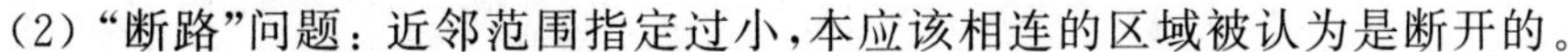

(1)“短路”问题：近邻范围指定过大，距离很远的点也被误认为是近邻。

(2)“断路”问题：近邻范围指定过小，本应该相连的区域被认为是断开的。

【例 3-6】 利用等度量映射(Isomap)算法对数据进行降维。

(1) 导入必要的编程库。

```
import numpy as np
import matplotlib.pyplot as plt
from sklearn import datasets,decomposition,manifold
```

(2) 加载数据。

```
def load_data():
    iris = datasets.load_iris()
    return iris.data, iris.target
```

(3) 使用 somap od。

```
def test_Isomap( * data):
    X,y = data
    for n in [4,3,2,1]:
        isomap = manifold.Isomap(n_components = n)
        isomap.fit(X)
        print('reconstruction_error(n_components = %d): %s' % (n,
            isomap.reconstruction_error()))
X,y = load_data()
test_Isomap(X,y)
```

(4) 降维后的样本分布图。

```
def plot_Isomap( * data):
    X,y = data
    Ks = [1,5,25,y.size - 1]
    fig = plt.figure()
    for i,k in enumerate(Ks):
        isomap = manifold.Isomap(n_components = 2,n_neighbors = k)
        X_r = isomap.fit_transform(X)
        ax = fig.add_subplot(2,2,i + 1)
        colors = ((1,0,0),(0,1,0),(0,0,1),(0.5,0.5,0),(0,0.5,0.5),(0.5,0,0.5),
                  (0.4,0.6,0),(0.6,0.4,0),(0,0.6,0.4),(0.5,0.3,0.2),)
        for label,color in zip(np.unique(y),colors):
            position = y == label

ax.scatter(X_r[position,0],X_r[position,1],label = 'target = %d' % label,color = color)
        ax.set_xlabel('X[0]')
        ax.set_ylabel('X[1]')
        ax.legend(loc = 'best')
        ax.set_title("k = %d" % k)
    plt.suptitle('Isomap')
    plt.show()
plot_Isomap(X,y)
```

(5) 将原始数据的特征直接压缩到一维。

```
def plot_Isomap_k_d1( * data):
    X,y = data
    Ks = [1,5,25,y.size - 1]
    fig = plt.figure()
    for i,k in enumerate(Ks):
        isomap = manifold.Isomap(n_components = 2,n_neighbors = k)
        X_r = isomap.fit_transform(X)
        ax = fig.add_subplot(2,2,i + 1)
        colors = ((1,0,0),(0,1,0),(0,0,1),(0.5,0.5,0),(0,0.5,0.5),(0.5,0,0.5),
                  (0.4,0.6,0),(0.6,0.4,0),(0,0.6,0.4),(0.5,0.3,0.2),)
        for label,color in zip(np.unique(y),colors):
            position = y == label
ax.scatter(X_r[position],np.zeros_like(X_r[position]),label = 'target = %d' % label,color = color)
        ax.set_xlabel('X[0]')
        ax.set_ylabel('Y')
        ax.legend(loc = 'best')
        ax.set_title("k = %d" % k)
    plt.suptitle('Isomap')
    plt.show()
plot_Isomap_k_d1(X,y)
```

运行程序,输出如下,效果如图 3-6 和图 3-7 所示。

```
reconstruction_error(n_components = 4):1.0097180068081741
reconstruction_error(n_components = 3):1.0182845146289834
reconstruction_error(n_components = 2):1.0276983764330463
reconstruction_error(n_components = 1):1.0716642763207656
```

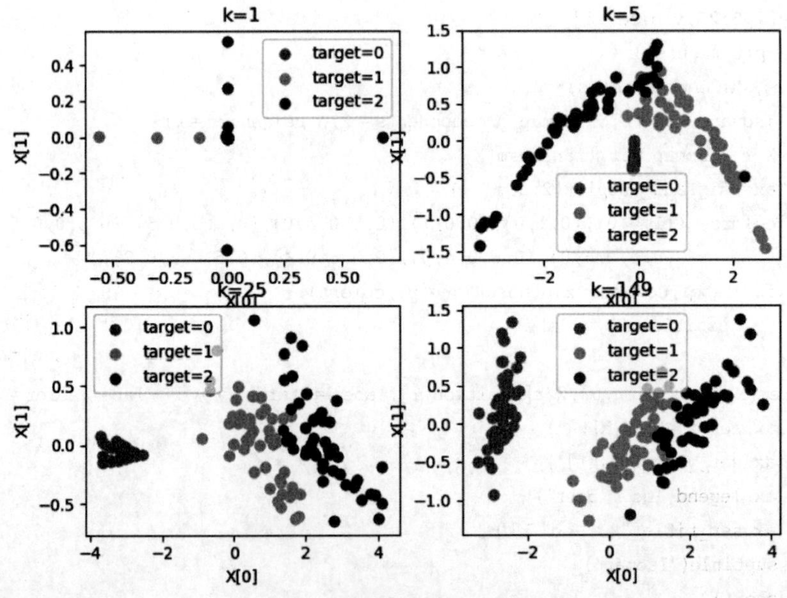

图 3-6 降维后的样本分布图

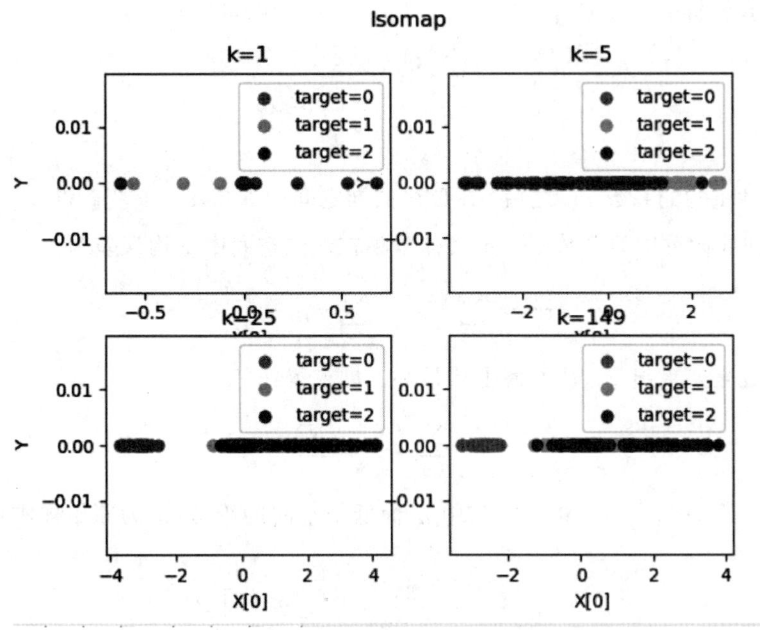

图 3-7 将原始数据的特征直接压缩到一维效果

3.8 局部线性嵌入

3.8.1 原理

局部线性嵌入(Locally Linear Embedding,LLE)的目标是：保持邻域内样本之间的线性关系。

对每个样本 $\vec{x}_i$，首先寻找其近邻点，假设这些近邻点的下标集合为 Q_i。然后需要计算基于 $\vec{x}_i$ 的近邻点对 $\vec{x}_j$ 进行线性重构的系数 $\vec{w}_i$。定义样本集重构误差为：

$$\text{err}=\sum_{i=1}^{N}\left\|\vec{x}_i-\sum_{j\in Q_i}w_{i,j}\vec{x}_j\right\|_2^2$$

其中，$w_{i,j}$ 为 $\vec{w}_i$ 的分量。我们的目标是使样本集重构误差最小，即：

$$\min_{\vec{w}_1,\vec{w}_2,\cdots,\vec{w}_N}\sum_{i=1}^{N}\left\|\vec{x}_i-\sum_{j\in Q_i}w_{i,j}\vec{x}_j\right\|_2^2$$

这样的解有无数个，对权重进行归一化处理，即：

$$\sum_{j\in Q_i}w_{i,j}=1,\quad i=1,2,\cdots,N$$

这样一来，就是求解最优化问题：

$$\min_{\vec{w}_1,\vec{w}_2,\cdots,\vec{w}_N}\sum_{i=1}^{N}\left\|\vec{x}_i-\sum_{j\in Q_i}w_{i,j}\vec{x}_j\right\|_2^2$$

$$\text{s. t.}\ \sum_{j\in Q_i}w_{i,j}=1,\quad i=1,2,\cdots,N$$

该最优化问题有解析解。令 $\boldsymbol{C}_{j,k}=(\vec{x}_i-\vec{x}_j)^{\mathrm{T}}(\vec{x}_i-\vec{x}_k)$，则可以解出：

$$w_{i,j}=\frac{\sum_{k\in Q_i}\boldsymbol{C}_{j,k}^{-1}}{\sum_{l,s\in Q_i}\boldsymbol{C}_{l,s}^{-1}},\quad j\in Q_i$$

求出了线性重构的系数 $\vec{w}_i$ 之后，LLE 在低维空间中保持 $\vec{w}_i$ 不变。设 $\vec{z}_i$ 对应的低维坐标为 $\vec{z}_j$，已知线性重构的系数 $\vec{w}_i$，定义样本集在低维空间中重构误差为：

$$\mathrm{err}'=\sum_{i=1}^{N}\left\|\vec{z}_i-\sum_{j\in Q_i}w_{i,j}\vec{z}_j\right\|_2^2$$

现在的问题是要求出 $\vec{z}_i$，从而使上式最小。即求解：

$$\min_{\vec{z}_1,\vec{z}_2,\cdots,\vec{z}_N}\sum_{i=1}^{N}\left\|\vec{z}_i-\sum_{j\in Q_i}w_{i,j}\vec{z}_j\right\|_2^2$$

令 $\boldsymbol{Z}=(\vec{z}_1,\vec{z}_2,\cdots,\vec{z}_N)\in\mathbf{R}^{n'\times N}$，其中 n' 为低维空间的维数（n 为原始样本所在的高维空间的维数）。令：

$$\boldsymbol{W}=\begin{bmatrix}w_{1,1} & w_{1,2} & \cdots & w_{1,N}\\ w_{2,1} & w_{2,2} & \cdots & w_{2,N}\\ \vdots & \vdots & \ddots & \vdots\\ w_{N,1} & w_{N,2} & \cdots & w_{N,N}\end{bmatrix}$$

定义 $\boldsymbol{M}=(\boldsymbol{I}-\boldsymbol{W})^{\mathrm{T}}(\boldsymbol{I}-\boldsymbol{W})$，于是最优化问题可重写为：

$$\min_{\boldsymbol{Z}}\mathrm{tr}(\boldsymbol{Z}\boldsymbol{M}\boldsymbol{Z}^{\mathrm{T}})$$

该最优化问题有无数个解。添加约束 $\boldsymbol{Z}\boldsymbol{Z}^{\mathrm{T}}=\boldsymbol{I}$，于是最优化问题为：

$$\min_{\boldsymbol{Z}}\mathrm{tr}(\boldsymbol{Z}\boldsymbol{M}\boldsymbol{Z}^{\mathrm{T}})$$

$$\text{s. t.}\quad \boldsymbol{Z}\boldsymbol{Z}^{\mathrm{T}}=\boldsymbol{I}$$

该最优化问题可以通过特征值分解求解：选取 $\boldsymbol{M}$ 最小的 n' 个特征值对应的特征向量组成的矩阵即为 $\boldsymbol{Z}^{\mathrm{T}}$。

3.8.2 LLE 算法

LLE 算法如下。

(1) 输入：样本集 $\boldsymbol{D}=\{\vec{x}_1,\vec{x}_2,\cdots,\vec{x}_N\}$；近邻参数 k；低维空间维数 n'。

(2) 输出：样本集在低维空间中的矩阵 $\boldsymbol{Z}$。

(3) 算法步骤：

- 对于样本集中的每个点 $\vec{x}_i,i=1,2,\cdots,N$，执行下列操作。
  - ◎ 确定 $\vec{x}_i$ 的 k 近邻，获得其近邻下标集合 Q_i。
  - ◎ 对于 $j\in Q_i$，根据下式计算 $w_{i,j}$。

$$w_{i,j}=\frac{\sum_{k\in Q_i}C_{j,k}^{-1}}{\sum_{l,s\in Q_i}C_{l,s}^{-1}}$$

$$C_{j,k}=(\vec{x}_i-\vec{x}_j)^{\mathrm{T}}(\vec{x}_i-\vec{x}_k)$$

◎ 对于 $j\notin Q_i$，$w_{i,j}=0$。

- 根据 $w_{i,j}$ 构建矩阵 $\boldsymbol{W}$。
- 计算 $\boldsymbol{M}=(\boldsymbol{I}-\boldsymbol{W})^{\mathrm{T}}(\boldsymbol{I}-\boldsymbol{W})$。
- 对 $\boldsymbol{M}$ 进行特征值分解，取其最小的 n' 个特征值对应的特征向量，即得到样本集在低维空间中的矩阵 $\boldsymbol{Z}$。

【例 3-7】 利用局部线性嵌入对数据进行降维。

```
import numpy as np
import matplotlib.pyplot as plt
from sklearn import  datasets,manifold

def load_data():
    '''
    加载用于降维的数据
    :return: 一个元组,依次为训练样本集和样本集的标记
    '''
    iris = datasets.load_iris()              # 使用 scikit - learn 自带的 iris 数据集
    return  iris.data,iris.target
def test_LocallyLinearEmbedding( * data):
    '''
    测试 LocallyLinearEmbedding 的用法
    :param data: 可变参数.它是一个元组,这里要求其元素依次为:训练样本集、训练样本的标记
    '''
    X,y = data
    for n in [4,3,2,1]:                      # 依次考查降维目标为四维、三维、二维、一维
        lle = manifold.LocallyLinearEmbedding(n_components = n)
        lle.fit(X)
        print('reconstruction_error(n_components = %d) : %s' %
            (n, lle.reconstruction_error_))
def plot_LocallyLinearEmbedding_k( * data):
    '''
    测试 LocallyLinearEmbedding 中 n_neighbors 参数的影响,其中降维至二维
    :param data: 可变参数.它是一个元组,这里要求其元素依次为:训练样本集、训练样本的标记
    :return: None
    '''
    X,y = data
    Ks = [1,5,25,y.size - 1]                 # n_neighbors 参数的候选值的集合
    fig = plt.figure()
    for i, k in enumerate(Ks):
        lle = manifold.LocallyLinearEmbedding(n_components = 2,n_neighbors = k)
        X_r = lle.fit_transform(X)           # 原始数据集转换到二维
        ax = fig.add_subplot(2,2,i + 1) ## 两行两列,每个单元显示不同 n_neighbors 参数的
LocallyLinearEmbedding 的效果图
        colors = ((1,0,0),(0,1,0),(0,0,1),(0.5,0.5,0),(0,0.5,0.5),(0.5,0,0.5),
            (0.4,0.6,0),(0.6,0.4,0),(0,0.6,0.4),(0.5,0.3,0.2),) # 颜色集合,不同标记的样
                                                       # 本染不同的颜色
```

```
        for label ,color in zip( np.unique(y),colors):
            position = y == label
            ax.scatter(X_r[position,0],X_r[position,1],label = "target = %d"
             % label,color = color)
        ax.set_xlabel("X[0]")
        ax.set_ylabel("X[1]")
        ax.legend(loc = "best")
        ax.set_title("k = %d" % k)
    plt.suptitle("LocallyLinearEmbedding")
    plt.show()
def plot_LocallyLinearEmbedding_k_d1( * data):
    '''
    测试 LocallyLinearEmbedding 中 n_neighbors 参数的影响,其中降维至一维
    :param data: 可变参数.它是一个元组,这里要求其元素依次为:训练样本集、训练样本的标记
    '''
    X,y = data
    Ks = [1,5,25,y.size - 1]                #n_neighbors 参数的候选值的集合
    fig = plt.figure()
    for i, k in enumerate(Ks):
        lle = manifold.LocallyLinearEmbedding(n_components = 1,n_neighbors = k)
        X_r = lle.fit_transform(X)          #原始数据集转换到一维
        ax = fig.add_subplot(2,2,i + 1)     #两行两列,每个单元显示不同 n_neighbors 参数
                                            #的 LocallyLinearEmbedding 的效果图
                                            #颜色集合,不同标记的样本染不同的颜色
        colors = ((1,0,0),(0,1,0),(0,0,1),(0.5,0.5,0),(0,0.5,0.5),(0.5,0,0.5),
            (0.4,0.6,0),(0.6,0.4,0),(0,0.6,0.4),(0.5,0.3,0.2),)
        for label ,color in zip( np.unique(y),colors):
            position = y == label
            ax.scatter(X_r[position],np.zeros_like(X_r[position]),
            label = "target = %d" % label,color = color) #FFFFFF
        ax.set_xlabel("X")
        ax.set_ylabel("Y")
        ax.legend(loc = "best")
        ax.set_title("k = %d" % k)
    plt.suptitle("LocallyLinearEmbedding")
    plt.show()
if __name__ == '__main__':
    X,y = load_data()                       #产生用于降维的数据集
    test_LocallyLinearEmbedding(X,y)        #调用 test_LocallyLinearEmbedding
    plot_LocallyLinearEmbedding_k(X,y)      #调用 plot_LocallyLinearEmbedding_k
    plot_LocallyLinearEmbedding_k_d1(X,y)   #调用 plot_LocallyLinearEmbedding_k_d1
```

运行程序,输出如下,效果如图 3-8 和图 3-9 所示。

```
reconstruction_error(n_components = 4) : 7.199368860901911e-07
reconstruction_error(n_components = 3) : 3.870605052928055e-07
reconstruction_error(n_components = 2) : 6.641420116916785e-08
reconstruction_error(n_components = 1) : 1.6515558016659176e-16
```

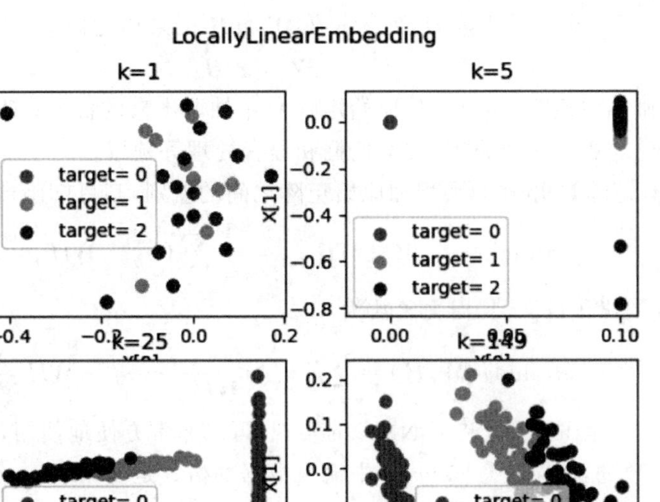

图 3-8 数据 LLE 降维效果

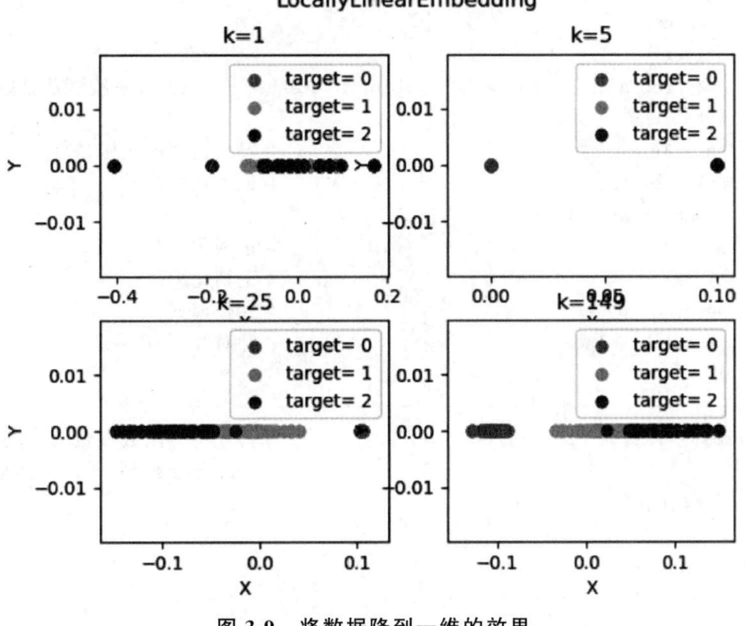

图 3-9 将数据降到一维的效果

3.9 非负矩阵分解

非负矩阵分解(Non-negative Matrix Factorization,NMF)是在矩阵中所有元素均为非负数约束条件之下的矩阵分解方法。其基本思想：给定一个非负矩阵 $\mathbf{V}$,NMF 能够找到一

个非负矩阵 $\boldsymbol{W}$ 和一个非负矩阵 $\boldsymbol{H}$，使得矩阵 $\boldsymbol{W}$ 和 $\boldsymbol{H}$ 的乘积近似等于矩阵 $\boldsymbol{V}$ 中的值。

$$\boldsymbol{V}_{n\times m}=\boldsymbol{W}_{n\times k}\times \boldsymbol{H}_{k\times m}$$

其中，$\boldsymbol{W}$ 为基础图像矩阵，相当于从原始矩阵 $\boldsymbol{V}$ 中抽取出来的特征；$\boldsymbol{H}$ 矩阵为系数矩阵。

NMF 广泛应用于图像分析、文本挖掘和语音处理等领域。

最小化 $\boldsymbol{W}$ 矩阵 $\boldsymbol{H}$ 矩阵的乘积和原始矩阵之间的差别，其目标函数为：

$$\operatorname{argmin}\frac{1}{2}\parallel \boldsymbol{H}-\boldsymbol{WH}\parallel^{2}=\frac{1}{2}\sum_{i,j}(x_{ij}-\boldsymbol{WH}_{ij})^{2}$$

基于 KL 散度的优化目标，其损失函数为：

$$\operatorname{argmin}J(\boldsymbol{W},\boldsymbol{H})=\sum_{i,j}\left(x_{ij}\ln\frac{x_{ij}}{\boldsymbol{WH}_{ij}}-x_{ij}+\boldsymbol{WH}_{ij}\right)$$

【例 3-8】 在 sklearn 封装了 NMF 的实现，可以非常方便地使用，其实现基本和理论部分的实现是一致的，但应注意 sklearn 中输入数据的格式是(samples, features)。

```
#导入必要的编程库
from sklearn.decomposition import NMF
from sklearn.datasets import load_iris
#载入数据
X, _ = load_iris(True)
#最重要的参数是 n_components,alpha,l1_ratio,solver
nmf = NMF(n_components = 2,                  #k value,默认会保留全部特征
        init = None,   #W H 的初始化方法,包括'random' | 'nndsvd'(默认) |  'nndsvda' |
'nndsvdar' | 'custom'.
        solver = 'cd',   #'cd' | 'mu'
        #{'frobenius', 'kullback - leibler', 'itakura - saito'},一般默认就好
        beta_loss = 'frobenius',
        tol = 1e - 4,                          #停止迭代的极限条件
        max_iter = 200,                        #最大迭代次数
        random_state = None,
        alpha = 0.,                            #正则化参数
        l1_ratio = 0.,                         #正则化参数
        verbose = 0,                           #冗长模式
        shuffle = False                        #针对"cd solver"
        )
# ------------------ 函数 -------------------------
print('params:', nmf.get_params())             #获取构造函数参数的值,也可以通过
                                               #nmf.attr 得到,所以下面会省略这些属性
#下面的 4 个函数很简单,也最核心
nmf.fit(X)
W = nmf.fit_transform(X)
W = nmf.transform(X)
nmf.inverse_transform(W)
# ------------------ 属性 -------------------------
H = nmf.components_                                    #H 矩阵
print('reconstruction_err_', nmf.reconstruction_err_)  #损失函数值
print('n_iter_', nmf.n_iter_)                          #实际迭代次数
```

运行程序，输出如下：

```
params: {'alpha': 0.0, 'beta_loss': 'frobenius', 'init': None, 'l1_ratio': 0.0, 'max_iter': 200,
'n_components': 2, 'random_state': None, 'shuffle': False, 'solver': 'cd', 'tol': 0.0001, 'verbose': 0}
```

```
reconstruction_err_ 3.9480195652425465
n_iter_ 199
```

在以上代码中，各参数的含义为：

- init 参数中，nndsvd（默认）更适用于 sparse factorization，其变体则适用于 dense factorization。
- solver 参数中，如果初始化中产生很多零值，Multiplicative Update (mu) 不能很好地更新。所以 mu 一般不和 nndsvd 一起使用，而和其变体 nndsvda、nndsvdar 一起使用。
- solver 参数中，cd 只能优化 Frobenius norm 函数，而 mu 可以更新所有损失函数。

【例 3-9】 一个 NMF 在图像特征提取的应用例子。

```
# 导入必要的编程库
from time import time
from numpy.random import RandomState
import matplotlib.pyplot as plt
from sklearn.datasets import fetch_olivetti_faces
from sklearn import decomposition
# 设置参数
n_row, n_col = 2, 3
n_components = n_row * n_col
image_shape = (64, 64)
rng = RandomState(0)
# 载入 face 数据
dataset = fetch_olivetti_faces('./', True, random_state = rng)
faces = dataset.data
n_samples, n_features = faces.shape
print("Dataset consists of %d faces, features is %s" % (n_samples, n_features))
# 显示原始图像
def plot_gallery(title, images, n_col = n_col, n_row = n_row, cmap = plt.cm.gray):
    plt.figure(figsize = (2. * n_col, 2.26 * n_row))
    plt.suptitle(title, size = 16)
    for i, comp in enumerate(images):
        plt.subplot(n_row, n_col, i + 1)
        vmax = max(comp.max(), - comp.min())
        # 显示压缩后的图像
        plt.imshow(comp.reshape(image_shape), cmap = cmap,
                   interpolation = 'nearest',
                   vmin = - vmax, vmax = vmax)
        plt.xticks(())
        plt.yticks(())
    plt.subplots_adjust(0.01, 0.05, 0.99, 0.93, 0.04, 0.)

estimators = [
    ('Non - negative components - NMF',
     decomposition.NMF(n_components = n_components, init = 'nndsvda', tol = 5e - 3))
]
# 绘制输入数据的示例
plot_gallery("First centered Olivetti faces", faces[:n_components])
```

```
#估算并绘制它
for name, estimator in estimators:
    print("Extracting the top %d %s..." % (n_components, name))
    t0 = time()
    data = faces
    estimator.fit(data)
    train_time = (time() - t0)
    print("done in %0.3fs" % train_time)
    components_ = estimator.components_
    print('components_:', components_.shape, '\n**\n', components_)
    plot_gallery('%s - Train time %.1fs' % (name, train_time),
                 components_)
plt.show()
```

运行程序,输出如下,效果如图3-10和图3-11所示。

```
downloading Olivetti faces from https://ndownloader.figshare.com/files/5976027 to ./
Dataset consists of 400 faces, features is 4096
Extracting the top 6 Non-negative components - NMF...
done in 0.500s
components_: (6, 4096)
**
 [[0.         0.         0.         ... 1.89640523 1.78331733 1.68142998]
 [0.95390665 1.02885565 1.09771352 ... 0.25895402 0.31447183 0.32589285]
 [0.02238854 0.01136337 0.06086569 ... 0.13581616 0.14109341 0.15405469]
 [0.18907826 0.26982826 0.38558988 ... 0.         0.         0.        ]
 [0.         0.         0.         ... 0.         0.         0.        ]
 [0.51045833 0.52450599 0.50316775 ... 0.03719877 0.02762018 0.04051619]]
```

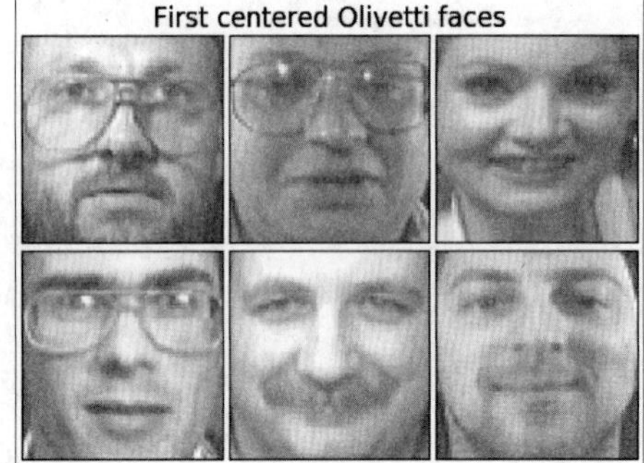

图3-10 降维前的图像

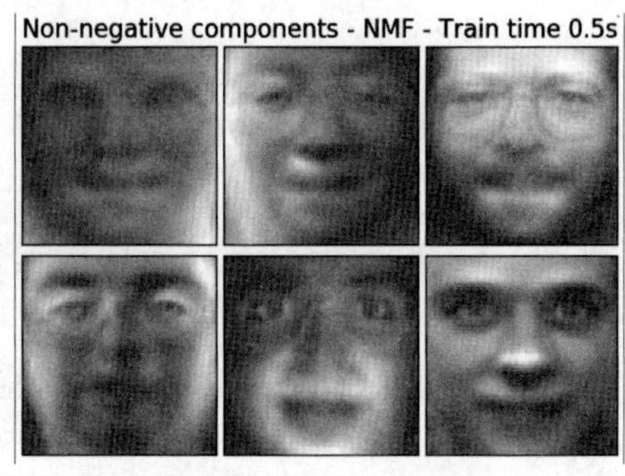

图3-11 降维后的图像

3.10 小结

数据降维基本原理是将样本点从输入空间通过线性或非线性变换映射到一个低维空间,从而获得一个关于原数据集紧致的低维表示。本章从维度灾难与降维、主成分分析、SVD降维、核主成分分析(KPCA)降维、多维缩放(MDS)降维、局部线性嵌入(LLE)、非负矩阵分解等多个方面介绍了数据降维相关内容,每个小节都是通过理论、图文、实例相结合进行数据降维介绍，让读者快速上手利用 Python 解决实际降维问题。

3.11 习题

1. 数据降维，一方面可以解决________，缓解________、________现状，降低复杂度；另一方面可以更好地________和________数据。

2. 根据是否考虑和利用数据的监督信息可以划分为________、________和________。

3. 缓解维度灾难的一个重要途径是什么？

4. 什么是 PCA？

5. PCA 降维的准则有几个？分别是什么？

第4章 Python 分类算法

CHAPTER 4

分类算法是典型的监督学习,其训练样本中包含样本的特征和标签信息。在二分类中,标签为离散值,如{+1,-1},分别表示正例和负例。分类算法通过对训练样本的学习,得到从样本特征到样本的标签之间的映射关系,也被称为假设函数,之后可利用该假设函数对新数据进行分类。

4.1 逻辑回归

逻辑回归(Logistic Regression)算法是一种被广泛使用的分类算法,通过训练数据中的正负例,学习样本特征得到标签之间的假设函数,逻辑回归算法是典型的线性分类器,由于算法的复杂度低、容易实现等特点,在工业界得到了广泛应用,如:利用逻辑回归算法实现广告的点击率预估。

4.1.1 逻辑回归模型

1. 问题

在实际工作中,可能会遇到如下问题:

- 预测一个用户是否点击特定的商品。
- 判断用户的性别。
- 预测用户是否会购买给定的品类。
- 判断一条评论是正面的还是负面的。

这些都可以看为分类问题,更准确地,都可以看为二分类问题。要解决这些问题,通常会用到一些已有的分类算法,比如逻辑回归或者支持向量机。它们都属于有监督的学习,因此在使用这些算法之前,必须要先收集一批标注好的数据作为训练集。有些标注可以从log中获取(用户的购买),有些可以从用户填写的信息中获得(性别),也有一些可能需要人工标注(评论情感极性)。另一方面,知道了一个用户或者一条评论的标签后,还需要知道用什么样的特征去描述数据,对用户来说,可以从用户的浏览记录和购买记录中获取相应的统计特征,而对于评论来说,最直接的则是文本特征。这样拿到数据的特征和标签后,就得到一组训练数据:

$$D=(\boldsymbol{x}^1,\boldsymbol{y}^1),(\boldsymbol{x}^2,\boldsymbol{y}^2),\cdots,(\boldsymbol{x}^N,\boldsymbol{y}^N)$$

其中，$\boldsymbol{x}^i$ 是一个 m 维向量，$\boldsymbol{x}^i=[x_1^i, x_2^i, \cdots, x_m^i]$，$y$ 在$\{0,1\}$中取值。

问题可以简化为：如何找到这样一个决策函数 $y^*=f(x)$，它在未知数据集上能有足够好的表现。至于如何衡量一个二分类模型的好坏，可以采用分类错误率这样的指标：

$$\text{Err}=\frac{1}{N}\sum 1\,[y^*=y]$$

也可以用准确率、召回率、AUC等指标来衡量。

值得一提的是，模型效果往往和所用特征密切相关。特征工程在任何一个实用的机器学习中都是必不可少的。

2. 模型

1）sigmoid 函数

在介绍逻辑回归模型之前，先引入 sigmoid 函数，其数学形式为

$$g(x)=\frac{1}{1+\mathrm{e}^{-z}}$$

对应的图形如图 4-1 所示。

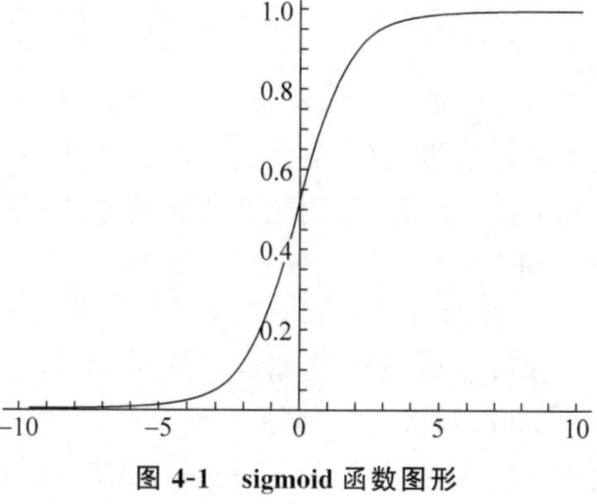

图 4-1 sigmoid 函数图形

从图 4-1 可以看到，sigmoid 函数是一个 S 形的曲线，它的取值在[0, 1]之间，在远离 0 的地方函数的值会很快接近 0/1。

2）决策函数

一个机器学习的模型，实际上是把决策函数限定在某一组条件下，这组限定条件就决定了模型的假设空间。当然，我们还希望这组限定条件简单而合理。逻辑回归模型所做的假设是：

$$P(y=1\mid \boldsymbol{x};\boldsymbol{\theta})=g(\boldsymbol{\theta}^{\mathrm{T}}\boldsymbol{x})=\frac{1}{1+\mathrm{e}^{-\boldsymbol{\theta}^{\mathrm{T}}\boldsymbol{x}}}$$

其中，$g(\cdot)$为 sigmoid 函数，相应的决策函数为：

$$y^*=1,\quad 若\quad P(y=1\mid \boldsymbol{x})>0.5$$

选择 0.5 作为阈值是一个一般的做法，实际应用时特定的情况可以选择不同阈值，如果对正例的判别准确性要求高，则可以选择大一些的阈值；如果对正例的召回要求低，则可以选择小一些的阈值。

3）参数求解

模型的数学形式确定后，剩下就是如何去求解模型中的参数。统计学中常用的一种方法是最大似然估计，即找到一组参数，使得在这组参数下，数据的似然度（概率）更大。在逻辑回归模型中，似然度可表示为：

$$L(\boldsymbol{\theta})=P(D\mid \boldsymbol{\theta})=\prod P(y\mid \boldsymbol{x};\boldsymbol{\theta})=\prod g(\boldsymbol{\theta}^{\mathrm{T}}\boldsymbol{x})^{y}(1-g(\boldsymbol{\theta}^{\mathrm{T}}\boldsymbol{x}))^{1-y}$$

取对数可以得到对数似然度：

$$l(\boldsymbol{\theta})=\sum y\log g(\boldsymbol{\theta}^{\mathrm{T}}\boldsymbol{x})+(1-y)\log(1-g(\boldsymbol{\theta}^{\mathrm{T}}\boldsymbol{x}))$$

另一方面，在机器学习领域，更经常遇到的是损失函数的概念，其衡量的是模型预测错

误的程度。常用的损失函数有 0-1 损失、log 损失、hinge 损失等。其中 log 损失在单个数据点上的定义为：

$$-y\log p(y \mid \boldsymbol{x})-(1-y)\log 1-p(y \mid \boldsymbol{x})$$

如果取整个数据集上的平均 log 损失，可以得到：

$$J(\boldsymbol{\theta})=-\frac{1}{N}l(\boldsymbol{\theta})$$

即在逻辑回归模型中，最大化似然函数和最小化 log 损失函数实际上是等价的。对于该优化问题，存在多种求解方法，这里以梯度下降的情况为例说明。梯度下降（Gradient Descent）又叫作最速梯度下降，是一种迭代求解的方法，通过在每一步选取使目标函数变化最快的一个方向调整参数的值来逼近最优值。基本步骤如下：

- 选择下降方向（梯度方向，$\nabla J(\boldsymbol{\theta})$）；
- 选择步长，更新参数$\boldsymbol{\theta}^i=\boldsymbol{\theta}^{i-1}-\alpha^i \nabla J(\boldsymbol{\theta}^{i-1})$；
- 重复以上两步直到满足终止条件。

其中，损失函数的梯度计算方法为

$$\frac{\partial J}{\partial \boldsymbol{\theta}}=-\frac{1}{n}\sum_i(y_i-y_i^*)x_i+\lambda\boldsymbol{\theta}$$

沿梯度负方向选择一个较小的步长可以保证损失函数是减小的，另一方面，逻辑回归的损失函数是凸函数（加入正则项后是严格凸函数），可以保证我们找到的局部最优值同时是全局最优。此外，常用的凸优化的方法都可以用于求解该问题。例如，共轭梯度下降、牛顿法、LBFGS 等。

4）分类边界

知道如何求解参数后，再来看一下模型得到的最后结果是什么样的。很容易从 sigmoid 函数看出，当$\boldsymbol{\theta}^{\mathrm{T}}\boldsymbol{x}>0$，$y=1$，否则 $y=0$，$\boldsymbol{\theta}^{\mathrm{T}}\boldsymbol{x}=0$ 是模型隐含的分类平面（在高维空间中，我们说是超平面）。所以说逻辑回归本质上是一个线性模型，但是，这不意味着只有线性可分的数据能通过 LR 求解，实际上，可以通过特征变换的方式把低维空间转换到高维空间，而在低维空间不可分的数据，到高维空间中线性可分的概率会高一些。图 4-2 和图 4-3 的对比说明了线性分类曲线和非线性分类曲线（通过特征映射）。

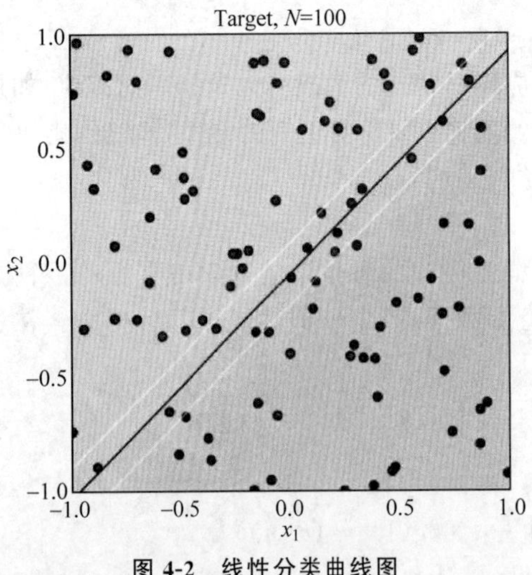

图 4-2 线性分类曲线图

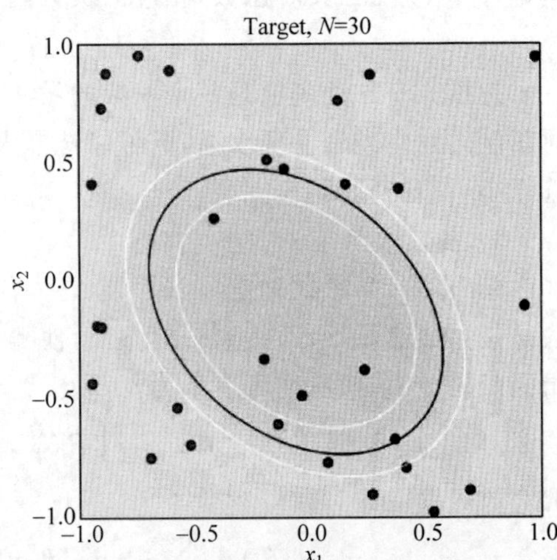

图 4-3 非线性分类曲线图

图 4-2 是一个线性可分的数据集，图 4-3 在原始空间中线性不可分，但是在特征转换后的空间是线性可分的，对应的原始空间中分类边界为一条类椭圆曲线。

5）正则化

当模型的参数过多时，很容易遇到过拟合的问题。这时就需要有一种方法来控制模型的复杂度，典型的做法是在优化目标中加入正则项，通过惩罚过大的参数来防止过拟合：

$$J(\boldsymbol{\theta})=-\frac{1}{N}\sum y\log g(\boldsymbol{\theta}^{\mathrm{T}}\boldsymbol{x})+(1-y)\log(1-g(\boldsymbol{\theta}^{\mathrm{T}}\boldsymbol{x}))+\lambda\|\boldsymbol{w}\|_{p}$$

一般情况下，取 $p=1$ 或 $p=2$，分别对应 L1、L2 正则化，两者的区别可以从图 4-4 和图 4-5 中看出来，L1 正则化图 4-4 倾向于使参数变为 0，因此能产生稀疏解。

图 4-4 正则化 L1

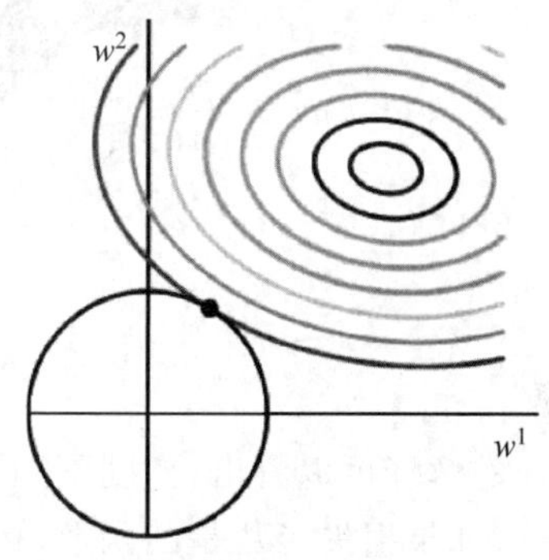

图 4-5 正则化 L2

实际应用时，由于数据的维度可能非常高，L1 正则化因为能产生稀疏解，使用的更为广泛一些。

4.1.2 梯度下降法

梯度下降法有很多优点是，其中，在梯度下降法的求解过程中，只需求解损失函数的一阶导数，计算的成本比较小，这使得梯度下降法能在很多大规模数据集上得到应用。梯度下降法的含义是通过当前的梯度方向寻找到新的迭代点，并从当前点移动到新的迭代点继续寻找新的迭代点，直到找到最优解。

1. 梯度下降与梯度上升

在机器学习算法中，在最小化损失函数时，可以通过梯度下降法来一步步地迭代求解，得到最小化的损失函数和模型参数值。反过来，如果需要求解损失函数的最大值，则需要用梯度上升法来迭代。

梯度下降法和梯度上升法是可以互相转化的。比如需要求解损失函数 $f(\boldsymbol{\theta})$ 的最小值，这时需要用梯度下降法来迭代求解。但是实际上，可以反过来求解损失函数 $-f(\boldsymbol{\theta})$ 的最大值，这时梯度上升法就派上用场了。

2. 梯度下降的直观解释

首先了解梯度下降的一个直观解释。比如在一座大山上的某处位置，由于我们不知道怎么下山，于是决定走一步算一步，也就是在每走到一个位置的时候，求解当前位置的梯度，沿着梯度的负方向，也就是当前最陡峭的位置向下走一步，然后继续求解当前位置梯度，向这一步所在位置沿着最陡峭、最易下山的位置走一步。这样一步步地走下去，一直走到觉得我们已经到了山脚。当然这样走下去，有可能不能走到山脚，而是到了某一个局部的山峰低处，其剖面图如图 4-6 所示。

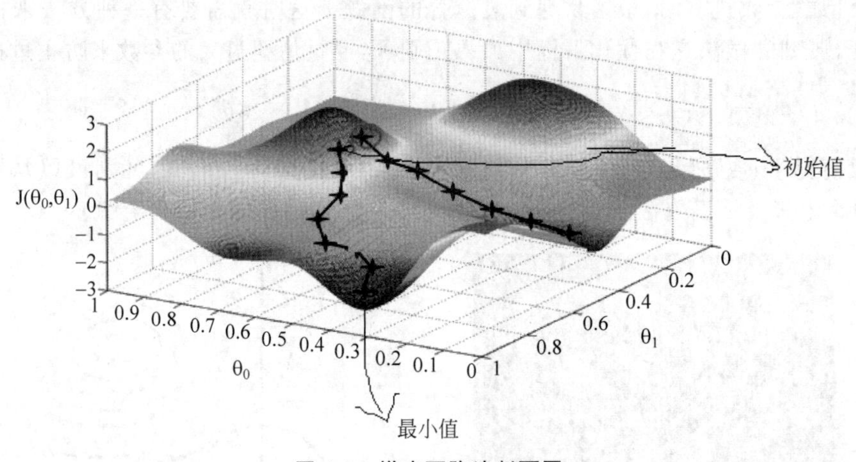

图 4-6　梯度下降法剖面图

从上面的解释可以看出，梯度下降不一定能够找到全局的最优解，有可能是一个局部最优解。当然，如果损失函数是凸函数，梯度下降法得到的解就一定是全局最优解。

3. 梯度下降的相关概念

在详细了解梯度下降的算法之前，先看看相关的一些概念。

(1) 步长(learning rate)：步长决定了在梯度下降迭代的过程中，每一步沿梯度负方向前进的长度。用上面下山的例子，步长就是在当前这一步所在位置沿着最陡峭、最易下山的位置走的那一步的长度。

(2) 特征(feature)：指的是样本中的输入部分，比如两个单特征的样本($x^{(0)}$, $y^{(0)}$)和($x^{(1)}$, $y^{(1)}$)，则第一个样本特征为 $x^{(0)}$，第一个样本输出为 $y^{(0)}$。

(3) 假设函数(hypothesis function)：在监督学习中，为了拟合输入样本，而使用的假设函数记为 $h_\theta(x)$。比如对于单个特征的 m 个样本($x^{(i)}$, $y^{(i)}$)($i=1,2,\cdots,m$)，可以采用拟合函数如下：

$$h_\theta(x)=\theta_0+\theta_1 x$$

(4) 损失函数(loss function)：为了评估模型拟合的好坏，通常用损失函数来度量拟合的程度。损失函数极小化，意味着拟合程度最好，对应的模型参数即为最优参数。在线性回归中，损失函数通常为样本输出和假设函数的差取平方。比如对于 m 个样本(x_i, y_i)($i=1,2,\cdots,m$)，采用线性回归，损失函数为：

$$J(\theta_0,\theta_1)=\sum_{i=1}^{m}(h_\theta(x_i)-y_i)^2$$

其中，x_i 表示第 i 个样本特征，y_i 表示第 i 个样本对应的输出，$h_\theta(x_i)$为假设函数。

4. 梯度下降的详细算法

梯度下降法的算法可以有代数法和矩阵法(也称向量法)两种表示，如果对矩阵分析不熟悉，则代数法更加容易理解。不过矩阵法更加简洁，且由于使用了矩阵，实现逻辑更加一目了然。

1）梯度下降法的迭代方式描述

（1）先决条件：确认优化模型的假设函数和损失函数。

比如对于线性回归，假设函数表示为 $h_\theta(x_1,x_2,\cdots,x_n)=\theta_0=\theta_1x_1+\cdots+\theta_nx_n$，其中 $\theta_i(i=1,2,\cdots,n)$ 为模型参数，$x_i(i=1,2,\cdots,n)$ 为每个样本的 n 个特征值。这个表示可以简化，增加一个特征 $x_0=1$，这样有 $h_\theta(x_1,x_2,\cdots,x_n)=\sum_{i=0}^{n}\theta_ix_i$。

同样是线性回归，对应于上面的假设函数，损失函数为：

$$J(\theta_0,\theta_1,\cdots,\theta_n)=\frac{1}{2m}\sum_{j=0}^{m}(h_\theta(x_0^{(j)},x_1^{(j)},\cdots,x_n^{(j)})-y_j)^2$$

（2）算法相关参数初始化：主要是初始化 $\theta_0,\theta_1,\cdots,\theta_n$，算法终止距离 ε 以及步长 α。在没有任何先验知识的时候，将所有的 θ 初始化为 0，将步长初始化为 1。在调优的时候再优化。

（3）算法过程。

① 确定当前位置的损失函数的梯度，对于 θ_i，其梯度表达式如下：

$$\frac{\partial}{\partial\theta_i}J(\theta_0,\theta_1,\cdots,\theta_n)$$

② 用步长乘以损失函数的梯度，得到当前位置下降的距离，即 $\alpha\frac{\partial}{\partial\theta_i}J(\theta_0,\theta_1,\cdots,\theta_n)$ 对应于前面登山例子中的某一步。

③ 确定是否所有的 θ_i 的梯度下降的距离都小于 ε，如果小于 ε 则算法终止，当前所有 $\theta_i(i=1,2,\cdots,n)$ 即为最终结果，否则进入步骤④。

④ 更新所有的 θ，对于 θ_i，其更新表达式如下。更新完毕后转入步骤①。

$$\theta_i=\theta_i-\alpha\frac{\partial}{\partial\theta_i}J(\theta_0,\theta_1,\cdots,\theta_n)$$

下面用线性回归的例子来具体描述梯度下降。假设样本是：

$$(x_1^{(0)},x_2^{(0)},\cdots,x_n^{(0)},y_0),(x_1^{(1)},x_2^{(1)},\cdots,x_n^{(1)},y_1),\cdots,(x_1^{(m)},x_2^{(m)},\cdots,x_n^{(m)},y_m)$$

损失函数如前面的先决条件所述：

$$J(\theta_0,\theta_1,\cdots,\theta_n)=\frac{1}{2m}\sum_{j=0}^{m}(h_\theta(x_0^{(j)},x_1^{(j)},\cdots,x_n^{(j)})-y_j)^2$$

则在算法过程步骤①中对于 θ_i 的偏导数计算如下：

$$\frac{\partial}{\partial\theta_i}J(\theta_0,\theta_1,\cdots,\theta_n)=\frac{1}{m}\sum_{j=0}^{m}(h_\theta(x_0^{(j)},x_1^{(j)},\cdots,x_n^{(j)})-y_j)x_i^{(j)}$$

由于样本中没有 x_0，所以上式中令所有的 x_0^j 为 1。

步骤④中 θ_i 的更新表达式为：

$$\theta_i=\theta_i-\alpha\frac{1}{m}\sum_{j=0}^{m}(h_\theta(x_0^{(j)},x_1^{(j)},\cdots,x_n^{(j)})-y_j)x_i^{(j)}$$

从这个例子可以看出，当前点的梯度方向是由所有的样本决定的，加 $\frac{1}{m}$ 是为了好理解，由于步长为常数，其乘积也为常数，所以这里 $\alpha\frac{1}{m}$ 可以用一个常数表示。

2）梯度下降法的矩阵方式描述

这一部分主要讲解梯度下降法的矩阵方式表述，相对于代数法，要求有一定的矩阵分析的基础知识，尤其是矩阵求导的知识。

（1）先决条件：和前面类似，需要确认优化模型的假设函数和损失函数。对于线性回归，假设函数 $h_{\boldsymbol{\theta}}(x_1,x_2,\cdots,x_n)=\theta_0+\theta_1x_1+\cdots+\theta_nx_n$ 的矩阵表达方式为：

$$h_{\boldsymbol{\theta}}(\boldsymbol{X})=\boldsymbol{X\theta}$$

其中，假设函数 $h_{\boldsymbol{\theta}}(\boldsymbol{X})$ 为 $m\times1$ 向量，$\boldsymbol{\theta}$ 为 $(n+1)\times1$ 的向量，里面有 $n+1$ 个代数法的模型参数。$\boldsymbol{X}$ 为 $m\times(n+1)$ 维的矩阵。m 代表样本的个数，$n+1$ 代表样本的特征数。

损失函数的表达式为：

$$J(\boldsymbol{\theta})=\frac{1}{2}(\boldsymbol{X\theta}-\boldsymbol{Y})^{\mathrm{T}}(\boldsymbol{X\theta}-\boldsymbol{Y})$$

其中，$\boldsymbol{Y}$ 是样本的输出向量，维度为 $m\times1$。

（2）算法相关参数初始化：$\boldsymbol{\theta}$ 向量可以初始化为默认值，或者调优后的值。算法终止距离 ε，步长 α 和前面比没有变化。

（3）算法过程。

① 确定当前位置的损失函数的梯度，对于 $\boldsymbol{\theta}$ 向量，其梯度表达式如下：

$$\frac{\partial}{\partial\boldsymbol{\theta}}J(\boldsymbol{\theta})$$

② 用步长乘以损失函数的梯度，得到当前位置下的距离，即 $\alpha\frac{\partial}{\partial\boldsymbol{\theta}}J(\boldsymbol{\theta})$ 对应于前面登山例子中的某一步。

③ 确定 $\boldsymbol{\theta}$ 向量中的每个值，梯度下降的距离都小于 ε，如果小于 ε 则算法终止，当前 $\boldsymbol{\theta}$ 向量为最终结果。否则进行步骤④。

④ 更新 $\boldsymbol{\theta}$ 向量，其更新表达式如下。更新完毕后继续转到步骤①。

$$\boldsymbol{\theta}=\boldsymbol{\theta}\alpha\frac{\partial}{\partial\boldsymbol{\theta}}J(\boldsymbol{\theta})$$

损失函数对于 $\boldsymbol{\theta}$ 向量的偏导数计算如下：

$$\frac{\partial}{\partial\boldsymbol{\theta}}J(\boldsymbol{\theta})=\boldsymbol{X}^{\mathrm{T}}(\boldsymbol{X\theta}-\boldsymbol{Y})$$

步骤④中 $\boldsymbol{\theta}$ 向量的更新表达式为：

$$\boldsymbol{\theta}=\boldsymbol{\theta}-\alpha\boldsymbol{X}^{\mathrm{T}}(\boldsymbol{X\theta}-\boldsymbol{Y})$$

5. 梯度下降的算法调优

在使用梯度下降时，需要进行调优。哪些地方需要调优呢？

（1）算法的步长选择。在前面的算法描述中，提到取步长为 1，但是实际上取值取决于数据样本，可以多取一些值，从大到小，分别运行算法，看看迭代效果，如果损失函数在变小，则说明取值有效，否则要增大步长。前面说了。步长太大，会导致迭代过快，甚至有可能错过最优解；步长太小，迭代速度太慢，很长时间算法都不能结束。所以算法的步长需要多次运行后才能得到一个较优的值。

（2）算法参数的初始值选择。初始值不同，获得的最小值也有可能不同，因此梯度下降求得的只是局部最小值；当然如果损失函数是凸函数，则一定是最优解。由于有局部最优解的风险，需要多次用不同初始值运行算法，使关键损失函数取最小值、选择损失函数取最小值的初值。

(3) 归一化。由于样本不同特征的取值范围不一样，可能导致迭代速度很慢，为了减少特征取值的影响，可以对特征数据归一化，也就是对于每个特征 x，求出它的期望 $\bar{x}$ 和标准差 std(x)，然后转化为：

$$\frac{x-\bar{x}}{\mathrm{std}(x)}$$

这样特征的新期望为 0，新方差为 1，迭代速度可以大大加快。

6. 梯度下降法大家族

除了标准梯度下降法外，还有批量梯度下降法(Batch Gradient Descent，BGD)、随机梯度下降法(Stochastic Gradient Descent)及小批量梯度下降法(Mini-batch Gradient Descent)。

1) 批量梯度下降法

按照传统的思想，需要对风险函数中的每个 θ_i 求其偏导数，得到每个 θ_i 对应的梯度：

$$\frac{\partial J(\theta)}{\partial(\theta_i)}=\frac{1}{m}\sum_{j=1}^{m}(h_\theta(x^j)-y^j)x_i^j$$

此处 x_i^j 表示第 j 个样本点 x^j 的第 i 个分量，即 $h(\theta)$中的 $\theta_i x_i$。

接着由于要最小化风险函数，因此按照每个参数 θ_i 的负梯度方向来更新每一个 θ_i，

$$\theta_i=\theta_i-\varepsilon\frac{\partial}{\partial(\theta_i)}J(\theta)=\theta_i-\frac{\alpha}{m}\sum_{j=1}^{m}(h_\theta(x^j)-y^j)x_i^j$$

这里的 α 表示每一步的步长。

从上面的公式可以注意到，它得到的是一个全局最优解，但是每迭代一步，都要用到训练集所有的数据，如果 m 很大，那么可想而知这种方法的迭代速度。所以，这就引入了另外一种方法——随机梯度下降。

2) 随机梯度下降

因为批量梯度下降在训练集很大的情况下迭代速度非常慢，所以在这种情况下再使用批量梯度下降来求解风险函数的最优化问题是不具有可行性的，在此情况下，提出了随机梯度下降。

将上述的风险函数改写成以下形式：

$$J(\theta)=\frac{1}{2m}\sum_{j=1}^{m}(h_\theta(x^j)-y^j)^2=\frac{1}{m}\sum_{j=1}^{m}\mathrm{cost}(\theta,(x^j,y^j))$$

其中，

$$\mathrm{cost}(\theta,(x^j,y^j))=\frac{1}{2}(h_\theta(x^j)-y^j)^2$$

称为样本点(x^j,y^j)的损失函数。

接着来对每个样本的损失函数 θ_i 求其偏导数，得到每个 θ_i 对应的梯度：

$$\frac{\partial}{\partial\theta_i}\mathrm{cost}(\theta,(x^j,y^j))=(h_\theta(x^j)-y^j)x^j$$

然后根据每个参数 θ_i 的负梯度方向来更新每一个 θ_i：

$$\theta_i = \theta_i - \alpha \frac{\partial}{\partial \theta_i}\text{cost}(\theta,(x^j,y^j)) = \theta_i - \alpha(h_\theta(x^j) - y^j)x^j$$

与批量梯度下降相比，随机梯度下降每次迭代只用到了一个样本，在样本量很大的情况下，常见的情况是只用到了其中一部分样本数据即可将 θ 迭代到最优解。因此随机梯度下降比批量梯度下降在计算量上会大大减少。

SGD 有一个缺点是，其噪声较 BGD 要多，使得 SGD 并不是每次迭代都向着整体最优化方向。而且 SGD 因为每次都是使用一个样本进行迭代，因此最终求得的最优解往往不是全局最优解，而只是局部最优解。但是大的整体方向是向全局最优解的，最终的结果往往是在全局最优解附近。

图 4-7 和图 4-8 是两种方法的图形展示。

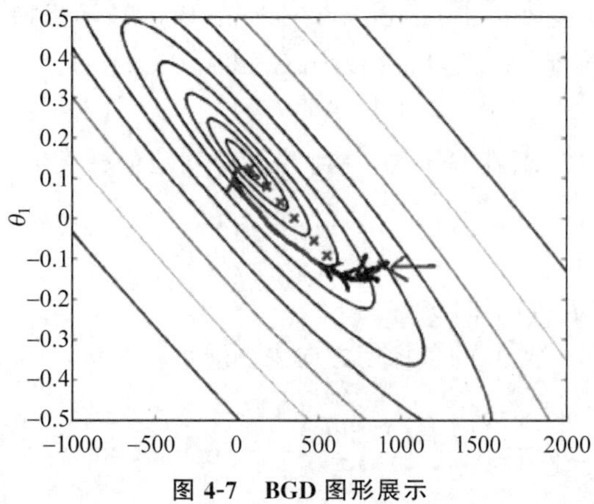

图 4-7 BGD 图形展示

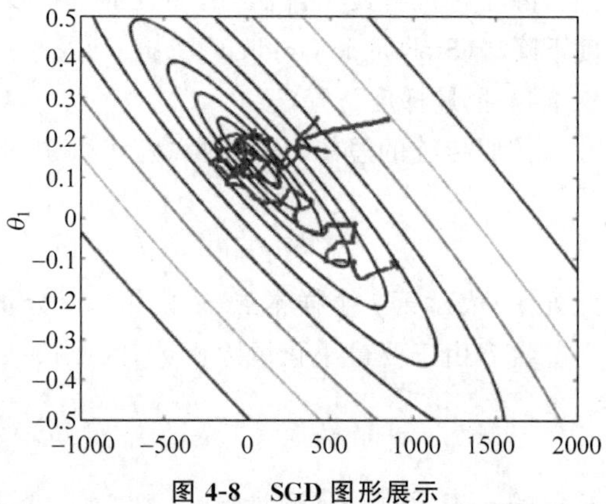

图 4-8 SGD 图形展示

从图 4-7 和图 4-8 可以看出，SGD 因为每次都是用一个样本点进行梯度搜索，因此其最优化路径看上去比较盲目(这也是随机梯度下降名字的由来)。

3）小批量梯度下降法

小批量梯度下降法是批量梯度下降法和随机梯度下降法的折中，也就是对于 m 个样本，采用 x 个样子来迭代 $1<x<m$。一般可以取 $x=10$，当然根据样本的数据，可以调整这个 x 的值。对应的更新公式为：

$$\theta_i = \theta_i - \alpha \sum_{j=1}^{m}(h_\theta(x_0^{(j)},x_1^{(j)},\cdots,x_n^{(j)}) - y_j)x_i^{(j)}$$

7. 梯度下降法和其他无约束优化算法的比较

在机器学习中的无约束优化算法，除了梯度下降以外，还有前面提到的最小二乘法，此外还有牛顿法和拟牛顿法。

梯度下降法和最小二乘法相比，梯度下降法需要选择步长，而最小二乘法不需要。梯度下降法是迭代求解，最小二乘法是计算解析解。如果样本量不算很大，且存在解析解，最小二乘法比梯度下降法要有优势，计算速度很快。但如果样本量很大，用最小二乘法需要求一个超级大的逆矩阵，就很难或者很慢才能得到解析解了，这时使用迭代的梯度下降法比较有优势。

梯度下降法和牛顿法/拟牛顿法相比，两者都是迭代求解，不过梯度下降法是梯度求解，而牛顿法/拟牛顿法是用二阶的海森矩阵(Hessian Matrix)的逆矩阵或伪逆矩阵求解。相对而言，使用牛顿法/拟牛顿法收敛速度更快，但是每次迭代的时间比梯度下降法长。

8. 凸优化与非凸优化

简单来说，凸优化问题是指只存在一个最优解的优化问题，即任何一个局部最优解即全局最优解，如图 4-9 所示。

非凸优化是指在解空间中存在多个局部最优解，而全局最优解是其中的某一个局部最优解，如图 4-10 所示。

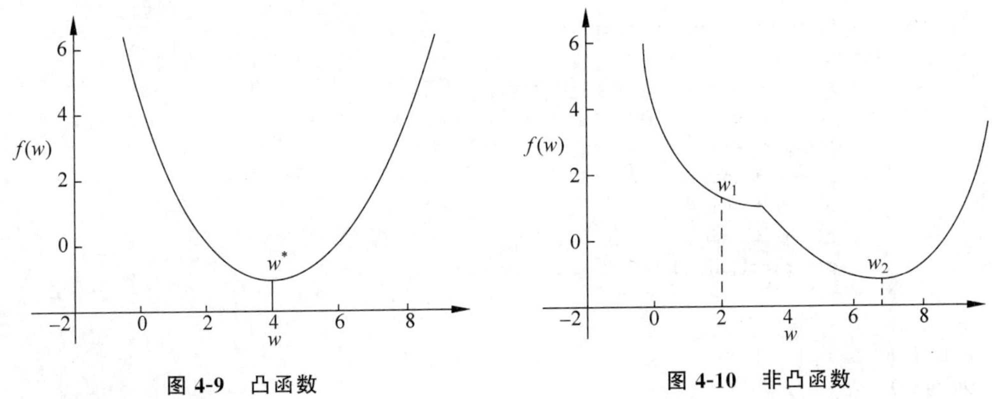

图 4-9 凸函数　　图 4-10 非凸函数

最小二乘(Least Squares)、岭回归(Ridge Regression)和逻辑回归(Logistic Regression)的损失函数都是凸优化函数。

9. 利用梯度下降法实现逻辑回归模型

前面介绍了各种梯度下降法，下面直接利用梯度下降法实现逻辑回归模型。

【例 4-1】 求解 $y=2x_1+x_2+3$，即使用梯度下降法求解 $y=a*x_1+b*x_2+c$ 中参数 a、b、c 的最优值(监督学习)。已知，

训练数据：

```
x_train = [1, 2], [2, 1],[2, 3], [3, 5], [1,3], [4, 2], [7, 3], [4, 5], [11, 3], [8, 7]
y_train = [7, 8, 10, 14, 8, 13, 20, 16, 28,26]
```

测试数据：

```
x_test = [1, 4],[2, 2],[2, 5],[5, 3],[1,5],[4, 1]
```

实现的 Python 代码为：

```
import numpy as np
import matplotlib.pyplot as plt

#y=2 * (x1) + (x2) + 3
rate = 0.001
x_train = np.array([[1, 2], [2, 1],[2, 3], [3, 5], [1, 3], [4, 2], [7, 3], [4, 5], [11, 3],
[8, 7] ])
y_train = np.array([7, 8, 10, 14, 8, 13, 20, 16, 28, 26])
x_test  = np.array([[1, 4],[2, 2],[2, 5],[5, 3],[1, 5],[4, 1]])
a = np.random.normal()
```

```
b = np.random.normal()
c = np.random.normal()

def h(x):
    return a * x[0] + b * x[1] + c

for i in range(100):
    sum_a = 0
    sum_b = 0
    sum_c = 0

    for x, y in zip(x_train, y_train):
        for xi in x:
            sum_a = sum_a+ rate * (y - h(x)) * xi
            sum_b = sum_b+ rate * (y - h(x)) * xi
            #sum_c = sum_c + rate * (y - h(x)) * 1
            a = a + sum_a
            b = b + sum_b
            c = c + sum_c
            plt.plot([h(xi) for xi in x_test])

print(a)
print(b)
print(c)
result = [h(xi) for xi in x_train]
print(result)
result = [h(xi) for xi in x_test]
print(result)
plt.show()
```

运行程序，效果如图 4-11 所示。

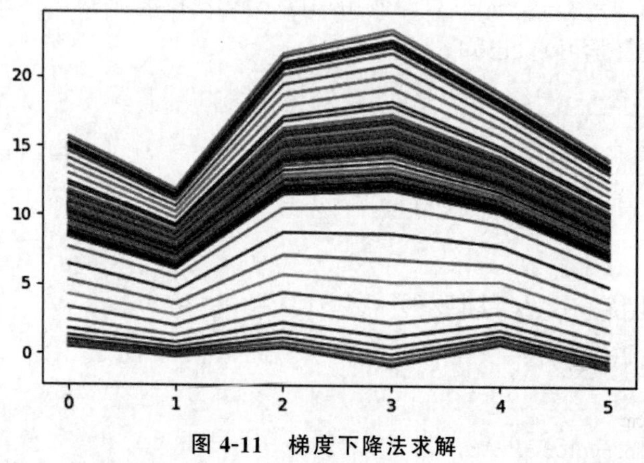

图 4-11 梯度下降法求解

4.2 Softmax 回归

由于逻辑回归算法复杂度低、容易实现等特点，在工业界得到广泛应用，如计算广告中的点击率预估等。但是，逻辑回归算法主要是用于处理二分类问题，如果需要处理的是多分类问题，如手写字识别，即识别{0,1,…,9}中的数字，此时，需要使用能够处理多个分类问题的算法。

Softmax回归算法是逻辑回归算法在多分类问题上的推广，主要用于处理多分类问题，其中，任意两个类之间是线性可分的。

假设有k个类别，每个类别的参数向量为$\boldsymbol{\theta}_j$，那么对于每个样本，其所属类别的概率为：

$$P(y_i \mid \boldsymbol{X}, \boldsymbol{\theta}_j) = \frac{e^{\boldsymbol{\theta}_j \boldsymbol{X}}}{\sum_{l=1}^{k} e^{\boldsymbol{\theta}_l \boldsymbol{X}}}$$

与逻辑回归的损失函数相比，Softmax的损失函数引入了指示函数，其损失函数为

$$J(\boldsymbol{\theta}) = -\frac{1}{m}\left[\sum_{i=1}^{m}\sum_{j=1}^{k} I\{y_i = j\}\log \frac{e^{\boldsymbol{\theta}_j \boldsymbol{X}}}{\sum_{l=1}^{k} e^{\boldsymbol{\theta}_l \boldsymbol{X}}}\right]$$

该损失函数的意义是对每一个样本判断其属于哪个类别，并进行相应计算。对该损失函数，可以使用梯度下降法求解，梯度计算过程如下：

$$\nabla_{\boldsymbol{\theta}_j} J(\boldsymbol{\theta}) = \frac{1}{m}\sum_{i=1}^{m}\left[\nabla_{\boldsymbol{\theta}_j}\sum_{j=1}^{k} I\{y_i = j\}\log \frac{e^{\boldsymbol{\theta}_j \boldsymbol{X}}}{\sum_{l=1}^{k} e^{\boldsymbol{\theta}_l \boldsymbol{X}}}\right]$$

$$= -\frac{1}{m}\sum_{j=1}^{m}\left[I\{y_i = j\}\frac{\sum_{l=1}^{k} e^{\boldsymbol{\theta}_l \boldsymbol{X}}}{e^{\boldsymbol{\theta}_l \boldsymbol{X}}} \cdot \frac{e^{\boldsymbol{\theta}_j \boldsymbol{X}} \cdot \boldsymbol{X} \cdot \sum_{l=1}^{k} e^{\boldsymbol{\theta}_l \boldsymbol{X}} - e^{\boldsymbol{\theta}_j \boldsymbol{X}} \cdot e^{\boldsymbol{\theta}_j \boldsymbol{X}} \cdot \boldsymbol{X}}{\sum_{l=1}^{k} e^{\boldsymbol{\theta}_l \boldsymbol{X}^2}}\right]$$

$$= -\frac{1}{m}\sum_{j=1}^{m} I\{y_i = j\}\frac{\sum_{l=1}^{k} e^{\boldsymbol{\theta}_l \boldsymbol{X}} - e^{\boldsymbol{\theta}_j \boldsymbol{X}}}{\sum_{l=1}^{k} e^{\boldsymbol{\theta}_l \boldsymbol{X}}} \cdot \boldsymbol{X}$$

$$= -\frac{1}{m}\sum_{j=1}^{m}\left[(I\{y_i = j\} - P(y_i = j \mid\mid X, \boldsymbol{\theta}_j)) \cdot \boldsymbol{X}\right]$$

对于每个类别，分别求其$\boldsymbol{\theta}_j$的梯度并计算，实现的Python代码为：

```
import numpy as np
from sklearn.datasets import load_digits
from sklearn.cross_validation import train_test_split
from sklearn import preprocessing

def load_data():
    digits = load_digits()
    data = digits.data
    label = digits.target
    return np.mat(data), label

def gradient_descent(train_x, train_y, k, maxCycle, alpha):
#k 为类别数
    numSamples, numFeatures = np.shape(train_x)
```

```
    weights = np.mat(np.ones((numFeatures, k)))

    for i in range(maxCycle):
        value = np.exp(train_x * weights)
        rowsum = value.sum(axis = 1)            #横向求和
        rowsum = rowsum.repeat(k, axis = 1)     #横向复制扩展
        err = - value / rowsum                  #计算出每个样本属于每个类别的概率
        for j in range(numSamples):
            err[j, train_y[j]] += 1
        weights = weights + (alpha / numSamples) * (train_x.T * err)
    return weights

def test_model(test_x, test_y, weights):
    results = test_x * weights
    predict_y = results.argmax(axis = 1)
    count = 0
    for i in range(np.shape(test_y)[0]):
        if predict_y[i,] == test_y[i,]:
            count += 1
    return count / len(test_y), predict_y

if __name__ == "__main__":
    data, label = load_data()
    #data = preprocessing.minmax_scale(data, axis = 0)
    #数据处理之后识别率降低了
    train_x, test_x, train_y, test_y = train_test_split(data, label, test_size = 0.25,
random_state = 33)
    k = len(np.unique(label))
    weights = gradient_descent(train_x, train_y, k, 800, 0.01)
    accuracy, predict_y = test_model(test_x, test_y, weights)
    print("Accuracy:", accuracy)
```

运行程序，输出如下：

```
Accuracy: 0.9711111111111111
```

4.3 因子分解机

在逻辑回归算法的模型中使用的是特征的线性组合，最终得到的分隔超平面属于线性模型，其只能处理线性可分的二分类问题，现实生活中的分类问题是多种多样的，存在大量的非线性可分的分类问题。

为了使得逻辑回归算法能够处理更多的复杂问题，对逻辑回归算法精心优化主要有两种：

(1) 对特征进行处理，如核函数的方法，将非线性可分问题转换为近似线性可分的问题。

(2) 对逻辑回归算法进行扩展，因子分解机(Factorization Machine，FM)是对基本逻辑回归算法的扩展，是由 Steffen Rendle 提出的一种基于矩阵分解的机器学习算法。

4.3.1 逻辑回归算法的不足

由于逻辑回归算法简单、易于实现的特点、在工业界中得到广泛应用，但是基本的逻辑回归算法只能处理线性可分的二分类问题，对于图 4-12 的非线性可分的二分类问题，使用基本的逻辑回归算法却不能够很好地进行分类。

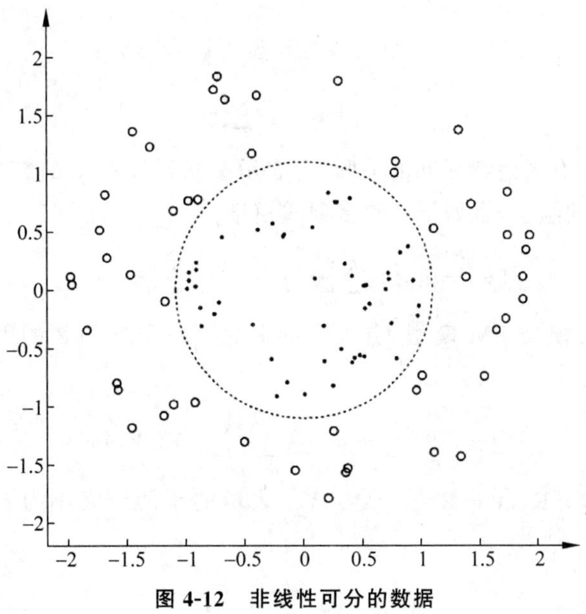

图 4-12 非线性可分的数据

基本的逻辑回归算法不能很好地将上述数据分开，为了能够利用逻辑回归算法处理非线性可分的数据，通常有两种方法：

(1) 利用人工对特征进行处理，使用核函数对特征进行处理，对于如图 4-12 所示的数据，利用函数 $f(x)=x_2$ 进行特征处理处理后的数据如图 4-13 所示。

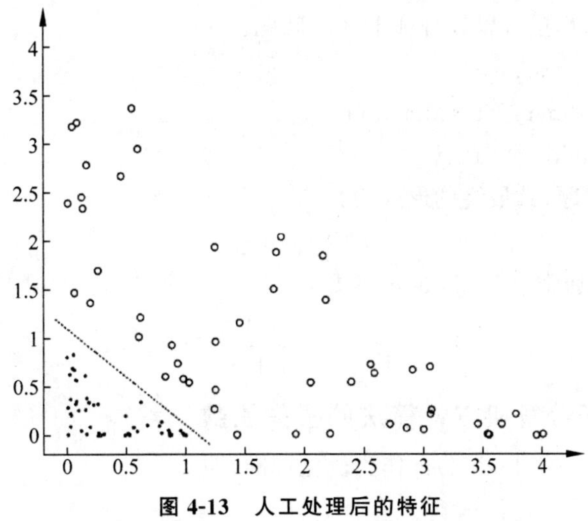

图 4-13 人工处理后的特征

(2) 对于基本的逻辑回归算法进行扩展，以适应更难分类问题。

因子分解机算法是对逻辑回归算法的扩展，在因子分解机 FM 模型中，不仅包含了逻辑回归模型中的线性项，还包含了非线性的交叉项，利用矩阵分解的方法对，模型中的交叉项的系数学习，得到每一项的系数，而无须人工参与。

4.3.2 因子分解模型

FM 是一般线性模型的推广，一般的线性模型可以表示为：

$$y(x)=w_0+\sum_{i=1}^{n}w_ix_i \tag{4-1}$$

但是上述模型没有考虑特征间的关联，为表示关联特征对 y 的影响，引入多项式模型，以 x_iy_i 表示两特征的组合，有如下二阶多项式模型：

$$y(x)=w_0+\sum_{i=1}^{n}w_ix_i+\sum_{i=1}^{n-1}\sum_{j=i+1}^{n}w_{ij}x_ix_j \tag{4-2}$$

对于因子分解机模型 FM 模型，引入度的概念。对于度为 2 的因子分解机 FM 的模型为：

$$\hat{y}=w_0+\sum_{i=1}^{n}w_ix_i+\sum_{i=1}^{n-1}\sum_{j=i+1}^{n}\langle \mathbf{V}_i,\mathbf{V}_j\rangle x_ix_j$$

其中，参数 $w_0\in\mathbf{R}$，$\boldsymbol{w}\in\mathbf{R}^n$，$\boldsymbol{V}\in\mathbf{R}^{n\times k}$。$\langle \mathbf{V}_i,\mathbf{V}_j\rangle$表示的是两个大小为 k 的向量 $\mathbf{V}_i$ 和 $\mathbf{V}_j$ 的点积。

$$\langle \mathbf{V}_i,\mathbf{V}_j\rangle=\sum_{f=1}^{k}v_{i,f}\cdot v_{j,f}$$

其中，$\boldsymbol{V}_i$ 表示的是系统矩阵 $\boldsymbol{V}$ 的第 i 维向量，$\boldsymbol{V}_i=(v_{i,1},v_{i,2},\cdots,v_{i,k})$，$k\in\mathbf{N}^+$ 称为超参数，且 k 的大小称为因子分解机 FM 算法的度。在因子分解机机 FM 模型中，前面两部分是传统的线性模型，最后一部分将两个互异特征分量之间的相互关系考虑进来。

1. 因子分解可处理的问题

因子分解机 FM 算法可以处理如下 3 个问题：

- 回归问题(Regression)。
- 二分类问题(Binary Classification)。
- 排序问题(Ranking)。

对于处理回归问题，其最终的形式为：

$$h(X)=\sigma(\hat{y})$$

其中，σ 为阈值函数，通常取为 sigmoid 函数：

$$\sigma(x)=\frac{1}{1+\mathrm{e}^{-x}}$$

2. 二分类因子分解机 FM 算法的损失函数

在二分类问题中使用 logit loss 作为优化标准，即：

$$\mathrm{loss}^C(\hat{y},y)=\sum_{i=1}^{m}-\ln\sigma(\hat{y}^{(i)}\cdot y^{(i)})$$

4.3.3 FM算法中交叉项的处理

1. 交叉项系数

在基本线性回归模型的基础上引入交叉项，如下：

$$\hat{y}=w_0+\sum_{i=1}^{n}w_ix_i+\sum_{i=1}^{n-1}\sum_{j=i+1}^{n}w_{i,j}x_ix_j$$

这种直接在交叉项 x_ix_j 的前面加上交叉项系数 $w_{i,j}$ 的方式，在稀疏数据的情况下存在一个很大的缺陷，即在对于观察样本中为未出现交互特征分量时，不能对相应的参数进行估计。

对每一个特征分量 x_i 引入辅助向量 $\boldsymbol{V}_i=(v_{i,1},v_{i,2},\cdots,v_{i,k})$，利用 $\boldsymbol{V}_i\boldsymbol{V}_j^{\mathrm{T}}$ 对交叉项的系数 $w_{i,j}$ 进行估计，即

$$\hat{w}_{i,j}=\boldsymbol{V}_i\boldsymbol{V}_j^{\mathrm{T}}$$

令

$$\boldsymbol{V}=\begin{pmatrix} v_{11} & v_{12} & \cdots & v_{1k} \\ v_{21} & v_{13} & \cdots & v_{2k} \\ \vdots & \vdots & \ddots & \vdots \\ v_{n1} & v_{n2} & \cdots & v_{nk} \end{pmatrix}_{n\times k}=\begin{pmatrix} \boldsymbol{V}_1 \\ \boldsymbol{V}_2 \\ \vdots \\ \boldsymbol{V}_n \end{pmatrix}$$

则

$$\hat{\boldsymbol{W}}=\boldsymbol{V}\boldsymbol{V}^{\mathrm{T}}=\begin{pmatrix} \boldsymbol{V}_1 \\ \boldsymbol{V}_2 \\ \vdots \\ \boldsymbol{V}_n \end{pmatrix}(\boldsymbol{V}_1^{\mathrm{T}}\quad \boldsymbol{V}_2^{\mathrm{T}}\quad \cdots \quad \boldsymbol{V}_n^{\mathrm{T}})$$

这就对应了一种矩阵的分解。对 k 值的限定、FM的表达能力均有一定的影响。

2. 模型的求解

对于交叉项 $\sum_{i=1}^{n-1}\sum_{j=i+1}^{n}\langle\boldsymbol{V}_i,\boldsymbol{V}_j\rangle x_ix_j$ 的求解，可以采用公式 $\frac{((a+b+c)^2-a^2-b^2-c^2)}{2}$，其具体过程如下所示：

$$\begin{aligned}
&\sum_{i=1}^{n-1}\sum_{j=i+1}^{n}\langle\boldsymbol{V}_i,\boldsymbol{V}_j\rangle x_ix_j \\
&=\frac{1}{2}\sum_{i=1}^{n}\sum_{j=1}^{n}\langle\boldsymbol{V}_i,\boldsymbol{V}_j\rangle x_ix_j-\frac{1}{2}\sum_{i=1}^{n}\langle\boldsymbol{V}_i,\boldsymbol{V}_i\rangle x_ix_i \\
&=\frac{1}{2}\left(\sum_{i=1}^{n}\sum_{j=1}^{n}\sum_{f=1}^{k}v_{i,f}v_{j,f}x_ix_j-\sum_{i=1}^{n}\sum_{f=1}^{k}v_{i,f}v_{i,f}x_ix_i\right) \\
&=\frac{1}{2}\sum_{f=1}^{k}\left(\left(\sum_{i=1}^{n}v_{i,f}x_i\right)\left(\sum_{j=1}^{n}v_{j,f}x_j\right)-\sum_{i=1}^{n}v_{i,f}^2x_i^2\right) \\
&=\frac{1}{2}\sum_{f=1}^{k}\left(\left(\sum_{i=1}^{n}v_{i,f}x_i\right)^2-\sum_{i=1}^{n}v_{i,f}^2x_i^2\right)
\end{aligned}$$

4.3.4 FM 算法的求解

对于 FM 算法的求解,主要是利用了梯度下降法。在梯度下降法中,在每一次迭代过程中,利用全部的数据进行模型参数的学习,对于数据量特别大的情况,每次迭代求解所有样本需要花费大量的计算成本。

假设数据集中有 m 个训练样本,即 $\{X^{(1)},X^{(2)},\cdots,X^{(m)}\}$,每一个样本 $X^{(i)}$ 有 n 个特征,即 $X^{(i)}=\{x_1^{(i)},x_2^{(i)},\cdots,x_n^{(i)}\}$。对于度为 2 的因子分解机 FM 模型,其主要的参数有一次项和常数项的参数 $w_0,w_1,\cdots,w_n$ 以及交叉项的系数矩阵 $\mathbf{V}$。在利用随机梯度对模型的参数进行学习的过程中,主要是对损失函数 $\text{loss}^C(\hat{y},y)$ 求导数,即

$$\frac{\partial \text{loss}^C(\hat{y},y)}{\partial\theta}=-\frac{1}{\sigma(\hat{y}y)}\sigma(\hat{y}y)\cdot[1-\sigma(\hat{y}y)]\cdot y\cdot\frac{\partial\hat{y}}{\partial\theta}$$

而$\frac{\partial\hat{y}}{\partial\theta}$为

$$\frac{\partial\hat{y}}{\partial\theta}=\begin{cases}1, & \theta=w_0\\ x_i, & \theta=w_i\\ x_i\sum_{j=1}^{n}v_{j,f}x_j-v_{i,f}x_i^2, & \theta=v_{i,j}\end{cases}$$

4.3.5 FM 算法流程

利用随机梯度下降算法对因子分解机 FM 模型中的参数进行学习的基本步骤如下:

(1) 初始化权重 $w_0,w_1,\cdots,w_n$ 和 $\mathbf{V}$。

(2) 对每一个样本:

$$w_0=w_0-\alpha[\sigma(\hat{y}y)-1]\cdot y$$

对特征 $i\in\{1,2,\cdots,n\}$:

$$w_i=w_i-\alpha[\sigma(\hat{y}y)-1]\cdot y\cdot x_i$$

对 $f\in\{1,2,\cdots,k\}$:

$$v_{i,f}=v_{i,f}-\alpha[\sigma(\hat{y}y)-1]\cdot y\cdot\left[x_i\sum_{j=i+1}^{n}v_{j,f}x_j-v_{i,j}x_i^2\right]$$

(3) 重复步骤(2),直到满足终止条件。

4.3.6 Python 实现 FM 模型

现在使用 Python 实现上述因子分解机 FM 的更新过程。其实现步骤为如下:

(1) 首先,需要导入 numpy。

```
import numpy as np
```

(2) 利用随机梯度下降法训练因子分解机 FM 模型的参数,代码为:

```
def stocGradAscent(dataMatrix, classLabels, k, max_iter, alpha):
    '''利用随机梯度下降法训练 FM 模型
```

```
    input:  dataMatrix(mat)特征
            classLabels(mat)标签
            k(int)v 的维数
            max_iter(int)最大迭代次数
            alpha(float)为随机梯度下降法的学习率
    output: w0(float),w(mat),v(mat):权重
    '''
    m, n = np.shape(dataMatrix)
    #1. 初始化参数
    w = np.zeros((n, 1))                                    #其中 n 是特征的个数
    w0 = 0                                                  #偏置项
    v = initialize_v(n, k)                                  #初始化 V

    #2. 训练
    for it in range(max_iter):
        for x in range(m):                                  #随机优化,对每一个样本而言的
            inter_1 = dataMatrix[x] * v
            inter_2 = np.multiply(dataMatrix[x], dataMatrix[x]) * \
             np.multiply(v, v)                              #multiply 对应元素相乘
            #完成交叉项
            interaction = np.sum(np.multiply(inter_1, inter_1) - inter_2) / 2.
            p = w0 + dataMatrix[x] * w + interaction  #计算预测的输出
            loss = sigmoid(classLabels[x] * p[0, 0]) - 1

            w0 = w0 - alpha * loss * classLabels[x]
            for i in range(n):
                if dataMatrix[x, i] != 0:
                    w[i, 0] = w[i, 0] - alpha * loss * classLabels[x] * dataMatrix[x, i]

                    for j in range(k):
                        v[i, j] = v[i, j] - alpha * loss * classLabels[x] * \
                        (dataMatrix[x, i] * inter_1[0, j] -\
                          v[i, j] * dataMatrix[x, i] * dataMatrix[x, i])

        #计算损失函数的值
        if it % 1000 == 0:
            print ("\t------- iter: ", it, " , cost: ",getCost(getPrediction(np.mat
(dataMatrix), w0, w, v), classLabels)))

    #3. 返回最终的 FM 模型的参数
    return w0, w, v
```

(3) 初始化交叉项的权重,代码为:

```
def initialize_v(n, k):
    '''初始化交叉项
    input:  n(int)特征的个数
            k(int)FM 模型的超参数
    output: v(mat):交叉项的系数权重
    '''
    v = np.mat(np.zeros((n, k)))
```

```
    for i in range(n):
        for j in range(k):
            #利用正态分布生成每一个权重
            v[i, j] = normalvariate(0, 0.2)
    return v
```

(4) 为了能够使用正态分布对权重进行初始化,需要导入 normalvariate 函数,代码为:

```
from random import normalvariate
```

(5) 定义 sigmoid 函数,代码为:

```
def sigmoid(inx):
    return 1.0/(1 + np.exp( - inx))
```

(6) 函数 getCost 用于计算当前的损失函数的值,函数的输入是利用当前的 FM 模型对数据集的预测结果 predict 和样本的标签 classLabels,最终得到当前的损失函数值 error,代码为:

```
def getCost(predict, classLabels):
    '''计算预测准确性
    input:  predict(list)预测值
            classLabels(list)标签
    output: error(float)计算损失函数的值
    '''
    m = len(predict)
    error = 0.0
    for i in range(m):
        error -=  np.log(sigmoid(predict[i] * classLabels[i] ))
    return error
```

4.4 支持向量机

支持向量机(Support Vector Machines,SVM)是由 Vapnik 等人于 1995 年提出来的,之后随着统计理论的发展,支持向量机逐渐受到了各领域研究者的关注,在很短的时间就得到了广泛的应用。支持向量机是公认的比较优秀的分类模型,同时,在支持向量机的发展过程中,其理论方面的研究得到了同步的发展,为支持向量机的研究提供了强有力的理论支撑。

4.4.1 SVM 简介

在机器学习领域,SVM 是一个有监督的学习模型,通常用来进行模式识别、分类以及回归分析。由简至繁的模型包括:

(1) 当训练样本线性可分时,通过硬间距最大化,学习一个线性可分支持向量机。

(2) 当训练样本近似线性可分时,通过软间距最大化,学习一个线性支持向量机。

(3) 当训练样本线性不可分时,通过核技巧和软间距最大化,学习一个非线性支持向量机。

SVM 的基本思想是：建立一个最优决策超平面，使得该平面两侧距离平面最近的两类样本之间的距离最大化，从而对分类问题提供良好的泛化能力。即是指，当样本点的分布无法用一条直线或几条直线分开时(即线性不可分)，SVM 提供一种算法，求出一个曲面用于划分。这个曲面就称为最优决策超平面。而且，SVM 采用二次优化，因此最优解是唯一的，且为全局最优。前面提到的距离最大化就是说，这个曲面让不同分类的样本点距离最远，即求最优分类超平面等价于求最大间距。

如图 4-14 所示，SVM 的原理大致分为：假设要把星星和圆点分成两类，那么有无数多条线可以完成这个任务，在 SVM 中，我们寻找一条最优的分界线使得它到两边的边界都最大，在这种情况下边缘的几个数据点就叫作支持向量(Support Vector)，这也是这个分类算法名字的由来。

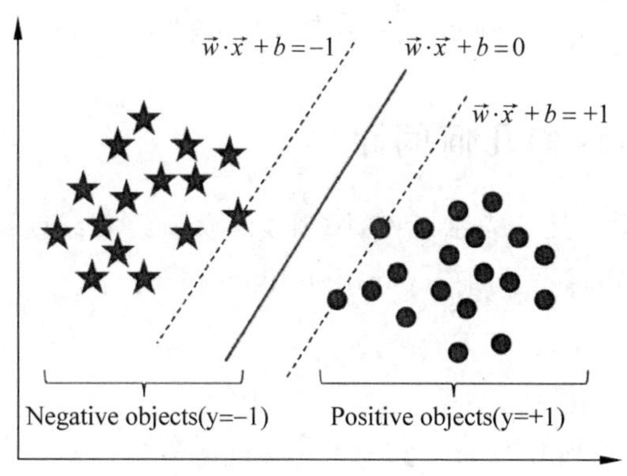

图 4-14 SVM 原理图

4.4.2 线性可分支持向量机

给定线性可分训练数据集，通过间距最大化或等价地求解相应的凸二次规划问题学习得到的分离超平面为 $wx+b=0$，相应的分类决策函数 $f(x)=\text{sig}(wx+b)$ 称为线性可分支持向量机。

由于训练数据线性可分，如图 4-15 所示，这时有许多超平面能将两类数据正确划分，线性可分支持向量机的目的就是从中找到最佳的超平面，使得预测新数据时有较好的表现。

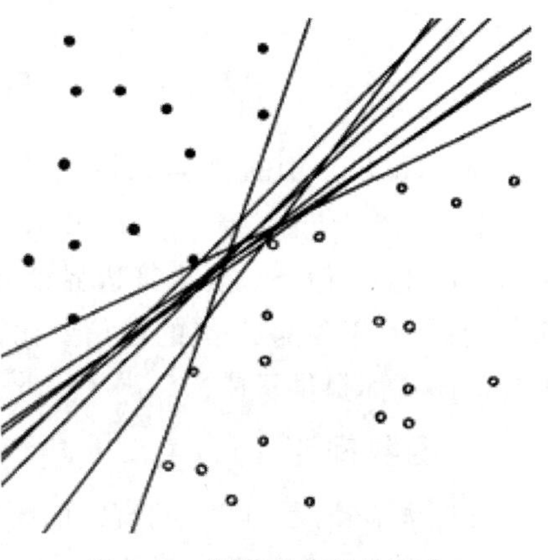

图 4-15 训练数据线性可分

以二维空间为例，相对于把超平面方程 $wx+b=0$ 理解为一条平面直线 $y=kx+b$，将其理解为空间平面 $z=ax+by+c$ 与平面 $z=0$ 的交线。将训练数据集中的样本点代入 $wx+b$，得到的值表示空间平面 $z=ax+by+c$ 上的点与 $z=0$ 之间的距离，距离为正的样本为正例，距离为负的样本为负例。注意，二维空间中的超平面图如图 4-16 所示。

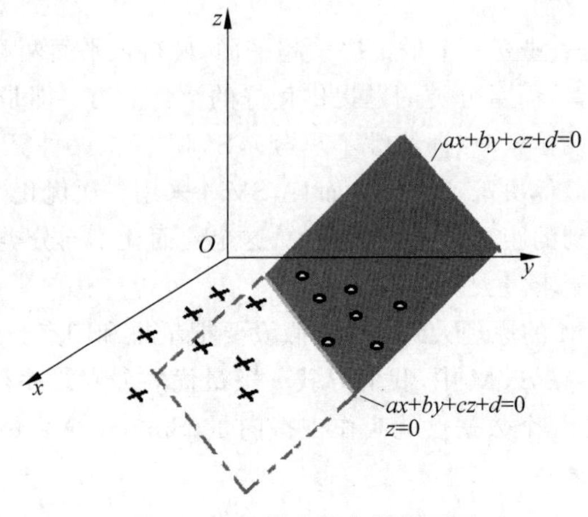

图 4-16 二维空间中的超平面

4.4.3 函数间距和几何间距

如图 4-17 所示，其中打叉的表示正例，圆圈表示负例。直线就是决策边界(它的方程表示为$\boldsymbol{\theta}^{\mathrm{T}}\boldsymbol{x}=\mathbf{0}$)，或者叫作分离超平面(separating hyperplane)。

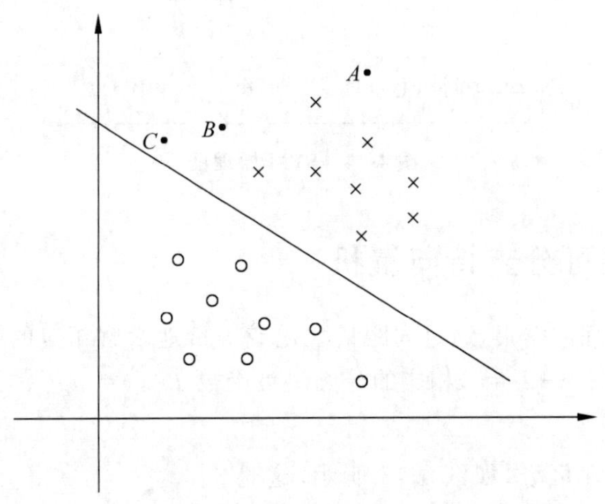

图 4-17 线性分类问题

对于图 4-17 中的 A 点来说，它距离决策边界很远。如果要预测一下 A 点对应的 y 值，应该会很确定地说 $y=1$。反过来，对于 C 点来说，它距离决策边界很近。虽然它也是在决策边界的上方，但是只要决策边界稍有改变，它就可能变成在决策边界的下方。所以相比较而言，我们对于预测 A 点的自信要比预测 C 点要高。函数间距和几何间距的提出，为找到最佳的超平面提供了依据。

1. 函数间距

如图 4-18 所示，点 x 到直线的距离 $L=\beta\|\boldsymbol{x}\|$。

现在定义函数间距。对于一个训练样本$(x^{(i)},y^{(i)})$，定义相应的函数间距为：

$$\hat{\gamma}^{(i)}=y^{(i)}(\boldsymbol{w}^{\mathrm{T}}x^{(i)}+b)=y^{(i)}g(x^{(i)})$$

注意,前面乘上类别 y 之后可以保证这个边界的非负性(因为 $g(x)<0$ 对应 $y=-1$ 的那些点)。

所以,如果 $y^{(i)}=1$,为了让函数间距比较大(预测的确信度就大),需要 $\boldsymbol{w}^{\mathrm{T}}x^{(i)}+b$ 是一个大的正数。反过来,如果 $y^{(i)}=-1$,为了让函数间距比较大(预测的确信度就大),就需要 $\boldsymbol{w}^{\mathrm{T}}x^{(i)}+b$ 是一个大的负数。

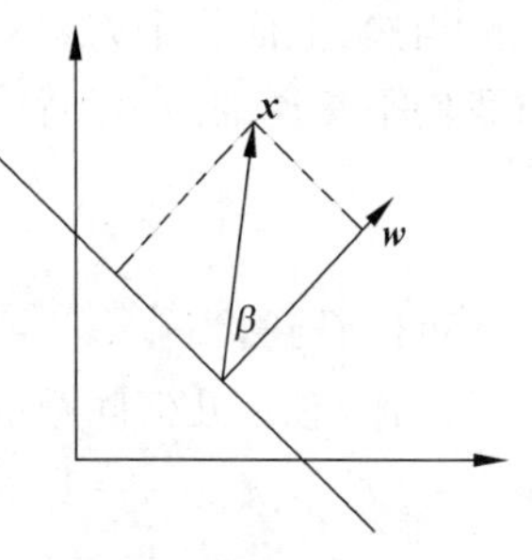

图 4-18 距离图

接着就是要找所有点中间距离最小的点了。对于给定的数据集 $S=(x^{(i)},y^{(i)});i=1,2,\cdots,m$,定义 $\hat{\gamma}$ 是数据集中函数间距最小的,即:

$$\hat{\gamma}=\min_{i=1,2,\cdots,m}\hat{\gamma}^{(i)}$$

但这里有一个问题就是,对于函数间距来说,当 $\boldsymbol{w}$ 和 b 被替换成 $2\boldsymbol{w}$ 和 $2b$ 时,有 $g(\boldsymbol{w}^{\mathrm{T}}x^{(i)}+b)=g(2\boldsymbol{w}^{\mathrm{T}}x^{(i)}+2b)$,这不会改变 $h_{\boldsymbol{w},b}(x)$ 的值。为此引入了几何间距。

2. 几何间距

考虑图 4-19,直线为决策边界(由 $\boldsymbol{w}$、b 决定)。向量 $\boldsymbol{w}$ 垂直于直线(为什么? $\boldsymbol{\theta}^{\mathrm{T}}x=0$,非零向量的内积为 0,说明它们互相垂直)。假设 A 点代表样本 $x^{(i)}$,它的类别为 $y=1$。假设 A 点到决策边界的距离为 $\gamma^{(i)}$,也就是线段 AB。

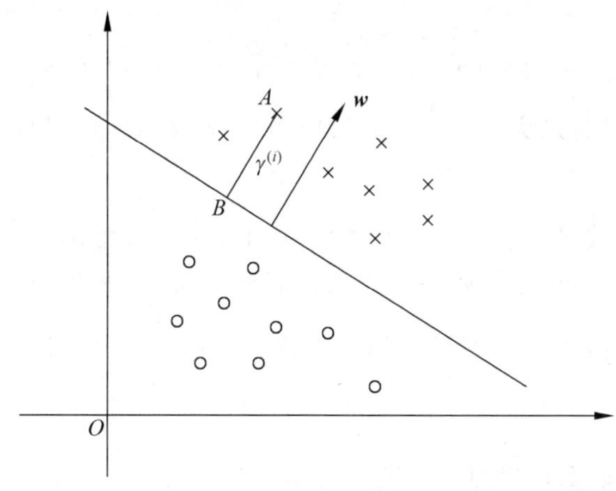

图 4-19 几何间距

那么,应该如何计算 $\gamma^{(i)}$? 首先我们知道 $\frac{\boldsymbol{w}}{\|\boldsymbol{w}\|}$ 表示的是在 $\boldsymbol{w}$ 方向上的单位向量。因为 A 点代表的是样本 $x^{(i)}$,所以 B 点为:$x^{(i)}-\gamma^{(i)}\cdot\frac{\boldsymbol{w}}{\|\boldsymbol{w}\|}$。又因为 B 点是在决策边界上,所以 B 点满足 $\boldsymbol{w}^{\mathrm{T}}x+b=0$,也就是:

$$\boldsymbol{w}^{\mathrm{T}}\left(x^{(i)}-\gamma^{(i)}\cdot\frac{\boldsymbol{w}}{\|\boldsymbol{w}\|}\right)+b=0$$

解方程得:

$$\gamma^{(i)}=\frac{\boldsymbol{w}^{\mathrm{T}}x^{(i)}+b}{\|\boldsymbol{w}\|}=\left(\frac{\boldsymbol{w}}{\|\boldsymbol{w}\|}\right)^{\mathrm{T}}x^{(i)}+\frac{b}{\|\boldsymbol{w}\|}$$

当然，上面这个方程对应的是正例的情况，负例的时候上面方程的解就是一个负数，这与我们平常说的距离不符合，所以乘上 $y^{(i)}$，即：

$$\gamma^{(i)}=y^{(i)}\left(\left(\frac{\boldsymbol{w}}{\|\boldsymbol{w}\|}\right)^{\mathrm{T}} x^{(i)}+\frac{b}{\|\boldsymbol{w}\|}\right)$$

可以看到，当 $\|\boldsymbol{w}\|=1$ 时，函数间距与几何间距就是一样的了。

同样，有了几何间距的定义，接着就是要找所有点中间距最小的点了。对于给定的数据集 $S=(x^{(i)},y^{(i)});i=1,2,\cdots,m$，定义 γ 是数据集中函数间距最小的，即：

$$\gamma=\min_{i=1,2,\cdots,m}\gamma^{(i)}$$

讨论到这里，对于一组训练集，要找的就是看看哪个超平面的最近点的间距最大。因为这样确信度是最大的，所以现在的问题就是：

$$\max_{\lambda,\boldsymbol{w},b}\gamma$$

$$\text{s.t.}\begin{cases}y^{(i)}(\boldsymbol{w}^{\mathrm{T}}x^{(i)}+b)\geqslant\gamma, & i=1,2,\cdots,m\\ \|\boldsymbol{w}\|=1\end{cases}$$

这个问题就是说，我们想要最大化这个间距 γ，而且必须保证每个训练集得到的间距都要大于或等于这个间距 γ。$\|\boldsymbol{w}\|=1$ 保证函数间距与几何间距是一样的。但问题是 $\|\boldsymbol{w}\|=1$ 很难理解，所以根据函数间距与几何间距之间的关系，变换一下问题：

$$\max_{\lambda,\boldsymbol{w},b}\frac{\hat{\gamma}}{\|\boldsymbol{w}\|}$$

$$\text{s.t.}\quad y^{(i)}(\boldsymbol{w}^{\mathrm{T}}x^{(i)}+b)\geqslant\hat{\gamma},\quad i=1,2,\cdots,m$$

此处，我们的目标是最大化 $\frac{\hat{\gamma}}{\|\boldsymbol{w}\|}$，限制条件为所有的样本的函数间距要大于或等于 $\hat{\gamma}$。

前面说过，对于函数间距来说，等比例缩放 $\boldsymbol{w}$ 和 b 不会改变 $g(\boldsymbol{w}^{\mathrm{T}}x+b)$ 的值。因此，可以令 $\hat{\gamma}=1$，因为无论 $\hat{\gamma}$ 的值是多少，都可以通过缩放 $\boldsymbol{w}$ 和 b 来使得 $\hat{\gamma}$ 的值变为 1。所以最大化 $\frac{\hat{\gamma}}{\|\boldsymbol{w}\|}=\frac{1}{\|\boldsymbol{w}\|}$（注意：式中等号两边的 $\boldsymbol{w}$ 取值不同）。

3. 间距最大化

其实对于上面的问题，如果那些式子都除以 $\hat{\gamma}$，即变成：

$$\max_{\gamma,\boldsymbol{w},b}\frac{\hat{\gamma}/\hat{\gamma}}{\|\boldsymbol{w}\|/\hat{\gamma}}$$

$$\text{s.t.}\quad y^{(i)}(\boldsymbol{w}^{\mathrm{T}}x^{(i)}+b)/\hat{\gamma}\geqslant\hat{\gamma}/\hat{\gamma},\quad i=1,2,\cdots,m$$

也就是，

$$\max_{\gamma,\boldsymbol{w},b}\frac{1}{\|\boldsymbol{w}\|/\hat{\gamma}}$$

$$\text{s.t.}\quad y^{(i)}(\boldsymbol{w}^{\mathrm{T}}x^{(i)}+b)/\hat{\gamma}\geqslant 1,\quad i=1,2,\cdots,m$$

然后令 $\boldsymbol{w}=\frac{\boldsymbol{w}}{\hat{\gamma}}, b=\frac{b}{\hat{\gamma}}$，问题就变成跟下面的一样了。所以其实只是做了一个变量替换。

$$\max_{\gamma,w,b} \frac{1}{\|\boldsymbol{w}\|}$$

$$\text{s.t.} \quad y^{(i)}(\boldsymbol{w}^{\mathrm{T}}x^{(i)}+b) \geqslant 1, \quad i=1,2,\cdots,m$$

而最大化$\frac{1}{\|\boldsymbol{w}\|}$相当于最小化$\|\boldsymbol{w}\|^2$，所以问题变成：

$$\min_{\gamma,w,b} \frac{1}{2}\|\boldsymbol{w}\|^2$$

$$\text{s.t.} \quad y^{(i)}(\boldsymbol{w}^{\mathrm{T}}x^{(i)}+b) \geqslant 1, \quad i=1,2,\cdots,m$$

现在，问题就已转换成一个可以有效求解的问题了。上面的优化问题就是一个典型的二次凸优化问题，这种优化问题可以使用 QP（Quadratic Programming）来求解。但是上面的问题有着特殊结构，通过拉格朗日对偶变换到对偶变量（dual variable）的优化问题之后，可以找到一种更加有效的方法来进行求解，而且通常情况下这种方法比直接使用通用的 QP 优化包进行优化要高效得多。

4.4.4 线性支持向量机

线性支持向量机是针对线性不可分的数据集的，这样的数据集可以通过近似可分的方法实现分类。对于这样的数据集，类似线性可分支持向量机，通过求解对应的凸二次规划问题，也同样求得分离超平面：

$$\boldsymbol{w}^* \cdot x + b^* = 0$$

以及相应的分类决策函数：

$$f(x) = \mathrm{sign}(\boldsymbol{w}^* \cdot x + b^*)$$

1. 线性支持向量机的原理

线性支持向量机的原始问题：

$$\min_{w,b,\zeta} \frac{1}{2}\|\boldsymbol{w}\|^2 + C\sum_{i=1}^{N}\xi_i$$

$$\text{s.t.} \quad \begin{cases} y_i(w_i+b) \geqslant 1-\xi_i; & i=1,2,\cdots,N \\ \xi_i \geqslant 0; & i=1,2,\cdots,N \end{cases}$$

接着的问题就变成如何求解一个最优化问题（称为原始问题）。

引入拉格朗日函数：

$$L(\boldsymbol{w},b,\xi,\boldsymbol{\alpha},\mu) = \frac{1}{2}\|\boldsymbol{w}\|^2 + C\sum_{i=1}^{N}\xi_i - \sum_{i=1}^{N}\alpha_i(y_i(\boldsymbol{w}\cdot x_i+b)-1+\xi_i) - \sum_{i=1}^{N}\mu_i\xi_i$$

其中，$\alpha_i \geqslant 0, \mu_i \geqslant 0$。

此时，原始问题即变成

$$\min_{w,b,\xi}\max_{\boldsymbol{\alpha},u} L(\boldsymbol{w},b,\xi,\boldsymbol{\alpha},u)$$

利用拉格朗日函数的对偶性，将问题变成一个极大极小优化问题：

$$\max_{\boldsymbol{\alpha},u}\min_{w,b,\xi} L(\boldsymbol{w},b,\xi,\boldsymbol{\alpha},u)$$

首先求解$\min\limits_{w,b,\xi} L(\boldsymbol{w},b,\xi,\boldsymbol{\alpha},u)$，将拉格朗日函数分别对 $\boldsymbol{w}$、b、ξ 求偏导，并令其为 0：

$$\begin{cases}\dfrac{\partial L(\boldsymbol{w},b,\xi,\boldsymbol{\alpha},u)}{\partial \boldsymbol{w}}=\boldsymbol{w}-\sum_{i=1}^{N}\alpha_i y_i x_i=0\\ \dfrac{\partial L(\boldsymbol{w},b,\xi,\boldsymbol{\alpha},u)}{\partial b}=-\sum_{i=1}^{N}\alpha_i y_i=0\\ \dfrac{\partial L(\boldsymbol{w},b,\xi,\boldsymbol{\alpha},u)}{\partial \xi_i}=C-\alpha_i-u_i=0\end{cases}$$

即为

$$\begin{cases}\boldsymbol{w}=\sum_{i=1}^{N}\alpha_i y_i x_i\\ \sum_{i=1}^{N}\alpha_i y_i=0\\ C-\alpha_i-u_i=0\end{cases}$$

将其代入拉格朗日函数，即有

$$\min_{w,b,\xi} L(\boldsymbol{w},b,\xi,\boldsymbol{\alpha},u)=-\frac{1}{2}\sum_{i=1}^{N}\alpha_i\alpha_j y_i y_j(x_i\cdot x_j)+\sum_{i=1}^{N}\alpha_i$$

第二步，求$\max\limits_{\boldsymbol{\alpha},u}\min\limits_{w,b,\xi} L(\boldsymbol{w},b,\xi,\boldsymbol{\alpha},u)$，即求：

$$\max_{\boldsymbol{\alpha},u}-\frac{1}{2}\sum_{i=1}^{N}\sum_{j=1}^{N}\alpha_i\alpha_j y_i y_j(x_i\cdot x_j)+\sum_{i=1}^{N}\alpha_i$$

$$\text{s. t.}\begin{cases}\sum_{i=1}^{N}\alpha_i y_i=0\\ C-\alpha_i-u_i=0\\ \alpha_i\geqslant 0\\ u_i\geqslant 0\end{cases}$$

由 $C-\alpha_i-u_i=0,\alpha_i\geqslant 0,u_i\geqslant 0$ 可得 $0\leqslant\alpha_i\leqslant C$，因为在第二步求极大值的过程中，函数只与$\boldsymbol{\alpha}$ 有关。

将上述的极大值为题转化为极小值问题：

$$\frac{1}{2}\sum_{i=1}^{N}\sum_{j=1}^{N}\alpha_i\alpha_j y_i y_j(x_i\cdot x_j)+\sum_{i=1}^{N}\alpha_i$$

$$\text{s. t.}\begin{cases}\sum_{i=1}^{N}\alpha_i y_i=0\\ 0\leqslant\alpha_i\leqslant C\end{cases}$$

这就是原始问题的对偶问题。

2. 线性支持向量机的过程

线性支持向量机的过程主要有：

(1) 设置惩罚参数 C，并求解对偶问题。

$$\min_{\boldsymbol{\alpha}}\frac{1}{2}\sum_{i=1}^{N}\sum_{j=1}^{N}\alpha_i\alpha_j y_i y_j(x_i\cdot x_j)-\sum_{i=1}^{N}\alpha_i$$

$$\text{s. t.}\begin{cases}\sum_{i=1}^{N}\alpha_i y_i=0\\ 0\leqslant\alpha_i\leqslant C\end{cases}$$

假设求得的最优解为$\boldsymbol{\alpha}^*$。

(2) 计算原始问题的最优解。

$$w^* = \sum_{i=1}^{N} \boldsymbol{\alpha}^* y_i x_i$$

选择$\boldsymbol{\alpha}^*$中满足0的分量,计算:

$$b^* = y_j - \sum_{i=1}^{N} y_i \alpha_j^* (x_i \cdot x_j)$$

(3) 求分离超平面和分类决策函数。

分离超平面为

$$w^* \cdot x + b^* = 0$$

分类决策函数为

$$f(x) = \text{sign}(w^* \cdot x + b^*)$$

4.4.5 非线性支持向量机

如果训练输入线性不可分,可以使用非线性支持向量机,利用核技巧将输入空间非线性问题转化为特征空间线性可分问题。

1. 核函数的条件

设$x \subset \mathbf{R}^n$,$K(x,z)$是定义在$X \times X$上的对称函数,如果对任意$x_i \in x, i=1,2,\cdots,m$,$K(x,z)$对应的Gram矩阵$\boldsymbol{K}=[K(x_i,x_j)]_{m\times m}$是半正定矩阵,则称$K(x,z)$是正定核。

2. 常用核函数

在非线性支持向量机中,常用的核函数有两种,分别为多项式核函数及高斯核函数。

1) 多项式核函数

多项式核函数的形式为

$$K(x,z) = (x \cdot z + 1)^p$$

2) 高斯核函数

高斯核函数的形式为

$$K(x,z) = \exp\left(-\frac{\| x - z \|^2}{2\delta^2}\right)$$

3. 构建目标函数

SVM的对偶问题,

$$\min_{\boldsymbol{\alpha}} \frac{1}{2} \sum_{i=1}^{N} \sum_{j=1}^{N} \alpha_i \alpha_j y_i y_j (x_i \cdot x_j) - \sum_{i=1}^{N} \alpha_i$$

只涉及实例和实例之间的内积$x_i \cdot x_j$,可以直接使用核函数进行交换,无须知道映射函数的具体形式。目标函数可替换为:

$$\min_{\boldsymbol{\alpha}} \frac{1}{2} \sum_{i=1}^{N} \sum_{j=1}^{N} \alpha_i \alpha_j y_i y_j K(x_i,x_j) - \sum_{i=1}^{N} \alpha_i$$

$$\text{s.t.} \begin{cases} \sum_{i=1}^{N} \alpha_i y_i = 0 \\ 0 \leqslant \alpha_i \leqslant C, \quad i=1,2,\cdots,N \end{cases}$$

假设$\boldsymbol{\alpha}^*=(\alpha_1^*,\alpha_2^*,\cdots,\alpha_N^*)^{\mathrm{T}}$是上面问题的最优解，那么：

$$\boldsymbol{w}^*=\sum_{i=1}^{N}\alpha_i^* y_i x_i$$

选择一个下标j，使得$0<\alpha_j^*<C$，可得：

$$b^*=y_j-\sum_{i=1}^{N}\alpha_i^* y_i K(x_i,x_j)$$

构造决策函数为：

$$f(x)=\operatorname{sign}\left(\sum_{i=1}^{N}\alpha_i^* y_i K(x_i,x_j)+b^*\right)$$

4. 求最优解

要求解的最优化问题如下：

$$\min_{\boldsymbol{\alpha}}\frac{1}{2}\sum_{i=1}^{N}\sum_{j=1}^{N}\alpha_i\alpha_j y_i y_j K(x_i,x_j)-\sum_{i=1}^{N}\alpha_i$$

$$\text{s.t.}\begin{cases}\sum_{i=1}^{N}\alpha_i y_i=0\\0\leqslant\alpha_i\leqslant C,\quad i=1,2,\cdots,N\end{cases}$$

前面介绍了 SVM 的相关概念，下面通过一个实例来演示 Python 实现 SVM 分割数据集。

【例 4-2】 本案例使用高斯核函数 SVM 来分割真实的数据集。在案例中将加载 iris 数据集，创建一个山鸢尾花(I. setosa)分类器，观察各种 gamma 值对分类器的影响。

```
#高斯核函数
#K(x1, x2) = exp( - gamma * abs(x1 - x2)^2)
###载入编程库
import matplotlib.pyplot as plt
import numpy as np
import tensorflow as tf
from sklearn import datasets
from tensorflow.python.framework import ops
ops.reset_default_graph()

###创建计算图会话
sess = tf.Session()
#载入数据
#iris.data = [(Sepal Length, Sepal Width, Petal Length, Petal Width)]
#加载 iris 数据集,抽取花萼长度和花瓣宽度,分割每类的 x_vals 值和 y_vals 值
iris = datasets.load_iris()
x_vals = np.array([[x[0], x[3]] for x in iris.data])
y_vals = np.array([1 if y == 0 else -1 for y in iris.target])
class1_x = [x[0] for i, x in enumerate(x_vals) if y_vals[i] == 1]
class1_y = [x[1] for i, x in enumerate(x_vals) if y_vals[i] == 1]
class2_x = [x[0] for i, x in enumerate(x_vals) if y_vals[i] == -1]
class2_y = [x[1] for i, x in enumerate(x_vals) if y_vals[i] == -1]

###声明批量大小(偏向于更大批量大小)
```

```
batch_size = 150
#初始化占位符
x_data = tf.placeholder(shape = [None, 2], dtype = tf.float32)
y_target = tf.placeholder(shape = [None, 1], dtype = tf.float32)
prediction_grid = tf.placeholder(shape = [None, 2], dtype = tf.float32)

#为 svm 创建变量
b = tf.Variable(tf.random_normal(shape = [1, batch_size]))
###声明高斯核函数
#声明批量大小(偏向于更大批量大小)
gamma = tf.constant( - 25.0)
sq_dists = tf.multiply(2., tf.matmul(x_data, tf.transpose(x_data)))
my_kernel = tf.exp(tf.multiply(gamma, tf.abs(sq_dists)))

###计算 SVM 模型
first_term = tf.reduce_sum(b)
b_vec_cross = tf.matmul(tf.transpose(b), b)
y_target_cross = tf.matmul(y_target, tf.transpose(y_target))
second_term = tf.reduce_sum(tf.multiply(my_kernel, tf.multiply(b_vec_cross, y_target_cross)))
loss = tf.negative(tf.subtract(first_term, second_term))

#创建一个预测核函数
rA = tf.reshape(tf.reduce_sum(tf.square(x_data), 1), [ - 1, 1])
rB = tf.reshape(tf.reduce_sum(tf.square(prediction_grid), 1), [ - 1, 1])
pred_sq_dist = tf.add(tf.subtract(rA, tf.multiply(2., tf.matmul(x_data,
                      tf.transpose(prediction_grid)))),tf.transpose(rB))
pred_kernel = tf.exp(tf.multiply(gamma, tf.abs(pred_sq_dist)))
#声明一个准确度函数,其为正确分类的数据点的百分比
prediction_output = tf.matmul(tf.multiply(tf.transpose(y_target), b), pred_kernel)
prediction = tf.sign(prediction_output - tf.reduce_mean(prediction_output))
accuracy = tf.reduce_mean(tf.cast(tf.equal(tf.squeeze(prediction), tf.squeeze(y_target)),
tf.float32))
#声明优化器
my_opt = tf.train.GradientDescentOptimizer(0.01)
train_step = my_opt.minimize(loss)
#初始化变量
init = tf.global_variables_initializer()
sess.run(init)
#训练循环体
loss_vec = []
batch_accuracy = []
for i in range(300):
    rand_index = np.random.choice(len(x_vals), size = batch_size)
    rand_x = x_vals[rand_index]
    rand_y = np.transpose([y_vals[rand_index]])
    sess.run(train_step, feed_dict = {x_data: rand_x, y_target: rand_y})
    temp_loss = sess.run(loss, feed_dict = {x_data: rand_x, y_target: rand_y})
    loss_vec.append(temp_loss)
    acc_temp = sess.run(accuracy, feed_dict = {x_data: rand_x,
                                               y_target: rand_y,
                                               prediction_grid: rand_x})
```

```
    batch_accuracy.append(acc_temp)
    if (i + 1) % 75 == 0:
        print('Step #' + str(i + 1))
        print('Loss = ' + str(temp_loss))
###创建一个网格来绘制点
#为了绘制决策边界(Decision Boundary),创建一个数据点(x,y)的网格,评估预测函数
x_min, x_max = x_vals[:, 0].min() - 1, x_vals[:, 0].max() + 1
y_min, y_max = x_vals[:, 1].min() - 1, x_vals[:, 1].max() + 1
xx, yy = np.meshgrid(np.arange(x_min, x_max, 0.02),
                     np.arange(y_min, y_max, 0.02))
grid_points = np.c_[xx.ravel(), yy.ravel()]
[grid_predictions] = sess.run(prediction, feed_dict = {x_data: rand_x,
                                                   y_target: rand_y,
                                                   prediction_grid: grid_points})
grid_predictions = grid_predictions.reshape(xx.shape)
#绘制点和网格
plt.contourf(xx, yy, grid_predictions, cmap = plt.cm.Paired, alpha = 0.8)
plt.plot(class1_x, class1_y, 'ro', label = 'I. setosa')
plt.plot(class2_x, class2_y, 'kx', label = 'Non setosa')
plt.title('Gaussian SVM Results on Iris Data')
plt.xlabel('Pedal Length')
plt.ylabel('Sepal Width')
plt.legend(loc = 'lower right')
plt.ylim([ - 0.5, 3.0])
plt.xlim([3.5, 8.5])
plt.show()
#绘制批次的准确性
plt.plot(batch_accuracy, 'k - ', label = 'Accuracy')
plt.title('Batch Accuracy')
plt.xlabel('Generation')
plt.ylabel('Accuracy')
plt.legend(loc = 'lower right')
plt.show()
#随时间推移绘制损失
plt.plot(loss_vec, 'k - ')
plt.title('Loss per Generation')
plt.xlabel('Generation')
plt.ylabel('Loss')
plt.show()
```

运行程序,得到 4 种不同的 gamma 值(1,10,25,100),输出如下,效果如图 4-20 所示。

```
Step #75
Loss =  - 133.77705
Step #150
Loss =  - 246.27698
Step #225
Loss =  - 358.7769
Step #300
Loss =  - 471.27707
```

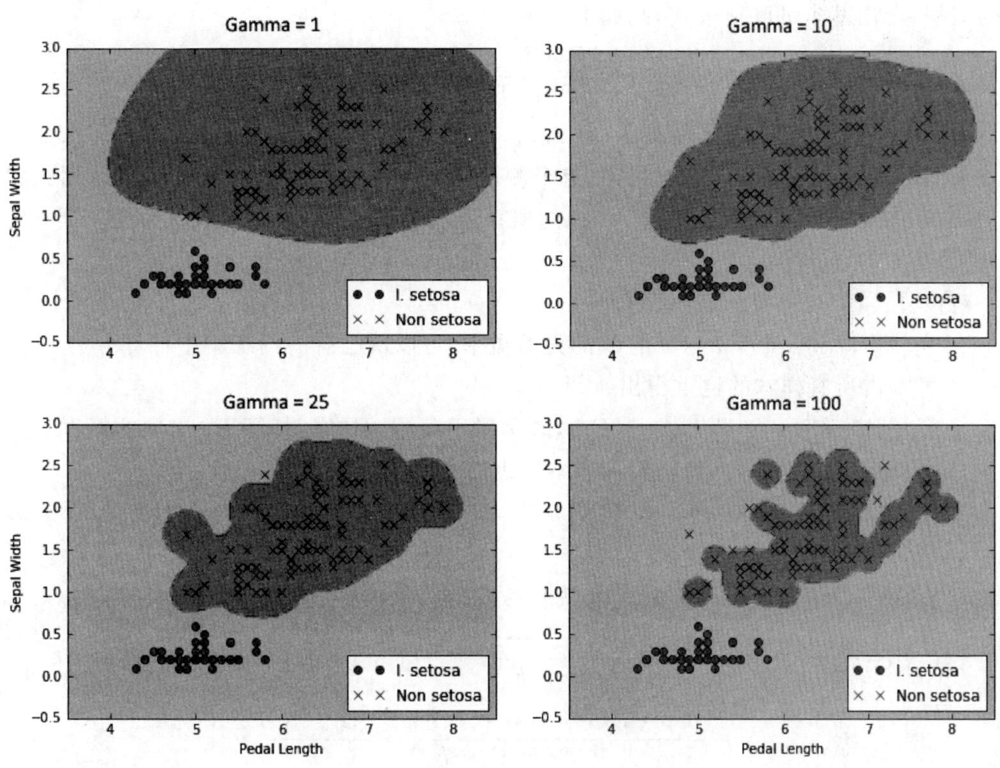

图 4-20 不同 gamma 值对应的分类效果

由图 4-20 可知,gamma 值越大,每个数据点对分类边界的影响就越大。

4.5 贝叶斯分类器

朴素贝叶斯算法是一个直观的方法,使用每个属性归属于某个类的概率来做预测。可以使用这种监督性学习方法,对一个预测性建模问题进行概率建模。给定一个类,朴素贝叶斯假设每个属性归属于此类的概率独立于其余所有属性,从而简化了概率的计算。这种强假定产生了一个快速、有效的方法。给定一个属性值,其属于某个类的概率叫作条件概率。对于一个给定的类值,将每个属性的条件概率相乘,便得到一个数据样本属于某个类的概率。可以通过计算样本归属于每个类的概率,然后选择具有最高概率的类来做预测。

贝叶斯分类器的主要特点有:

- 属性可以分散,也可以连续;
- 数学基础扎实,分类效率稳定;
- 对缺失和噪声数据不太敏感;
- 属性如果不相关,分类效果很好;如果相关,则不低于决策树。

4.5.1 贝叶斯定理

假设对于某个数据集,随机变量 C 表示样本为 C 类的概率,F_1 表示测试样本某特征出

现的概率,套用基本贝叶斯公式,则如下所示:

$$P(C \mid F_1)=\frac{P(CF_1)}{P(F_1)}=\frac{P(C)P(F_1 \mid C)}{P(F_1)}$$

上式表示对某个样本,当特征 F_1 出现时,该样本被分为 C 类的条件概率。那么如何用上式来对测试样本分类呢?举例来说,有个测试样本,其特征 F_1 出现了($F_1=1$),那么就计算 $P(C=0|F_1=1)$和 $P(C=1|F_1=1)$的概率值。前者大,则该样本被认为是 0 类;后者大,则分为 1 类。

对该公式,有几个概念需要熟知。

- 先验概率(Prior):$P(C)$是 C 的先验概率,可以从已有的训练集中计算分为 C 类的样本占所有样本的比重得出。
- 证据(Evidence):即上式 $P(F_1)$,表示对于某测试样本,特征 F_1 出现的概率。同样可以从训练集中 F_1 特征对应样本所占总样本的比例得出。
- 似然(Likelihood):即上式 $P(F_1|C)$,表示如果知道一个样本分为 C 类,那么其特征为 F_1 的概率是多少。

对于多个特征而言,贝叶斯公式可以扩展如下:

$$\begin{aligned}P(C \mid F_1F_2\cdots F_n) &= \frac{P(C)\cdot P(F_1F_2\cdots F_n \mid C)}{P(F_1F_2\cdots F_n)}\\ &= \frac{P(C)\cdot P(F_1 \mid C)\cdot P(F_1F_2\cdots F_n \mid C)}{P(F_1F_2\cdots F_n)}\\ &\cdots\\ &= \frac{P(C)\cdot P(F_1 \mid C)\cdot P(F_2 \mid C)\cdot \cdots \cdot P(F_n \mid CF_1\cdots F_{n-1})}{P(F_1F_2\cdots F_n)}\end{aligned}$$

分子中存在一大串似然值。当特征很多的时候,这些似然值的计算是极其麻烦的。现在该怎么办?

4.5.2 相关的概念

为了简化计算,朴素贝叶斯算法做了一假设:"朴素的认为各个特征相互独立"。这么一来,贝叶斯公式分子就简化成了:

$$P(C) * P(F_1 \mid C) * P(F_2 \mid C) * \cdots * P(F_n \mid C)$$

这样简化后,计算起来就方便多了。

首先,这个假设是认为各个特征之间是独立的,看上去确实是个很不科学的假设。因为很多情况下,各个特征之间是紧密联系的。然而在朴素贝叶斯的大量应用实践实际表明其工作得相当好。

其次,由于朴素贝叶斯的工作原理是计算 $P(C=0|F_1F_2\cdots F_n)$和 $P(C=1|F_1F_2\cdots F_n)$。并取最大值的那个作为其分类。而二者的分母是一模一样的。因此,又可以省略分母计算,从而进一步简化计算过程。

另外,贝叶斯公式推导能够成立有个重要前期,就是各个证据不能为 0。也即对于任意特征 F_x,$P(F_x)$不能为 0。而有些特征未出现在测试集中的情况是可以允许的。因此实现上通常要做一些小的处理,例如,把所有计数进行加 1[加法平滑(additive smoothing)又叫拉普拉斯平滑(Laplace smoothing)]。如果通过增加一个大于0的可调参数alpha进行平滑，就叫Lidstone平滑。

例如，在所有6个分为$C=1$的影评样本中，某个特征$F_1=1$不存在，则$P(F_1=1|C=1)=0/6$，$P(F_1=0|C=1)=6/6$。经过加法平滑后，$P(F_1=1|C=1)=(0+1)/(6+2)=1/8$ $P(F_1=0|C=1)=(6+1)/(6+2)=7/8$。

注意分母的$+2$，这种特殊处理使得2个互斥事件的概率和恒为1。

最后，我们知道，当特征很多的时候，大量小数值的小数乘法会有溢出风险。因此，通常的实现都是将其转换为log：

$$\log[P(C)*P(F_1\mid C)*P(F_2\mid C)*\cdots*P(F_n\mid C)]$$
$$=\log[P(C)]+\log[P(F_1\mid C)+\cdots+\log P(F_n\mid C)]$$

将乘法转换为加法，就彻底避免了乘法溢出风险。

为确保掌握朴素贝叶斯分类原理，先使用文本向量化结果做一个例子，如表4-1所示。

表4-1　文本向量

文　　本	love	movie	nb	sb	shit	time	waste	worth
nb!	0	0	1	0	0	0	0	0
a nb movie	0	0.65	0.75	0	0	0	0	0
nb! nb movie!	0	0.4	0.9	0	0	0	0	0
shit.	0	0	0	0	1	0	0	0
waste of time	0	0	0	0	0	0.7	0.7	0
worth it!	0	0	0	0	0	0	0	1
I love this movie!	0.84	0.53	0	0	0	0	0	0
sb movie.	0	0.53	0	0.84	0	0	0	0

上述训练集中共8个样本，其中$C=0$的3个，$C=1$的5个。现在，假设给出一个测试样本“nb movie”，使用加1平滑进行朴素贝叶斯的分类过程如下：

$P(C=0)=3/8$，$P(C=1)=5/8$。特征$F_1=$"nb"，$F_2=$"movie"。

分为$C=0$的概率：

$$P(F_1=1,F_2=1\mid C=0)=P(C=0)\times P(F_1=1\mid C=0)\times P(F_2=1\mid C=1)$$
$$=3/8\times(0+1)/(3+2)\times(1+1)/(3+2)$$
$$=3/8\times1/5\times2/5$$
$$=0.0$$

分为$C=1$的概率：

$$P(F_1=1,F_2=1\mid C=1)=P(C=1)\times P(F_1=1\mid C=1)\times P(F_2=1\mid C=1)$$
$$=5/8\times(3+1)/(5+2)\times(3+1)/(5+2)$$
$$=5/8\times4/7\times4/7$$
$$=0.2$$

分为$C=1$的概率更大。因此将该样本分为$C=1$类。

前面介绍了贝叶斯分类器的基本定理、相关概念，下面直接通过一个实例来演示Python实现贝叶斯对数据的分类。

【例 4-3】 利用贝叶斯分类器对给定的数据进行分类。

```
import numpy as np
import math
#使用词集法进行贝叶斯分类
#构造数据集,分类是侮辱性 or 非侮辱性
def loadDataset () :
    postingList = [['my', 'dog', 'has', 'flea', 'problems', 'help', 'please'],
                   ['maybe', 'not', 'take', 'him', 'to', 'dog', 'park', 'stupid'],
                   ['my', 'dalmation', 'is', 'so', 'cute', 'I', 'love', 'him'],
                   ['stop', 'posting', 'stupid', 'worthless', 'garbage'],
                   ['mr', 'licks', 'ate', 'my', 'steak', 'how', 'to', 'stop', 'him'],
                   ['quit', 'buying', 'worthless', 'dog', 'food', 'stupid']]
    classVec = [0,1,0,1,0,1]                                    #1 is abusive, 0 not
    return postingList, classVec

#创建一个包括所有词汇的列表, 为后面建立词条向量使用
def createlist (dataset) :
    vovabset = set ([])
    for vec in dataset :
        vovabset = vovabset | set (vec)
    return list (vovabset)

#将词条转化为向量的形式
def changeword2vec (inputdata, wordlist) :
    returnVec = [0] * len (wordlist)
    for word in inputdata :
        if word in wordlist :
            returnVec[wordlist.index(word)] = 1
    return returnVec

#创建贝叶斯分类器
def trainNB0 (dataset, classlebels) :
    num_of_sample = len (dataset)
    num_of_feature = len (dataset[0])
    pAusuive = sum (classlebels) / num_of_sample          #侮辱性语言的概率
    p0Num = np.ones (num_of_feature)
    p1Num = np.ones (num_of_feature)
    p0tot = num_of_feature
    p1tot = num_of_feature
    for i in range (num_of_sample) :
        if classlebels[i] == 1 :
            p1Num += dataset[i]
            p1tot += sum (dataset[i])
        else :
            p0Num += dataset[i]
            p0tot += sum (dataset[i])
    p0Vec = p0Num / p0tot
    p1Vec = p1Num / p1tot
    for i in range (num_of_feature) :
        p0Vec[i] = math.log (p0Vec[i])
```

```
        p1Vec[i] = math.log (p1Vec[i])
    return p0Vec, p1Vec, pAusuive

#  定义分类器
def classifyNB(vec2Classify, p0Vec, p1Vec, pClass1):
    p1 = sum(vec2Classify * p1Vec) + log(pClass1)      #element-wise mult
    p0 = sum(vec2Classify * p0Vec) + log(1.0 - pClass1)
    if p1 > p0:
        return 1
    else:
        return 0

#测试代码
dataset,classlebels = loadDataset ()
wordlist = createlist (dataset)
print (wordlist)
print (changeword2vec (dataset[0], wordlist))
trainmat = []
for temp in dataset :
    trainmat.append (changeword2vec (temp,wordlist))
p0V, p1V, pAb = trainNB0 (trainmat, classlebels)
print (p0V)
print (p1V)
print (pAb)
```

运行程序,输出如下:

```
['park', 'to', 'worthless', 'stop', 'ate', 'take', 'has', 'problems', 'quit', 'posting', 'so',
'garbage', 'flea', 'mr', 'is', 'please', 'how', 'love', 'my', 'licks', 'stupid', 'maybe', 'food',
'steak', 'dog', 'I', 'not', 'buying', 'dalmation', 'help', 'cute', 'him']
[0, 0, 0, 0, 0, 0, 1, 1, 0, 0, 0, 0, 1, 0, 0, 1, 0, 0, 1, 0, 0, 0, 0, 0, 1, 0, 0, 0, 0, 1, 0, 0]
[-4.02535169 -3.33220451 -4.02535169 -3.33220451 -3.33220451 -4.02535169
 -3.33220451 -3.33220451 -4.02535169 -4.02535169 -3.33220451 -4.02535169
 -3.33220451 -3.33220451 -3.33220451 -3.33220451 -3.33220451 -3.33220451
 -2.63905733 -3.33220451 -4.02535169 -4.02535169 -4.02535169 -3.33220451
 -3.33220451 -3.33220451 -4.02535169 -4.02535169 -3.33220451 -3.33220451
 -3.33220451 -2.9267394 ]
[-3.23867845 -3.23867845 -2.83321334 -3.23867845 -3.93182563 -3.23867845
 -3.93182563 -3.93182563 -3.23867845 -3.23867845 -3.93182563 -3.23867845
 -3.93182563 -3.93182563 -3.93182563 -3.93182563 -3.93182563 -3.93182563
 -3.93182563 -3.93182563 -2.54553127 -3.23867845 -3.23867845 -3.93182563
 -2.83321334 -3.93182563 -3.23867845 -3.23867845 -3.93182563 -3.93182563
 -3.93182563 -3.23867845]
0.5
```

4.5.3 常用贝叶斯分类器

在 Scikit 中有多种不同的朴素贝叶斯分类器,它们的区别在于假设了不同的 $P(X^{(j)/y=c_k})$分布,下面介绍 3 种常用的朴素贝叶斯分类器。

1. 高斯贝叶斯分类器

GaussianNB 是高斯贝叶斯分类器。它假设特征的条件概率分布满足高斯分布：

$$P(X^{(j)}/y=c_k)=\frac{1}{\sqrt{2\pi\sigma_k^2}}\exp\left(-\frac{(X^{(j)}-\mu_k)^2}{2\sigma_k^2}\right)$$

其原型为：

```
class sklearn.naive_bayes.GaussianNB
```

GaussianNB 没有参数，因此不需要调参。其属性主要表示为：

- classprior——一个数组，是每个类别的概率 $P(y=c_k)$。
- classcount——一个数组，是每个类别包含的训练样本数据。
- theta_——一个数组，形为(n_classes，n_features)，是每个类别上每个特征的均值 μ_k。
- sigma_——一个数组，形为(n_classes，n_features)，是每个类别上每个特征的标准差 σ_k。

其方法主要表示为：

- fit(X，y[，sample_weight])——训练模型。
- partial_fix(X，y[，classes，sample_weight])——追加训练模型(用于大规模数据集，可将大数据集划分为若干个小数据集，然后连续调用 partial_fit 来训练)。
- presict(X)——用模型进行预测，返回预测值。
- presict_log_proba(X)——返回一个数组，数组的元素依次是 X 预测为各个类别的概率的对数值。
- predict_proba(X)——返回一个数组，数组的元素依次是 X 预测为各个类别的概率值。
- score(X，y[，sample_weight])——返回在(X，y)上预测的准确率(accuracy)。

【例 4-4】 利用高斯贝叶斯分类器对给定的数据集进行预测。

```
#载入模型
from sklearn import datasets,cross_validation,naive_bayes
import numpy as np
import matplotlib.pyplot as plt

#显示 Digit Dataset 数据
def show_digits():
    digits = datasets.load_digits()
    fig = plt.figure()
    print("vector from images 0:",digits.data[0])
    for i in range(25):
        ax = fig.add_subplot(5,5,i + 1)
        ax.imshow(digits.images[i],cmap = plt.cm.gray_r,interpolation = 'nearest')
    plt.show()
show_digits()

#加载数据
```

```
def load_data():
    digits = datasets.load_digits()
    return cross_validation.train_test_split(digits.data,digits.target,test_size = 0.25,
random_state = 0)

#测试高斯贝叶斯分类器
def test_GaussianNB( * data):
    X_train,X_test,y_train,y_test = data
    cls = naive_bayes.GaussianNB()
    cls.fit(X_train,y_train)
    print("Training Score: %.2f" % cls.score(X_train,y_train))
    print("Testing Score: %.2f" % cls.score(X_test,y_test))

#调用 test_GaussianNB 函数
X_train,X_test,y_train,y_test = load_data()
test_GaussianNB(X_train,X_test,y_train,y_test)
```

运行程序,输出如下,效果如图 4-21 所示。

```
vector from images 0: [ 0.  0.  5. 13.  9.  1.  0.  0.  0.  0. 13. 15. 10. 15. 5. 0. 0. 3.
 15.  2.  0. 11.  8.  0.  0.  4. 12.  0.  0.  8.  8.  0.  0.  5.  8.  0.
  0.  9.  8.  0.  0.  4. 11.  0.  1. 12.  7.  0.  0.  2. 14.  5. 10. 12.
  0.  0.  0.  0.  6. 13. 10.  0.  0.  0.]
Training Score:0.86
Testing Score:0.83
```

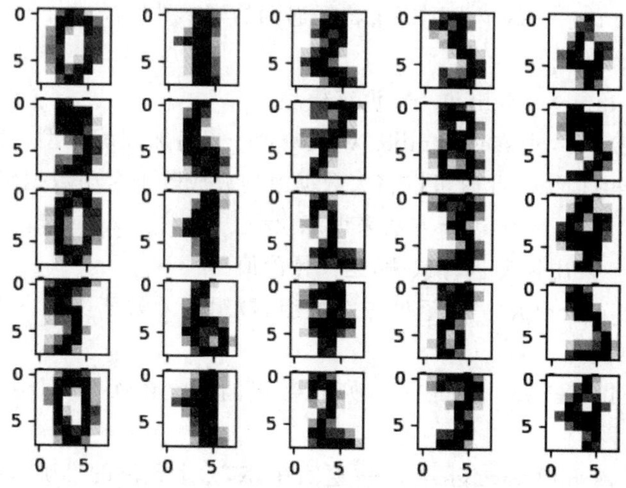

图 4-21 以图形显示 Digit Dataset 数据集

由输出结果可看到,高斯贝叶斯分类器对训练数据集的预测准确率为 86%,对预测数据集的预测准确率为 83%。

2. 多项式贝叶斯分类器(MultinomialNB)

MultinomialNB 是多项式贝叶斯分类器,它假设特征的条件概率分布满足多项式分布:

$$P(X^{(j)}=a_{s_j}/y=c_k)=\frac{N_{kj}+\alpha}{N_k+\alpha n}$$

其中，α_{s_j} 表示特征 $X^{(j)}$ 的取值，其取值个数为 s_j 个；$N_k=\sum_{i=1}^{N}I(y_i=c_k)$ 表示属于类别 c_k 的样本的数量；$N_{kj}=\sum_{i=1}^{N}I(y_i=c_k,X^{(j)}=\alpha_{s_j})$ 表示属于类别 c_k，且特征 $X^{(j)}=\alpha_{s_j}$ 的样本的数量。

其原型为：

```
class sklearn.naive_bayes.MultinomialNB(alpha = 1.0,fit_prior = True,class.prior = None)
```

其参数值主要表示为：

- alpha——一个浮点数，指定 α 值。
- fit_prior ——布尔值，如果为 True，则不去学习 $P(y=c_k)$，替代以均匀分布；如果为 False，则去学习 $P(y=c_k)$。
- class_prior——指定每个分类的先验概率 $P(y=c_1),P(y=c_2),\cdots,P(y=c_K)$。如果指定了该参数，则每个分类的先验概率不再从数据集中学得。

其属性主要表示为：

- class_log_prior_——形状为(n_classes,)的数组对象，给出了每个类别调整后的经验概率分布的对数值。
- feature_log_prob_——形状为(n_classes,n_features)的数组对象，给出了 $P(X^{(j)}/y=c_k)$的经验概率分布的对数值。
- class_count_——每个类别包含的训练样本数量。
- feature_count_——每个类别每个特征遇到的样本数。

其方法主要表示为：

- fit(X,y[,sample_weight])——训练模型。
- partial_fix(X,y[,classes,sample_weight])——追加训练模型。该方法主要用于大规模数据集的训练。此时可以将大数据集划分成若干个小数据集，然后在这些小数据集上连续调用 partial_fit 方法来训练模型。
- predict(X)——用模型进行预测，返回预测值。
- predict_log_proba(X)——返回一个数组，数组的元素依次是 X 预测为各个类别的概率的对数值。
- predict_proba(X)——返回一个数组，数组的元素依次是 X 预测为各个类别的概率值。
- score(X,y[,sample_weight])——返回在(X,y)上预测的准确率(accuracy)。

【例 4-5】 利用多项式贝叶斯分类器对给定的数据集进行预测。

```
from sklearn import datasets,cross_validation,naive_bayes
import numpy as np
import matplotlib.pyplot as plt

#显示 Digit Dataset 数据集
def show_digits():
    digits = datasets.load_digits()
    fig = plt.figure()
```

```
    print("vector from images 0:",digits.data[0])
    for i in range(25):
        ax = fig.add_subplot(5,5,i + 1)
        ax.imshow(digits.images[i],cmap = plt.cm.gray_r,interpolation = 'nearest')
    plt.show()
show_digits()

#加载数据
def load_data():
    digits = datasets.load_digits()
    return cross_validation.train_test_split(digits.data,digits.target,test_size = 0.25,
random_state = 0)

#测试多项式贝叶斯分类器
def test_MultinomialNB( *data):
    X_train,X_test,y_train,y_test = data
    cls = naive_bayes.MultinomialNB()
    cls.fit(X_train,y_train)
    print('Training Score: %.2f' % cls.score(X_train,y_train))
    print('Testing Score: %.2f' % cls.score(X_test,y_test))

X_train,X_test,y_train,y_test = load_data()
test_MultinomialNB(X_train,X_test,y_train,y_test)

#检验不同的α对多项式贝叶斯分类器的预测性能的影响
def test_MultinomialNB_alpha( *data):
    X_train,X_test,y_train,y_test = data
    alphas = np.logspace( - 2,5,num = 200)
    train_scores = []
    test_scores = []
    for alpha in alphas:
        cls = naive_bayes.MultinomialNB(alpha = alpha)
        cls.fit(X_train,y_train)
        train_scores.append(cls.score(X_train,y_train))
        test_scores.append(cls.score(X_test,y_test))
    #绘图
    fig = plt.figure()
    ax = fig.add_subplot(1,1,1)
    ax.plot(alphas,train_scores,label = "Training Score")
    ax.plot(alphas,test_scores,label = "Testing Score")
    ax.set_xlabel(r" $ alpha $ ")
    ax.set_ylabel("score")
    ax.set_ylim(0,1.0)
    ax.set_title("MultinomialNB")
    ax.set_xscale("log")
    plt.show()

X_train,X_test,y_train,y_test = load_data()
test_MultinomialNB_alpha(X_train,X_test,y_train,y_test)
```

运行程序,得到数据显示图形如图 4-21 所示,输出如下,得到检验不同的 α 对多项式贝叶斯分类器的预测性能的影响曲线如图 4-22 所示。

```
vector from images 0: [ 0. 0. 5. 13. 9.  1.  0.  0.  0.  0. 13. 15. 10. 15.  5.  0.  0.  3.
 15.  2.  0. 11.  8.  0.  0.  4. 12.  0.  0.  8.  8.  0.  0.  5.  8.  0.
  0.  9.  8.  0.  0.  4. 11.  0.  1. 12.  7.  0.  0.  2. 14.  5. 10. 12.
  0.  0.  0.  0.  6. 13. 10.  0.  0.  0.]
Training Score:0.91
Testing Score:0.91
```

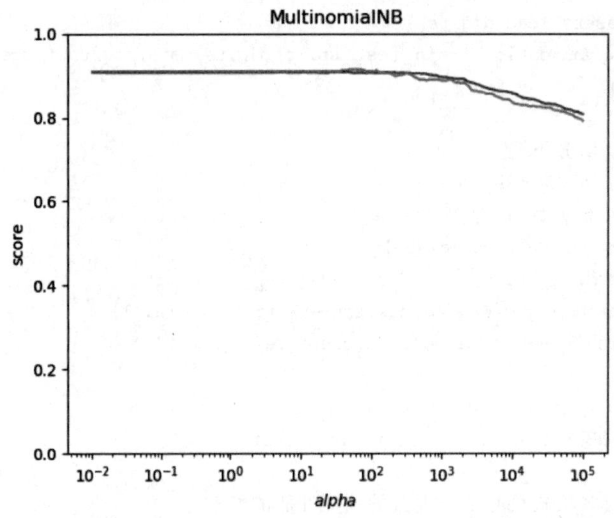

图 4-22 多项式贝叶斯分类器的预测性能的影响曲线

为了便于观察,将 x 轴设置为对数坐标。可以看到 $\alpha>100$ 之后,随着 α 的增长,预测准确率在下降。这是因为多项式贝叶斯估计中,假设特征的条件概率分布满足以下多项式分布:

$$P(X^{(j)}=\alpha_{s_j}/y=c_k)=\frac{N_{kj}+\alpha}{N_k+\alpha n}$$

当 $\alpha\to\infty$ 时,$\frac{N_{kj}+\alpha}{N_k+\alpha n}\to\frac{1}{n}$,即对任何类型的特征,该类型特征的任意取值,出现的概率都是 $\frac{1}{n}$。它完全忽略了各个特征之间的差别,也忽略了每个特征内部的分布。

3. 伯努利贝叶斯分类器(BernoulliNB)

BernoulliNB 是伯努利贝叶斯分类器。它假设特征的条件概率分布满足二项分布:

$$P(X^{(j)}/y=c_k)=pX^{(j)}+(1-p)(1-X^{(j)})$$

其中,要求特征的取值为 $X^{(j)}\in\{0,1\}$,且 $P(X^{(j)}=1/y=c_k)=p$。

其原型为:

```
class sklearn.naive_bayes.BernoulliNB(alpha = 1.0,binarize = 0.0,fit_prior = True,class_prior = None)
```

其参数主要表示为:

- alpha——一个浮点数,指定 α 值。

- binarize——一个浮点数或者 None。如果为 None,那么会假定原始数据已经二元化。如果为浮点数,那么会以该数值为界,特征取值大于它的作为 1；特征取值小于它的作为 0。采取这种策略来二元化。
- fit_prior——布尔值。如果为 Ture,则不去学习 $P(y=c_k)$,代之以均匀分布；如果为 False,则去学习 $P(y=c_k)$。
- class_prior——指定每个分类的先验概率。

其属性主要表示为：

- class_logprior——一个数组对象。给出了每个类别调整后的经验概率分布的对数值。
- feature_logprob——一个数组对象。给出了 $P(X^{(j)}/y=c_k)$的经验概率分布的对数值。
- class_count_——是每个类别包含的训练样本数量。
- feature_count_——是训练过程中,每个类别每个特征遇到的样本数。

其方法主要表示为：

- fit(X,y[,sample_weight])——训练模型。
- partial_fix(X,y[,classes,sample_weight])——追加训练模型,该方法主要用于大模型数据集的训练。此时可以将大数据集划分成若干个小数据集,然后在这些小数据集上连续调用 partial_fit 方法来训练模型。
- predict(X)——用模型进行预测,返回预测值。
- predict_log_proba(X)——数组的元素依次是 X 预测为各个类别的概率的对数值。
- predict_proba(X)——数组的元素依次是 X 预测为各个类别的概率值。
- score(X,y[,sample_weight])——返回在(X,y)上预测的准确率(accuracy)。

【例 4-6】 利用伯努利贝叶斯分类器对给定的数据集进行预测。

```
from sklearn import datasets,cross_validation,naive_bayes
import numpy as np
import matplotlib.pyplot as plt

#显示 Digit Dataset 数据集
def show_digits():
    digits = datasets.load_digits()
    fig = plt.figure()
    print("vector from images 0:",digits.data[0])
    for i in range(25):
        ax = fig.add_subplot(5,5,i + 1)
        ax.imshow(digits.images[i],cmap = plt.cm.gray_r,interpolation = 'nearest')
    plt.show()
show_digits()

#加载数据
def load_data():
    digits = datasets.load_digits()
    return cross_validation.train_test_split(digits.data,digits.target,test_size = 0.25,
```

```
    random_state = 0)

    #测试伯努利贝叶斯分类器
    def test_BernoulliNB( * data):
        X_train,X_test,y_train,y_test = data
        cls = naive_bayes.BernoulliNB()
        cls.fit(X_train,y_train)
        print('Training Score: %.2f' % cls.score(X_train,y_train))
        print('Testing Score: %.2f' % cls.score(X_test,y_test))

    X_train,X_test,y_train,y_test = load_data()
    test_BernoulliNB(X_train,X_test,y_train,y_test)

    #不同的α对伯努利贝叶斯分类器的影响
    def test_BernoulliNB_alpha( * data):
        X_train,X_test,y_train,y_test = data
        alphas = np.logspace( - 2,5,num = 200)
        train_scores = []
        test_scores = []
        for alpha in alphas:
            cls = naive_bayes.BernoulliNB(alpha = alpha)
            cls.fit(X_train,y_train)
            train_scores.append(cls.score(X_train,y_train))
            test_scores.append(cls.score(X_test,y_test))
        #绘图
        fig = plt.figure()
        ax = fig.add_subplot(1,1,1)
        ax.plot(alphas,train_scores,label = 'Training Score')
        ax.plot(alphas,test_scores,label = 'Testing Score')
        ax.set_xlabel(r'$\alpha$')
        ax.set_ylabel('score')
        ax.set_ylim(0,1.0)
        ax.set_title('BernoulliNB')
        ax.set_xscale('log')
        ax.legend(loc = 'best')
        plt.show()

    X_train,X_test,y_train,y_test = load_data()
    test_BernoulliNB_alpha(X_train,X_test,y_train,y_test)
```

运行程序，得到数据显示图形如图 4-21 所示，输出如下，得到检验不同的 α 对伯努利贝叶斯分类器的预测性能的影响曲线如图 4-23 所示。

```
vector from images 0: [ 0. 0. 5. 13. 9. 1.  0.  0.  0.  0. 13. 15. 10. 15.  5.  0.  0.  3.
 15.  2.  0. 11.  8.  0.  0.  4. 12.  0.  0.  8.  8.  0.  0.  5.  8.  0.
  0.  9.  8.  0.  0.  4. 11.  0.  1. 12.  7.  0.  0.  2. 14.  5. 10. 12.
  0.  0.  0.  0.  6. 13. 10.  0.  0.  0.]
Training Score:0.87
Testing Score:0.85
```

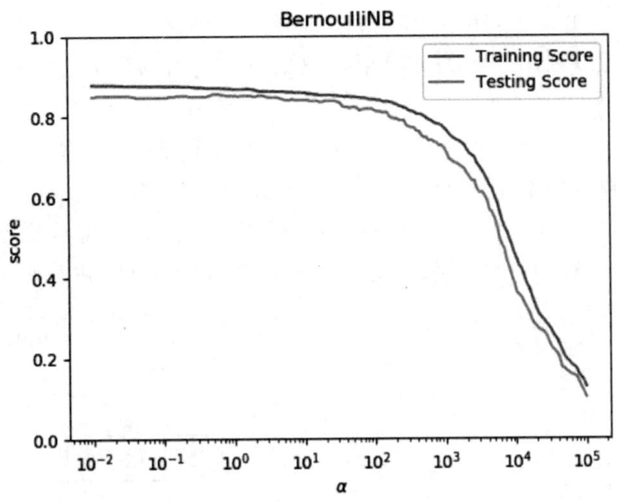

图 4-23 不同的 α 对伯努利贝叶斯分类器的影响曲线

为了便于观察，将 x 轴设置为对数坐标。可以看到 $\alpha>100$ 之后，随着 α 的增长，预测准确率在下降。原因与多项式贝叶斯分类器的情况相同。

4.6 随机森林

对于一个复杂的分类问题来说，训练一个复杂的分类模型通常比较耗费时间，同时，为了能够提高对分类问题的预测准确性，通常可以选择训练多个分类模型，并将各自的预测结果组合起来，得到最终的预测。集成学习(Ensemble Learning)便是这样一种学习方法，即将多种学习算法通过适当的形式组合起来完成同一个任务。在集成学习中，主要分为 bagging 算法和 boosting 算法。

随机森林(Random Forest)是 bagging 算法中最重要的一种算法，通过对数据集的采样生成多个不同的数据集，并在每一个数据集上训练一棵分类树，最终结合每一棵分类树的预测结果作为随机森林的预测结果。

4.6.1 决策树分类器

决策树(Decision Tree)算法是一类常用的机器学习算法，在分类问题中，决策树算法通过样本中某一维属性的值，将样本划分到不同的类别中。以二分类为例，二分类的数据集如表 4-2 所示。

表 4-2 数据集

类型	是否用鳃呼吸	有无鱼鳍	是否为鱼
鲨鱼	是	有	是
鲫鱼	是	有	是
河蚌	是	无	否
鲸	否	有	否
海豚	否	有	否

在表 4-2 中，有 5 个样本，样本中的属性为“是否用鳃呼吸”和“有无鱼鳍”，通过对样本的学习，如“鲸鲨”，可以利用学习到的决策树模型对一个新的样本，正确地做出决策，即判断其是否为鱼。

决策树算法是基于树形结构来进行决策的。如对于如表 4-2 所示的数据，首先通过属性“是否用鳃呼吸”判断样本是否为鱼，如图 4-24 所示。

从图 4-24 中可以看出，通过属性“是否用鳃呼吸”，已经将一部分样本区分开，即不用鳃呼吸的不是鱼，接着来对剩下的样本利用第二维属性“有无鱼鳍”进行划分，如图 4-25 所示。

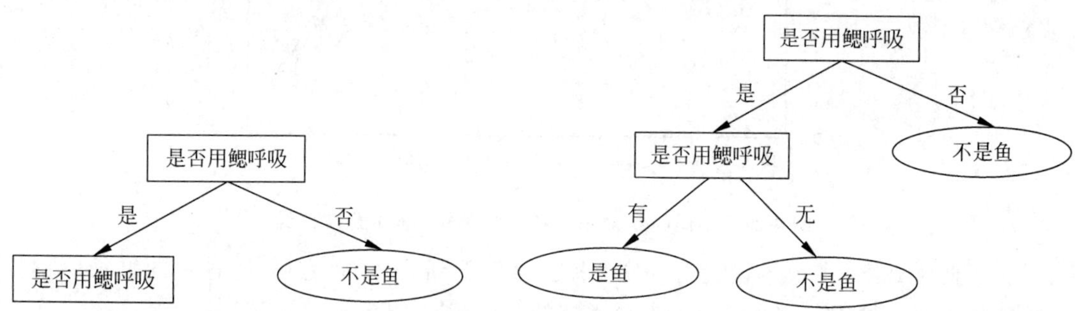

图 4-24 通过属性“是否用鳃呼吸”划分数据　　**图 4-25 通过属性“有无鱼鳍”继续划分数据**

在图 4-25 中，通过属性“有无鱼鳍”对剩余的样本继续划分，得到了最终的决策，从图 4-25 中可以看出，不用鱼鳃呼吸的不是鱼，用鳃呼吸但是没有鱼鳍的也不是鱼，用鳃呼吸同时有鱼鳍的是鱼。对于一个新的样本“鲸鲨”，其样本属性为(用鳃呼吸，有鱼鳍)，符合上述对鱼的判断。因此，认为鲸鲨为鱼。

对于表 4-2 中的数据，其中每个样本包含了两个特征，分别为是否用鳃呼吸和有无鱼鳍，对于这两维特征，选择划分数据集的特征的时候存在一定的顺序。在图 4-24 中，首先，选择的是“是否用鳃呼吸”，选择的依据是一维特征对数据的划分更具有区分性，在决策树算法中，通常有这些标准：信息增益(Information Gain)、增益率(Gain Ratio)和基尼指数(Gini Index)。

熵(Entropy)是度量样本集合纯度最常用的一种指标，对于包含 m 个训练样本的数据集 $D:\{(X^{(1)},y^{(1)}),(X^{(2)},y^{(2)}),\cdots,(X^{(m)},y^{(m)})\}$，在数据集 D 中，第 k 类的样本所占的比例为 p_k，则数据集 D 的信息熵为：

$$\text{Entropy}(D)=-\sum_{k=1}^{K}p_k\log_2 p_k$$

其中，K 表示的是数据集 D 中类别的个数。对于表 4-2 中的数据集，其信息熵为：

$$\text{Entropy}(D)=-\sum_{k=1}^{2}p_k\log_2 p_k=-\left(\frac{2}{5}\log_2\frac{2}{5}+\frac{3}{5}\log_2\frac{3}{5}\right)=0.971$$

当把样本按照特征 A 的值 α 划分成两个独立的子数据集 D_1 和 D_2 时，此时整个数据集 D 的熵为两个独立数据集 D_1 的熵和 D_2 的熵的加权和，即：

$$\begin{aligned}\text{Entropy}(D)&=\frac{|D_1|}{|D|}\text{Entropy}(D_1)+\frac{|D_2|}{|D|}\text{Entropy}(D_2)\\&=-\left(\frac{|D_1|}{|D|}\sum_{k=1}^{K}p_k\log_2 p_k+\frac{|D_2|}{|D|}\sum_{k=1}^{K}p_k\log_2 p_k\right)\end{aligned}$$

其中，$|D_1|$表示的是数据集 D_1 中样本的个数，$|D_2|$表示的是数据集 D_2 中样本的个数。对于表 4-2 中的数据集，将样本按照特征“是否用鳃呼吸”划分成两个独立的子数据集，如图 4-24 所示，此时，数据集 D 的信息熵为：

$$\begin{aligned}\text{Entropy}(D) &= \frac{3}{5}\text{Entropy}(D_1) + \frac{2}{5}\text{Entropy}(D_2) \\ &= -\left[\frac{3}{5}\left(\frac{2}{3}\log_2\frac{2}{3} + \frac{1}{3}\log_2\frac{1}{3}\right) + \frac{2}{5}(\log_2 1)\right] \\ &= 0.551\end{aligned}$$

由上述划分可以看出，在划分后数据集 D 的信息熵减小了，对于给定的数据集，划分前后信息熵的减小量称为信息增益(Information Gain)，即：

$$\text{igain}(D,A) = \text{Entropy}(D) - \sum_{p=1}^{P}\frac{|D_p|}{|D|}\text{Entropy}(D_p)$$

其中，$|D_p|$表示的是属于第 p 类的样本的个数。信息熵表示的数据集中的不纯度，信息熵较小表明数据集纯度提高了。在选择数据集划分的标准时，通常选择能够使得信息增益最大的标准。ID3 决策树算法就是利用信息增益作为划分数据集的一种方法。

增益率(Gain Ratio)是可以作为选择最优划分属性的方法，增益率的计算方法为：

$$\text{gain\_ratio}(D,A) = \frac{\text{igain}(D,A)}{\text{IV}(A)}$$

其中，IV(A)被称为特征 A 的“固有值(Intrinsic Value)”，即：

$$\text{IV}(A) = -\sum_{p=1}^{P}\frac{|D_p|}{|D|}\log_2\frac{|D_p|}{|D|}$$

著名的 C4.5 决策树算法就是利用增益率作为划分数据集的方法。

基尼指数也可以选择最优的划分属性，对于数据集 D，假设有 K 个分类，则样本属于第 k 个类的概率为 p_k，则此概率分布的基尼指数为：

$$\text{Gini}(p) = \sum_{k=1}^{K}p_k(1-p_k) = 1 - \sum_{k=1}^{K}p_k^2$$

对于数据集 D，其基尼指数为：

$$\text{Gini}(D) = 1 - \sum_{k=1}^{K}\left(\frac{|C_k|}{|D|}\right)^2$$

其中，$|C_k|$表示数据集 D 中，属于类别 k 的样本的个数。如果此时根据特征 A 将数据集 D 划分成独立的两个数据集 D_1 和 D_2，那么此时的基尼指数为：

$$\text{Gini}(D,A) = \frac{|D_1|}{|D|}\text{Gini}(D_1) + \frac{|D_2|}{|D|}\text{Gini}(D_2)$$

在如表 4-2 所示的数据集 D 中，其基尼指数为：

$$\text{Gini}(D) = 1 - \sum_{K=1}^{2}(p_k)^2 = 1 - \left[\left(\frac{2}{5}\right)^2\right] + \left(\frac{3}{5}\right)^2 = 0.48$$

利用特征“是否用鳃呼吸”将数据集 D 划分成独立的两个数据集 D_1 和 D_2 后，其基尼指数为：

$$\text{Gini}(D,A) = \frac{3}{5}\left[1 - \left(\left(\frac{2}{3}\right)^2 + \left(\frac{1}{3}\right)^2\right)\right] + \frac{2}{5}[1-1] = 0.267$$

CATR 决策树算法是利用基尼指数作为划分数据集的方法。

用 Python 实现基尼指数的过程如下：

```
def cal_gini_index(data):
    '''计算给定数据集的基尼指数
    input:data(list)数据集
    outout:gini(float):基尼指数
    '''
    total_sample = len(data)                                  #样本的总个数
    if len(data) == 0:
        return 0
        label_counts = label_uniq_cnt(data)                   #统计数据集中不同标签的个数

        #计算数据集的基尼指数
        gini = 0
        for label in label_counts:
            gini = gini + pow(label_counts[label],2)
        gini = 1 - float(gini)/pow(total_sample,2)
        return gini
```

在以上代码中，函数 cal_gini_index 用于计算数据集 data 的基尼指数，在计算基尼指数的过程中，需要判断数据集中类别标签的个数，label_uniq_cnt 函数用于计算数据集 data 中不同的类别标签的个数。函数 label_uniq_cnt 的具体实现过程如下：

```
from math import pow
def label_uniq_cnt(data):
    '''统计数据集中不同的类标签 label 的个数
    input:data(list):原始数据集
    output:label_uniq_cnt(int):样本中的标签的个数
    '''
    label_uniq_cnt = {}
    for x in data:
        label = x[len(x) - 1]                                 #取得每一个样本的类标签 label
        if label not in label_uniq_cnt:
            label_uniq_cnt[label] = 0
            label_uniq_cnt[label] = label_uniq_cnt[label] + 1
        return label_uniq_cnt
```

4.6.2 CART 分类树算法

CART 分类回归树是一种典型的二叉决策树，可以处理连续型变量和离散型变量。如果待预测分类是离散型数据，则 CART 生成分类决策树；如果待预测分类是连续型数据，则 CART 生成回归决策树。数据对象的条件属性为离散型或连续型，并不是区别分类树与回归树的标准；数据对象 x_i 的属性 A、B 为离散型或连续型，也并不是区别分类树与回归树的标准。

1. CART 分类树——待预测分类为离散型数据

选择具有最小 Gain_GINI 的属性及其属性值，作为最优分裂属性以及最优分裂属性值。Gain_GINI 值越小，说明二分之后的子样本的"纯净度"越高，即说明选择该属性(值)作为分裂属性(值)的效果越好。

对于样本集 S,Gini 计算如下:

$$\text{Gini}(S)=1-\sum P_k^2$$

其中,在样本集 S 中,P_k 表示分类结果中第 k 个类别出现的频率。

对于含有 N 个样本的样本集 S,根据属性 A 的第 i 个属性值,将数据集 S 分成两部分,则划分成两部分之后,Gain_GINI 计算如下:

$$\text{Gain\_GINI}_{A,i}(S)=\frac{n_1}{N}\text{GINI}(S_1)+\frac{n_2}{N}\text{GINI}(S_2)$$

其中,n_1、n_2 分别为样本子集 S_1、S_2 的样本个数。

对于属性 A 分别计算任意属性值将数据集划分成两部分之后的 Gain_GINI,选取其中的最小值,作为属性 A 得到的最优二分方案:

$$\min_{i\in A}(\text{Gain\_GINI}_{A,i}(S))$$

对于样本集 S,计算所有属性的最优二分方案,选取其中的最小值,作为样本集 S 的最优二分方案:

$$\min_{A\in \text{Attribute}}(\min_{i\in A}(\text{Gain\_GINI}_{A,i}(S)))$$

所得到的属性 A 及其第 i 属性值,即为样本集 S 的最优分裂属性以及最优分裂属性值。

2. CART 回归树——待预测分类为连续型数据

区别于分类树,回归树的待预测分类为连续型数据。同时,区别于分类树选取 Gain_GINI 为评价分裂属性的指标,回归树选取 Gain_σ 为评价分裂属性的指标。选择具有最小 Gain_σ 的属性及其属性值,作为最优分裂属性以及最优分裂属性值。Gain_σ 值越小,说明二分之后的子样本的"差异性"越小,选择该属性(值)作为分裂属性(值)的效果越好。

针对含有连续型分类结果的样本集 S,总方差计算如下:

$$\sigma(S)=\sqrt{\sum(C_k-\mu)^2}$$

其中,μ 表示样本集 S 中分类结果的均值,C_k 表示第 k 个分类结果。

对于含有 N 个样本的样本集 S,根据属性 A 的第 i 个属性值,将数据集 S 划分成两部分,则划分成两部分之后,Gain_σ 计算如下:

$$\text{Gain\_}\sigma_{A,i}(S)=\sigma(S_1)+\sigma(S_2)$$

对于属性 A,分别计算任意属性值将数据集划分成两部分之后的 Gain_σ,选取其中的最小值,作为属性 A 得到的最优二分方案:

$$\min_{i\in A}(\text{Gain\_}\sigma_{A,i}(S))$$

对于样本集 S,计算所有属性的最优二分方案,选取其中的最小值,作为样本集 S 的最优二分方案:

$$\min_{A\in \text{Attribute}}(\min_{i\in A}(\text{Gain\_}\sigma_{A,i}(S)))$$

所得到的属性 A 及其第 i 属性值,即为样本集 S 的最优分裂属性以及最优分裂属性值。

3. CART 分类回归树的剪枝

由于决策树的建立完全是依赖于训练样本,因此该决策树对训练样本能够产生完美的拟合效果。但这样的决策树对于测试样本来说过于庞大而复杂,可能产生较高的分类错误率。这种现象就称为过拟合。因此需要将复杂的决策树进行简化,即去掉一些节点解决过拟合问题,这个过程称为剪枝。

剪枝方法分为预剪枝和后剪枝两大类。预剪枝是在构建决策树的过程中,提前终止决策树的生长,从而避免过多的节点产生。预剪枝方法虽然简单但实用性不强,因为很难精确地判断何时终止树的生长。后剪枝是在决策树构建完成之后,对那些置信度不达标的节点子树用叶子节点代替,该叶子节点的类标号用该节点子树中频率最高的类标记。后剪枝方法又分为两种:一类是把训练数据集分成树的生长集和剪枝集;另一类算法则是使用同一数据集进行决策树生长和剪枝。常见的后剪枝方法有 CCP(Cost Complexity Pruning)、REP(Reduced Error Pruning)、PEP(Pessimistic Error Pruning)、MEP(Minimum Error Pruning)。

代价复杂性剪枝法(Cost Complexity Pruning,CCP)主要包含两个步骤:

(1) 从原始决策树 T_0 开始生成一个子树序列$\{T_0,T_1,\cdots,T_n\}$,其中,T_{i+1} 从 T_i 产生,T_n 为根节点。

(2) 从第(1)步产生的子树序列中,根据树的真实误差估计选择最佳决策树。

CCP 剪枝法步骤一:

生成子树序列$\{T_0,T_1,\cdots,T_n\}$的基本思想是从 T_0 开始,裁剪 T_i 中关于训练数据集误差增加最小的分枝来得到 T_{i+1}。实际上,当一棵树 T 在节点 t 处剪枝时,它的误差增加直观上认为是 $R(t)-R(T_t)$,其中,$R(t)$为在节点 t 的子树被裁剪后节点 t 的误差,$R(T_t)$为在节点 t 的子树没被裁剪时子树 T_t 的误差。然而,剪枝后,T 的叶子数减少了 $L(T_t)-1$,其中,$L(T_t)$为子树 T_t 的叶子数,也就是说,T 的复杂性减少了。因此,考虑树的复杂性因素,树分枝被裁剪后误差增加率由下式决定:

$$\alpha=\frac{R(t)-R(T_t)}{|L(T_t)|-1}$$

其中,$R(t)$表示节点 t 的子树被裁剪后节点的误差,$R(t)=r(t)*p(t)$,$r(t)$是节点 t 的误差率,$p(t)$是节点 t 上的样本个数与训练集中样本个数的比例。$R(T_t)$表示节点 t 的子树没有被裁剪时子树 T_t 的误差,即子树 T_t 上所有叶子节点的误差之和。

T_{t+1} 就是选择 T_i 中具有最小 α 值所对应的剪切树。

CCP 剪枝法步骤二:

如何根据步骤一产生的子树序列$\{T_0,T_1,\cdots,T_n\}$,选择出一棵最佳决策树是 CCP 剪枝法步骤二的关键。通常采用的方法有两种:一种是 V 折叠交叉验证(V-fold cross-validation),另一种是基于独立剪枝数据集。

【例 4-7】 Python 实现 CART(基尼指数)。

```
from math import log
import operator
import treePlotter

def calcShannonEnt(dataSet):
    """
    输入:数据集
    输出:数据集的香农熵
```

```
    描述:计算给定数据集的香农熵
    """
    numEntries = len(dataSet)
    labelCounts = {}
    for featVec in dataSet:
        currentLabel = featVec[ - 1]
        if currentLabel not in labelCounts.keys():
            labelCounts[currentLabel] = 0
        labelCounts[currentLabel] += 1
    shannonEnt = 0.0
    for key in labelCounts:
        prob = float(labelCounts[key])/numEntries
        shannonEnt -= prob * log(prob, 2)
    return shannonEnt

def splitDataSet(dataSet, axis, value):
    """
    输入:数据集,选择维度,选择值
    输出:划分数据集
    描述:按照给定特征划分数据集;去除选择维度中等于选择值的项
    """
    retDataSet = []
    for featVec in dataSet:
        if featVec[axis] == value:
            reduceFeatVec = featVec[:axis]
            reduceFeatVec.extend(featVec[axis + 1:])
            retDataSet.append(reduceFeatVec)
    return retDataSet

def chooseBestFeatureToSplit(dataSet):
    """
    输入:数据集
    输出:最好的划分维度
    描述:选择最好的数据集划分维度
    """
    numFeatures = len(dataSet[0]) - 1
    bestGini = 999999.0
    bestFeature = - 1
    for i in range(numFeatures):
        featList = [example[i] for example in dataSet]
        uniqueVals = set(featList)
        gini = 0.0
        for value in uniqueVals:
            subDataSet = splitDataSet(dataSet, i, value)
            prob = len(subDataSet)/float(len(dataSet))
            subProb = len(splitDataSet(subDataSet, - 1, 'N')) / float(len(subDataSet))
            gini += prob * (1.0 - pow(subProb, 2) - pow(1 - subProb, 2))
        if (gini < bestGini):
            bestGini = gini
            bestFeature = i
    return bestFeature
```

```
def majorityCnt(classList):
    """
    输入:分类类别列表
    输出:子节点的分类
    描述:数据集已经处理了所有属性,但是类标签依然不是唯一的,
        采用多数判决的方法决定该子节点的分类
    """
    classCount = {}
    for vote in classList:
        if vote not in classCount.keys():
            classCount[vote] = 0
        classCount[vote] += 1
    sortedClassCount = sorted(classCount.iteritems(), key = operator.itemgetter(1),
reversed = True)
    return sortedClassCount[0][0]

def createTree(dataSet, labels):
    """
    输入:数据集,特征标签
    输出:决策树
    描述:递归构建决策树,利用上述的函数
    """
    classList = [example[-1] for example in dataSet]
    if classList.count(classList[0]) == len(classList):
        #类别完全相同,停止划分
        return classList[0]
    if len(dataSet[0]) == 1:
        #遍历完所有特征时返回出现次数最多的
        return majorityCnt(classList)
    bestFeat = chooseBestFeatureToSplit(dataSet)
    bestFeatLabel = labels[bestFeat]
    myTree = {bestFeatLabel:{}}
    del(labels[bestFeat])
    #得到列表包括节点所有的属性值
    featValues = [example[bestFeat] for example in dataSet]
    uniqueVals = set(featValues)
    for value in uniqueVals:
        subLabels = labels[:]
        myTree[bestFeatLabel][value] = createTree(splitDataSet(dataSet, bestFeat, value),
subLabels)
    return myTree

def classify(inputTree, featLabels, testVec):
    """
    输入:决策树,分类标签,测试数据
    输出:决策结果
    描述:分类决策树
    """
```

```
    firstStr = list(inputTree.keys())[0]
    secondDict = inputTree[firstStr]
    featIndex = featLabels.index(firstStr)
    classLabel = 'N'
    for key in secondDict.keys():
        if testVec[featIndex] == key:
            if type(secondDict[key]).__name__ == 'dict':
                classLabel = classify(secondDict[key], featLabels, testVec)
            else:
                classLabel = secondDict[key]
    return classLabel

def classifyAll(inputTree, featLabels, testDataSet):
    """
    输入:决策树,分类标签,测试数据集
    输出:决策结果
    描述:分类决策树
    """
    classLabelAll = []
    for testVec in testDataSet:
        classLabelAll.append(classify(inputTree, featLabels, testVec))
    return classLabelAll

def storeTree(inputTree, filename):
    """
    输入:决策树,保存文件路径
    输出:
    描述:保存决策树到文件
    """
    import pickle
    fw = open(filename, 'wb')
    pickle.dump(inputTree, fw)
    fw.close()

def grabTree(filename):
    """
    输入:文件路径名
    输出:决策树
    描述:从文件读取决策树
    """
    import pickle
    fr = open(filename, 'rb')
    return pickle.load(fr)

def createDataSet():
    """
    outlook->  0: sunny | 1: overcast | 2: rain
    temperature-> 0: hot | 1: mild | 2: cool
```

```
    humidity -> 0: high | 1: normal
    windy -> 0: false | 1: true
    """
    dataSet = [[0, 0, 0, 0, 'N'],
               [0, 0, 0, 1, 'N'],
               [1, 0, 0, 0, 'Y'],
               [2, 1, 0, 0, 'Y'],
               [2, 2, 1, 0, 'Y'],
               [2, 2, 1, 1, 'N'],
               [1, 2, 1, 1, 'Y']]
    labels = ['outlook', 'temperature', 'humidity', 'windy']
    return dataSet, labels

def createTestSet():
    """
    outlook ->  0: sunny | 1: overcast | 2: rain
    temperature -> 0: hot | 1: mild | 2: cool
    humidity -> 0: high | 1: normal
    windy -> 0: false | 1: true
    """
    testSet = [[0, 1, 0, 0],
               [0, 2, 1, 0],
               [2, 1, 1, 0],
               [0, 1, 1, 1],
               [1, 1, 0, 1],
               [1, 0, 1, 0],
               [2, 1, 0, 1]]
    return testSet

def main():
    dataSet, labels = createDataSet()
    labels_tmp = labels[:]                          #复制,createTree会改变labels
    desicionTree = createTree(dataSet, labels_tmp)
    #storeTree(desicionTree, 'classifierStorage.txt')
    #desicionTree = grabTree('classifierStorage.txt')
    print('desicionTree:\n', desicionTree)
    treePlotter.createPlot(desicionTree)
    testSet = createTestSet()
    print('classifyResult:\n', classifyAll(desicionTree, labels, testSet))

if __name__ == '__main__':
    main()
```

运行程序,输出如下,得到如图4-26所示的CART树。

```
desicionTree:
 {'outlook': {0: 'N', 1: 'Y', 2: {'windy': {0: 'Y', 1: 'N'}}}}
classifyResult:
 ['N', 'N', 'Y', 'N', 'Y', 'Y', 'N']
```

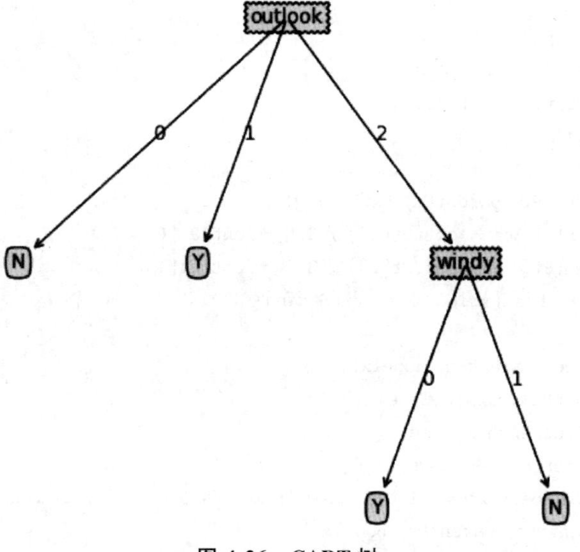

图 4-26 CART 树

在运行以上代码时,需要先配置 matplotlib 才能使用(treePlotter. py)。

```
import matplotlib.pyplot as plt

decisionNode = dict(boxstyle = "sawtooth", fc = "0.8")
leafNode = dict(boxstyle = "round4", fc = "0.8")
arrow_args = dict(arrowstyle = "<-")

def plotNode(nodeTxt, centerPt, parentPt, nodeType):
    createPlot.ax1.annotate(nodeTxt, xy = parentPt, xycoords = 'axes fraction', \
                            xytext = centerPt, textcoords = 'axes fraction', \
                            va = "center", ha = "center", bbox = nodeType, arrowprops = arrow_args)

def getNumLeafs(myTree):
    numLeafs = 0
    firstStr = list(myTree.keys())[0]
    secondDict = myTree[firstStr]
    for key in secondDict.keys():
        if type(secondDict[key]).__name__ == 'dict':
            numLeafs += getNumLeafs(secondDict[key])
        else:
            numLeafs += 1
    return numLeafs

def getTreeDepth(myTree):
    maxDepth = 0
    firstStr = list(myTree.keys())[0]
    secondDict = myTree[firstStr]
    for key in secondDict.keys():
        if type(secondDict[key]).__name__ == 'dict':
            thisDepth = getTreeDepth(secondDict[key]) + 1
```

```
        else:
            thisDepth = 1
        if thisDepth > maxDepth:
            maxDepth = thisDepth
    return maxDepth

def plotMidText(cntrPt, parentPt, txtString):
    xMid = (parentPt[0] - cntrPt[0]) / 2.0 + cntrPt[0]
    yMid = (parentPt[1] - cntrPt[1]) / 2.0 + cntrPt[1]
    createPlot.ax1.text(xMid, yMid, txtString)

def plotTree(myTree, parentPt, nodeTxt):
    numLeafs = getNumLeafs(myTree)
    depth = getTreeDepth(myTree)
    firstStr = list(myTree.keys())[0]
    cntrPt = (plotTree.xOff + (1.0 + float(numLeafs)) / 2.0 / plotTree.totalw, plotTree.yOff)
    plotMidText(cntrPt, parentPt, nodeTxt)
    plotNode(firstStr, cntrPt, parentPt, decisionNode)
    secondDict = myTree[firstStr]
    plotTree.yOff = plotTree.yOff - 1.0 / plotTree.totalD
    for key in secondDict.keys():
        if type(secondDict[key]).__name__ == 'dict':
            plotTree(secondDict[key], cntrPt, str(key))
        else:
            plotTree.xOff = plotTree.xOff + 1.0 / plotTree.totalw
            plotNode(secondDict[key], (plotTree.xOff, plotTree.yOff), cntrPt, leafNode)
            plotMidText((plotTree.xOff, plotTree.yOff), cntrPt, str(key))
    plotTree.yOff = plotTree.yOff + 1.0 / plotTree.totalD

def createPlot(inTree):
    fig = plt.figure(1, facecolor='white')
    fig.clf()
    axprops = dict(xticks=[], yticks=[])
    createPlot.ax1 = plt.subplot(111, frameon=False, **axprops)
    plotTree.totalw = float(getNumLeafs(inTree))
    plotTree.totalD = float(getTreeDepth(inTree))
    plotTree.xOff = -0.5 / plotTree.totalw
    plotTree.yOff = 1.0
    plotTree(inTree, (0.5, 1.0), '')
    plt.show()
```

4.7 小结

分类算法是一类利用概率统计知识进行分类的算法。本章从逻辑回归、Softmax 回归、因子分解机、支持向量机、贝叶斯分类器、随机森林等几个方面介绍了分类算法。每章节通过理论、图文、Python 应用实例相结合进行介绍，让读者方便、快捷地实现利用 Python 解决分类问题。

4.8　习题

1. 分类算法是典型的学习，其训练样本中包含样本的________和________信息。

2. 在机器学习领域，SVM 是一个________的学习模型，通常用来进行________、________和________。

3. 梯度下降法的含义是什么?

4. 什么是集成学习?

5. 在使用梯度下降时，需要进行调优。哪些地方需要调优呢?

6. 假如得到样本(1,1)、(2,2)、(3,3)，由这 3 个样本可以得到函数为 $y=1\times x$。此时损失函数为 0，而机器是不知道的，请用利用 Python 进行训练。

第 5 章 Python 回归算法

CHAPTER 5

回归(Regression)是另一类重要的监督学习算法。与分类问题不同的是,在回归问题中,其目标是通过对训练样本的学习,得到从样本特征到样本标签之间的映射,其中,在回归问题中,样本标签是连续值。典型的回归问题有:

(1) 根据人的身高、性别和体重等信息预测其鞋子的大小;

(2) 根据房屋的面积、卧室的数量预测房屋的价格等。

5.1 线性回归

线性回归(Linear Regression)是一类重要的回归问题。在线性回归中,目标值与特征之间存在线性相关的关系。

5.1.1 基本线性回归

1. 线性回归的模型

对于线性回归算法,我们希望从训练数据中学习到线性回归方程,即

$$y=b+\sum_{i=1}^{n}w_i\cdot x_i$$

其中,b 称为偏置,w_i 为回归系数。对于上式,令 $x_0=1$,则上式可以表示为:

$$y=\sum_{i=0}^{n}w_i\cdot x_i$$

2. 线性回归模型的损失函数

在线性回归模型中,其目标是求出线性回归方程,即求出线性回归方程中的回归系数 w_i。线性回归的评价是指如何度量预测值(Prediction)与标签(Label)之间的接近程度,线性回归模型的损失函数可以是绝对损失(Absolute Loss)或者平方损失(Squared Loss)。其中,绝对损失函数为:

$$l=|y-\hat{y}|$$

式中的$\hat{y}$ 为预测值,且$\hat{y}=\sum_{i=0}^{n}w_i\cdot x_i$。

平方损失函数为:

$$l=(y-\hat{y})^2$$

由于平方损失处处可导，所以通常使用平方误差作为线性回归模型的损失函数。假设有 m 个训练样本，每个样本中有 $n-1$ 个特征，则平方误差可以表示为：

$$l=\frac{1}{2}\sum_{i=1}^{m}\left(y^{(i)}-\sum_{j=0}^{n-1}w_j\cdot x_j^{(i)}\right)^2$$

对于如上的损失函数，线性回归的求解是希望求得平方误差的最小值。

【例 5-1】 （二维直线例子）已知线性方程 $y=a*x+b$ 表示平面上的一直线。在下面的例子中，根据房屋面积、房屋价格的历史数据，建立线性回归模型。然后，根据给出的房屋面积，来预测房屋价格。房屋的数据为：

```
   square_feet  price
0          150   6450
1          200   7450
2          250   8450
3          300   9450
4          350  11450
5          400  15450
6          600  18450
```

实现的 Python 代码为：

```
import pandas as pd
from io import StringIO
from sklearn import linear_model
import matplotlib.pyplot as plt

#房屋面积与价格历史数据(csv 文件)
csv_data = 'square_feet,price\n150,6450\n200,7450\n250,8450\n300,9450\n350,11450\n400,
15450\n600,18450\n'
#读入 dataframe
df = pd.read_csv(StringIO(csv_data))
print(df)
#建立线性回归模型
regr = linear_model.LinearRegression()
#拟合
regr.fit(df['square_feet'].values.reshape(-1, 1), df['price']) #注意此处.reshape(-1, 1),
因为 X 是一维的!
#不难得到直线的斜率、截距
a, b = regr.coef_, regr.intercept_
#给出待预测面积
area = 238.5
#方式 1:根据直线方程计算的价格
print(a * area + b)
#方式 2:根据 predict 方法预测的价格
print(regr.predict(area))
#画图
#1.真实的点
plt.scatter(df['square_feet'], df['price'], color = 'blue')
#2.拟合的直线
```

```
plt.plot(df['square_feet'], regr.predict(df['square_feet'].values.reshape(-1,1)), color='red', linewidth=4)
plt.show()
```

运行程序,得到房屋的预测价格如下,效果如图 5-1 所示。

```
[8635.02659574]
[8635.02659574]
```

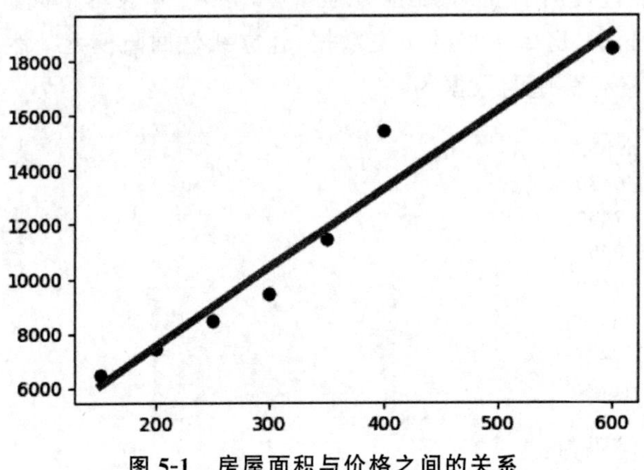

图 5-1 房屋面积与价格之间的关系

【例 5-2】 (三维平面的例子)已知线性方程 $z=ax+by+c$ 表示一空间平面,利用一组虚拟的数据绘制其平面。

```
import numpy as np
from sklearn import linear_model
from mpl_toolkits.mplot3d import Axes3D
import matplotlib.pyplot as plt

xx, yy = np.meshgrid(np.linspace(0,10,10), np.linspace(0,100,10))
zz = 1.0 × xx + 3.5 × yy + np.random.randint(0,100,(10,10))
#构建成特征、值的形式
X, Z = np.column_stack((xx.flatten(),yy.flatten())), zz.flatten()
#建立线性回归模型
regr = linear_model.LinearRegression()
#拟合
regr.fit(X, Z)
#不难得到平面的斜率、截距
a, b = regr.coef_, regr.intercept_
#给出待预测的一个特征
x = np.array([[5.8, 78.3]])
#方式1:根据线性方程计算待预测的特征x对应的值z(注意:np.sum)
print(np.sum(a * x) + b)
#方式2:根据predict方法预测的值z
print(regr.predict(x))
#画图
fig = plt.figure()
ax = fig.gca(projection='3d')
```

```
#1.画出真实的点
ax.scatter(xx, yy, zz)
#2.画出拟合的平面
ax.plot_wireframe(xx, yy, regr.predict(X).reshape(10,10))
ax.plot_surface(xx, yy, regr.predict(X).reshape(10,10), alpha = 0.3)
```

运行程序,得到输出值如下,效果如图 5-2 所示。

```
335.4328672727273
[335.43286727]
```

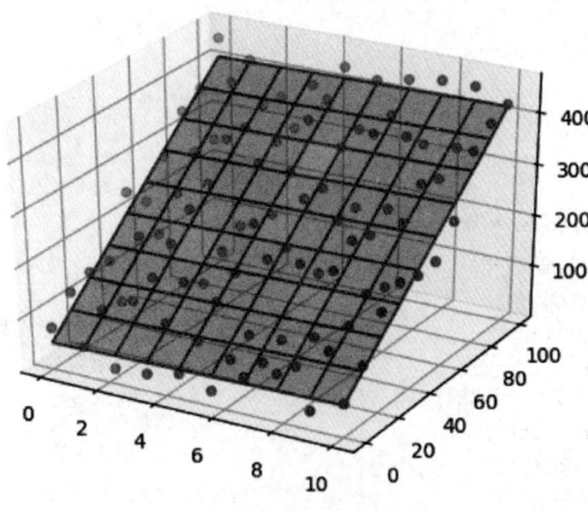

图 5-2 绘制空间平面图

5.1.2 线性回归的最小二乘解法

对于线性回模型,假设训练集中有 m 个训练样本,每个训练样本中有 $n-1$ 个特征,可以使用矩阵的表示方法,预测函数可以表示为:

$$\boldsymbol{Y}=\boldsymbol{X}\boldsymbol{W}$$

其损失函数可以表示为:

$$(\boldsymbol{Y}-\boldsymbol{X}\boldsymbol{W})^{\mathrm{T}}(\boldsymbol{Y}-\boldsymbol{X}\boldsymbol{W})$$

其中,标签 $\boldsymbol{Y}$ 为 $m\times 1$ 的矩阵,训练特征 $\boldsymbol{X}$ 为 $m\times n$ 的矩阵,回归系数 $\boldsymbol{W}$ 为 $n\times 1$ 的矩阵。在最小二乘法中,对 $\boldsymbol{W}$ 求导,即

$$\frac{\mathrm{d}}{\mathrm{d}W}(\boldsymbol{Y}-\boldsymbol{X}\boldsymbol{W})^{\mathrm{T}}(\boldsymbol{Y}-\boldsymbol{X}\boldsymbol{W})=\boldsymbol{X}^{\mathrm{T}}(\boldsymbol{Y}-\boldsymbol{X}\boldsymbol{W})$$

令其为 0,得到

$$\hat{\boldsymbol{W}}=(\boldsymbol{X}^{\mathrm{T}}\boldsymbol{X})^{-1}\boldsymbol{X}^{\mathrm{T}}\boldsymbol{Y}$$

现在利用 Python 实现最小二乘的解法。

【例 5-3】 利用最小二乘法求解。

```
import numpy as np
#导入 Python 的矩阵计算模块
import matplotlib.pyplot as plt
```

```
def fun2ploy(x,n):
    '''
    数据转化为[x^0,x^1,x^2,…x^n]
    首列变 1
    '''
    lens = len(x)
    X = np.ones([1,lens])
    for i in range(1,n):
        X = np.vstack((X,np.power(x,i)))                #按行堆叠
    return X

def leastseq_byploy(x,y,ploy_dim):
    '''
    最小二乘求解
    '''
    #散点图
    plt.scatter(x,y,color = "r",marker = 'o',s = 50)
    X = fun2ploy(x,ploy_dim);
    #直接求解
    Xt = X.transpose();                             #转置变成列向量
    XXt = X.dot(Xt);                                #矩阵乘
    XXtInv = np.linalg.inv(XXt)                     #求逆
    XXtInvX = XXtInv.dot(X)
    coef = XXtInvX.dot(y.T)
    y_est = Xt.dot(coef)
    return y_est,coef

def fit_fun(x):
    '''
    要拟合的函数
    '''
    #return np.power(x,5)
    return np.sin(x)

if __name__ == '__main__':
    data_num = 100;
    ploy_dim =10;                                              #拟合参数个数,即权重数量
    noise_scale = 0.2;
    ##数据准备
    x = np.array(np.linspace( - 2 * np.pi,2 * np.pi,data_num))  #数据
    y = fit_fun(x) + noise_scale * np.random.rand(1,data_num)   #添加噪声
    #最小二乘拟合
    [y_est,coef] = leastseq_byploy(x,y,ploy_dim)
    #显示拟合结果
    org_data = plt.scatter(x,y,color = "r",marker = 'o',s = 50)
    est_data = plt.plot(x,y_est,color = "g",linewidth = 3)
    plt.xlabel("X")
    plt.ylabel("Y")
    plt.title("Fit funtion with leastseq method")
    plt.legend(["Noise data","Fited function"]);
    plt.show()
```

运行程序，效果如图 5-3 所示。

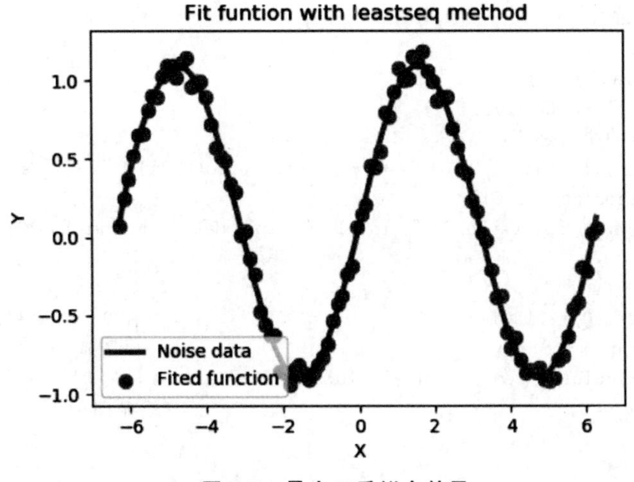

图 5-3 最小二乘拟合效果

我们都知道用最小二乘拟合线性函数没有问题，那么能不能拟合二次函数甚至更高次的函数呢？答案当然是可以的。下面就试试用最小二乘来拟合抛物线形状的图像。

对于二次函数来说，一般形状为 $f(x)=ax^2+bx+c$，其中 a、b、c 为 3 个要求解的参数。为了确定 a、b、c，需要根据给定的样本，然后通过调整这些参数，直到最后找出一组参数 a、b、c，使这些所有的样本点距离 $f(x)$ 的距离平方和最小。用什么方法来调整这些参数呢？最常见的就是梯度下降法。

spicy 库中有名为 leastsq 的方法，只需要输入一系列样本点，给出待求函数的基本形状，就可以针对上述问题求解了。

【例 5-4】 利用最小二乘拟合二次抛物线函数。

```
import numpy as np
import matplotlib.pyplot as plt
from scipy.optimize import leastsq
#待拟合的数据
X = np.array([1,2,3,4,5,6])
Y = np.array([9.1,18.3,32,47,69.5,94.8])
#二次函数的标准形式
def func(params, x):
    a, b, c = params
    return a * x * x + b * x + c
#误差函数,即拟合曲线所求的值与实际值的差
def error(params, x, y):
    return func(params, x) - y

#对参数求解
def slovePara():
    p0 = [10, 10, 10]
    Para = leastsq(error, p0, args = (X, Y))
    return Para
```

```
#输出最后的结果
def solution():
    Para = slovePara()
    a, b, c = Para[0]
    print("a = ",a," b = ",b," c = ",c)
    print( "cost:" + str(Para[1]))
    print( "求解的曲线是:")
    print("y = " + str(round(a,2)) + "x * x + " + str(round(b,2)) + "x + " + str(c))
    plt.figure(figsize = (8,6))
    plt.scatter(X, Y, color = "green", label = "sample data", linewidth = 2)

    #    画拟合直线
    x = np.linspace(0,12,100)                                     ##在 0 - 12 直接画 100 个连续点
    y = a * x * x + b * x + c                                     ##函数式
    plt.plot(x,y,color = "red",label = "solution line",linewidth = 2)
    plt.legend()                                                  #绘制图例
    plt.show()
solution()
```

运行程序,输出如下,效果如图 5-4 所示。

```
a = 2.066071414252538  b = 2.597500103604725  c = 4.689999854964827
cost:1
求解的曲线是:
y = 2.07x * x + 2.6x + 4.689999854964827
```

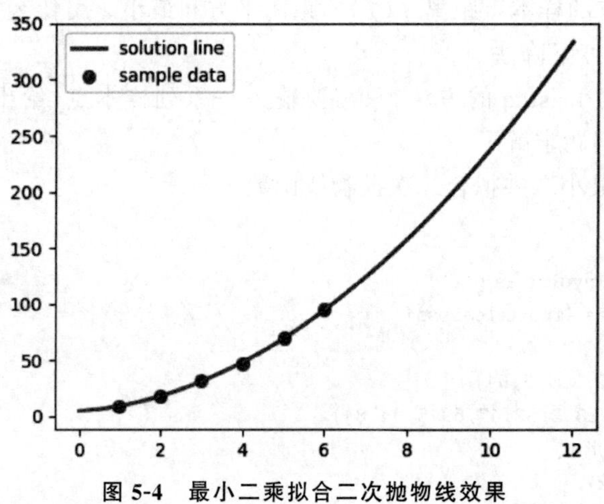

图 5-4 最小二乘拟合二次抛物线效果

在上面的代码中,需注意的是如下几点:

(1) func 是待拟合的曲线的形状,本例中为二次函数的标准形式。

(2) error 为误差函数。很多人会问不应该是最小平方和吗? 为什么不是 func(params, x) − y * func(params, x) − y? 原因是 leastsq 已进行最小平方和计算了。sklearn 中源码为:

```
Minimize the sum of squares of a set of equations.
        x = arg min(sum(func(y) ** 2,axis = 0))
                 y
```

leastsq 函数除了可以模拟线性函数二次函数等多项式，还适用于任何波形的模拟。比如方波：

```
def square_wave(x,p):
    a, b, c, T = p
    y = np.where(np.mod(x - b,T)< T/2, 1 + c/a, 0)
    y = np.where(np.mod(x - b,T)> T/2, - 1 + c/a, y)
    return a * y
```

比如高斯分布：

```
def gaussian_wave(x,p):
    a, b, c, d= p
    return a * np.exp( - (x - b) ** 2/(2 * c ** 2)) + d
```

只要将上面代码中的 func 换成对应的函数即可。

5.1.3 牛顿法

除了前面介绍的梯度下降法，牛顿法也是机器学习中用得比较多的一种优化算法。牛顿法的基本思想是利用迭代点 x_k 处的一阶导数(梯度)和二阶导数(海森矩阵)对目标函数进行二次函数近似，然后把二次函数的极小点作为新的迭代点，并不断重复这一过程，直至求得满足精度的近似值。牛顿法下降的速度比梯度下降得快，而且能高度逼近最优值。

1. 基本牛顿法的原理

基本牛顿法是一种基于导数的算法，它每一步的迭代方向都沿着当前点函数值下降的方向。对于一维的情形，对于一个需要求解的优化函数 $f(x)$，求函数极值的问题可以转化为求导函数 $f'(x)=0$。对函数 $f(x)$进行泰勒展开到二阶，得到：

$$f(x)=f(x_k)+f'(x_k)(x-x_k)+\frac{1}{2}f''(x_k)(x-x_k)^2$$

对上式求导并令其为 0，则有

$$f'(x_k)+f''(x_k)(x-x_k)=0$$

即得到

$$x=x_k-\frac{f'(x_k)}{f''(x_k)}$$

这就是牛顿法的更新公式。

2. 基本牛顿法的流程

基本牛顿法的流程主要表现在：

(1) 给定终止误差值 $0\leqslant\varepsilon\ll 1$，初始点 $x_0\in\mathbf{R}^n$，令 $k=0$；

(2) 计算 $\boldsymbol{g}_k=\nabla f(x_k)$，如果 $\|\boldsymbol{g}_k\|\leqslant\varepsilon$，则停止，输出 $x^*\approx x_k$；

(3) 计算 $G_k=\nabla^2 f(x_k)$，并求解线性方程组 $G_k d=-g^k$ 得到解 d_k；

(4) 令 $x_{k+1}=x_k+d_k k=k+1$，并转到步骤(2)。

3. 全局牛顿法

牛顿法最突出的优点是收敛速度快，具有局部二阶收敛性，但是，基本牛顿法初始点需要足够“靠近”极小点；否则，有可能导致算法不收敛，此时就引入了全局牛顿法。全局牛顿法的流程主要表现为：

(1) 给定终止误差值 $0\leqslant\varepsilon\ll1,\delta\in(0,1),\sigma\in(0,0.5)$，初始点 $x_0\in\mathbf{R}^n$，令 $k=0$；

(2) 计算 $\boldsymbol{g}_k=\nabla f(x_k)$，如果 $\|\boldsymbol{g}_k\|\leqslant\varepsilon$，则停止，输出 $x^*\approx x_k$；

(3) 计算 $G_k=\nabla^2 f(x_k)$，并求解线性方程组 $G_k d=-\boldsymbol{g}^k$ 得到解 d_k；

(4) 设 m_k 是不满足下列不等式的最小非负整数 m：

$$f(x_k+\delta^m d_k)\leqslant f(x_k)+\sigma\delta^m \boldsymbol{g}_k^{\mathrm{T}} d_k$$

(5) 令 $\alpha_k=\delta^{m_k}$，$x_{k+1}=x_k+\alpha_k d_k$，$k=k+1$，并转到步骤(2)。

【例 5-5】 以 Rosenbrock 函数为例，即有

$$f(\boldsymbol{x})=100(x_2-x_1^2)^2+(1-x_1)^2$$

于是可得函数的梯度

$$g(\boldsymbol{x})=\nabla f(\boldsymbol{x})=(-400(x_2-x_1^2)x_1-2(1-x_1)200(x_2-x_1^2))^{\mathrm{T}}$$

函数 $f(\boldsymbol{x})$的海森矩阵为

$$\begin{bmatrix}-400(x_2-3x_1^2)+2 & -400x_1\\ -400x_1 & 200\end{bmatrix}$$

利用牛顿法求解的 Python 代码为：

```
"""
牛顿法
Rosenbrock 函数
函数 f(x) = 100 * (x(2) - x(1).^2).^2 + (1 - x(1)).^2
梯度 g(x) = ( - 400 * (x(2) - x(1)^2) * x(1) - 2 * (1 - x(1)),200 * (x(2) - x(1)^2))^(T)
"""
import numpy as np
import matplotlib.pyplot as plt

def jacobian(x):
    return np.array([ - 400 * x[0] * (x[1] - x[0] ** 2) - 2 * (1 - x[0]),200 * (x[1] - x[0] ** 2)])
def hessian(x):
    return np.array([[ - 400 * (x[1] - 3 * x[0] ** 2) + 2, - 400 * x[0]],[ - 400 * x[0],200]])

X1 = np.arange( - 1.5,1.5 + 0.05,0.05)
X2 = np.arange( - 3.5,2 + 0.05,0.05)
[x1,x2] = np.meshgrid(X1,X2)
f = 100 * (x2 - x1 ** 2) ** 2 + (1 - x1) ** 2;                    #给定的函数
plt.contour(x1,x2,f,20)                                           #画出函数的 20 条轮廓线

def newton(x0):
    print('初始点为:')
    print(x0,'\n')
    W = np.zeros((2,10 ** 3))
    i = 1
    imax = 1000
    W[:,0] = x0
    x = x0
    delta = 1
```

```
    alpha = 1
    while i < imax and delta > 10 ** ( - 5):
        p = - np.dot(np.linalg.inv(hessian(x)),jacobian(x))
        x0 = x
        x = x + alpha * p
        W[:,i] = x
        delta = sum((x - x0) ** 2)
        print('第',i,'次迭代结果:')
        print(x,'\n')
        i = i + 1
    W = W[:,0:i]                                        #记录迭代点
    return W

x0 = np.array([ - 1.2,1])
W = newton(x0)
plt.plot(W[0,:],W[1,:],'g * ',W[0,:],W[1,:])            #画出迭代点收敛的轨迹
plt.show()
```

运行程序,输出如下,效果如图 5-5 所示。

```
初始点为:
[ - 1.2  1. ]
第 1 次迭代结果:
[ - 1.1752809   1.38067416]
第 2 次迭代结果:
[ 0.76311487  - 3.17503385]
第 3 次迭代结果:
[0.76342968 0.58282478]
第 4 次迭代结果:
[0.99999531 0.94402732]
第 5 次迭代结果:
[0.9999957   0.99999139]
第 6 次迭代结果:
[1. 1.]
```

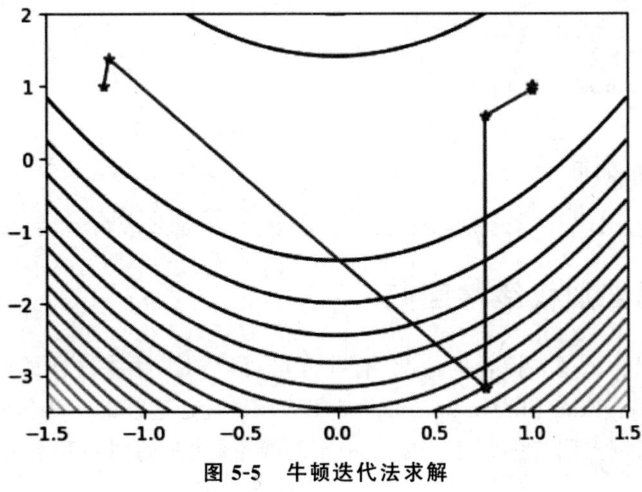

图 5-5 牛顿迭代法求解

【例 5-6】 Python 实现牛顿迭代法求三角函数极值。

```
#coding = utf - 8
import math
a = 0.001                                   #定义收敛步长
xd = 1                                      #定义寻找步长
x = 0                                       #定义一个种子 x0
i = 0                                       #循环迭代次数
y = 0
dic = {}
import math
def f(x):
    y = math.sin(x)                         #定义函数 f(x) = sinx
    return y
def fd(x):
    y = math.cos(x)                         #函数 f(x)导数 fd(X) = cosx
    return y
while y>= 0 and y<3.14 * 4:
    y = y + xd
    x = y
    while abs(fd(x))> 0.001:                #定义精度为 0.001
        x = x + fd(x)/f(x)
    if x>= 0 and x<3.14 * 4:
        #print(x,f(x))
        dic[y] = x
#print(dic)
ls = []
for i in dic.keys():
    cor = 0
    if ls is None:
        ls.append(dic[i])
    else:
        for j in ls:
            if dic[i] - j<0.1:
                cor = 1
                break
        if cor == 0:
            ls.append(dic[i])
print(ls)
```

运行程序,输出如下:

```
[1.5706752771612507, 4.712388980912051, 7.8539818558789225, 10.995653476776056]
```

5.1.4 局部加权线性回归

在线性回归中会出现欠拟合的情况,有些方法可以用来解决这样的问题。局部加权线性回归(Locally Weighted Linear Regression,LWLR)就是这样的一种方法。局部加权线性回归采用的是给预测点附近的每个点赋予一定的权重,此时的回归系数可以表示为:

$$\hat{W} = (X^{T}MX)^{-1}X^{T}MY$$

其中，$\boldsymbol{M}$ 为每个点的权重。

LWLR 使用核函数来对附近的点赋予更高的权重，常用的有高斯核，对应的权重为：

$$M(i,j)=\exp\left(\frac{\|\boldsymbol{X}^i-\boldsymbol{X}\|^2}{-2k^2}\right)$$

这样的权重矩阵只含对角元素。

【例 5-7】 给定不同的 k 值，绘制对应的局部线性拟合图像。

```
#k = 1.0 出现了欠拟合,k = 0.1 时效果最佳,k = 0.003 时出现了过拟合
from numpy import *
def loadDataSet(filename):
    numFeat = len(open(filename).readline().split('\t')) - 1
    dataMat = []
    labelMat = []
    fr = open(filename)
    for line in fr.readlines():
        lineArr = []
        curLine = line.strip().split('\t')
        for i in range(numFeat):
            lineArr.append(float(curLine[i]))
        dataMat.append(lineArr)
        labelMat.append(float(curLine[ - 1]))
    return dataMat, labelMat
def standRegress(xArr, yArr):
    xMat = mat(xArr)
    yMat = mat(yArr).T
    xTx = xMat.T * xMat
    if linalg.det(xTx) == 0.0:
        print('error')
        return
    ws = xTx.I * (xMat.T * yMat)
    return ws
def lwlr(testPoint, xArr, yArr, k = 1.0):
    xMat = mat(xArr)
    yMat = mat(yArr).T
    m = shape(xMat)[0]
    weights = mat(eye((m)))
    for j in range(m):
        diffMat = testPoint - xMat[j,:]
        weights[j,j] = exp(diffMat * diffMat.T/( - 2.0 * k ** 2))
    xTx = xMat.T * (weights * xMat)
    if linalg.det(xTx) == 0.0:
        print("error")
        return
    ws = xTx.I * (xMat.T * (weights * yMat))
    return testPoint * ws
def lwlrTest(testArr, xArr, yArr, k = 1.0):
    m = shape(testArr)[0]
    yHat = zeros(m)
    for i in range(m):
        yHat[i] = lwlr(testArr[i], xArr, yArr, k)
    return yHat
def rssError(yArr, yHatArr):
```

```
    return ((yArr - yHatArr) ** 2).sum()

xArr,yArr = loadDataSet('ex0.txt')
xMat = mat(xArr)
yMat = mat(yArr)
k = [1.0,0.01,0.003]
for i in range(3):
    yHat = lwlrTest(xArr, xArr, yArr, k[i])
    srtInd = xMat[:, 1].argsort(0)
    xSort = xMat[srtInd][:, 0, :]
    import matplotlib.pyplot as plt
    fig = plt.figure(i+1)
    ax = fig.add_subplot(111)
    ax.plot(xSort[:, 1], yHat[srtInd])
    ax.scatter(xMat[:, 1].flatten().A[0], yMat.T[:, 0].flatten().A[0], s=2, c='red')
    plt.title('k=%g' % k[i])
plt.show()
```

当 k=1 时，最终的结果如图 5-6 所示；当 k=0.003 时，最终的结果如图 5-7 所示；当 k=0.1 时，最终的结果如图 5-8 所示。

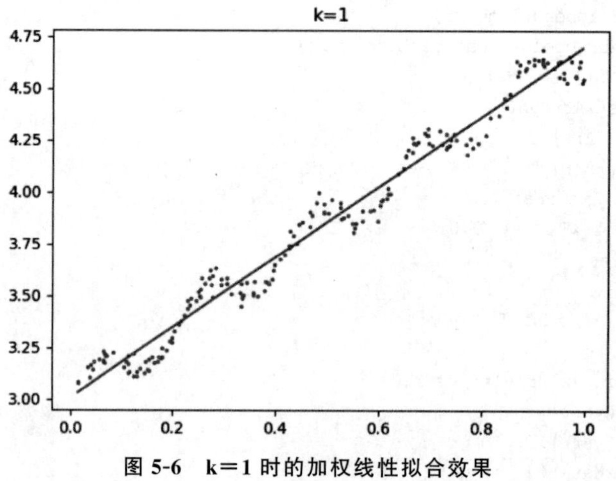

图 5-6　k=1 时的加权线性拟合效果

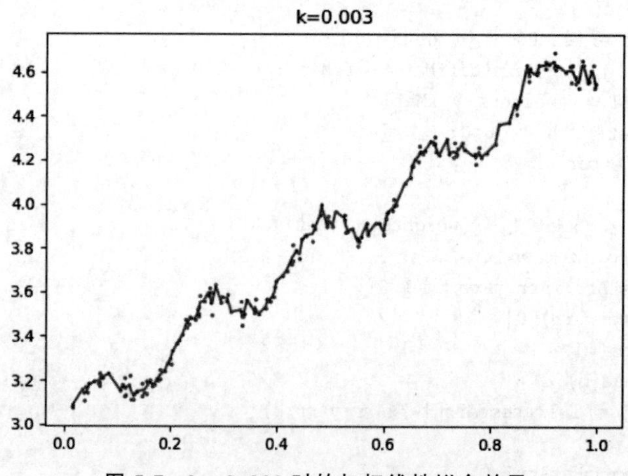

图 5-7　k=0.003 时的加权线性拟合效果

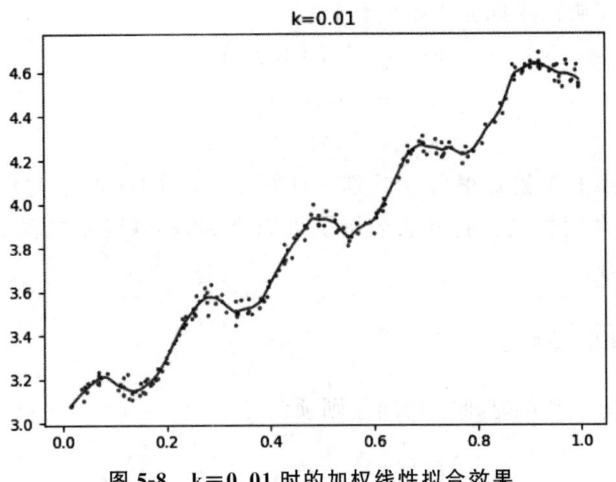

图 5-8 k=0.01 时的加权线性拟合效果

当 k 的值逐渐变小，其拟合数据的能力也在变强。当 k 取较大值时，如图 5-6 所示，出现了欠拟合，不能很好地反映数据的真实情况；当 k 值取较小值时，如图 5-7 所示，出现了过拟合。

5.2 岭回归与 Lasso 回归

在处理较为复杂的数据回归问题时，普通的线性回归算法通常会出现预测精度不够，如果模型中的特征之间有相关关系，就会增加模型的复杂程度，并且对整个模型的解释并不高，这时就需要对数据中的特征进行选择。对于回归算法，特征选择的方法有岭回归(Ridge Regression)和 Lasso 回归。

岭回归和 Lasso 回归都属于正则化的特征选择方法，对于处理较为复杂的数据问题通常选用这两种方法。

5.2.1 线性回归存在的问题

如果模型中的特征之间有相关关系，就会增加模型的复杂程度。当数据中的特征之间有较强的线性相关时，即特征之间出现严重共线时，用普通最小二乘法估计模型参数，往往参数估计的方差太大，此时，求解出来的模型就很不稳定。在具体取值上与真值有较大的偏差，有时会出现与实际意义不符的正负号。

假设已知线性回归模型为：

$$y=10+2x_1+5x_2$$

其中，$x_1\in(0,10)$，$x_2\in(10,25)$。其中部分训练数据如表 5-1 所示。

表 5-1 部分训练数据

x_1	0.444 71	9.788 73	10.463 42	9.022 327	0.931 401 4	10.263 29	10.464 25	9.875 585
x_2	11.2567	10.8953	21.5342	19.5781	22.674 84	24.3317	18.1766	19.1721

利用普通最小二乘法求回归系数的估计得：

$$w_0 = 22.709\,626\,465\,5$$

$$w_1 = 3.066\,285\,457\,42$$

$$w_2 = 4.078\,313\,815\,18$$

这与实际模型中的参数有很大的差别。计算 x_1、x_2 的样本相关系数得 $r_{12}=0.9854$，表明 x_1 与 x_2 之间高度相关。通过这个例子可以看到，解释变量之间高度相关时，普通最小二乘估计明显变坏。

5.2.2 岭回归模型

岭回归是在平方误差的基础上增加正则项：

$$l=\sum_{i=1}^{m}\left(y^{(i)}-\sum_{j=0}^{n}w_jx_j^{(i)}\right)^2+\lambda\sum_{j=0}^{n}w_j^2$$

其中，$\lambda>0$。通过确定 λ 的值可以使得在方差和偏差之间达到平衡；随着 λ 的增大，模型方差减小而偏差增大。

1. 岭回归模型的求解

与线性回归一样，在利用最小二乘法求解岭回归模型的参数时，首先对 $\boldsymbol{W}$ 求导，结果为：

$$2\boldsymbol{X}^{\mathrm{T}}(\boldsymbol{Y}-\boldsymbol{XW})-2\lambda\boldsymbol{W}$$

令其为 0，可求得 $\boldsymbol{W}$ 的值为：

$$\hat{\boldsymbol{W}}=(\boldsymbol{X}^{\mathrm{T}}\boldsymbol{X}+\lambda\boldsymbol{I})^{-1}\boldsymbol{X}^{\mathrm{T}}\boldsymbol{Y}$$

其中，$\boldsymbol{I}$ 为单位对角矩阵。

【例 5-8】 下面给出一个岭回归简单的代码示例，这个代码显示了不同的 alpha 对模型参数 w 的影响程度。alpha 越大，则 w 的数值越小；alpha 越小，则 w 的数值越大，注意为了更好地观察所生成的图片，将 x 轴做了反转。

```
"""
岭回归测试代码
这里需要先生成一个线性相关的设计矩阵 X,再使用岭回归对其进行建模
岭回归中最重要的就是参数 alpha 的选择,本例显示了不同的 alpha 下
模型参数 omega 不同的结果
"""
import numpy as np
import matplotlib.pyplot as plt
from sklearn import linear_model

#这里设计矩阵 X 是一个希尔伯特矩阵(Hilbert matrix)
#其元素 A(i,j) = 1(i + j - 1),i 和 j 分别为其行标和列标
#希尔伯特矩阵是一种数学变换矩阵,正定且高度病态
#任何一个元素发生一点变动,整个矩阵的行列式的值和逆矩阵都会发生巨大变化
#这里设计矩阵是一个 10×5 的矩阵,即有 10 个样本,5 个变量
X = 1. / (np.arange(1, 6) + np.arange(0, 10)[:, np.newaxis])
y = np.ones(10)
```

```
print('设计矩阵为:')
print(X)

#alpha 取值为 10^(-10)到 10^(-2)之间的连续的 200 个值
n_alphas = 200
alphas = np.logspace(-10, -2, n_alphas)
print('\n alpha 的值为:')
print(alphas)

#初始化一个 Ridge Regression
clf = linear_model.Ridge(fit_intercept = False)

#参数矩阵,即每一个 alpha 对应的参数所组成的矩阵
coefs = []
#根据不同的 alpha 训练出不同的模型参数
for a in alphas:
    clf.set_params(alpha = a)
    clf.fit(X, y)
    coefs.append(clf.coef_)
#获得绘图句柄
ax = plt.gca()
#参数中每一个维度使用一个颜色表示
ax.set_color_cycle(['b', 'r', 'g', 'c', 'k'])

#绘制 alpha 和对应的参数之间的关系图
ax.plot(alphas, coefs)
ax.set_xscale('log')                              #x 轴使用对数表示
ax.set_xlim(ax.get_xlim()[::-1])                  #将 x 轴反转,便于显示
plt.grid()
plt.xlabel('alpha')
plt.ylabel('weights')
plt.title('Ridge coefficients as a function of the regularization')
plt.axis('tight')
plt.show()
```

运行程序,输出如下,效果如图 5-9 所示。

```
设计矩阵为:
[[1.         0.5        0.33333333 0.25       0.2       ]
 [0.5        0.33333333 0.25       0.2        0.16666667]
 [0.33333333 0.25       0.2        0.16666667 0.14285714]
 [0.25       0.2        0.16666667 0.14285714 0.125     ]
 [0.2        0.16666667 0.14285714 0.125      0.11111111]
 [0.16666667 0.14285714 0.125      0.11111111 0.1       ]
 [0.14285714 0.125      0.11111111 0.1        0.09090909]
 [0.125      0.11111111 0.1        0.09090909 0.08333333]
 [0.11111111 0.1        0.09090909 0.08333333 0.07692308]
 [0.1        0.09090909 0.08333333 0.07692308 0.07142857]]
alpha 的值为:
[1.00000000e-10 1.09698580e-10 1.20337784e-10 1.32008840e-10
 1.44811823e-10 1.58856513e-10 1.74263339e-10 1.91164408e-10
 2.09704640e-10 2.30043012e-10 2.52353917e-10 2.76828663e-10
 3.03677112e-10 3.33129479e-10 3.65438307e-10 4.00880633e-10
```

```
4.39760361e-10 4.82410870e-10 5.29197874e-10 5.80522552e-10
……              ……
 1.72258597e-03 1.88965234e-03 2.07292178e-03 2.27396575e-03
 2.49450814e-03 2.73644000e-03 3.00183581e-03 3.29297126e-03
 3.61234270e-03 3.96268864e-03 4.34701316e-03 4.76861170e-03
 5.23109931e-03 5.73844165e-03 6.29498899e-03 6.90551352e-03
 7.57525026e-03 8.30994195e-03 9.11588830e-03 1.00000000e-02]
```

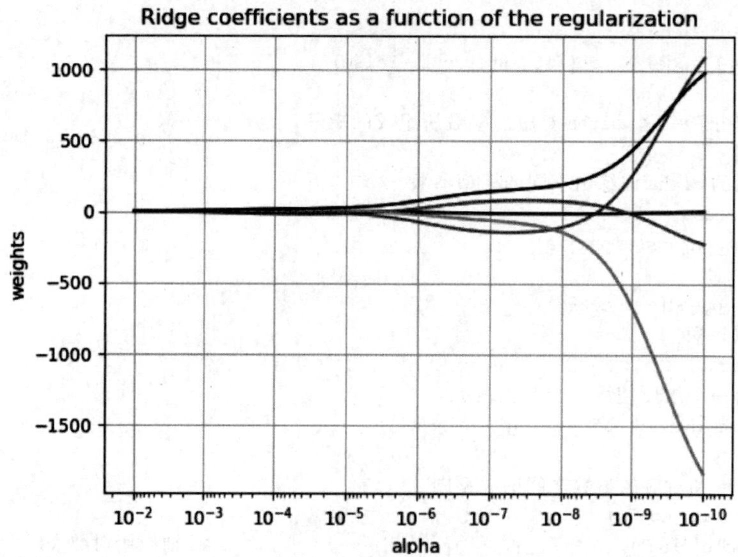

图 5-9 不同的 alpha 值对模型参数 w 的影响程度

【例 5-9】 随机产生 100 组数据集，每组数据集包含 25 个点，每个点满足：$y=\sin\left(\frac{2}{\pi}x\right)+e$，其中 $x\in\{0.041\times i, i=1,2,\cdots,24\}$，$e$ 是添加的高斯噪声$(0,0.3^2)$。在每组数据集上用具有不同 λ 的 7 阶多项式进行岭回归拟合。

```
import numpy as np
import matplotlib.pyplot as plt
from tkinter import _flatten

x_arange = 0.041 * np.arange(0, 25, 1)              #每组数据的25个点
y_True = np.sin(2 * np.pi * x_arange)               #每个数据点对应的值(没有添加噪声)
y_Noise = np.zeros(y_True.shape)                    #添加噪声的值
x_Prec = np.linspace(0, 24 * 0.041, 100)            #画图范围

mu = 0                                              #噪声的mu值
sigma = 0.3                                         #噪声的sigma值
Num = 100                                           #100组数据集
n = 8                                               #7阶多项式
lamda = [np.exp(1), np.exp(0), np.exp(-5), np.exp(-10)]   #不同的lambda值
phi = np.mat(np.zeros((x_arange.size, n)))          #phi矩阵
x = np.mat(x_arange).T                              #输入数据矩阵
```

```
#phi 矩阵运算
for i_n in range(n):
    for y_n in range(x_arange.size):
        phi[y_n, i_n] = x[y_n, 0] ** i_n

plt.figure(figsize = (15, 10))
index = 221
for i_lamda in lamda:
    plt.subplot(index)
    index += 1
    plt.title("lambda = %f" % i_lamda)
    plt.plot(x_Prec, np.sin(2 * np.pi * x_Prec), color = 'g')
    for k in range(Num):
        for i in range(x_arange.size):
            y_Noise[i] = y_True[i] + np.random.normal(mu, sigma)
        y = np.mat(y_Noise).T
        #求解 w 参数
        W = (phi.T * phi + i_lamda * np.eye(n)).I * phi.T * y

        ploy = list(_flatten(W.T.tolist()))
        ploy.reverse()
        p = np.poly1d(ploy)
        if k % 5 == 0:                              #只画 20 条曲线
            plt.plot(x_Prec, p(x_Prec), color = 'r')
plt.show()
```

运行程序,效果如图 5-10 所示。

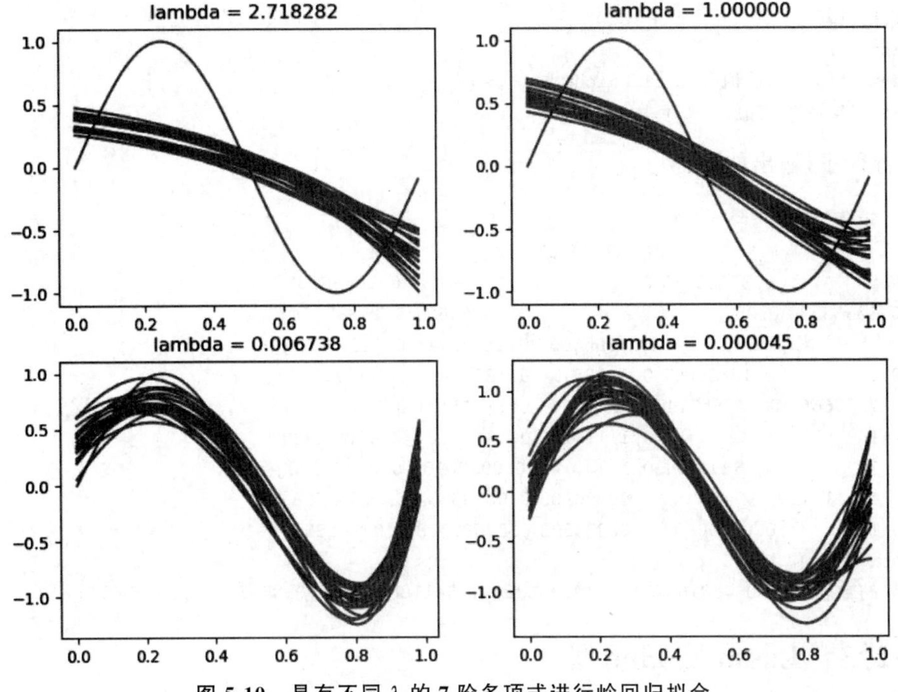

图 5-10 具有不同 λ 的 7 阶多项式进行岭回归拟合

2. 基于交叉验证的岭回归

在前面提到过，在岭回归中，alpha 的选择是一个比较麻烦的问题。这其实是一个模型选择的问题，在模型选择中，最简单的模型选择方法就是交叉验证（Cross-validation），将交叉验证内置在脊回归中，就免去了 alpha 的人工选择，其具体实现方式如下。

【例 5-10】 基于交叉验证的岭回归实现。

```
"""
基于交叉验证的岭回归 alpha 选择
可以直接获得一个相对不错的 alpha
"""
import numpy as np
import matplotlib.pyplot as plt
from sklearn import linear_model

#这里设计矩阵 X 是一个希尔伯特矩阵(Hilbert matrix)
#其元素 A(i,j)=1(i + j -1),i 和 j 分别为其行标和列标
#希尔伯特矩阵是一种数学变换矩阵,正定且高度病态
#任何一个元素发生一点变动,整个矩阵的行列式的值和逆矩阵都会发生巨大变化
#这里设计矩阵是一个 10×5 的矩阵,即有 10 个样本,5 个变量
X = 1. / (np.arange(1, 6) + np.arange(0, 10)[:, np.newaxis])
y = np.ones(10)
print('设计矩阵为:')
print(X)

#初始化一个 Ridge Cross-Validation Regression
clf = linear_model.RidgeCV(fit_intercept=False)
#训练模型
clf.fit(X, y)
print
print('alpha 的数值 : ', clf.alpha_)
print('参数的数值:', clf.coef_)
```

运行程序，输出如下：

```
设计矩阵为:
[[1.         0.5        0.33333333 0.25       0.2       ]
 [0.5        0.33333333 0.25       0.2        0.16666667]
 [0.33333333 0.25       0.2        0.16666667 0.14285714]
 [0.25       0.2        0.16666667 0.14285714 0.125     ]
 [0.2        0.16666667 0.14285714 0.125      0.11111111]
 [0.16666667 0.14285714 0.125      0.11111111 0.1       ]
 [0.14285714 0.125      0.11111111 0.1        0.09090909]
 [0.125      0.11111111 0.1        0.09090909 0.08333333]
 [0.11111111 0.1        0.09090909 0.08333333 0.07692308]
 [0.1        0.09090909 0.08333333 0.07692308 0.07142857]]
alpha 的数值 :  0.1
参数的数值:[-0.43816548  1.19229228  1.54118834  1.60855632  1.58565451]
```

5.2.3 Lasso 回归模型

Lasso 回归模型采用的是 L1 正则，即 Lasso 是在平方误差的基础上增加 L1 正则：

$$l=\sum_{i=1}^{m}\left(y^{(i)}-\sum_{j=0}^{n}w_j x_j^{(i)}\right)^2+\lambda\sum_{j=0}^{n}|w_j|$$

其中，$\lambda>0$。通过确定 λ 的值可以使得在方差和偏差之间达到平衡：随着 λ 的增大，模型方差减小而偏差增大。与基于 L2 正则的岭回归不同的是，上述的损失函数在 $w_j=0$ 处是不可导的，因此传统的基于梯度的方法不能直接应用在上述的损失函数的求解上。为了求解这样的问题，一些近似的优化算法被采用，或者可以采用一些简单的方法来近似这样的优化过程。

【例 5-11】 利用 Lasso 回归模型实现数据拟合效果。

```
import numpy as np                                 #快速操作结构数组的工具
import matplotlib.pyplot as plt                    #可视化绘制
from sklearn.linear_model import Lasso,LassoCV,LassoLarsCV   #Lasso 回归,LassoCV 交叉验证实
现 alpha 的选取,LassoLarsCV 基于最小角回归交叉验证实现 alpha 的选取

#样本数据集,第一列为 x,第二列为 y,在 x 和 y 之间建立回归模型
data = [
    [0.067732,3.176513],[0.427810,3.816464],[0.995731,4.550095],[0.738336,4.256571],
    [0.981083,4.560815],[0.526171,3.929515],[0.378887,3.526170],[0.033859,3.156393],
    [0.132791,3.110301],[0.138306,3.149813],[0.247809,3.476346],[0.648270,4.119688],
    [0.731209,4.282233],[0.236833,3.486582],[0.969788,4.655492],[0.607492,3.965162],
    [0.358622,3.514900],[0.147846,3.125947],[0.637820,4.094115],[0.230372,3.476039],
    [0.070237,3.210610],[0.067154,3.190612],[0.925577,4.631504],[0.717733,4.295890],
    [0.015371,3.085028],[0.335070,3.448080],[0.040486,3.167440],[0.212575,3.364266],
    [0.617218,3.993482],[0.541196,3.891471]
    ]
#生成 X 和 Y 矩阵
dataMat = np.array(data)
X = dataMat[:,0:1]
y = dataMat[:,1]

#----------Lasso 回归-------
model = Lasso(alpha = 0.01)                        #调节 alpha 可以实现对拟合的程度
#model = LassoCV()                                 #LassoCV 自动调节 alpha 可以实现选择
                                                   #最佳的 alpha
#model = LassoLarsCV()                             #LassoLarsCV 自动调节 alpha 可以实现
                                                   #选择最佳的 alpha
model.fit(X, y)                                    #线性回归建模
print('系数矩阵:\n',model.coef_)
print('线性回归模型:\n',model)
#print('最佳的 alpha:',model.alpha_)               #只有在使用 LassoCV、LassoLarsCV 时
                                                   #才有效

#使用模型预测
predicted = model.predict(X)
#绘制散点图 参数:x 横轴 y 纵轴
plt.scatter(X, y, marker = 'x')
plt.plot(X, predicted,c = 'r')
#绘制 x 轴和 y 轴坐标
```

```
plt.xlabel("x")
plt.ylabel("y")
#显示图形
plt.show()
```

运行程序，输出如下，效果如图 5-11 所示。

```
系数矩阵:
 [1.52826579]
线性回归模型:
 Lasso(alpha = 0.01, copy_X = True, fit_intercept = True, max_iter = 1000,
   normalize = False, positive = False, precompute = False, random_state = None,
   selection = 'cyclic', tol = 0.0001, warm_start = False)
```

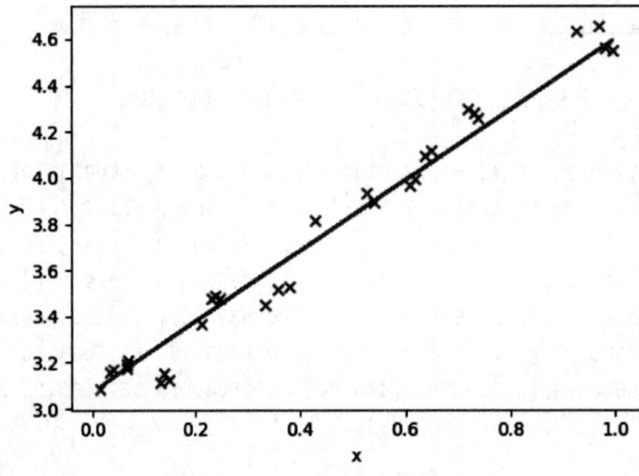

图 5-11 Lasso 回归效果

5.2.4 拟牛顿法

BFGS 算法是使用较多的一种拟牛顿法，是由 Broyden、Fletcher、Goldfarb 和 Shanno 4 人分别提出的，故称为 BFGS 校正。

拟牛顿方程为

$$\nabla f(\boldsymbol{x}_k)=\nabla f(\boldsymbol{x}_{k+1})+G_{k+1}(\boldsymbol{x}_k-\boldsymbol{x}_{k+1})$$

可化简为

$$G_{k+1}(\boldsymbol{x}_{k+1}-\boldsymbol{x}_k)=\nabla f(\boldsymbol{x}_{k+1})-\nabla f(\boldsymbol{x}_k)$$

令 $\boldsymbol{B}_{k+1}\triangleq\boldsymbol{G}_{k+1}$，则可得

$$B_{k+1}(\boldsymbol{x}_{k+1}-\boldsymbol{x}_k)=\nabla f(\boldsymbol{x}_{k+1})-\nabla f(\boldsymbol{x}_k)$$

在 BFGS 校正方法中，假设

$$\boldsymbol{B}_{k+1}=\boldsymbol{B}_k+\boldsymbol{E}_k$$

1. BFGS 校正公式的推导

令 $\boldsymbol{E}_k=\alpha\boldsymbol{u}_k\boldsymbol{u}_k^{\mathrm{T}}+\beta\boldsymbol{v}_k\boldsymbol{v}_k^{\mathrm{T}}$，其中 $\boldsymbol{u}_k$、$\boldsymbol{v}_k$ 均为 $n\times1$ 的向量。$\boldsymbol{y}_k=\nabla f(\boldsymbol{x}_{k+1})-\nabla f(\boldsymbol{x}_k)$，$\boldsymbol{s}_k=\boldsymbol{x}_{k+1}-\boldsymbol{x}_k$，则拟牛顿方程 $B_{k+1}(\boldsymbol{x}_{k+1}-\boldsymbol{x}_k)=\nabla f(\boldsymbol{x}_{k+1})-\nabla f(\boldsymbol{x}_k)$ 可以化简为

$$\boldsymbol{B}_{k+1}\boldsymbol{s}_k=\boldsymbol{y}_k$$

将 $\boldsymbol{B}_{k+1}=\boldsymbol{B}_k+\boldsymbol{E}_k$ 代入上式，即有

$$(\boldsymbol{B}_k+\boldsymbol{E}_k)\boldsymbol{s}_k=\boldsymbol{y}_k$$

将 $\boldsymbol{E}_k=\alpha\boldsymbol{u}_k\boldsymbol{u}_k^{\mathrm{T}}+\beta\boldsymbol{v}_k\boldsymbol{v}_k^{\mathrm{T}}$ 代入上式，则有

$$(\boldsymbol{B}_k+\alpha\boldsymbol{u}_k\boldsymbol{u}_k^{\mathrm{T}}+\beta\boldsymbol{v}_k\boldsymbol{v}_k^{\mathrm{T}})\boldsymbol{s}_k=\boldsymbol{y}_k$$

$$\Rightarrow\alpha(\boldsymbol{u}_k^{\mathrm{T}}\boldsymbol{s}_k)\boldsymbol{u}_k+\beta(\boldsymbol{v}_k^{\mathrm{T}}\boldsymbol{s}_k)\boldsymbol{v}_k=\boldsymbol{y}_k-\boldsymbol{B}_k\boldsymbol{s}_k$$

已知 $\boldsymbol{u}_k^{\mathrm{T}}\boldsymbol{s}_k$、$\boldsymbol{v}_k^{\mathrm{T}}\boldsymbol{s}_k$ 均为实数，$\boldsymbol{y}_k-\boldsymbol{B}_k\boldsymbol{s}_k$ 为 $n\times 1$ 的向量。上式中，参数 α 和 β 解的可能性有很多，取特殊的情况，假设 $\boldsymbol{u}_k=r\boldsymbol{B}_k\boldsymbol{s}_k$，$\boldsymbol{v}_k=\theta\boldsymbol{y}_k$，则

$$\boldsymbol{E}_k=\alpha r^2\boldsymbol{s}_k\boldsymbol{s}_k^{\mathrm{T}}\boldsymbol{B}_k+\beta\theta^2\boldsymbol{y}_k\boldsymbol{y}_k^{\mathrm{T}}$$

可以推出

$$\alpha\left[(r\boldsymbol{B}_k\boldsymbol{s}_k)\right](r\boldsymbol{B}_k\boldsymbol{s}_k)+\beta\left[(\theta\boldsymbol{y}_k)^{\mathrm{T}}\boldsymbol{s}_k\right](\theta\boldsymbol{y}_k)=\boldsymbol{y}_k-\boldsymbol{B}_k\boldsymbol{s}_k$$

即

$$[\alpha r^2(\boldsymbol{s}_k^{\mathrm{T}}\boldsymbol{B}_k\boldsymbol{s}_k)+1](\boldsymbol{B}_k\boldsymbol{s}_k)+[\beta\theta^2(\boldsymbol{y}_k^{\mathrm{T}}\boldsymbol{s}_k)-1](\boldsymbol{y}_k)=0$$

令 $\alpha r^2(\boldsymbol{s}_k^{\mathrm{T}}\boldsymbol{B}_k\boldsymbol{s}_k)+1=0$，即 $\beta\theta^2(\boldsymbol{y}_k^{\mathrm{T}}\boldsymbol{s}_k)-1=0$，则

$$\alpha r^2=-\frac{1}{\boldsymbol{s}_k^{\mathrm{T}}\boldsymbol{B}_k\boldsymbol{s}_k}$$

$$\beta\theta^2=\frac{1}{\boldsymbol{y}_k^{\mathrm{T}}\boldsymbol{s}_k}$$

最终的 BFGS 校正公式为

$$\boldsymbol{B}_{k+1}=\boldsymbol{B}_k-\frac{\boldsymbol{B}_k\boldsymbol{s}_k\boldsymbol{s}_k^{\mathrm{T}}\boldsymbol{B}_k}{\boldsymbol{s}_k^{\mathrm{T}}\boldsymbol{B}_k\boldsymbol{s}_k}+\frac{\boldsymbol{y}_k\boldsymbol{y}_k^{\mathrm{T}}}{\boldsymbol{y}_k^{\mathrm{T}}\boldsymbol{s}_k}$$

2. BFGS 校正的算法流程

设 $\boldsymbol{B}_k$ 对称正定，$\boldsymbol{B}_{k+1}$ 由上述的 BFGS 校正公式确定，那么 $\boldsymbol{B}_{k+1}$ 对称正定的充要条件是 $\boldsymbol{y}_k^{\mathrm{T}}\boldsymbol{s}_k>0$。

在利用 Armijo 搜索准则时，并不是都满足上述的充要条件，此时可以对 BFGS 校正公式做些改变：

$$\boldsymbol{B}_{k+1}=\begin{cases}\boldsymbol{B}_k, & \boldsymbol{y}_k^{\mathrm{T}}\boldsymbol{s}_k\leqslant 0\\ \dfrac{\boldsymbol{B}_k\boldsymbol{s}_k\boldsymbol{s}_k^{\mathrm{T}}\boldsymbol{B}_k}{\boldsymbol{s}_k^{\mathrm{T}}\boldsymbol{B}_k\boldsymbol{s}_k}+\dfrac{\boldsymbol{y}_k\boldsymbol{y}_k^{\mathrm{T}}}{\boldsymbol{y}_k^{\mathrm{T}}\boldsymbol{s}_k}, & \boldsymbol{y}_k^{\mathrm{T}}\boldsymbol{s}_k>0\end{cases}$$

BFGS 拟牛顿的算法流程为：

(1) 初始化参数 $\delta\in(0,1)$，$\sigma\in(0,0.5)$，初始化点 x_0，终止误差 $0\leqslant\varepsilon\ll 1$，初始化对称正定矩阵 $\boldsymbol{B}_0$。令 $k:=0$。

(2) 重复以下过程。

① 计算 $\boldsymbol{g}_k-\nabla f(\boldsymbol{x}_k)$。如果 $\|\boldsymbol{g}_k\|\leqslant\varepsilon$，退出。输出 $\boldsymbol{x}_k$ 作为近似极小值点。

② 解线性方程组得解 $\boldsymbol{d}_k$：$\boldsymbol{B}_k\boldsymbol{d}=-\boldsymbol{g}_k$。

③ 设 m_k 是满足如下不等式的最小非负整数 m：

$$f(\boldsymbol{x}_k+\delta^m\boldsymbol{d}_k)\leqslant f(\boldsymbol{x}_k)+\sigma\delta^m\boldsymbol{g}_k^{\mathrm{T}}\boldsymbol{d}_k$$

令 $\alpha_k=\delta^{m_k}$，$\boldsymbol{x}_{k+1}=\boldsymbol{x}_k+\alpha_k\boldsymbol{d}_k$

④ 由上述公式确定 $\boldsymbol{B}_{k+1}$。

(3) 令 $k := k+1$。

利用 Sherman-Morrison 公式可对上式进行变换，得到：

$$\boldsymbol{B}_{k+1}^{-1} = \left(\boldsymbol{I} - \frac{\boldsymbol{s}_k \boldsymbol{y}_k^{\mathrm{T}}}{\boldsymbol{y}_k^{\mathrm{T}} \boldsymbol{s}_k}\right)^{\mathrm{T}} \boldsymbol{B}_k^{-1} \left(I - \frac{\boldsymbol{y}_k \boldsymbol{s}_k^{\mathrm{T}}}{\boldsymbol{y}_k^{\mathrm{T}} \boldsymbol{s}_k}\right) + \frac{\boldsymbol{s}_k \boldsymbol{s}_k^{\mathrm{T}}}{\boldsymbol{y}_k^{\mathrm{T}} \boldsymbol{s}_k}$$

令 $\boldsymbol{H}_{k+1} = \boldsymbol{B}_{k+1}^{-1}$，则得到：

$$\boldsymbol{H}_{k+1} = \left(\boldsymbol{I} - \frac{\boldsymbol{s}_k \boldsymbol{y}_k^{\mathrm{T}}}{\boldsymbol{y}_k^{\mathrm{T}} \boldsymbol{s}_k}\right)^{\mathrm{T}} \boldsymbol{H}_k \left(\boldsymbol{I} - \frac{\boldsymbol{y}_k \boldsymbol{s}_k^{\mathrm{T}}}{\boldsymbol{y}_k^{\mathrm{T}} \boldsymbol{s}_k}\right) + \frac{\boldsymbol{s}_k \boldsymbol{s}_k^{\mathrm{T}}}{\boldsymbol{y}_k^{\mathrm{T}} \boldsymbol{s}_k}$$

【例 5-12】 利用拟牛顿法求解无约束优化问题

$$\min_{x=(t_1,t_2)\in \mathbf{R}^2} \quad t_1^2 + 2t_2^2$$

$$\text{s.t.} \quad \boldsymbol{x}_0 = (1,1)^{\mathrm{T}}$$

实现的 Python 代码为：

```
#基于 DFP 的拟牛顿法
import numpy as np
from numpy import linalg
import matplotlib.pyplot as plt

def compute_original_fun(x):
    """ 1. 计算原函数的值
    input:  x, 一个向量
    output: value, 一个值
    """
    value = x[0] ** 2 + 2 * x[1] ** 2
    return value

def compute_gradient(x):
    """ 2. 计算梯度
    input:  x, 一个向量
    output: value, 一个向量
    """
    value = np.mat([[0],[0]], np.double)
    value[0] = 2 * x[0]
    value[1] = 4 * x[1]
    return value

def draw_result(result):
    """ 3. 将收敛过程(即最小值的变化情况)画图 """
    plt.figure("min value")
    plt.plot(range(len(result)), result, "y", label = "min value")
    plt.title("min value's change")
    plt.legend()
    return plt

def main(x0, H, epsilon = 1e-6, max_iter = 1000):
    """
    x0: 初始迭代点
    H: 校正的对角正定矩阵
    eplison: 最小值上限
    max_iter: 最大迭代次数
```

```
    result: 最小值
    alpha ** m: 步长
    d: 方向
    """
    result = [compute_original_fun(x0)[0,0]]
    for k in range(max_iter):
        #计算梯度
        g = compute_gradient(x0)
        #终止条件
        if linalg.norm(g) < epsilon:
            break
        #计算搜索方向
        d = -H*g
        #简单线搜索求步长
        alpha = 1/2
        for m in range(max_iter):
            if compute_original_fun(x0 + alpha ** m * d) <= (compute_original_fun(x0) +
(1/2) * alpha ** m * g.T * d):
                break
        x = x0 + alpha ** m * d
        #DFP校正迭代矩阵
        s = x - x0
        y = compute_gradient(x) - g
        if s.T * y > 0:
            H = H - (H * y * y.T * H)/(y.T * H * y) + (s * s.T)/(s.T * y)
        x0 = x
        result.append(compute_original_fun(x0)[0,0])
    return result

if __name__ == "__main__":
    x0 = np.asmatrix(np.ones((2,1)))
    H = np.asmatrix(np.eye(x0.size))
    result = main(x0, H)
    draw_result(result).show()
```

运行程序,效果如图 5-12 所示。

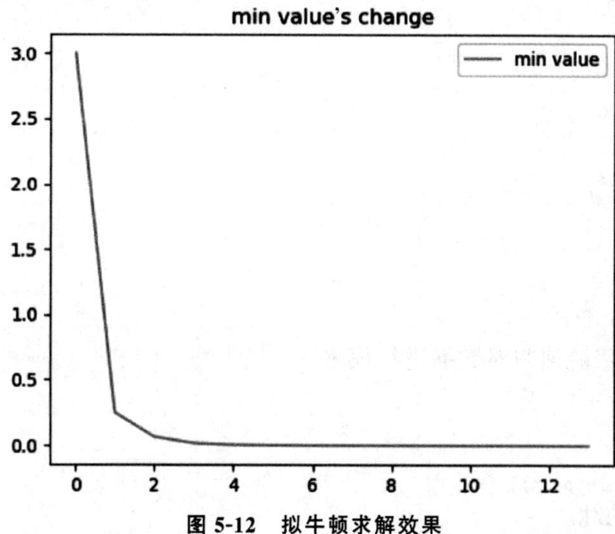

图 5-12 拟牛顿求解效果

5.2.5 L-BFGS 求解岭回归模型

1. BGFS 算法存在的问题

在 BFGS 算法中，每次都要存储近似海森矩阵 $\boldsymbol{B}_k^{-1}$，在高维数据时，存储 $\boldsymbol{B}_k^{-1}$ 将浪费很多存储空间，而在实际的运算过程中，需要的是搜索方向，因此出现了 L-BFGS 算法，这是 BFGS 算法的一种改进算法。在 L-BFGS 算法中，只保存最近的 m 次迭代信息，以减少数据的存储空间。

2. L-BFGS 算法思路

令 $\rho_k=\dfrac{1}{\boldsymbol{y}_k^{\mathrm{T}}\boldsymbol{s}_k}, \boldsymbol{V}_k=\boldsymbol{I}-\dfrac{\boldsymbol{y}_k\boldsymbol{s}_k^{\mathrm{T}}}{\boldsymbol{y}_k^{\mathrm{T}}\boldsymbol{s}_k}$，则 BFGS 算法中的 $\boldsymbol{H}_{k+1}$ 可以表示为

$$\boldsymbol{H}_{k+1}=\boldsymbol{V}_k^{\mathrm{T}}\boldsymbol{H}_k\boldsymbol{V}_k+\rho_k\boldsymbol{s}_k\boldsymbol{s}_k^{\mathrm{T}}$$

如果假定初始的矩阵 $\boldsymbol{H}_0=\boldsymbol{I}$，则可以得到：

$$\begin{aligned}\boldsymbol{H}_2&=\boldsymbol{V}_1^{\mathrm{T}}\boldsymbol{H}_1\boldsymbol{V}_1+\rho_1\boldsymbol{s}_1\boldsymbol{s}_1^{\mathrm{T}}\\&=\boldsymbol{V}_1^{\mathrm{T}}(\boldsymbol{V}_0^{\mathrm{T}}\boldsymbol{H}_0\boldsymbol{V}_0+\rho_0\boldsymbol{s}_0\boldsymbol{s}_0^{\mathrm{T}})\boldsymbol{V}_1+\rho_1\boldsymbol{s}_1\boldsymbol{s}_1^{\mathrm{T}}\\&=\boldsymbol{V}_1^{\mathrm{T}}\boldsymbol{V}_0^{\mathrm{T}}\boldsymbol{H}_0\boldsymbol{V}_0\boldsymbol{V}_1+\boldsymbol{V}_1^{\mathrm{T}}\rho_0\boldsymbol{s}_0\boldsymbol{s}_0^{\mathrm{T}}\boldsymbol{V}_1+\rho_1\boldsymbol{s}_1\boldsymbol{s}_1^{\mathrm{T}}\end{aligned}$$

则 $\boldsymbol{H}_{k+1}$ 为

$$\begin{aligned}\boldsymbol{H}_{k+1}=&(\boldsymbol{V}_k^{\mathrm{T}}\boldsymbol{V}_{k-1}^{\mathrm{T}}\cdots\boldsymbol{V}_1^{\mathrm{T}}\boldsymbol{V}_0^{\mathrm{T}})\boldsymbol{H}_0(\boldsymbol{V}_0\boldsymbol{V}_1\cdots\boldsymbol{V}_{k-1}\boldsymbol{V}_k)+\\&(\boldsymbol{V}_k^{\mathrm{T}}\boldsymbol{V}_{k-1}^{\mathrm{T}}\cdots\boldsymbol{V}_1^{\mathrm{T}})\rho_1\boldsymbol{s}_1\boldsymbol{s}_1^{\mathrm{T}}(\boldsymbol{V}_1\cdots\boldsymbol{V}_{k-1}\boldsymbol{V}_k)+\cdots+\\&\boldsymbol{V}_k^{\mathrm{T}}\rho_{k-1}\boldsymbol{s}_{k-1}\boldsymbol{s}_{k-1}^{\mathrm{T}}\boldsymbol{V}_k+\rho_k\boldsymbol{s}_k\boldsymbol{s}_k^{\mathrm{T}}\end{aligned}$$

这样，在 L-BFGS 算法中，不再保存完整的 $\boldsymbol{H}_k$，而是存储向量序列 $\{\boldsymbol{s}_k\}$ 和 $\{\boldsymbol{y}_k\}$，需要矩阵 $\boldsymbol{H}_k$ 时，使用向量序列 $\{\boldsymbol{s}_k\}$ 和 $\{\boldsymbol{y}_k\}$ 计算就可以得到，而向量序列 $\{\boldsymbol{s}_k\}$ 和 $\{\boldsymbol{y}_k\}$ 也不是都要保存，只要保存最新的 m 步向量即可。L-BFGS 算法中确定新的下降方向的具体过程为：

- $d=-\nabla f(\boldsymbol{x}_k)$
- 令 $i=k-1:k-m$
  - ◎ $\alpha_i=\dfrac{\boldsymbol{s}_i\cdot p}{\boldsymbol{s}_i\cdot\boldsymbol{y}_i}$
  - ◎ $p=p-\alpha_i\cdot\boldsymbol{y}_i$
- $p=\left(\dfrac{\boldsymbol{s}_{k-1}\cdot\boldsymbol{y}_{k-1}}{\boldsymbol{y}_{k-1}\cdot\boldsymbol{y}_{k-1}}\right)$
- 令 $i=k-m:k-1$
  - ◎ $\beta=\dfrac{\boldsymbol{y}_i\cdot p}{\boldsymbol{y}_i\cdot\boldsymbol{y}_i}$
  - ◎ $p=p+(\alpha_i-\beta)\cdot\boldsymbol{s}_i$

【例 5-13】 利用岭回归对数据进行预测。

```
import numpy as np

def load_data(file_path):
    '''导入训练数据
```

```
    input:  file_path(string):训练数据
    output: feature(mat):特征
            label(mat):标签
    '''
    f = open(file_path)
    feature = []
    label = []
    for line in f.readlines():
        feature_tmp = []
        lines = line.strip().split("\t")
        feature_tmp.append(1)  #x0
        for i in range(len(lines) - 1):
            feature_tmp.append(float(lines[i]))
        feature.append(feature_tmp)
        label.append(float(lines[-1]))
    f.close()
    return np.mat(feature), np.mat(label).T

def ridge_regression(feature, label, lam):
    '''最小二乘的求解方法
    input:  feature(mat):特征
            label(mat):标签
    output: w(mat):回归系数
    '''
    n = np.shape(feature)[1]
    w = (feature.T * feature + lam * np.mat(np.eye(n))).I * feature.T * label
    return w

def get_gradient(feature, label, w, lam):
    '''
    input:  feature(mat):特征
            label(mat):标签
    output: w(mat):回归系数
    '''
    err = (label - feature * w).T
    left = err * (-1) * feature
    return left.T + lam * w

def get_result(feature, label, w, lam):
    '''
    input:  feature(mat):特征
            label(mat):标签
    output: w(mat):回归系数
    '''
    left = (label - feature * w).T * (label - feature * w)
    right = lam * w.T * w
    return (left + right) / 2

def get_error(feature, label, w):
    '''
    input:  feature(mat):特征
```

```
            label(mat):标签
    output: w(mat):回归系数
    '''
    m = np.shape(feature)[0]
    left = (label - feature * w).T * (label - feature * w)
    return (left / (2 * m))[0, 0]

def bfgs(feature, label, lam, maxCycle):
    '''利用 bfgs 训练岭回归模型
    input:  feature(mat):特征
            label(mat):标签
            lam(float):正则化参数
            maxCycle(int):最大迭代次数
    output: w(mat):回归系数
    '''
    n = np.shape(feature)[1]
    #1. 初始化
    w0 = np.mat(np.zeros((n, 1)))
    rho = 0.55
    sigma = 0.4
    Bk = np.eye(n)
    k = 1
    while (k < maxCycle):
        print("\titer: ", k, "\terror: ", get_error(feature, label, w0))
        gk = get_gradient(feature, label, w0, lam)  #计算梯度
        dk = np.mat(-np.linalg.solve(Bk, gk))
        m = 0
        mk = 0
        while (m < 20):
            newf = get_result(feature, label, (w0 + rho ** m * dk), lam)
            oldf = get_result(feature, label, w0, lam)
            if (newf < oldf + sigma * (rho ** m) * (gk.T * dk)[0, 0]):
                mk = m
                break
            m = m + 1

        #BFGS校正
        w = w0 + rho ** mk * dk
        sk = w - w0
        yk = get_gradient(feature, label, w, lam) - gk
        if (yk.T * sk > 0):
            Bk = Bk - (Bk * sk * sk.T * Bk) / (sk.T * Bk * sk) + (yk * yk.T) / (yk.T * sk)

        k = k + 1
        w0 = w
    return w0

def lbfgs(feature, label, lam, maxCycle, m=10):
    '''利用 lbfgs 训练岭回归模型
    input:  feature(mat):特征
            label(mat):标签
```

```
        lam(float):正则化参数
        maxCycle(int):最大迭代次数
        m(int):lbfgs中选择保留的个数
output: w(mat):回归系数
'''
n = np.shape(feature)[1]
#1. 初始化
w0 = np.mat(np.zeros((n, 1)))
rho = 0.55
sigma = 0.4
H0 = np.eye(n)
s = []
y = []
k = 1
gk = get_gradient(feature, label, w0, lam)  #3X1
print(gk)
dk = - H0 * gk
#2. 迭代
while (k < maxCycle):
    print("iter: ", k, "\terror: ", get_error(feature, label, w0))
    m = 0
    mk = 0
    gk = get_gradient(feature, label, w0, lam)
    #2.1 Armijo线搜索
    while (m < 20):
        newf = get_result(feature, label, (w0 + rho ** m * dk), lam)
        oldf = get_result(feature, label, w0, lam)
        if newf < oldf + sigma * (rho ** m) * (gk.T * dk)[0, 0]:
            mk = m
            break
        m = m + 1
    #2.2 LBFGS校正
    w = w0 + rho ** mk * dk
    #保留m个
    if k > m:
        s.pop(0)
        y.pop(0)
    #保留最新的
    sk = w - w0
    qk = get_gradient(feature, label, w, lam)  #3X1
    yk = qk - gk
    s.append(sk)
    y.append(yk)
    #two - loop
    t = len(s)
    a = []
    for i in range(t):
        alpha = (s[t - i - 1].T * qk) / (y[t - i - 1].T * s[t - i - 1])
        qk = qk - alpha[0, 0] * y[t - i - 1]
        a.append(alpha[0, 0])
    r = H0 * qk
```

```
        for i in range(t):
            beta = (y[i].T * r) / (y[i].T * s[i])
            r = r + s[i] * (a[t - i - 1] - beta[0, 0])
        if yk.T * sk > 0:
            print("update OK!!!!")
            dk = - r
        k = k + 1
        w0 = w
    return w0

def save_weights(file_name, w0):
    '''保存最终的结果
    input:  file_name(string):需要保存的文件
            w0(mat):权重
    '''
    f_result = open("weights", "w")
    m, n = np.shape(w0)
    for i in range(m):
        w_tmp = []
        for j in range(n):
            w_tmp.append(str(w0[i, j]))
        f_result.write("\t".join(w_tmp) + "\n")
    f_result.close()

if __name__ == "__main__":
    #1. 导入数据
    print("----------- 1. load data ------------")
    feature, label = load_data("data.txt")
    #2. 训练模型
    print("----------- 2. training ridge_regression ------------")
    method = "lbfgs"                                    #选择的方法
    if method == "bfgs":                                #选择 BFGS 训练模型
        w0 = bfgs(feature, label, 0.5, 1000)
    elif method == "lbfgs":                             #选择 L-BFGS 训练模型
        w0 = lbfgs(feature, label, 0.5, 1000, m = 10)
    else:                                               #使用最小二乘的方法
        w0 = ridge_regression(feature, label, 0.5)
    #3. 保存最终的模型
    print("----------- 3. save model ------------")
    save_weights("weights", w0)
```

运行程序，输出如下：

```
----------- 1. load data ------------
----------- 2. training ridge_regression ------------
[[ -19745.73360913]
 [-110149.14499117]
 [-306327.80345624]]
iter:  1        error:  5165.1938312549155
update OK!!!!
```

```
iter:  2        error:  140.3163820505484
update OK!!!!
iter:  3        error:  137.40907856263757
……
iter:  997      error:  76.68074448016529
iter:  998      error:  76.68074448016529
iter:  999      error:  76.68074448016529
----------3.save model ------------
```

5.3 小结

回归通常是机器学习中使用的第一个算法。通过学习因变量和自变量之间的关系实现对数据的预测。本章节通过线性回归、岭回归、Lasso 回归这几个方面介绍回归问题，每章节通过理论与 Python 实践相结合，让读者快速掌握以 Python 解决回归问题的方法。

5.4 习题

1. BFGS 算法是使用较多的一种________，是由________、________、________和________ 4 人分别提出的，故称为 BFGS 校正。

2. 牛顿法最突出的优点是________，具有局部________，但是，基本牛顿法初始点需要足够“靠近”________，否则，有可能导致算法不收敛，此时就引入了全局牛顿法。

3. 岭回归和 Lasso 回归都属于________的特征选择方法，对于处理较为复杂的________通常选用这两种方法。

4. 典型的回归问题有哪些？

5. 利用 Python 编写代码实现经典线性回归模型。

第 6 章 Python 聚类算法

CHAPTER 6

若训练样本的标记信息未知，则称为无监督学习（unsupervised learning）。无监督学习通过对无标记训练样本的学习来寻找这些数据的内在性质，其主要工具是聚类（clustering）算法。

聚类的思想是：将数据划分为若干个不相交子集，称为簇（cluster），每个簇潜在对应某一个概念。但是聚类过程仅仅能生成簇结构，每个簇所代表的概念的语义由使用者自己解释。也就是聚类算法并不会告诉你：它生成的这些簇分别代表什么意义；它只会告诉你：算法已经将数据集划分为这些不相关的簇了。

用数学语言描述聚类：给定样本集 $D=\{\vec{x}_1,\vec{x}_2,\cdots,\vec{x}_N\}$（假设样本集包含 N 个无标记样本），即有样本 $\vec{x}_i=(x_i^{(1)},x_i^{(2)},\cdots,x_i^{(n)})^{\mathrm{T}}\in\mathbf{R}^n$。聚类算法将样本集 D 划分成 K 个不相交的簇 $\{C_1,C_2,\cdots,C_K\}$，其中 $C_K\cap C_{K\neq1}=\phi$，$D=\bigcup_{k=1}^{K}C_K$。

令 $\lambda_i\in\{1,2,\cdots,K\}$ 表示样本 $\vec{x}_i$ 的簇标记（cluster label），即 $\vec{x}_i\in C_{\lambda_i}$，则聚类的结果可以用簇标记向量 $\vec{\lambda}=(\lambda_1,\lambda_2,\cdots,\lambda_N)^{\mathrm{T}}$ 来表示。

聚类的作用：

- 作为一种探索性分析方法，用来分析数据的内在特点，寻找数据的分布规律；
- 作为分类的处理过程，并不直接进行数据分析，首先对需要分类的数据进行聚类，然后对聚类出的结果的每一个簇进行分类，实现数据的预处理。

6.1 *k*-Means 算法

k-Means 算法，也被称为 k-平均或 k-均值算法，是一种聚类算法。k-Means 算法是基于相似性的无监督算法，通过比较样本之间的相似性，将较为相似的样本划分到同一个类别中。由于 k-Means 算法简单、易于实现的特点，k-Means 算法得到了广泛的应用，如在图像分割方面的应用。

6.1.1 相似性的度量

在 k-Means 算法中，通过某种相似性度量的方法，将较为相似的个体划分到同一个类别中。对于不同的应用场景，有着不同的相似性度量的方法，为了度量样本 X 和样本 Y 之间的相似性，一般定义一个距离函数 $d(X,Y)$，利用 $d(X,Y)$ 来表示样本 X 和样本 Y 之间的相似性。通常在机器学习算法中使用的距离函数主要有：

- 欧氏距离；
- 曼哈顿距离；
- 切比雪夫距离；
- 闵氏距离。

1. 欧氏距离

欧氏距离(Euclidean Distance)是最易于理解的一种距离计算方法，也称欧几里得距离，源自欧氏空间中两点的距离公式，是指在 m 维空间两点之间的真实距离，欧氏距离在机器学习中使用的范围比较广，也比较通用，如利用 k-Means 对二维空间内的点进行聚类。

(1) 二维空间两点 $a(x_1,y_1)$ 与 $b(x_2,y_2)$ 之间的欧氏距离为：

$$d_{12}=\sqrt{(x_1-x_2)^2+(y_1-y_2)^2}$$

【例 6-1】 Python 代码实现二维空间的两点欧氏距离。

```
from math import *
def euclidean2(a, b):
    distance = sqrt( (a[0]-b[0]) * *2 + (a[1]-b[1]) * *2 )
    return distance
print('a, b两点之间的欧氏距离为: ', euclidean2((1,1),(2,2)))
```

运行程序，输出如下：

```
a, b两点之间的欧氏距离为:  1.4142135623730951
```

(2) 三维空间的两点 $a(x_1,y_1,z_1)$ 与 $b(x_2,y_2,z_2)$ 之间的欧氏距离为：

$$d_{12}=\sqrt{(x_1-x_2)^2+(y_1-y_2)^2+(z_1-z_2)^2}$$

【例 6-2】 以 Python 代码实现三维空间两点之间的欧氏距离。

```
from math import *
def euclidean3(a, b):
    distance = sqrt( (a[0]-b[0]) **2 + (a[1]-b[1]) **2 + (a[2]-b[2]) **2 )
    return distance
print('a, b两点之间的欧氏距离为: ', euclidean3((1,1,1),(2,2,2)))
```

运行程序，输出如下：

```
a, b两点之间的欧氏距离为: 1.7320508075688772
```

(3) 两个 n 维向量 $\boldsymbol{a}(x_{11},x_{12},\cdots,x_{1n})$ 与 $\boldsymbol{b}(x_{21},x_{22},\cdots,x_{2n})$ 间的欧氏距离为：

$$d_{12}=\sqrt{\sum_{k=1}^{n}(x_{1k}-x_{2k})^2}$$

也可以表示成向量运算的形式：

$$d_{12}=\sqrt{(\boldsymbol{a}-\boldsymbol{b})(\boldsymbol{a}-\boldsymbol{b})^{\mathrm{T}}}$$

【例 6-3】 用两种不同的方法，以 Python 代码实现 n 维空间两点之间的欧氏距离。

```
from math import *
```

```
import numpy as np
def euclideann(a, b):
    sum = 0
    for i in range(len(a)):
        sum += (a[i] - b[i]) ** 2
    distance = np.sqrt(sum)
    return distance
print('n 维空间 a, b 两点之间的欧氏距离为: ', euclideann((1,1,2,2),(2,2,4,4)))
def euclideann2(a, b):
    """
    不使用循环
    """
    A = np.array(a)
    B = np.array(b)
    c = (A - B) * * 2
    distance = np.sqrt(sum(c))
    return distance
print('n 维空间 a, b 两点之间的欧氏距离为: ', euclideann2((1,1,2,2),(2,2,4,4)))
```

运行程序，输出如下：

```
n 维空间 a, b 两点之间的欧氏距离为:    3.1622776601683795
n 维空间 a, b 两点之间的欧氏距离为:    3.1622776601683795
```

2. 曼哈顿距离

从名字就可以猜出这种距离的计算方法了。想象你在曼哈顿要从一个十字路口开车到另外一个十字路口，驾驶距离是两点间的直线距离吗？显然不是，除非你能穿越大楼。实际驾驶距离就是这个“曼哈顿距离”。这也是曼哈顿距离名称的来源，曼哈顿距离也称为城市街区距离(City Block Distance)。

1) 二维空间曼哈顿距离

对于平面的两点 $a(x_1,y_1)$与 $b(x_2,y_2)$之间的曼哈顿距离为：

$$d_{12}=|x_1-x_2|+|y_1-y_2|$$

【例 6-4】 以 Python 代码计算二维空间两点之间的曼哈顿距离。

```
from math import *
import numpy as np
def manhattan2(a, b):
    """
    二维空间曼哈顿距离
    """
    distance = np.abs(a[0] - b[0]) + np.abs(a[1] - b[1])
    return distance
print('二维空间 a, b 两点之间的曼哈顿距离为: ', manhattan2((1,1),(2,2)))
```

运行程序，输出如下：

```
二维空间 a, b 两点之间的曼哈顿距离为:   2
```

2）n 维空间曼哈顿距离

两个 n 维向量 $\boldsymbol{a}(x_{11},x_{12},\cdots,x_{1n})$与 $\boldsymbol{b}(x_{21},x_{22},\cdots,x_{2n})$间的曼哈顿距离为：

$$d_{12}=\sqrt{\sum_{k=1}^{n}|x_{1k}-x_{2k}|}$$

【例 6-5】 以 Python 代码计算 n 维空间两点之间的曼哈顿距离。

```
from math import *
import numpy as np
def manhattann(a, b):
    """
    n维空间曼哈顿距离
    """
    distance = 0
    for i in range(len(a)):
        distance + = np.abs(a[i] - b[i])
    return distance
print('n维空间 a, b两点之间的曼哈顿距离为: ', manhattann((1,1,2,2),(2,2,4,4)))
def manhattann2(a, b):
    """
    n维空间曼哈顿距离, 不使用循环
    """
    A = np.array(a)
    B = np.array(b)
    distance = sum(np.abs(A - B))
    return distance
print('n维空间 a, b两点之间的曼哈顿距离为: ', manhattann2((1,1,2,2),(2,2,4,4)))
```

运行程序，输出如下：

```
n维空间 a, b两点之间的曼哈顿距离为:   6
n维空间 a, b两点之间的曼哈顿距离为:   6
```

3. 切比雪夫距离

玩过国际象棋的都知道，国王走一步能够移动到相邻的 8 个方格中的任意一个。那么国王从格子(x_1,y_1)走到格子(x_2,y_2)最少需要多少步？可以尝试，你会发现最少步数总是 $\max(|x_2-x_1|+|y_2-y_1|)$步。有一种类似的距离度量方法叫切比雪夫距离。

1）二维空间切比雪夫距离

二维空间两点 $a(x_1,y_1)$与 $b(x_2,y_2)$间的切比雪夫距离为：

$$d_{12}=\max(|x_2-x_1|+|y_2-y_1|)$$

【例 6-6】 Python 代码实现二维空间切比雪夫距离。

```
from math import *
def chebyshev2(a, b):
    """
    二维空间切比雪夫距离
    """
    distance = max(abs(a[0] - b[0]), abs(a[1] - b[1]))
    return distance
```

```
print('二维空间 a, b 两点之间的切比雪天距离为: ', chebyshev2((1,2),(3,4)))
```

运行程序，输出如下：

```
二维空间 a, b 两点之间的切比雪夫距离为:  2
```

2）多维空间切比雪夫距离

两个 n 维向量 $\boldsymbol{a}(x_{11},x_{12},\cdots,x_{1n})$ 与 $\boldsymbol{b}(x_{21},x_{22},\cdots,x_{2n})$ 间的切比雪夫距离为：

$$d_{12}=\max_{i}(|x_{1t}-x_{2t}|)$$

【例 6-7】 用两种不同的方法，以 Python 代码实现多维空间切比雪夫距离。

```
from math import *
import numpy as np
def chebyshevn(a, b):
    """
    n 维空间切比雪夫距离
    """
    distance = 0
    for i in range(len(a)):
        if (abs(a[i] - b[i]) < distance):
            distance = abs(a[i] - b[i])
    return distance
print ('n 维空间 a, b 两点之间的切比雪夫距离为: ', chebyshevn((1,1,1,1),(3,4,3,4)))
def chebyshevn2(a, b):
    """
    n 维空间切比雪夫距离, 不使用循环
    """
    distance = 0
    A = np.array(a)
    B = np.array(b)
    distance = max(abs(A - B))
    return distance
print('n 维空间 a, b 两点之间的切比雪夫距离为: ', chebyshevn2((1,1,1,1),(3,4,3,4)))
```

运行程序，输出如下：

```
n 维空间 a, b 两点之间的切比雪夫距离为:  3
n 维空间 a, b 两点之间的切比雪夫距离为:  3
```

4. 闵氏距离

闵可夫斯基距离[也称闵氏距离(Minkowski Distance)]不是一种距离，而是一组距离的定义。

1）闵氏距离的定义

两个 n 维向量 $\boldsymbol{a}(x_{11},x_{12},\cdots,x_{1n})$ 与 $\boldsymbol{b}(x_{21},x_{22},\cdots,x_{2n})$ 间的闵氏距离定义为：

$$d_{12}=\sqrt[p]{\sum_{k=1}^{n}|x_{1k}-x_{2k}|^{p}}$$

其中，p 是一个可变参数。

- 当 $p=1$ 时，就是曼哈顿距离。
- 当 $p=2$ 时，就是欧氏距离。

• 当 $p\to\infty$ 时，就是切比雪夫距离。

根据变参数的不同，闵氏距离可以表示一类的距离。

2）闵氏距离的缺点

闵氏距离（包括曼哈顿距离、欧氏距离和切比雪夫距离）存在明显的缺点。

例如：二维样本（身高，体重），其中身高范围是 150～190cm，体重范围是 50～60kg，有 3 个样本：**a**(180,50)，**b**(190,50)，**c**(180,60)。那么 **a** 与 **b** 之间的闵氏距离（无论是曼哈顿距离、欧氏距离或切比雪夫距离）等于 **a** 与 **c** 之间的闵氏距离，但是身高的 10cm 真的等价于体重的 10kg 吗？因此用闵氏距离来衡量这些样本间的相似度很有问题。

简单说来，闵氏距离的缺点主要有两个：

(1) 将各个分量的量纲(scale)，也就是“单位”，当作相同的看待了。

(2) 没有考虑各个分量的分布（期望、方差等）可能是不同的。

【例 6-8】 利用 Python 代码计算闵氏距离。

```
from math import *
import numpy as np
def minkowski(a, b):
    """
    闵氏距离
    """
    A = np.array(a)
    B = np.array(b)
    #方法一：根据公式求解
    distance1 = np.sqrt(np.sum(np.square(A - B)))

    #方法二：根据 scipy 库求解
    from scipy.spatial.distance import pdist
    X = np.vstack([A,B])
    distance2 = pdist(X)[0]
    return distance1, distance2
print('二维空间 a, b 两点之间的闵氏距离为：', minkowski((1,1),(2,2))[0])
```

运行程序，输出如下：

```
二维空间 a, b 两点之间的闵氏距离为：1.4142135623730951
```

5. 标准化欧氏距离

标准化欧氏距离(Standardized Euclidean Distance)是针对简单欧氏距离的缺点而制定的一种改进方案。标准欧氏距离的思路：既然数据各维分量的分布不一样，那先将各个分量都“标准化”到均值、方差相等。均值和方差标准化到多少呢？根据统计学知识，假设样本集 X 的均值(mean)为 m、标准差(standard deviation)为 s，那么 X 的“标准化变量”X^* 表示为：

$$X^* = \frac{X - m}{s}$$

而且标准化变量的数学期望为 0，方差为 1。因此样本集的标准化过程(standardization)用公式描述就是：

标准化后的值＝(标准化前的值－分量的均值)/分量的标准差

经过简单的推导就可以得到两个 n 维向量 $\boldsymbol{a}(x_{11}, x_{12}, \cdots, x_{1n})$ 与 $\boldsymbol{b}(x_{21}, x_{22}, \cdots, x_{2n})$ 间的标准化欧氏距离的公式为：

$$d_{12} = \sqrt{\sum_{k=1}^{n} \left(\frac{x_{1k} - x_{2k}}{s_k}\right)^2}$$

如果将方差的倒数看成是一个权重，这个公式可以看成是一种加权欧氏距离（Weighted Euclidean Distance）。

【例 6-9】 利用 Python 代码计算标准化欧氏距离。

```
import numpy as np
x = np.mat([1,2,3])
y = np.mat([4,5,7])
#合并
"""

1) stack()函数
函数原型：stack(arrays, axis=0)。
axis=0 时增加一维,新维度的下标为 0 即按行合并;
axis=1 时增加一维,新维度的下标为 1 即按行合并;
作用等同于 hstack()函数。
2) hstack()函数
函数原型：hstack(tup)，参数 tup 可以是元组、列表,或者 numpy 数组,返回结果为
numpy 的数组。
作用：在水平方向把元素堆起来。
3) vstack()函数
函数原型：vstack(tup)，参数 tup 可以是元组、列表,或者 numpy 数组,返回结果为
numpy 的数组。
作用：在垂直方向把元素堆叠起来。

"""
X = np.vstack([x,y])
print(X)
#方法一：根据公式求解
sk = np.var(X,axis = 0,ddof = 0) #方差
#numpy.var(a, axis = None, dtype = None, out = None, ddof = 0, keepdims = < class numpy._
globals._NoValue >)
print(sk)
d1 = np.sqrt(((np.power((x - y),2)/sk).sum()))
print(d1)
#方法二：根据 scipy 库求解
"""
pdist
"""
from scipy.spatial.distance import pdist
d2 = pdist(X,'seuclidean',V = None)
print(d2)
from scipy.spatial.distance import seuclidean
```

```
d3 = seuclidean(x, y, sk)
print(d3)
```

运行程序，输出如下：

```
[[1 2 3]
[4 5 7]]
[[2.25 2.25 4.  ]]
3.4641016151377544
[2.44948974]
3.4641016151377544
```

6.1.2 *k*-Means 算法原理

k-Means 算法是基于数据划分的无监督聚类算法，首先定义常数 k，常数 k 表示的是最终的聚类类别数，在确定了类别数 k 后，随即初始化 k 个类的聚类中心，通过计算每一个样本与聚类中心之间的相似度，将样本点划分到最相似的类别中。

对于 k-Means 算法，假设有 m 个样本 $\{\boldsymbol{X}^{(1)},\boldsymbol{X}^{(2)},\cdots,\boldsymbol{X}^{(m)}\}$，其中，$\boldsymbol{X}^{(i)}$ 表示第 i 个样本，每一个样本中包含 n 个特征 $\boldsymbol{X}^{(i)}=\{x_1^{(i)},x_2^{(i)},\cdots,x_n^{(i)}\}$。首先随机初始化 k 个聚类中心，通过每个样本与 k 个聚类中心之间的相似度，确定每个样本所属的类别，再通过每个类别中的样本重新计算每个类的聚类中心，重复这样的过程，直到聚类中心不再改变，最终确定每个样本所属的类别以及每个类的聚类中心。

1. *k*-Means 算法步骤

k-Means 聚类算法主要分为 3 个步骤：

(1) 初始化 k 个聚类中心。

(2) 计算出每个对象跟这 k 个中心的距离(相似度计算，这个下面会提到)，假如 x 跟 y 这个中心的距离最小(相似度最大)，那么 x 属于 y 这个中心。这一步就可以得到初步的 k 个聚类。

(3) 在第(2)步得到的每个聚类分别计算出新的聚类中心，和旧的中心比对，假如不相同，则继续执行第(2)步，直到新旧两个中心相同，说明聚类不可变，已经成功。

2. *k*-Means 算法与矩阵分解

以上对 k-Means 算法进行了简单介绍。在 k-Means 算法中，假设训练数据集 $\boldsymbol{X}$ 中有 m 个样本 $\{\boldsymbol{X}^{(1)},\boldsymbol{X}^{(2)},\cdots,\boldsymbol{X}^{(m)}\}$，其中，每一个样本 $\boldsymbol{X}^{(i)}$ 为 n 维的向量。此时样本可以表示为一个 $m\times n$ 的矩阵：

$$\boldsymbol{X}_{m\times n}=(\boldsymbol{X}^{(1)},\boldsymbol{X}^{(2)},\cdots,\boldsymbol{X}^{(m)})^{\mathrm{T}}=\begin{pmatrix} x_1^{(1)} & x_2^{(1)} & \cdots & x_n^{(1)} \\ x_1^{(2)} & x_2^{(2)} & \cdots & x_n^{(2)} \\ \vdots & \vdots & \ddots & \vdots \\ x_1^{(m)} & x_2^{(m)} & \cdots & x_n^{(m)} \end{pmatrix}$$

假设有 k 个类，分别为 $\{\boldsymbol{C}_1,\boldsymbol{C}_2,\cdots,\boldsymbol{C}_k\}$。在 k-Means 算法中，利用欧氏距离计算每一个样本 $\boldsymbol{X}^{(i)}$ 与 k 个聚类中心之间的相似度，并将样本 $\boldsymbol{X}^{(i)}$ 划分到最相似的类别中，再利用划分

到每个类别中的样本重新计算 k 个聚类中心。重复以上的过程，直到聚类中心不再改变为止。

k-Means 算法的目标是使得每一个样本 $\boldsymbol{X}^{(i)}$ 被划分到最相似的类别中，利用每个类别中的样本重新计算聚类中心 $\boldsymbol{C}_k$：

$$\boldsymbol{C}'_k=\frac{\sum\limits_{\boldsymbol{X}^{(i)}\in \boldsymbol{C}_k}\boldsymbol{X}^{(i)}}{\#(\boldsymbol{X}^{(i)}\in \boldsymbol{C}_k)}$$

其中，$\sum\limits_{\boldsymbol{X}^{(i)}\in \boldsymbol{C}_k}\boldsymbol{X}^{(i)}$ 是所有 $\boldsymbol{C}_k$ 类中的所有的样本的特征向量的和，$\#(\boldsymbol{X}^{(i)}\in \boldsymbol{C}_k)$ 表示的是类别 $\boldsymbol{C}_k$ 中的样本个数。

k-Means 算法的停止条件是最终的聚类中心不再改变，此时，所有样本被划分到了最近的聚类中心所属的类别中，即：

$$\min\sum_{i=1}^{m}\sum_{j=1}^{k}z_{ij}\parallel \boldsymbol{X}^{(i)}-\boldsymbol{C}_j\parallel^2$$

其中，样本 $\boldsymbol{X}^{(i)}$ 是数据集 $\boldsymbol{X}_{m\times n}$ 的第 i 行。$\boldsymbol{C}_j$ 表示的是第 j 个类别的聚类中心。假设 $\boldsymbol{M}_{k\times n}$ 为 k 个聚类中心构成的矩阵。矩阵 $\boldsymbol{Z}_{m\times k}$ 是由 z_{ij} 构成的 0-1 矩阵，z_{ij} 为

$$z_{ij}=\begin{cases}1, & \boldsymbol{X}^{(i)}\in \boldsymbol{C}_k\\ 0, & \text{其他}\end{cases}$$

对于上述的优化目标函数，与如下的矩阵形式等价：

$$\min\parallel \boldsymbol{X}-\boldsymbol{ZM}\parallel^2$$

其中，对于非矩阵形式的目标函数，可表示为

$$\begin{aligned}\sum_{i=1}^{m}\sum_{j=1}^{k}z_{ij}\parallel \boldsymbol{X}^{(i)}-\boldsymbol{C}_j\parallel^2&=\sum_{i,j}z_{ij}((\boldsymbol{X}^{(i)})(\boldsymbol{X}^{(i)\mathrm{T}})-2\boldsymbol{X}^{(i)}\boldsymbol{C}_j^{\mathrm{T}}+\boldsymbol{C}_j\boldsymbol{C}_j^{\mathrm{T}})\\&=\sum_{i,j}z_{ij}(\boldsymbol{X}^{(i)})(\boldsymbol{X}^{(i)\mathrm{T}})-2\sum_{i,j}z_{ij}\boldsymbol{X}^{(i)}\boldsymbol{C}_j^{\mathrm{T}}+\sum_{i,j}z_{ij}\boldsymbol{C}_j\boldsymbol{C}_j^{\mathrm{T}}\\&=\sum_{i,j}z_{ij}\parallel \boldsymbol{X}^{(i)}\parallel^2-\sum_{i,j}z_{ij}\sum_{k=1}^{n}\boldsymbol{X}_k^{(i)}\boldsymbol{C}_{jk}+\sum_{i,j}z_{ij}\parallel \boldsymbol{C}_j\parallel^2\end{aligned}$$

由于 $\sum\limits_j z_{ij}=1$，即每一个样本 $\boldsymbol{X}^{(i)}$ 只能属于一个类别，则：

$$\begin{aligned}\sum_{i=1}^{m}\sum_{j=1}^{k}z_{ij}\parallel \boldsymbol{X}^{(i)}-\boldsymbol{C}_j\parallel^2&=\sum_{i}\parallel \boldsymbol{X}^{(i)}\parallel^2-2\sum_{i}\sum_{t=1}^{n}\boldsymbol{X}_t^{(i)}\sum_{j}z_{ij}\boldsymbol{C}_{jt}+\sum_{j}\parallel \boldsymbol{C}_j\parallel^2 m_j\\&=\mathrm{tr}(\boldsymbol{XX}^{\mathrm{T}})-2\sum_{i}\sum_{t}\boldsymbol{X}_{it}(\boldsymbol{ZM})_{it}+\sum_{j}\parallel \boldsymbol{C}_j\parallel^2 m_j\\&=\mathrm{tr}(\boldsymbol{XX}^{\mathrm{T}})-2\sum_{i}(\boldsymbol{X}\cdot(\boldsymbol{ZM})^{\mathrm{T}})_{it}+\sum_{j}\parallel \boldsymbol{C}_j\parallel^2 m_j\\&=\mathrm{tr}(\boldsymbol{XX}^{\mathrm{T}})-2\mathrm{tr}(\boldsymbol{X}\cdot(\boldsymbol{ZM})^{\mathrm{T}})+\sum_{j}\parallel \boldsymbol{C}_j\parallel^2 m_j\end{aligned}$$

其中，m_j 表示的是属于第 j 个类别的样本的个数。对于矩阵形式的目标函数，其可表示为

$$\begin{aligned}\parallel \boldsymbol{X}-\boldsymbol{ZM}\parallel^2&=\mathrm{tr}((\boldsymbol{X}-\boldsymbol{ZM})\cdot(\boldsymbol{X}-\boldsymbol{ZM})^{\mathrm{T}})\\&=\mathrm{tr}(\boldsymbol{XX}^{\mathrm{T}})-2\mathrm{tr}(\boldsymbol{X}\cdot(\boldsymbol{ZM})^{\mathrm{T}})+\mathrm{tr}(\boldsymbol{ZM}(\boldsymbol{ZM})^{\mathrm{T}})\end{aligned}$$

$$\begin{aligned}\mathrm{tr}(\boldsymbol{ZM}(\boldsymbol{ZM})^{\mathrm{T}}) &= \mathrm{tr}(\boldsymbol{ZMM}^{\mathrm{T}}\boldsymbol{Z}^{\mathrm{T}}) \\ &= \sum_j (\boldsymbol{MM}^{\mathrm{T}}\boldsymbol{Z}^{\mathrm{T}}\boldsymbol{Z})_{jj} = \sum_j (\boldsymbol{MM}^{\mathrm{T}})_{jj}(\boldsymbol{Z}^{\mathrm{T}}\boldsymbol{Z})_{jj} \\ &= \sum_j \|\boldsymbol{C}_j\|^2 m_j\end{aligned}$$

因此，上述两种形式的目标函数是等价的。

【例 6-10】 利用 Python 代码实现给定的随机数据点聚类分析。

```
import numpy as np
import random
import matplotlib.pyplot as plt
#数据: numpy .数组数据集
#k 群集的数量
def k_means(data,k):
  #随机生成群集中心
  sample_num = data.shape[0]
  center_index = random.sample(range(sample_num),k)
  cluster_cen = data[center_index,:]
  is_change = 1
  cat = np.zeros(sample_num)

  while is_change:
    is_change = 0

    for i in range(sample_num):
      min_distance = 100000
      min_index = 0

      for j in range(k):
        sub_data = data[i,:] - cluster_cen[j,:]
        distance = np.inner(sub_data,sub_data)
        if distance < min_distance:
          min_distance = distance
          min_index = j + 1

      if cat[i]!= min_index:
        is_change = 1
        cat[i] = min_index
    for j in range(k):
      cluster_cen[j] = np.mean(data[cat == (j + 1)],axis = 0)
  return cat,cluster_cen

if __name__ == '__main__':
  #生成数据
  cov = [[1,0],[0,1]]
  mean1 = [1, - 1]
  x1 = np.random.multivariate_normal(mean1,cov,200)
  mean2 = [5.5, - 4.5]
  x2 = np.random.multivariate_normal(mean2,cov,200)
  mean3 = [1,4]
  x3 = np.random.multivariate_normal(mean3,cov,200)
  mean4 = [6,4.5]
  x4 = np.random.multivariate_normal(mean4,cov,200)
```

```
mean5 = [9,0.0]
x5 = np.random.multivariate_normal(mean5,cov,200)
X = np.vstack((x1,x2,x3,x4,x5))
#数据分布
fig1 = plt.figure(1)
p1 = plt.scatter(x1[:,0],x1[:,1],marker = 'o',color = 'r',label = 'x1')
p2 = plt.scatter(x2[:,0],x2[:,1],marker = '+',color = 'm',label = 'x2')
p3 = plt.scatter(x3[:,0],x3[:,1],marker = 'x',color = 'b',label = 'x3')
p4 = plt.scatter(x4[:,0],x4[:,1],marker = '*',color = 'g',label = 'x4')
p5 = plt.scatter(x5[:,0],x4[:,1],marker = '+',color = 'y',label = 'x5')
plt.title('original data')
plt.legend(loc = 'upper right')

cat,cluster_cen = k_means(X,5)
print('the number of cluster 1:',sum(cat == 1))
print('the number of cluster 2:',sum(cat == 2))
print('the number of cluster 3:',sum(cat == 3))
print('the number of cluster 4:',sum(cat == 4))
print('the number of cluster 5:',sum(cat == 5))

fig2 = plt.figure(2)
for i,m,lo,label in zip(range(5),['o','+','x','*','+'],['r','m','b','g','y'],['x1','x2','x3',
'x4','x5']):
    p = plt.scatter(X[cat == (i + 1),0],X[cat == (i + 1),1],marker = m,color = lo,label = label)
plt.legend(loc = 'upper right')
plt.title('the clustering result')
plt.show()
```

运行程序,输出如下,效果如图 6-1 和图 6-2 所示。

```
the number of cluster 1: 370
the number of cluster 2: 206
the number of cluster 3: 210
the number of cluster 4: 115
the number of cluster 5: 99
```

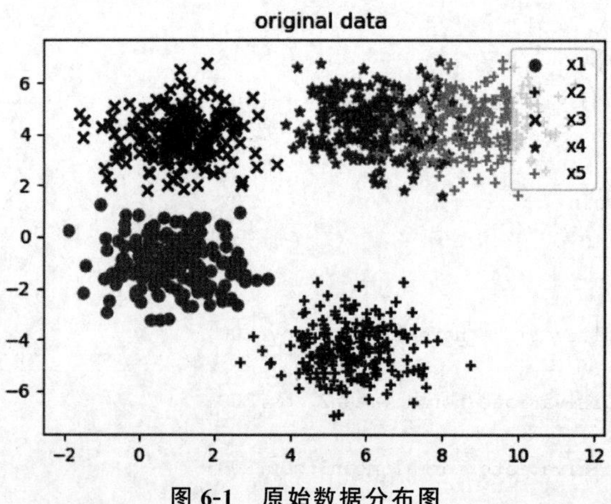

图 6-1　原始数据分布图

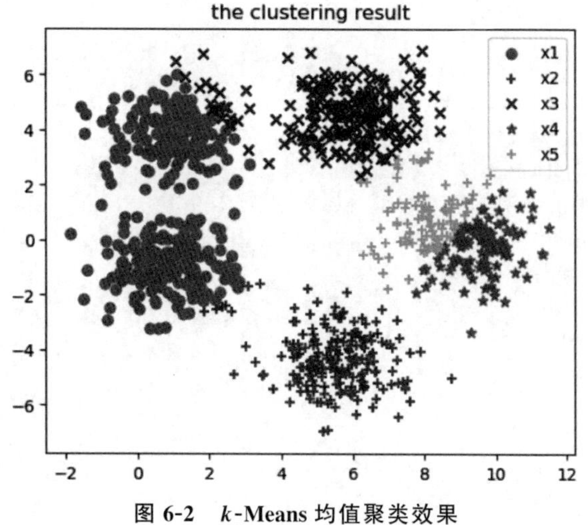

图 6-2 k-Means 均值聚类效果

【例 6-11】 在给定的 Iris. txt 样本文件中,用 k-Means 聚类算法将 150 个四维样本数据分成 3 类。

其实现的算法流程为:

第一步,将文件中的数据读入到 dataset 列表中,通过 len(dataset[0])来获取数据维数,在测试样例中是四维。

第二步,产生聚类的初始位置。首先扫描数据,获取每一维数据分量中的最大值和最小值,然后在这个区间上随机产生一个值,循环 k 次(k 为所分的类别),这样就产生了聚类初始中心(k 个)。

第三步,按照最短距离(欧氏距离)原则将所有样本分配到 k 个聚类中心中的某一个,这步操作的结果是产生列表 assignments,可以通过 Python 中的 zip 函数整合成字典。注意,原始聚类中心可能不在样本中,因此可能出现分配的结果中某一个聚类中心点集合为空,此时需要结束,提示"产生随机数错误,请重新运行程序",以产生合适的初始中心。

第四步,计算各个聚类中心的新向量,更新距离,即每一类中每一维均值向量。然后再进行分配,比较前后两个聚类中心向量是否相等,若不相等则进行循环,否则终止循环,进入下一步。

最后,将结果输出到文件和屏幕中。

实现的 Python 代码为:

```
from collections import defaultdict
from random import uniform
from math import sqrt

def read_points():
  dataset = []
  with open('Iris.txt','r') as file:
    for line in file:
      if line == '\n':
        continue
      dataset.append(list(map(float,line.split(' '))))
```

```
        file.close()
        return dataset

def write_results(listResult,dataset,k):
    with open('result.txt','a') as file:
        for kind in range(k):
            file.write( "CLASSINFO: %d\n" % (kind + 1) )
            for j in listResult[kind]:
                file.write('%d\n' % j)
            file.write('\n')
        file.write('\n\n')
        file.close()

def point_avg(points):
    dimensions = len(points[0])
    new_center = []
    for dimension in range(dimensions):
        sum = 0
        for p in points:
            sum += p[dimension]
        new_center.append(float("%.8f" % (sum/float(len(points)))))
    return new_center

def update_centers(data_set ,assignments,k):
    new_means = defaultdict(list)
    centers = []
    for assignment ,point in zip(assignments , data_set):
        new_means[assignment].append(point)
    for i in range(k):
        points = new_means[i]
        centers.append(point_avg(points))
    return centers

def assign_points(data_points,centers):
    assignments = []
    for point in data_points:
        shortest = float('inf')
        shortest_index = 0
        for i in range(len(centers)):
            value = distance(point,centers[i])
            if value < shortest:
                shortest = value
                shortest_index = i
        assignments.append(shortest_index)
    if len(set(assignments))< len(centers) :
        print("\n--!!!产生随机数错误,请重新运行程序!!!! --\n")
        exit()
    return assignments

def distance(a,b):
    dimention = len(a)
```

```
    sum = 0
    for i in range(dimention):
        sq = (a[i] - b[i]) ** 2
        sum += sq
    return sqrt(sum)

def generate_k(data_set,k):
    centers = []
    dimentions = len(data_set[0])
    min_max = defaultdict(int)
    for point in data_set:
        for i in range(dimentions):
            value = point[i]
            min_key = 'min_%d' % i
            max_key = 'max_%d' % i
            if min_key not in min_max or value < min_max[min_key]:
                min_max[min_key] = value
            if max_key not in min_max or value > min_max[max_key]:
                min_max[max_key] = value
    for j in range(k):
        rand_point = []
        for i in range(dimentions):
            min_val = min_max['min_%d' % i]
            max_val = min_max['max_%d' % i]
            tmp = float("%.8f" % (uniform(min_val,max_val)))
            rand_point.append(tmp)
        centers.append(rand_point)
    return centers

def k_means(dataset,k):
    k_points = generate_k(dataset,k)
    assignments = assign_points(dataset,k_points)
    old_assignments = None
    while assignments != old_assignments:
        new_centers = update_centers(dataset,assignments,k)
        old_assignments = assignments
        assignments = assign_points(dataset,new_centers)
    result = list(zip(assignments,dataset))
    print('\n\n------------------分类结果---------------\n\n')
    for out in result :
        print(out,end = '\n')
    print('\n\n-----------------标号简记---------------\n\n')
    listResult = [[] for i in range(k)]
    count = 0
    for i in assignments:
        listResult[i].append(count)
        count = count + 1
    write_results(listResult,dataset,k)
    for kind in range(k):
        print("第%d类数据有:" % (kind + 1))
        count = 0
```

```
    for j in listResult[kind]:
      print(j,end = ' ')
      count = count + 1
      if count % 25 == 0:
        print('\n')
    print('\n')
  print('\n\n---------------------------------------------\n\n')

def main():
  dataset = read_points()
  k_means(dataset,3)

if __name__ == "__main__":
  main()
```

运行程序,输出如下:

```
------------------分类结果---------------
(2, [5.1, 3.5, 1.4, 0.2])
(2, [4.9, 3.0, 1.4, 0.2])
(2, [4.7, 3.2, 1.3, 0.2])
(2, [4.6, 3.1, 1.5, 0.2])
(2, [5.0, 3.6, 1.4, 0.2])
(2, [5.4, 3.9, 1.7, 0.4])
…
(0, [6.7, 3.0, 5.2, 2.3])
(1, [6.3, 2.5, 5.0, 1.9])
(0, [6.5, 3.0, 5.2, 2.0])
(0, [6.2, 3.4, 5.4, 2.3])
(1, [5.9, 3.0, 5.1, 1.8])
-----------------标号简记---------------
```

第 1 类数据有:

50 52 77 100 102 103 104 105 107 108 109 110 111 112 115 116 117 118 120 122 124 125 128 129 130 131 132 134 135 136 137 139 140 141 143 144 145 147 148

第 2 类数据有:

51 53 54 55 56 57 58 59 60 61 62 63 64 65 66 67 68 69 70 71 72 73 74 75 76 78 79 80 81 82 83 84 85 86 87 88 89 90 91 92 93 94 95 96 97 98 99 101 106 113 114 119 121 123 126 127 133 138 142 146 149

第 3 类数据有:

0 1 2 3 4 5 6 7 8 9 10 11 12 13 14 15 16 17 18 19 20 21 22 23 24 25 26 27 28 29 30 31 32 33 34 35 36 37 38 39 40 41 42 43 44 45 46 47 48 49

通过多次运行程序发现,所得结果与初始值的选定有着密切的关系,并且因为在程序中采用随机数的方式产生初值,所以经过观察发现有多种结果,以上只是其中的一种。

6.1.3 *k*-Means++算法

1. *k*-Means 算法存在的问题

k-Means 算法简单且易于实现,因此 *k*-Means 算法得到了很多的应用,但是从 *k*-Means

算法聚类的过程中发现，k-Means 算法中的聚类中心的个数 k 需要事先指定，这一点对于一些未知数据存在很大的局限性。其次，在利用 k-Means 算法进行聚类之前，需要初始化 k 个聚类中心，在上述的 k-Means 算法的过程中，使用的是在数据集中随机选择最大值和最小值之间的数作为其初始的聚类中心，但是聚类中心选择不好，对于 k-Means 算法有很大的影响。对于如图 6-3 所示的数据集，如选取的个聚类中心为：

A：(−6.06117996，−6.87383192)

B：(−1.64249433，−6.96441896)

C：(2.77310285，6.91873181)

D：(7.38773852，−5.14404775)

最终的聚类结果如图 6-4 所示。

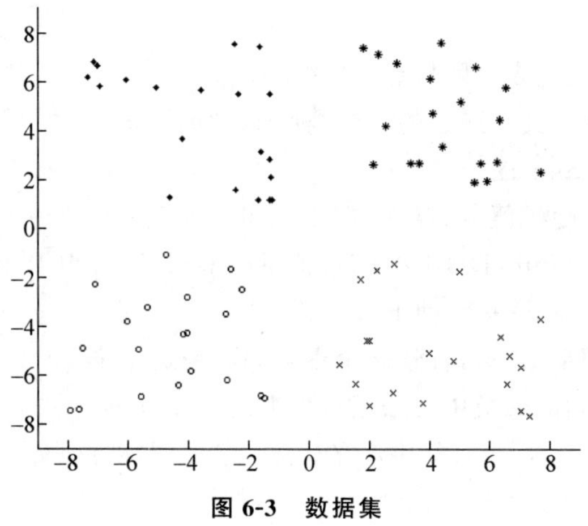

图 6-3　数据集

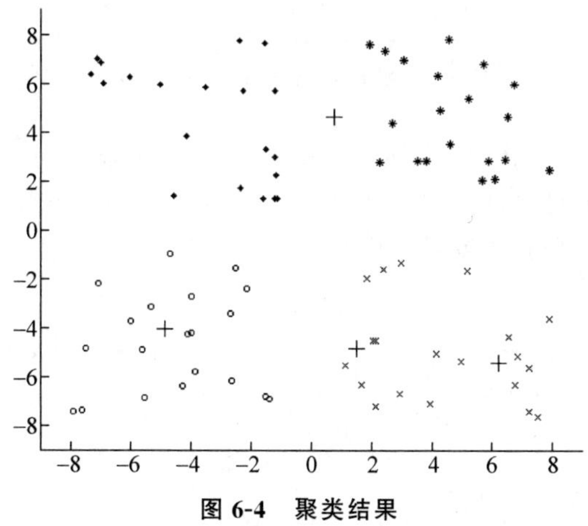

图 6-4　聚类结果

为了解决因为初始化的问题带来 k-Means 算法的问题，改进的 k-Means 算法，即 k-Means++算法被提出，k-Means++算法主要是为了能够在聚类中心的选择过程中选择较优的聚类中心。

2. *k*-Means++算法的思路

k-Means 算法是一种基本的聚类算法，这个算法的先决条件是：

（1）从输入的数据点集合中随机选择一个点作为第一个聚类中心。

（2）对于数据集中的每一个点 x，计算它与最近聚类中心（指已选择的聚类中心）的距离 D_x。

（3）选择一个新的数据点作为新的聚类中心，选择的原则是：D_x 较大的点，被选取作为聚类中心的概率较大。

（4）重复步骤（2）和步骤（3），直到 k 个聚类中心被选出来。

（5）重复这 k 个初始的聚类中心来运行标准的 *k*-Means 算法。

从上面的算法描述可以看出，算法的关键是步骤（3）。如何将 D_x 反映到点被选择的概率上，有如下算法：

（1）先从数据库随机挑多个随机点当"种子点"。

（2）对于每个点，计算其与最近的一个"种子点"的距离 D_x 并保存在一个数组中，然后把这些距离加起来得到 Sum(D_x)。

（3）接着，再取一个随机值，用权重的方式来取计算下一个"种子点"。这个算法的实现过程是：先取一个能落在 Sum(D_x)中的随机值 Random，然后用 Random－＝D_x，直到其小于或等于 0，此时的点就是下一个"种子点"。

（4）重复步骤（2）和步骤（3），直到 k 个聚类中心被选出来。

（5）利用这 k 个初始的聚类中心来运行标准的 *k*-Means 算法。

可以看到算法的步骤（3）选取新中心的方法，这样就能保证距离 D_x 较大的点，会被选出来作为聚类中心了。至于为什么，原因很简单，如图 6-5 所示。

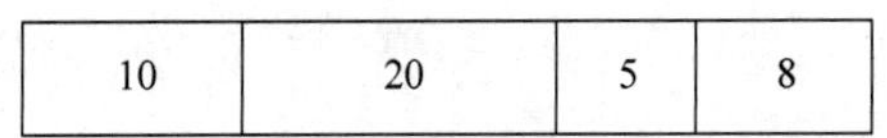

10	20	5	8

图 6-5　数据点 A、B、C 和 D 的 D_x

假设 A、B、C、D 的 D_x 如图 6-5 所示，当算法取值 Sum(D_x) * random 时，该值会以较大的概率落入 D_x 较大的区间内，所以对应的点会以较大的概率被选中作为新的聚类中心。

【例 6-12】 利用 Python 实现对随机数据进行 *k*-Means++分类。

```
from math import pi, sin, cos
from collections import namedtuple
from random import random, choice
from copy import copy
try:
    import psyco
    psyco.full()
except ImportError:
    pass

FLOAT_MAX = 1e100
class Point:
    __slots__ = ["x", "y", "group"]
```

```
    def __init__(self, x = 0.0, y = 0.0, group = 0):
        self.x, self.y, self.group = x, y, group

def generate_points(npoints, radius):
    points = [Point() for _ in range(npoints)]
    #注意:这不是均匀的二维分布
    for p in points:
        r = random() * radius
        ang = random() * 2 * pi
        p.x = r * cos(ang)
        p.y = r * sin(ang)
    return points

def nearest_cluster_center(point, cluster_centers):
    """最近群集中心的距离和索引"""
    def sqr_distance_2D(a, b):
        return (a.x - b.x) ** 2  +  (a.y - b.y) ** 2
    min_index = point.group
    min_dist = FLOAT_MAX
    for i, cc in enumerate(cluster_centers):
        d = sqr_distance_2D(cc, point)
        if min_dist > d:
            min_dist = d
            min_index = i
    return (min_index, min_dist)

'''
points 是数据点,nclusters 是给定的簇类数目
cluster_centers 包含初始化的 nclusters 个中心点,开始都是对象 ->(0,0,0)
'''
def kpp(points, cluster_centers):
    cluster_centers[0] = copy(choice(points))          #随机选取第一个中心点
    d = [0.0 for _ in range(len(points))]             #列表,长度为 len(points),保存每个点离
                                                       #最近的中心点的距离
    for i in range(1, len(cluster_centers)):           #i = 1..len(c_c) - 1
        sum = 0
        for j, p in enumerate(points):
            d[j] = nearest_cluster_center(p, cluster_centers[:i])[1]
                                                #第 j 个数据点 p 与各个中心点距离的最小值
            sum += d[j]
        sum * = random()
        for j, di in enumerate(d):
            sum -= di
            if sum > 0:
                continue
            cluster_centers[i] = copy(points[j])
            break
    for p in points:
```

```
        p.group = nearest_cluster_center(p, cluster_centers)[0]
'''
points 是数据点,nclusters 是给定的簇类数目
'''
def lloyd(points, nclusters):
    cluster_centers = [Point() for _ in range(nclusters)]  # 根据指定的中心点个数,初始化
                                                           # 中心点,均为(0,0,0)
    # 调用 k++初始化
    kpp(points, cluster_centers)                           # 选择初始种子点
    # 下面是 kmeans
    lenpts10 = len(points) >> 10
    changed = 0
    while True:
        # 质心的组元素用作计数器
        for cc in cluster_centers:
            cc.x = 0
            cc.y = 0
            cc.group = 0
        for p in points:
            cluster_centers[p.group].group += 1 # 与该种子点在同一簇的数据点的个数
            cluster_centers[p.group].x += p.x
            cluster_centers[p.group].y += p.y
        for cc in cluster_centers:                         # 生成新的中心点
            cc.x /= cc.group
            cc.y /= cc.group
        # 找到每个 PointPtr 的最近质心
        changed = 0                                        # 记录所属簇发生变化的数据点的个数
        for p in points:
            min_i = nearest_cluster_center(p, cluster_centers)[0]
            if min_i != p.group:
                changed += 1
                p.group = min_i

        # 当 99.9 % 的分数良好时停止
        if changed <= lenpts10:
            break
    for i, cc in enumerate(cluster_centers):
        cc.group = i
    return cluster_centers

def print_eps(points, cluster_centers, W = 400, H = 400):
    Color = namedtuple("Color", "r g b");
    colors = []
    for i in range(len(cluster_centers)):
        colors.append(Color((3 * (i + 1) % 11) / 11.0,
                            (7 * i % 11) / 11.0,
                            (9 * i % 11) / 11.0))
    max_x = max_y = - FLOAT_MAX
```

```
    min_x = min_y = FLOAT_MAX
    for p in points:
        if max_x < p.x: max_x = p.x
        if min_x > p.x: min_x = p.x
        if max_y < p.y: max_y = p.y
        if min_y > p.y: min_y = p.y
    scale = min(W / (max_x - min_x),
                H / (max_y - min_y))
    cx = (max_x + min_x) / 2
    cy = (max_y + min_y) / 2
    print ("%%!PS-Adobe-3.0\n%%%%BoundingBox: -5 -5 %d %d" % (W + 10, H + 10))
    print ("/l {rlineto} def /m {rmoveto} def\n" +
           "/c { .25 sub exch .25 sub exch .5 0 360 arc fill } def\n" +
           "/s { moveto -2 0 m 2 2 l 2 -2 l -2 -2 l closepath " +
           "   gsave 1 setgray fill grestore gsave 3 setlinewidth" +
           " 1 setgray stroke grestore 0 setgray stroke }def")
    for i, cc in enumerate(cluster_centers):
        print ("%g %g %g setrgbcolor" %
               (colors[i].r, colors[i].g, colors[i].b))
        for p in points:
            if p.group != i:
                continue
            print ("%.3f %.3f c" % ((p.x - cx) * scale + W / 2,
                                    (p.y - cy) * scale + H / 2))
        print ("\n0 setgray %g %g s" % ((cc.x - cx) * scale + W / 2,
                                        (cc.y - cy) * scale + H / 2))
    print("\n%%%%EOF")

def main():
    npoints = 30000
    k = 7                                  #簇
    points = generate_points(npoints, 10)
    cluster_centers = lloyd(points, k)
    print_eps(points, cluster_centers)
main()
```

运行程序，输出如下：

```
268.448233.702 c
264.707209.888 c
348.719267.704 c
335.392236.768 c
333.601187.704 c
…
161.244379.446 c
242.356289.966 c
244.990274.559 c
218.194355.263 c
0 setgray 214.38 327.727 s
%%%%EOF
```

6.2 Mean Shift 聚类算法

在 k-Means 算法中，最终的效果受初始的聚类中心的影响，k-Means++算法的提出，为选择较好的初始聚类中心提供了依据，但是在 k-Means 算法中，仍需要事先指定聚类的类别个数 k，对于类别个数未知的数据集，k-Means 算法和 k-Means++算法将很难对其进行精确求解，对此，有一些改进的算法被提出来以处理聚类个数 k 未知的情况。

Mean Shift 算法又称为均值漂移算法，与 k-Means 算法一样，都是基于聚类中心的聚类算法，不同的是，Mean Shift 算法不需要事先指定类别个数 k。在 Mean Shift 算法中，聚类中心是通过在给定区域中的样本的均值来确定的，通过不断更新聚类中心，直到最终的聚类中心不再改变为止。Mean Shift 算法在聚类，图像平滑、分割和视频跟踪等方面有广泛的应用。

6.2.1 Mean Shift 向量

给定 d 维空间 $\mathbf{R}^d$ 的 n 个样本点，在空间中任选一点 x，那么 Mean Shift 向量的基本形式定义为：

$$\boldsymbol{M}_h = \frac{1}{K}\sum_{x_i \in S_k}(x_i - x) \quad i = 1,2,\cdots,n$$

其中，k 表示在这 n 个样本点 x_i 中，有 k 个点落入 S_k 区域中。

再以 Mean Shift 向量的终点为圆心，再做一个高维的球。如图 6-6 所示，重复以上步骤，就可得到一个 Mean Shift 向量。如此重复下去，Mean Shift 算法可以收敛到概率密度最大的地方，也就是最稠密的地方。

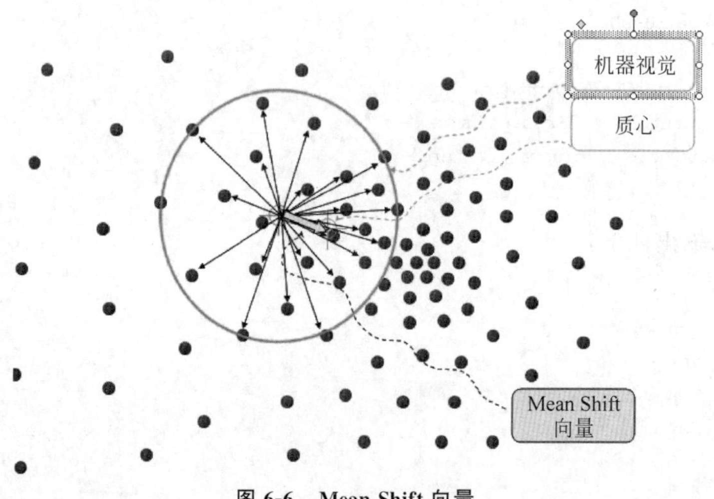

图 6-6 Mean Shift 向量

可以理解为：在 d 维空间中，任选一个点，然后以这个点为圆心，以 h 为半径做一个高维球，因为有 d 维，d 可能大于 2，所以是高维球。落在这个球内的所有点和圆心都会产生一个向量，向量是以圆心为起点落在球内的点位的终点。然后把这些向量都相加。相加的结果就是 Mean Shift 向量。如图 6-7 所示，其中箭头就表示 M_h(Mean Shift 向量)。

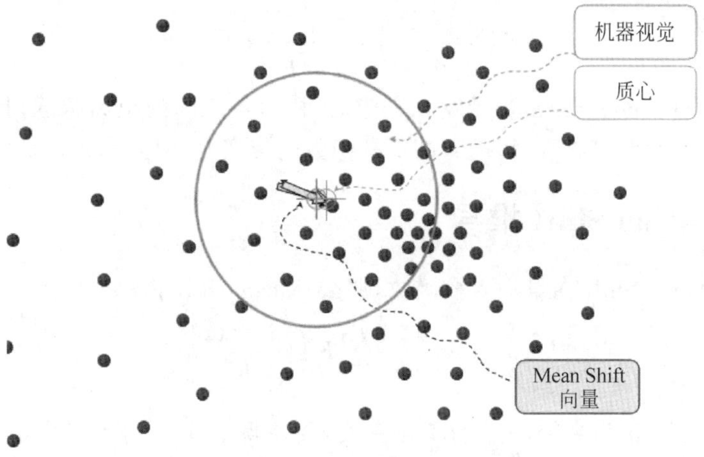

图 6-7 一个高维的球

最终的结果如图 6-8 所示。

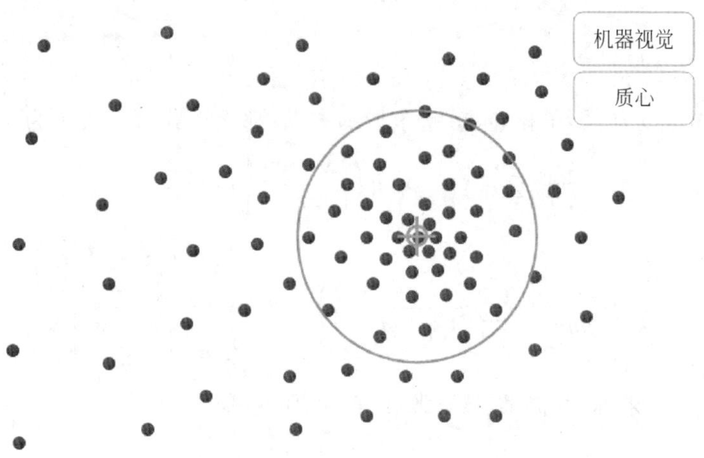

图 6-8 Mean Shift 算法的最稠密处

6.2.2 核函数

在 Mean Shift 算法中引入核函数的目的是随着样本与被漂移点的距离不同，其漂移量对均值漂移向量的贡献也不同。核函数的定义如下：

设 $\aleph$ 是输入空间(欧氏空间 $\mathbf{R}^n$ 的子集或离散集合)，又设 $\boldsymbol{H}$ 为特征空间(希尔伯特空间)，如果存在一个从 $\aleph$ 到 $\boldsymbol{H}$ 的映射：

$$\phi(x): \aleph \rightarrow \boldsymbol{H}$$

使得所有 $x_1, x_2 \in \aleph$，函数 $K(x_1, x_2)$ 满足条件：

$$K(x_1, x_2) = \phi(x_1) \cdot \phi(x_2)$$

则称 $K(x_1, x_2)$ 为核函数，$\phi(x)$ 为映射函数。$\phi(x_1) \cdot \phi(x_2)$ 表示的是 $\phi(x_1)$ 和 $\phi(x_2)$ 的内积。

高斯核函数是使用较多的一种核函数，其函数为：

$$K\left(\frac{x_1 - x_2}{h}\right) = \frac{1}{\sqrt{2\pi}h} e^{-\frac{(x_1 - x_2)^2}{2h^2}}$$

其中，h 称为带宽(bandwidth)，当带宽 h 一定时，样本点之间的距离越近，其核函数的值越大；当样本点之间的距离相等时，随着高斯核函数的带宽 h 的增大，核函数的值在减小。

6.2.3 Mean Shift 推导

把基本的 Mean Shift 向量加入核函数，那么，Mean Shift 算法变形为：

$$\hat{f}_{\boldsymbol{h},K}(\boldsymbol{x}) = \frac{c_{k,d}}{n\boldsymbol{h}^d} \sum_{i=1}^{n} K\left(\left\|\frac{\boldsymbol{x} - \boldsymbol{x}_i}{\boldsymbol{h}}\right\|^2\right)$$

其中，$K()$为核函数，$\boldsymbol{h}$ 为半径，$\frac{c_{k,d}}{n\boldsymbol{h}^d}$为单位密度，要使得上式 f 得到最大，最容易想到的就是对上式进行求导，变形为：

$$\hat{\nabla} f_{\boldsymbol{h},K}(\boldsymbol{x}) = \nabla \hat{f}_{\boldsymbol{h},K}(\boldsymbol{x}) = \frac{2c_{k,d}}{n\boldsymbol{h}^{d+2}} \sum_{i=1}^{n} (\boldsymbol{x} - \boldsymbol{x}_i) K'\left(\left\|\frac{\boldsymbol{x} - \boldsymbol{x}_i}{\boldsymbol{h}}\right\|^2\right) \tag{6-1}$$

令

$$g(\boldsymbol{x}) = -K'(\boldsymbol{x})$$

其中，$K(\boldsymbol{x})$叫作 $g(\boldsymbol{x})$的影子核，也就是求导的方向，那么上式可以表示为

$$\hat{\nabla} f_{\boldsymbol{h},K}(\boldsymbol{x}) = \frac{2c_{k,d}}{n\boldsymbol{h}^{d+2}} \sum_{i=1}^{n} (\boldsymbol{x}_i - \boldsymbol{x}) g\left(\left\|\frac{\boldsymbol{x} - \boldsymbol{x}_i}{\boldsymbol{h}}\right\|\right)^2$$

$$= \frac{2c_{k,d}}{n\boldsymbol{h}^{d+2}} \left[\sum_{i=1}^{n} g\left(\left\|\frac{\boldsymbol{x} - \boldsymbol{x}_i}{\boldsymbol{h}}\right\|\right)^2\right] \left[\frac{\sum_{i=1}^{n} \boldsymbol{x}_i g\left(\left\|\frac{\boldsymbol{x} - \boldsymbol{x}_i}{\boldsymbol{h}}\right\|^2\right)}{\sum_{i=1}^{n} g\left(\left\|\frac{\boldsymbol{x} - \boldsymbol{x}_i}{\boldsymbol{h}}\right\|^2\right)} - x\right]$$

对于上式，如果采用高斯核，那么第一项就等于 $f_{\boldsymbol{h},k}$，

$$\hat{f}_{\boldsymbol{h},G}(\boldsymbol{x}) = \frac{c_{k,d}}{n\boldsymbol{h}^d} \sum_{i=1}^{n} g\left(\left\|\frac{\boldsymbol{x} - \boldsymbol{x}_i}{\boldsymbol{h}}\right\|\right)^2$$

第二项就相当于一个 Mean Shift 向量的式子：

$$m_{\boldsymbol{h},G}(\boldsymbol{x}) = \frac{\sum_{i=1}^{n} x_i g\left(\left\|\frac{\boldsymbol{x} - \boldsymbol{x}_i}{\boldsymbol{h}}\right\|^2\right)}{\sum_{i=1}^{n} g\left(\left\|\frac{\boldsymbol{x} - \boldsymbol{x}_i}{\boldsymbol{h}}\right\|^2\right)} - x$$

那么式(6-1)就可以表示为

$$\hat{\nabla} f_{\boldsymbol{h},K}(\boldsymbol{x}) = \hat{f}_{\boldsymbol{h},G}(\boldsymbol{x}) = \frac{2c_{k,d}}{\boldsymbol{h}^2 c_{g,d}} m_{\boldsymbol{h},G}(\boldsymbol{x})$$

图 6-9 分析了$\hat{\nabla} f_{\boldsymbol{h},K}(\boldsymbol{x})$的构成，并可以很清晰地表达其构成。

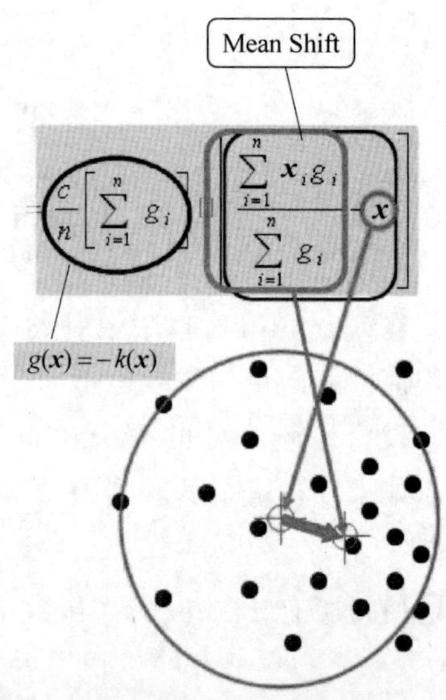

图 6-9 $\hat{\nabla} f_{\boldsymbol{h},K}(\boldsymbol{x})$的构成图

要使得$\hat{\nabla} f_{\boldsymbol{h},K}(\boldsymbol{x})=0$（当且仅当$m_{\boldsymbol{h},G}(\boldsymbol{x})=0$），可以得出新的圆心坐标：

$$\boldsymbol{x}=\frac{\sum_{i=1}^{n}\boldsymbol{x}_i g\left(\left\|\frac{\boldsymbol{x}-\boldsymbol{x}_i}{\boldsymbol{h}}\right\|^2\right)}{\sum_{i=1}^{n} g\left(\left\|\frac{\boldsymbol{x}-\boldsymbol{x}_i}{\boldsymbol{h}}\right\|^2\right)} \tag{6-2}$$

上面介绍了 Mean Shift 的流程，下面具体给出它的算法流程：

(1) 选择空间中 $\boldsymbol{x}$ 为圆心，以 $\boldsymbol{h}$ 为半径，做一个高维球，落在所有球内的所有点 $\boldsymbol{x}_i$。

(2) 计算 $m_{\boldsymbol{h},G}(\boldsymbol{x})$，如果 $m_{\boldsymbol{h},G}(\boldsymbol{x})<\varepsilon$（人工设定），推出程序。如果 $m_{\boldsymbol{h},G}(\boldsymbol{x})>\varepsilon$，则利用公式(6-2)计算 $\boldsymbol{x}$，返回步骤(1)。

6.2.4 Mean Shift 在图像上的聚类

下面介绍 Mean Shift 算法怎样运用到图像上的聚类核跟踪。

一般一个图像就是一个矩阵，像素点均匀地分布在图像上，就没有点的稠密性。所以定义点的概率密度是最关键的。

如果计算点 $\boldsymbol{x}$ 的概率密度，采用的方法如下：以 $\boldsymbol{x}$ 为圆心，以 $\boldsymbol{h}$ 为半径。落在球内的点位 $\boldsymbol{x}_i$ 定义两个模式规则。

(1) $\boldsymbol{x}$ 像素点的颜色与 $\boldsymbol{x}_i$ 像素点颜色越相近，定义概率密度越高。

(2) 离 $\boldsymbol{x}$ 的位置越近的像素点 $\boldsymbol{x}_i$，定义概率密度越高。

所以定义总的概率密度，是两个规则概率密度乘积的结果，可以用式(6-3)表示

$$K_{h_s,h_\tau}(\boldsymbol{x})=\frac{c}{h_s^2 h_\tau^2}K\left(\left\|\frac{\boldsymbol{x}^s-\boldsymbol{x}_i^s}{h_s}\right\|^2\right)K\left(\left\|\frac{\boldsymbol{x}^\tau-\boldsymbol{x}_i^s}{h_\tau}\right\|^2\right) \tag{6-3}$$

其中，$K\left(\left\|\frac{\boldsymbol{x}^s-\boldsymbol{x}_i^s}{h_s}\right\|^2\right)$代表空间位置的信息，离远点越近，其值就越大，$K\left(\left\|\frac{\boldsymbol{x}^\tau-\boldsymbol{x}_i^s}{h_\tau}\right\|^2\right)$表示颜色信息，颜色越相似，其值越大。如图 6-10(a)所示，按照公式(6-3)计算的概率密度如图 6-10(b)所示。利用 Mean Shift 对其进行聚类，可得到图 6-10(c)。

【例 6-13】 利用 Python 代码实现对数据的 Mean Shift 聚类。

```
"""
Mean Shift 聚类算法
核心思想：
寻找核密度极值点并作为簇的质心，然后根据最近邻原则将样本点赋予质心
"""
from collections import defaultdict
import numpy as np
import math

class MeanShift:
    def __init__(self, epsilon = 1e - 5, band_width = 2, min_fre = 3, bin_seeding = False):
        self.epsilon = epsilon
        self.band_width = band_width
        self.min_fre = min_fre                    # 可以作为起始质心的球体内最少的样本数目
        self.bin_seeding = bin_seeding
        self.radius2 = self.band_width ** 2           # 高维球体半径的平方
```

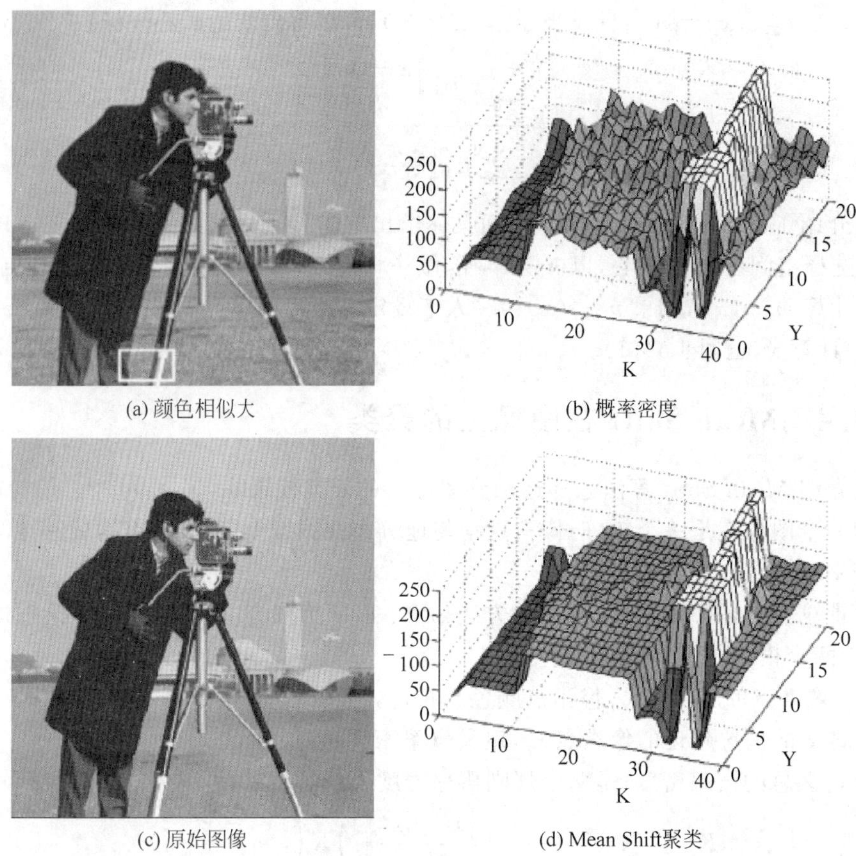

(a) 颜色相似大 (b) 概率密度

(c) 原始图像 (d) Mean Shift聚类

图 6-10 颜色信息

```
        self.N = None
        self.labels = None
        self.centers = []
        self.center_score = []

    def init_param(self, data):
        #初始化参数
        self.N = data.shape[0]
        self.labels = -1 * np.ones(self.N)
        return

    def get_seeds(self, data):
        #获取可以作为起始质心的点(seed)
        if self.bin_seeding:
            binsize = self.band_width
        else:
            binsize = 1
        seed_list = []
        seeds_fre = defaultdict(int)
        for sample in data:
            seed = tuple(np.round(sample / binsize))
                                    #将数据粗粒化,以防止非常近的样本点都作为起始质心
```

```
                seeds_fre[seed] += 1
            for seed, fre in seeds_fre.items():
                if fre >= self.min_fre:
                    seed_list.append(np.array(seed))
            if not seed_list:
                raise ValueError('the bin size and min_fre are not proper')
            return seed_list

        def euclidean_dis2(self, center, sample):
            #计算均值点到每个样本点的欧氏距离(平方)
            delta = center - sample
            return delta @ delta

        def gaussian_kel(self, dis2):
            #计算高斯核
            return 1.0 / self.band_width * (2 * math.pi) ** (-1.0 / 2) * math.exp(-dis2 / (2 *
    self.band_width ** 2))

        def shift_center(self, current_center, data, tmp_center_score):
            #计算下一个漂移的坐标
            denominator = 0                               #分母
            numerator = np.zeros_like(current_center)     #分子, 一维数组形式
            for ind, sample in enumerate(data):
                dis2 = self.euclidean_dis2(current_center, sample)
                if dis2 <= self.radius2:
                    tmp_center_score += 1
                d = self.gaussian_kel(dis2)
                denominator += d
                numerator += d * sample
            return numerator / denominator

        def classify(self, data):
            #根据最近邻算法将数据分类到最近的簇中
            center_arr = np.array(self.centers)
            for i in range(self.N):
                delta = center_arr - data[i]
                dis2 = np.sum(delta * delta, axis=1)
                self.labels[i] = np.argmin(dis2)
            return

        def fit(self, data):
            #训练主函数
            self.init_param(data)
            seed_list = self.get_seeds(data)
            for seed in seed_list:
                current_center = seed
                tmp_center_score = 0
                #进行一次独立的均值漂移
                while True:
                    next_center = self.shift_center(current_center, data, tmp_center_score)
                    delta_dis = np.linalg.norm(next_center - current_center, 2)
```

```
                if delta_dis < self.epsilon:
                    break
                current_center = next_center
            #若该次漂移结束后,最终的质心与已存在的质心距离小于带宽,则合并
            for i in range(len(self.centers)):
                if np.linalg.norm(current_center - self.centers[i], 2) < self.band_width:
                    if tmp_center_score > self.center_score[i]:
                        self.centers[i] = current_center
                        self.center_score[i] = tmp_center_score
                    break
            else:
                self.centers.append(current_center)
                self.center_score.append(tmp_center_score)
        self.classify(data)
        return

if __name__ == '__main__':
    from sklearn.datasets import make_blobs

    data, label = make_blobs(n_samples = 500, centers = 5, cluster_std = 1.2, random_state = 5)
    MS = MeanShift(bin_seeding = True)
    MS.fit(data)
    labels = MS.labels
    import matplotlib.pyplot as plt
    from itertools import cycle

    def visualize(data, labels):
        color = 'bgrym'
        unique_label = np.unique(labels)
        for col, label in zip(cycle(color), unique_label):
            partial_data = data[np.where(labels == label)]
            plt.scatter(partial_data[:, 0], partial_data[:, 1], color = col)
        plt.show()
        return
    visualize(data, labels)
```

运行程序,效果如图 6-11 所示。

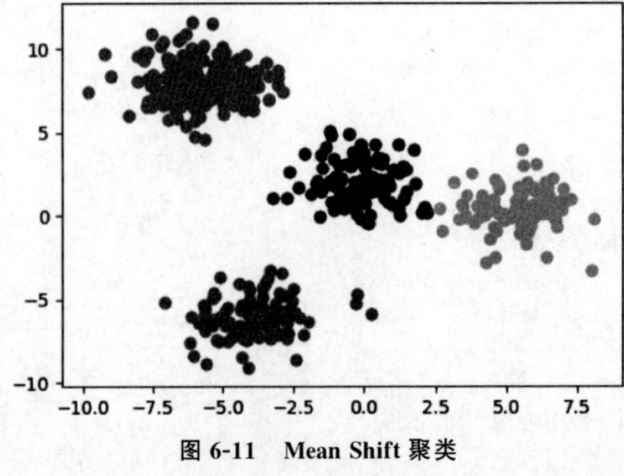

图 6-11 Mean Shift 聚类

【例 6-14】 利用 Python 对给定的数据 data.txt 进行 Mean Shift 聚类。

```
import math
import numpy as np
import matplotlib.pyplot as plt
MIN_DISTANCE = 0.000001                 # 微小误差

def load_data(path, feature_num = 2):
    '''导入数据
    input:  path(string)文件的存储位置
            feature_num(int)特征的个数
    output: data(array)特征
    '''
    f = open(path)                      #打开文件
    data = []
    for line in f.readlines():
        lines = line.strip().split("\t")
        data_tmp = []
        if len(lines) != feature_num:  #判断特征的个数是否正确
            continue
        for i in range(feature_num):
            data_tmp.append(float(lines[i]))
        data.append(data_tmp)
    f.close()                           #关闭文件
    return data

def gaussian_kernel(distance, bandwidth):
    '''高斯核函数
    input:  distance(mat):欧氏距离
            bandwidth(int):核函数的带宽
    output: gaussian_val(mat):高斯函数值
    '''
    m = np.shape(distance)[0]          #样本个数
    right = np.mat(np.zeros((m, 1)))   #m×1 的矩阵
    for i in range(m):
        right[i, 0] = (-0.5 * distance[i] * distance[i].T) / (bandwidth * bandwidth)
        right[i, 0] = np.exp(right[i, 0])
    left = 1 / (bandwidth * math.sqrt(2 * math.pi))
    gaussian_val = left * right
    return gaussian_val
def shift_point(point, points, kernel_bandwidth):
    '''计算均值漂移点
    input:  point(mat)需要计算的点
            points(array)所有的样本点
            kernel_bandwidth(int)核函数的带宽
    output: point_shifted(mat)漂移后的点
    '''
    points = np.mat(points)
    m = np.shape(points)[0]            #样本的个数
    #计算距离
    point_distances = np.mat(np.zeros((m, 1)))
```

```
    for i in range(m):
        point_distances[i, 0] = euclidean_dist(point, points[i])
    #计算高斯核
    point_weights = gaussian_kernel(point_distances, kernel_bandwidth)  #m×1的矩阵
    #计算分母
    all_sum = 0.0
    for i in range(m):
        all_sum += point_weights[i, 0]
    #均值偏移
    point_shifted = point_weights.T * points / all_sum
    return point_shifted

def euclidean_dist(pointA, pointB):
    '''计算欧氏距离
    input:  pointA(mat):A点的坐标
            pointB(mat):B点的坐标
    output: math.sqrt(total):两点之间的欧氏距离
    '''
    #计算pointA和pointB之间的欧氏距离
    total = (pointA - pointB) * (pointA - pointB).T
    return math.sqrt(total)                                       #欧氏距离

def group_points(mean_shift_points):
    '''计算所属的类别
    input:  mean_shift_points(mat):漂移向量
    output: group_assignment(array):所属类别
    '''
    group_assignment = []
    m, n = np.shape(mean_shift_points)
    index = 0
    index_dict = {}
    for i in range(m):
        item = []
        for j in range(n):
            item.append(str(("%5.2f" % mean_shift_points[i, j])))
        item_1 = "_".join(item)
        if item_1 not in index_dict:
            index_dict[item_1] = index
            index += 1
    for i in range(m):
        item = []
        for j in range(n):
            item.append(str(("%5.2f" % mean_shift_points[i, j])))
        item_1 = "_".join(item)
        group_assignment.append(index_dict[item_1])

    return group_assignment

def train_mean_shift(points, kenel_bandwidth=2):
    '''训练Mean shift模型
    input:  points(array):特征数据
```

```
            kenel_bandwidth(int):核函数的带宽
    output: points(mat):特征点
            mean_shift_points(mat):均值漂移点
            group(array):类别
    '''
    mean_shift_points = np.mat(points)
    max_min_dist = 1
    iteration = 0                                       #训练的代数
    m = np.shape(mean_shift_points)[0]                  #样本的个数
    need_shift = [True] * m                             #标记是否需要漂移

    #计算均值漂移向量
    while max_min_dist > MIN_DISTANCE:
        max_min_dist = 0
        iteration += 1
        print("\titeration : " + str(iteration))
        for i in range(0, m):
            #判断每一个样本点是否需要计算偏移均值
            if not need_shift[i]:
                continue
            p_new = mean_shift_points[i]
            p_new_start = p_new
            p_new = shift_point(p_new, points, kenel_bandwidth)   #对样本点进行漂移
        dist = euclidean_dist(p_new, p_new_start)       #计算该点与漂移后的点之间的距离
            if dist > max_min_dist:
                max_min_dist = dist
            if dist < MIN_DISTANCE:                     #不需要移动
                need_shift[i] = False
            mean_shift_points[i] = p_new
    #计算最终的 group
    group = group_points(mean_shift_points)             #计算所属的类别
    return np.mat(points), mean_shift_points, group

def save_result(file_name, data):
    '''保存最终的计算结果
    input:  file_name(string):存储的文件名
            data(mat):需要保存的文件
    '''
    f = open(file_name, "w")
    m, n = np.shape(data)
    for i in range(m):
        tmp = []
        for j in range(n):
            tmp.append(str(data[i, j]))
        f.write("\t".join(tmp) + "\n")
    f.close()

if __name__ == "__main__":
    color = ['.r','.g','.b','.y']#颜色种类
    #导入数据集
    print("----------1.load data ------------")
```

```
    data = load_data("data.txt", 2)
    N = len(data)
    #训练,h=2
    print("----------2.training ------------")
    points, shift_points, cluster = train_mean_shift(data, 2)
    #保存所属的类别文件
    #save_result("center_1", shift_points)
    data = np.array(data)
    for i in range(N):
        if cluster[i] == 0:
            plt.plot(data[i, 0], data[i, 1],'ro')
        elif cluster[i] == 1:
            plt.plot(data[i, 0], data[i, 1],'go')
        elif cluster[i] == 2:
            plt.plot(data[i, 0], data[i, 1],'bo')
    plt.show()
```

运行程序,输出如下,效果如图 6-12 所示。

```
----------1.load data ------------
----------2.training ------------
        iteration : 1
        iteration : 2
        iteration : 3
    …
        iteration : 26
        iteration : 27
        iteration : 28
```

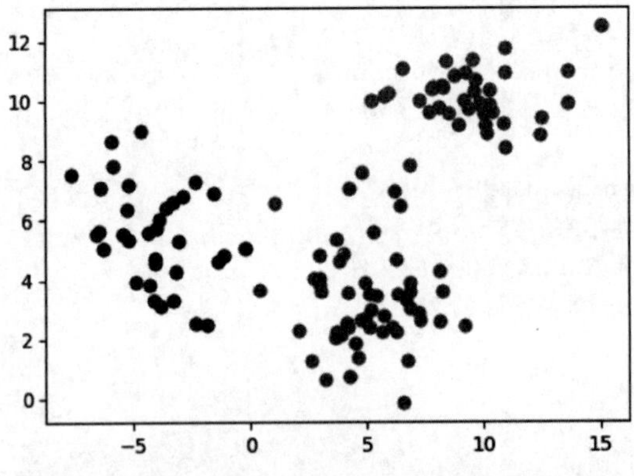

图 6-12　Mean Shift 对 data.txt 数据的聚类过程

6.3　DBSCAN 聚类

DBSCAN(Density-Based Spatial Clustering of Applications with Noise,具有噪声的基于密度的聚类方法)是一种很典型的密度聚类算法,与 k-Means、BIRCH 这些一般只适用于凸样本集的聚类相比,DBSCAN 既适用于凸样本集,也适用于非凸样本集。

6.3.1 密度聚类原理

DBSCAN是一种基于密度的聚类算法，这类密度聚类算法一般假定类别可以由样本分布的紧密程度决定。同一类别的样本之间是紧密相连的，也就是说，在该类别任意样本周围不远处一定有同类别的样本存在。

通过将紧密相连的样本划为一类，这样就得到了一个聚类类别。通过将所有各组紧密相连的样本划为各个不同的类别，就得到了最终的所有聚类类别结果。

6.3.2 DBSCAN密度定义

本节介绍DBSCAN是如何描述密度聚类的。DBSCAN是基于一组邻域来描述样本集的紧密程度的，参数(ε，MinPts)用来描述邻域的样本分布紧密程度。其中，ε描述了某一样本的邻域距离阈值，MinPts描述了某一样本的距离为ε的邻域中样本个数的阈值。

假设样本集是$D=(x_1,x_2,\cdots,x_m)$，则DBSCAN是具体的密度描述定义如下。

(1) ε-邻域：对于$x_j\in D$，其ε-邻域包含样本集D中与x_j的距离不大于ε的子样本集，即$N_\varepsilon(x_j)=\{x_i\in D\backslash \text{distance}(x_i,x_j)\leqslant\varepsilon\}$，这个子样本集的个数记为$|N_\varepsilon(x_j)|$。

(2) 核心对象：对于任一样本$x_j\in D$，如果ε-邻域对应的$N_\varepsilon(x_j)$至少包含MinPts个样本，即如果$|N_\varepsilon(x_j)|\geqslant \text{MinPts}$，则$x_j$是核心对象。

(3) 密度直达：如果x_i和x_j的ε-邻域，且x_j是核心对象，则称x_i由x_j密度直达。注意，反之不一定成立，即此时不能说x_j由x_i密度直达，除非且x_i也是核心对象。

(4) 密度可达：对于x_i和x_j，如果存在样本序列$p_1,p_2,\cdots,p_T$，满足$p_1=x_i,p_T=x_j$，且p_{t+1}由p_t密度直达，则称x_j由x_i密度可达。也就是说，密度可达满足传递性。此时序列中的传递样本$p_1,p_2,\cdots,p_{T-1}$均为核心对象，因为只有核心对象才能使其他样本密度直达。注意，密度可达也不满足对称性，这可以由密度直达的不对称性得出。

(5) 密度相连：对于x_i和x_j，如果存在核心对象样本x_k，使得x_i和x_j均由x_k密度可达，则称x_i和x_j密度相连。注意，密度相连关系是满足对称性的。

由图6-13很容易理解上述定义，图中MinPts=5，灰色的点都是核心对象，因为其ε-邻域至少有5个样本，黑色的样本是非核心对象。所有核心对象密度直达的样本在以灰色核心对象为中心的超球体内，如果不在超球体内，则不能密度直达。图中用箭头连起来的核心

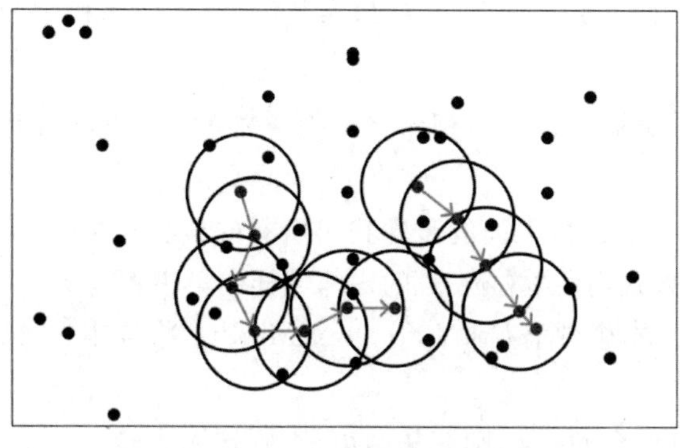

图6-13 密度相连与可达

对象组成了密度可达的样本序列。在这些密度可达的样本序列的ε-邻域内所有的样本相互都是密度相连的。

6.3.3 DBSCAN 密度聚类思想

DBSCAN 的聚类定义很简单：由密度可达关系导出的最大密度相连的样本集合，即为最终聚类的一个类别，或者说一个簇。

这个 DBSCAN 的簇中可以有一个或者多个核心对象。如果只有一个核心对象，则簇中其他的非核心对象样本都在这个核心对象的ε-邻域中；如果有多个核心对象，则簇中的任意一个核心对象的ε-邻域中一定有一个其他的核心对象，否则这两个核心对象无法密度可达。这些核心对象的ε-邻域中所有的样本的集合组成的一个 DBSCAN 聚类簇。

那么怎么才能找到这样的簇样本集合呢？DBSCAN 使用的方法很简单，它任意选择一个没有类别的核心对象作为种子，然后找到所有这个核心对象能够密度可达的样本集合，即为一个聚类簇。接着继续选择另一个没有类别的核心对象去寻找密度可达的样本集合，这就得到另一个聚类簇，一直运行到所有核心对象都有类别为止。

基本上这就是 DBSCAN 算法的主要内容了，但是要考虑 3 个问题。

一是一些异常样本点或者说少量游离于簇外的样本点，这些点不在任何一个核心对象的周围，在 DBSCAN 中，一般将这些样本点标记为噪声点。

二是距离的度量问题，即如何计算某样本和核心对象样本的距离。在 DBSCAN 中，一般采用最近邻思想，采用某一种距离度量来衡量样本距离，比如欧氏距离。这和 k 近邻法分类算法的最近邻思想完全相同。对应少量的样本，寻找最近邻时可以直接去计算所有样本的距离，如果样本量较大，则一般采用 kd 树或者球树来快速搜索最近邻。

三是问题比较特殊，某些样本可能到两个核心对象的距离都小于ε，但是这两个核心对象由于不是密度可达，又不属于同一个聚类簇，那么如何界定这个样本的类别呢？一般来说，此时 DBSCAN 采用先来后到的原则，先进行聚类的类别簇会标记这个样本为它的类别。也就是说，DBSCAN 的算法不是完全稳定的算法。

6.3.4 DBSCAN 聚类算法

下面对 DBSCAN 聚类算法的流程做一个总结。

输入：样本集 $D=(x_1,x_2,\cdots,x_m)$，邻域参数(ε,MinPts)，样本距离度量方式。

输出：簇划分 C。

(1) 初始化核心对象集合 $\Omega=\phi$，初始化聚类簇数 $k=0$，初始化未访问本集合 $\Gamma=D$，簇划分 $C=\phi$。

(2) 对于 $j=1,2,\cdots,m$，按下面的步骤找出所有的核心对象：

① 通过距离度量方式，找到样本 x_j 的ε-邻域样本集 $N_\varepsilon(x_j)$。

② 如果子样本集样本个数满足 $|N_\varepsilon(x_j)|\geqslant \text{MinPts}$，将样本 x_j 加入核心对象样本集合 $\Omega=\Omega\cup\{x_j\}$。

(3) 如果核心对象集合 $\Omega=\phi$，则算法结束，否则转入步骤(4)。

(4) 在核心对象集合 Ω 中，随机选择一个核心对象 o，初始化当前簇核心对象队列

$\Omega_{cur}=\{o\}$，初始化类别序号 $k=k+1$，初始化当前簇样本集合 $C_k=\{o\}$，更新未访问样本集合 $\Gamma=\Gamma-\{o\}$。

(5) 如果当前簇核心对象队列 $\Omega_{cur}=\phi$，则当前聚类簇 C_k 生成完毕，更新簇划分 $C=\{C_1,C_2,\cdots,C_k\}$，更新核心对象集合 $\Omega=\Omega-C_k$，转入步骤(3)。

(6) 在当前簇核心对象队列 Ω_{cur} 中取出一个核心对象 o'，通过邻域距离阈值 ε 找出所有的 ε-邻域样本集 $N_\varepsilon(o')$，令 $\Delta=N_\varepsilon(o')\cap\Gamma$，更新当前簇样本集合 $C_k=C_k\cup\Delta$，更新未访问样本集合 $\Gamma=\Gamma-\Delta$，更新 $\Omega_{cur}=\Omega_{cur}\cup(\Delta\cap\Omega)-o'$，转入步骤(5)。

输出结果为：簇划分 $C=\{C_1,C_2,\cdots,C_k\}$。

6.3.5　DBSCAN 小结

与传统的 k-Means 算法相比，DBSCAN 最大的不同就是不需要输入类别数 k，当然它最大的优势是可以发现任意形状的聚类簇，而不是像 k-Means，一般仅适用于凸样本集聚类。同时它在聚类的同时还可以找出异常点，这点和 BIRCH 算法类似。

那么什么时候需要用 DBSCAN 来聚类呢？一般来说，如果数据集是稠密的，并且数据集不是凸的，那么用 DBSCAN 会比 k-Means 聚类效果好很多。如果数据集不是稠密的，则不推荐用 DBSCAN 来聚类。下面对 DBSCAN 算法的优缺点做一个总结。

DBSCAN 的主要优点如下：

(1) 可以对任意形状的稠密数据集进行聚类，相对地，k-Means 之类的聚类算法一般只适用于凸数据集。

(2) 可以在聚类的同时发现异常点，对数据集中的异常点不敏感。

(3) 聚类结果没有偏差，相对地，k-Means 之类的聚类算法初始值对聚类结果有很大影响。

DBSCAN 的主要缺点如下：

(1) 如果样本集的密度不均匀、聚类间距差相差很大时，聚类质量较差，这时用 DBSCAN 聚类一般不适合。

(2) 如果样本集较大时，聚类收敛时间较长，此时可以对搜索最近邻时建立的 kd 树或者球树进行规模限制来改进。

(3) 调参相对于传统的 k-Means 之类的聚类算法稍复杂，主要需要对距离阈值 ε，邻域样本数阈值 MinPts 联合调参，不同的参数组合对最后的聚类效果有较大影响。

前面介绍了 DBSCAN 的相关概念、原理、流程等，下面直接通过例子来演示其实现。

【例 6-15】 下面用 Python 代码实现密度聚类。

```
import math
import numpy as np
import pylab as pl
#数据集:每 3 个是一组,分别是西瓜的编号、密度、含糖量
data = """
1,0.697,0.46,2,0.774,0.376,3,0.634,0.264,4,0.608,0.318,5,0.556,0.215,
6,0.403,0.237,7,0.481,0.149,8,0.437,0.211,9,0.666,0.091,10,0.243,0.267,
11,0.245,0.057,12,0.343,0.099,13,0.639,0.161,14,0.657,0.198,15,0.36,0.37,
16,0.593,0.042,17,0.719,0.103,18,0.359,0.188,19,0.339,0.241,20,0.282,0.257,
```

```
21,0.748,0.232,22,0.714,0.346,23,0.483,0.312,24,0.478,0.437,25,0.525,0.369,
26,0.751,0.489,27,0.532,0.472,28,0.473,0.376,29,0.725,0.445,30,0.446,0.459"""
#数据处理 dataset是30个样本(密度,含糖量)的列表
a = data.split(',')
dataset = [(float(a[i]), float(a[i+1])) for i in range(1, len(a) - 1, 3)]
#计算欧几里得距离,a,b分别为两个元组
def dist(a, b):
    return math.sqrt(math.pow(a[0] - b[0], 2) + math.pow(a[1] - b[1], 2))
#算法模型
def DBSCAN(D, e, Minpts):
    #初始化核心对象集合T,聚类个数k,聚类集合C, 未访问集合P,
    T = set(); k = 0; C = []; P = set(D)
    for d in D:
        if len([ i for i in D if dist(d, i) <= e]) >= Minpts:
            T.add(d)
    #开始聚类
    while len(T):
        P_old = P
        o = list(T)[np.random.randint(0, len(T))]
        P = P - set(o)
        Q = []; Q.append(o)
        while len(Q):
            q = Q[0]
            Nq = [i for i in D if dist(q, i) <= e]
            if len(Nq) >= Minpts:
                S = P & set(Nq)
                Q += (list(S))
                P = P - S
            Q.remove(q)
        k += 1
        Ck = list(P_old - P)
        T = T - set(Ck)
        C.append(Ck)
    return C
#画图
def draw(C):
    colValue = ['r', 'y', 'g', 'b', 'c', 'k', 'm']
    for i in range(len(C)):
        coo_X = []    #x坐标列表
        coo_Y = []    #y坐标列表
        for j in range(len(C[i])):
            coo_X.append(C[i][j][0])
            coo_Y.append(C[i][j][1])
        pl.scatter(coo_X, coo_Y, marker = 'x', color = colValue[i % len(colValue)], label = i)

    pl.legend(loc = 'upper right')
    pl.show()
C = DBSCAN(dataset, 0.11, 5)
draw(C)
```

运行程序,效果如图6-14所示。

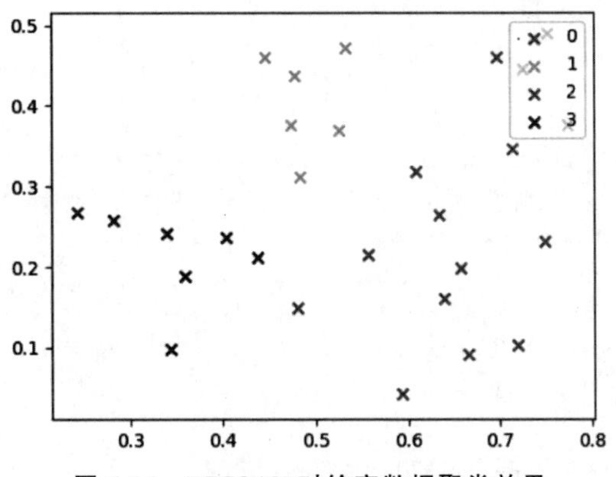

图 6-14 DBSCAN 对给定数据聚类效果

【例 6-16】 利用 Python 对随机数据进行 DBSCAN 聚类分析。

```
import numpy as np
import matplotlib.pyplot as plt
cs = ['black', 'blue', 'brown', 'red', 'yellow', 'green']
class NpCluster(object):
    def __init__(self):
        self.key = []
        self.value = []

    def append(self, data):
        if str(data) in self.key:
            return
        self.key.append(str(data))
        self.value.append(data)

    def exist(self, data):
        if str(data) in self.key:
            return True
        return False

    def __len__(self):
        return len(self.value)

    def __iter__(self):
        self.times = 0
        return self

    def __next__(self):
        try:
            ret = self.value[self.times]
            self.times += 1
            return ret
        except IndexError:
            raise StopIteration()
def create_sample():
```

```
    np.random.seed(10) #随机数种子,保证随机数生成的顺序一样
    n_dim = 2
    num = 100
    a = 3 + 5 * np.random.randn(num, n_dim)
    b = 30 + 5 * np.random.randn(num, n_dim)
    c = 60 + 10 * np.random.randn(1, n_dim)
    data_mat = np.concatenate((np.concatenate((a, b)), c))
    ay = np.zeros(num)
    by = np.ones(num)
    label = np.concatenate((ay, by))
    return {'data_mat': list(data_mat), 'label': label}

def region_query(dataset, center_point, eps):
    result = NpCluster()
    for point in dataset:
        if np.sqrt(sum(np.power(point - center_point, 2))) <= eps:
            result.append(point)
    return result

def dbscan(dataset, eps, min_pts):
    noise = NpCluster()
    visited = NpCluster()
    clusters = []
    for point in dataset:
        cluster = NpCluster()
        if not visited.exist(point):
            visited.append(point)
            neighbors = region_query(dataset, point, eps)
            if len(neighbors) < min_pts:
                noise.append(point)
            else:
                cluster.append(point)
                expand_cluster(visited, dataset, neighbors, cluster, eps, min_pts)
                clusters.append(cluster)
    for data in clusters:
        print(data.value)
        plot_data(np.mat(data.value), cs[clusters.index(data)])
    if noise.value:
        plot_data(np.mat(noise.value), 'green')
    plt.show()

def plot_data(samples, color, plot_type = 'o'):
    plt.plot(samples[:, 0], samples[:, 1], plot_type, markerfacecolor = color, markersize = 14)

def expand_cluster(visited, dataset, neighbors, cluster, eps, min_pts):
    for point in neighbors:
        if not visited.exist(point):
            visited.append(point)
            point_neighbors = region_query(dataset, point, eps)
            if len(point_neighbors) >= min_pts:
                for expand_point in point_neighbors:
```

```
            if not neighbors.exist(expand_point):
                neighbors.append(expand_point)
        if not cluster.exist(point):
            cluster.append(point)

init_data = create_sample()
dbscan(init_data['data_mat'], 10, 3)
```

运行程序,效果如图 6-15 所示。

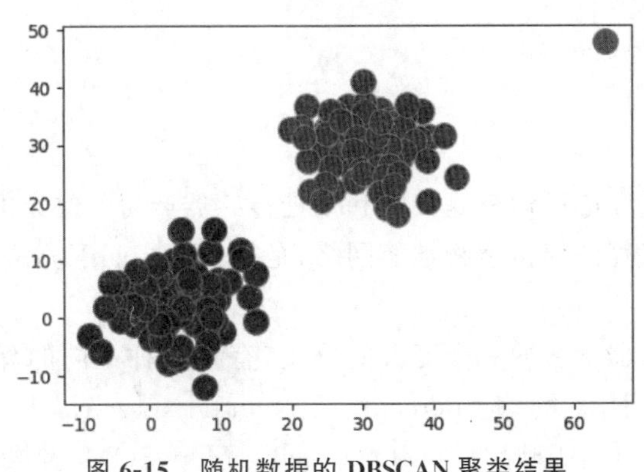

图 6-15 随机数据的 DBSCAN 聚类结果

6.4 小结

聚类是一种机器学习技术,它涉及数据点的分组。本章节从 k-Means 算法、Mean Shift 聚类算法、DBSCAN 聚类 3 个方面来介绍聚类分析。每节都通过理论、图形及 Python 应用来作介绍,让读者快速掌握利用 Python 解决聚类问题。

6.5 习题

1. k-Means 算法也被称为________或________算法,是一种方法使用的________算法。
2. Mean Shift 算法在________、________、________和________等方面有广泛的应用。
3. 聚类的作用是什么?
4. DBSCAN 的优点主要表现在几方面?
5. 在机器学习算法中使用的距离函数主要有哪几种?
6. 闵氏距离的缺点主要有哪几个方面?
7. 利用 Python 实现谱聚类(Spectral Clustering)算法函数。

第 7 章

CHAPTER 7

Python 神经网络

神经网络的一个重要的用途就是接收和处理传感器产生的复杂的输入并进行自适应性的学习。人工神经网络算法模拟生物神经网络，是一种模式匹配算法，通常用于解决分类和回归问题。

人工神经网络是机器学习的一个庞大的分支，有几百种不同的算法。常见的人工神经网络算法包括感知机神经网络（Perceptron Neural Network，PNN）、反向传递（Back Propagation，BP）网络、自组织映射（Self-Organizing Map，SOM）网络等。

本章主要介绍感知机、BP 神经网络、自组织映射网络等。

7.1 感知机

感知机是 1957 年由 Rosenblatt 提出的，是神经网络和支持向量机的基础。

7.1.1 感知机原理

感知机是二分类的线性模型，其输入是实例的特征向量，输出的是实例的类别，分别是+1 和−1，属于判别模型。

假设训练数据集是线性可分的，感知机学习的目标是求得一个能够将训练数据集正例点和负例点完全正确分开的分离超平面，如图 7-1 所示。如果是非线性可分的数据，那么最后无法获得超平面。

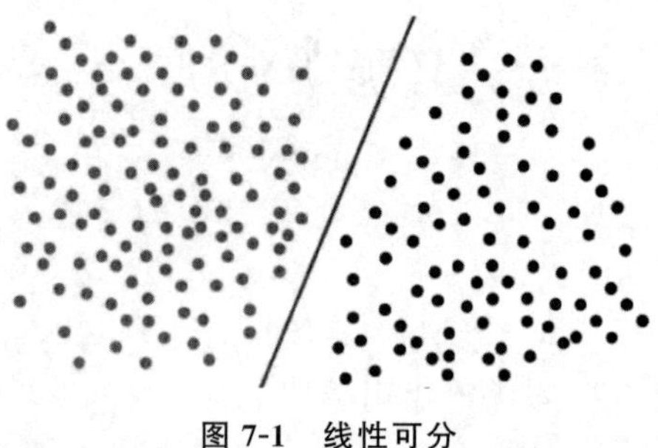

图 7-1 线性可分

1. 点到线的距离

公式中的直线方程为 $Ax+By+C=0$，点 P 的坐标为(x_0, y_0)。

$$d=\frac{Ax_0+By_0+C}{\sqrt{A^2+B^2}}$$

2. 样本到超平面距离

假设超平面是 $h=\boldsymbol{w}\cdot x+b$，其中 $\boldsymbol{w}=(w_0, w_1, \cdots, w_m)$，样本点 x' 到超平面的距离为：

$$d=\frac{\boldsymbol{w}\cdot x'+b}{\|\boldsymbol{w}\|}$$

3. 超平面(Hyperplanes)

超平面是在空间 $\mathbf{R}^d$ 中的一个子空间 $\mathbf{R}^{d-1}$。

在二维空间中的超平面是一条直线,在三维空间中的超平面是一个平面。

7.1.2 感知机模型

设特征空间为 $\chi\in\mathbf{R}^n$,输出空间为 $Y=\{+1,-1\}$。输入 $\vec{x}\in\chi$ 为特征空间的点;输出 $y\in Y$ 为实例的类别。

定义函数:$f(\vec{x})=\text{sign}(\vec{w}\cdot\vec{x}+b)$为感知机。其中 $\vec{w}\in\mathbf{R}^n$ 为权值列向量,$b\in R$ 为偏置,$\cdot$ 为向量内积。$\vec{w}$、b 为感知机的模型参数。sign(x)为示性函数,其定义为:

$$\text{sign}(x)=\begin{cases}+1, & x\geqslant 0\\ -1, & x<0\end{cases}$$

7.1.3 感知机学习策略

给定数据集 $T=\{(\vec{x}_1,y_1),(\vec{x}_2,y_2),\cdots,(\vec{x}_N,y_N)\}$,$\vec{x}_i\in\chi\in\mathbf{R}^n$,$y_i\in Y=\{+1,-1\}$,$i=1,2,\cdots,N$。

如果存在某个超平面 $S=\vec{w}\cdot\vec{x}+b=0$ 使得对数据集中的每一个实例$(\vec{x}_i,y_i)$有$(\vec{w}\cdot\vec{x}_i+b)y_i>0$,则称数据集 T 为线性可分数据集。线性可分意味着,可将数据集中的正例点与负例点完全正确地划分到超平面的两侧。

定义感知机的损失函数为:误分类点到超平面 S 的总距离。虽然也可以将损失函数定义成误分类点的总数,但这种定义不是 $\vec{w}$、b 的连续可导函数,不容易优化,所以采用总距离。

- 对正确分类的样本点$(\vec{x}_i,y_i)$,有$(\vec{w}\cdot\vec{x}_i+b)y_i>0$。
- 对误分类样本点$(\vec{x}_i,y_i)$,有$(\vec{w}\cdot\vec{x}_i+b)y_i<0$。

任取一个误分类的样本点$(\vec{x}_i,y_i)$,则 $\vec{x}_i$ 距离超平面的距离为

$$\frac{1}{\|\vec{w}\|_2}|(\vec{w}\cdot\vec{x}_i+b)|$$

其中,$\|\vec{w}\|_2$ 为 $\vec{w}$ 的 L_2 范数。

考虑到$|y_i|=1$,以及对误分类点$(\vec{w}\cdot\vec{x}_i+b)y_i<0$,因此上式等于

$$\frac{-y_i(\vec{w}\cdot\vec{x}_i+b)}{\|\vec{w}\|_2}$$

如果不考虑$\frac{1}{\|\vec{w}\|_2}$(因为感知机要求训练数据集线性可分,最终误分类点数量为零,此时损失函数为零。即使考虑分母,也是零。如果训练数据集线性不可分,则感知机算法无法收敛),则得到感知机学习的损失函数的最终形式为

$$L(\vec{w},b)=-\sum_{\vec{x}_i\in M}y_i(\vec{w}\cdot\vec{x}_i+b)$$

其中，M 为误分类点的集合。它隐式地与 $\vec{w}$、b 相关，因为 $\vec{w}$、b 优化导致误分类点减少从而使得 M 收缩。感知机的学习策略就是损失函数的最小化。

从损失函数的定义可以得出损失函数的性质如下：

- 如果没有误分类点，则损失函数值为 0，因为 $M=\phi$。
- 误分类点越少或者误分类点距离超平面 S 越近，则损失函数 L 越小。
- 对于特定的样本点，其损失为：如果正确分类，则损失为 0；如果误分类，则损失为 $\vec{w}$、b 的线性函数。
- 给定训练数据集 T，损失函数 $L(\vec{w},b)$ 是 $\vec{w}$、b 的连续可导函数。

7.1.4 感知机学习算法

感知机学习算法是对上述损失函数进行极小化，求得 $\vec{w}$ 和 b。但是用普通的基于所有样本的梯度和的均值的批量梯度下降法(BGD)是行不通的，原因在于损失函数中有限定，只有误分类的 M 集合中的样本才能参与损失函数的优化。所以不能用最普通的批量梯度下降，只能采用随机梯度下降(SGD)。目标函数如下：

$$L(\vec{w},b)=\underset{\vec{w},b}{\operatorname{argmin}}\left(-\sum_{\vec{x}_i\in M}y_i(\vec{w}\cdot\vec{x}_i+b)\right)$$

1. 原始形式算法

输入：训练数据集 $T=\{(\vec{x}_1,y_1),(\vec{x}_2,y_2),\cdots,(\vec{x}_N,y_N)\}$，$y_i\in\{+1,-1\}$，学习率 $\eta(0<\eta<1)$。

输出：$\vec{w}$、b；感知机模型 $f(\vec{x})=\operatorname{sign}(\vec{w}\cdot\vec{x}_i+b)$。

(1) 赋初值 $\vec{w}_0$、b_0；

(2) 选取数据点 $(\vec{x}_i,y_i)$；

(3) 判断该数据点是否为当前模型的误分类点，即判断若 $y_i(\vec{w}\cdot\vec{x}_i+b)\leqslant 0$ 则更新，

$$\vec{w}=\vec{w}+\eta y_i\vec{x}_i$$
$$b=b+\eta y_i$$

(4) 转到步骤(2)，直到训练集中没有误分类点。

2. 对偶形式算法

由于 $\vec{w}$、b 的梯度更新公式：

$$\vec{w}=\vec{w}+\eta y_i\vec{x}_i$$
$$b=b+\eta y_i$$

$\vec{w}$、b 是经过了 n 次修改后的，参数可以变化为以下公式，其中 $\alpha=\eta y_i$：

$$\vec{w}=\sum_{\vec{x}_i\in M}\eta y_i\vec{x}_i=\sum_{i=1}^{n}\alpha_i y_i\vec{x}_i$$

$$b=\sum_{\vec{x}_i\in M}\eta y_i=\sum_{i=1}^{n}\alpha_i y_i$$

这样就得出了感知机的对偶算法。

输入：训练数据集 $T=\{(\vec{x}_1,y_1),(\vec{x}_2,y_2),\cdots,(\vec{x}_N,y_N)\}$，$y_i\in\{+1,-1\}$，学习率 $\eta(0<\eta<1)$。

输出：$\boldsymbol{\alpha}$、b；感知机模型 $f(\vec{x})=\left(\sum_{j=1}^{n}\alpha_j y_j \vec{x}_j\cdot\vec{x}+b\right)$，其中 $\boldsymbol{\alpha}=(\alpha_1,\alpha_2,\cdots,\alpha_n)^{\mathrm{T}}$。

(1) 赋初值 α_0、b_0；

(2) 选取数据点 $(\vec{x}_i,y_i)$；

(3) 判断该数据点是否为当前模型的误分类点，即判断若 $y_i\left(\sum_{j=1}^{n}\alpha_j y_j \vec{x}_j\cdot\vec{x}_i+b\right)\leqslant 0$ 则更新。

$$\alpha_i=\alpha_i+\eta$$
$$b=b+\eta y_i$$

(4) 转到步骤(2)，直到训练集中没有误分类点。

为了减少计算量，可以预先计算式中的内积，得到 Gram 矩阵：

$$\boldsymbol{G}=\lfloor\vec{x}_i,\vec{x}_j\rfloor_{N\times N}$$

3. 原始形式和对偶形式的选择

原始形式和对偶形式可以根据以下两点选择：

- 在向量维数(特征数)过高时，计算内积非常耗时，应选择对偶形式算法加速。
- 在向量个数(样本数)过多时，每次计算累计和就没有必要，应选择原始算法。

7.1.5 神经网络

1. 从感知机到神经网络

神经网络中最基本的成分是神经元，神经元的模型 neuron 描述如下。

- 每个神经元与其他神经元相连。
- 当一个神经元“兴奋”时，它会向相连的神经元发送化学物质。这样会改变相邻神经元内部的电位。
- 如果某个神经元的电位超过了一个“阈值”，则该神经元会被激活。

这样的神经元模型就是“M-P 神经元模型”。在这个模型中：

- 每个神经元接收到来自相邻神经元传递过来的输入信号。
- 这些输入信号通过带权重的连接进行传递。
- 神经元接收到的总输入值将与神经元的阈值进行比较，然后通过“激活函数”处理以产生神经元输出。
- 理论上的激活函数为阶跃函数，

$$f(x)=\begin{cases}1, & x\geqslant 0\\ 0, & x<0\end{cases}$$

其模型如图 7-2 所示。其中：

- $x_i,i=1,2,\cdots,n$ 为来自第 i 个相邻神经元的输入；
- $w_i,i=1,2,\cdots,n$ 为来自第 i 个相邻神经元的连接权重；
- θ 为当前神经元的阈值；

• $y=f\left(\sum_{i=1}^{n} w_i x_i-\theta\right)$ 为当前神经元的输出，f 为激活函数。

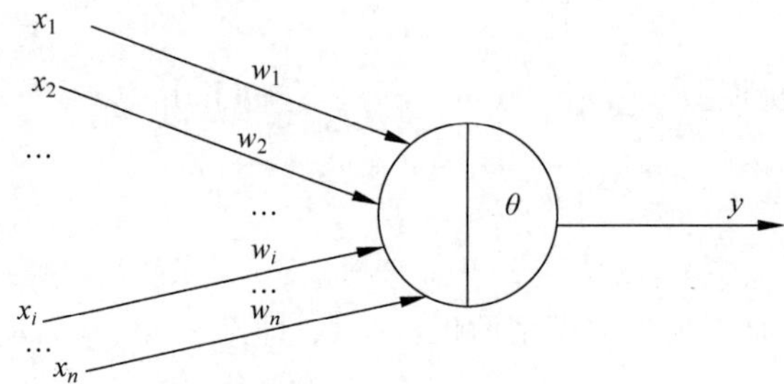

图 7-2 激活函数模型

感知机可以看作为神经网络的特例。感知机由两层神经元组成：输入层接收外界输入信号，输出层是 M-P 神经元。给定训练数据集 $T=\{(\vec{x}_1,y_1),(\vec{x}_2,y_2),\cdots,(\vec{x}_N,y_N)\}$，$\vec{x}_i\in\chi\in\mathbf{R}^n$，$y_i\in Y=\{+1,-1\}$，$i=1,2,\cdots,N$。

设 $\vec{x}_i=(x_i^{(1)},x_i^{(2)},\cdots,x_i^{(n)})^{\mathrm{T}}$，即 $x_i^{(j)}$，$i=1,2,\cdots,N$；$j=1,2,\cdots,n$ 表示第 i 个输入（它是一个向量）的第 j 个分量（它是一个标量）。

将阈值 θ 视为一个固定输入为 1.0 的“哑节点”，对应的连接权重为 b，新的阈值为 0，则对任意输入 $\vec{x}_i$，感知机网络如图 7-3 所示。

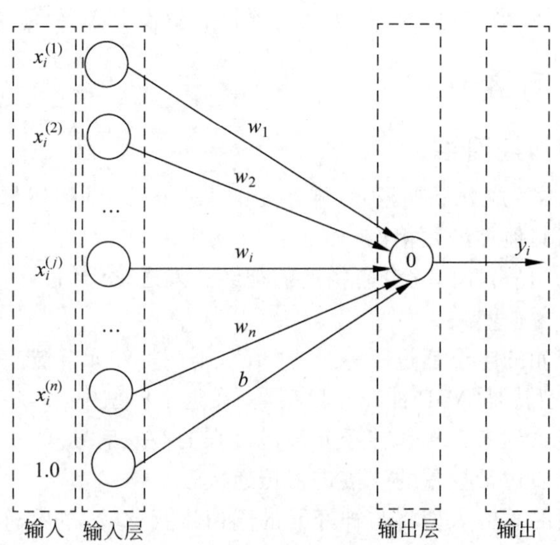

图 7-3 感知机网络

其输出为 $\hat{y}_i=f\left(\left(\sum_{i=1}^{n} x_i^{(n)} w_i\right)+b\right)=f(\vec{w}\cdot\vec{x}_i+b)$。

2. 多层前馈神经网络

感知机只拥有一层功能神经元，它只能处理线性可分问题。如果想要解决非线性可分问题，则可以使用多层功能神经元，通常神经网络的结构如图 7-4 所示。

• 每层神经元与下一层神经元全部互连。

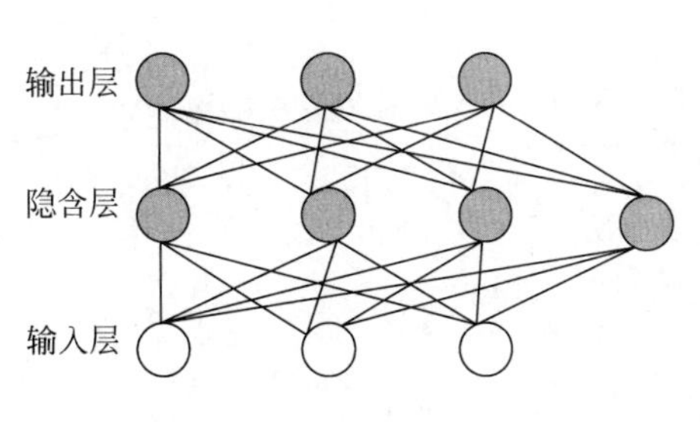

图 7-4　神经网络的结构

- 同层神经元之间不存在连接。
- 跨层神经元之间也不存在连接。

这样的神经网络结构通常称为“多层前馈神经网络”，其中输出层与输入层之间的一层神经元被称为隐层或隐含层。多层前馈神经网络有以下特点：

- 隐含层和输出层神经元都是拥有激活函数的功能神经元。
- 输入层接收外界输入信号，不进行激活函数处理。
- 最终结果由输出层神经元给出。

神经网络的学习就是根据训练数据集来调整神经元之间的连接权重，以及每个功能神经元的阈值。

多层前馈神经网络的学习通常采用误差逆传播算法(error Back Propagation)，该算法是训练多层神经网络的经典算法。

给定训练数据集 $T=\{(\vec{x}_1,y_1),(\vec{x}_2,y_2),\cdots,(\vec{x}_N,y_N)\}$，$\vec{x}_i\in\chi\in\mathbf{R}^n$，$y_i\in Y=\{+1,-1\}$，$i=1,2,\cdots,N$，输入神经元为 n 个，输出神经元为 m 个。假设隐含层有 q 个神经元。设：

- 输出层第 j 个神经元的阈值用 θ_j 表示；
- 隐含层第 h 个神经元的阈值用 γ_h 表示；
- 输入层第 i 个神经元与隐含层第 h 个神经元的连接权重为 v_{ih}；
- 隐含层第 h 个神经元与输出层第 j 个神经元的连接权重 w_{hj}；
- 隐含层第 h 个神经元接收到的输入为 $\alpha_h=\sum_{i=1}^{n}v_{ih}x^{(i)}$，其中 $x^{(i)}$ 为输入特征向量 $\vec{x}$ 的第 i 个分量；
- 输出层第 j 个神经元接收到的输入为 $\beta_j=\sum_{i=1}^{n}w_{hj}b_h$，其中 b_h 为隐含层第 h 个神经元的输出。
- Sigmoid 函数如图 7-5 所示。

$$f(x)=\frac{1}{1+\mathrm{e}^{-x}}$$

- 对训练样本 $(\vec{x}_k,\vec{y}_k)$，假设神经网络的输出为 $\vec{y}_k=(y_k^{(1)},y_k^{(2)},\cdots,y_k^{(m)})^{\mathrm{T}}$，即 $\hat{\vec{y}}_k^{(j)}=$

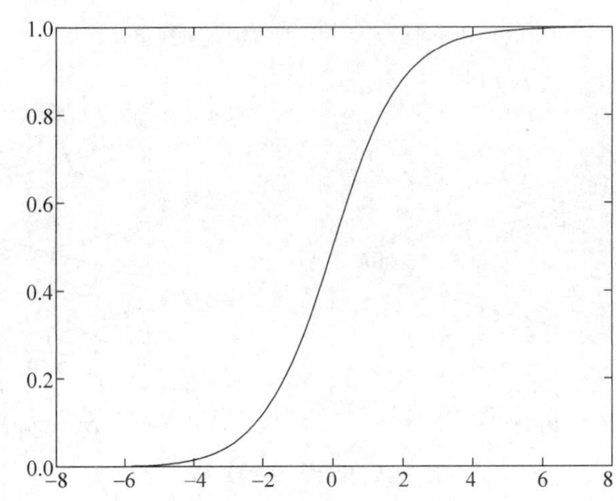

图 7-5 sigmoid 函数

$f(\beta_j-\theta_j)$为输出向量 $\vec{\hat{y}}_k$ 的第 j 个分量，则网络在训练样本$(\vec{x}_k,\vec{y}_k)$上的均方误差为：

$$E_k=\frac{1}{2}\sum_{j=1}^{m}(\hat{y}_k^{(j)}-y_k^{(j)})$$

网络中需要确定下列参数：

- 输入层到隐含层的 $n\times q$ 个权值 v_{ih}，$i=1,2,\cdots,n$；$h=1,2,\cdots,q$；
- 隐含层到输出层的 $q\times m$ 个权值 w_{hj}，$h=1,2,\cdots,q$；$j=1,2,\cdots,m$；
- q 个隐含层神经元的阈值 γ_h，$h=1,2,\cdots,q$；
- m 个输出层神经元的阈值 θ_j，$j=1,2,\cdots,m$。

7.1.6 感知机的实现

前面介绍了感知机的相关概念，下面通过例子来演示以 Python 实现感知机。

【例 7-1】 利用 Python 实现感知机算法的原始形式。

```
#导入必要的编程库
import numpy as np
import matplotlib.pyplot as plt

#1. 创建数据集
def createdata():
 samples = np.array([[3, -3],[4, -3],[1,1],[1,2]])
 labels = [-1, -1,1,1]
 return samples,labels

#训练感知机模型
class Perceptron:
 def __init__(self,x,y,a=1):
  self.x = x
  self.y = y
  self.w = np.zeros((x.shape[1],1))#初始化权重,w1,w2 均为 0
```

```
        self.b = 0
        self.a = 1                        #学习率
        self.numsamples = self.x.shape[0]
        self.numfeatures = self.x.shape[1]

    def sign(self,w,b,x):
        y = np.dot(x,w) + b
        return int(y)

    def update(self,label_i,data_i):
        tmp = label_i * self.a * data_i
        tmp = tmp.reshape(self.w.shape)
        #更新 w 和 b
        self.w = tmp + self.w
        self.b = self.b + label_i * self.a

    def train(self):
        isFind = False
        while not isFind:
            count = 0
            for i in range(self.numsamples):
                tmpY = self.sign(self.w,self.b,self.x[i,:])
                if tmpY * self.y[i]<= 0:          #如果是一个误分类实例点
                    print ('误分类点为:',self.x[i,:],'此时的 w 和 b 为:',self.w,self.b)
                    count += 1
                    self.update(self.y[i],self.x[i,:])
            if count == 0:
                print ('最终训练得到的 w 和 b 为:',self.w,self.b)
                isFind = True
        return self.w,self.b

#画图描绘
class Picture:
    def __init__(self,data,w,b):
        self.b = b
        self.w = w
        plt.figure(1)
        plt.title('Perceptron Learning Algorithm',size = 14)
        plt.xlabel('x0 - axis',size = 14)
        plt.ylabel('x1 - axis',size = 14)
        xData = np.linspace(0,5,100)
        yData = self.expression(xData)
        plt.plot(xData,yData,color = 'r',label = 'sample data')
        plt.scatter(data[0][0],data[0][1],s = 50)
        plt.scatter(data[1][0],data[1][1],s = 50)
        plt.scatter(data[2][0],data[2][1],s = 50,marker = 'x')
        plt.scatter(data[3][0],data[3][1],s = 50,marker = 'x')
        plt.savefig('2d.png',dpi = 75)

    def expression(self,x):
        y = ( - self.b - self.w[0] * x)/self.w[1] #注意,在此把 x0,x1 当作两个坐标轴,把 x1 当作自变
```

```
量,x2 为因变量
    return y

  def Show(self):
    plt.show()

if __name__ == '__main__':
  samples,labels = createdata()
  myperceptron = Perceptron(x = samples,y = labels)
  weights,bias = myperceptron.train()
  Picture = Picture(samples,weights,bias)
  Picture.Show()
```

运行程序,输出如下,效果如图 7-6 所示。

```
误分类点为: [ 3  -3] 此时的 w 和 b 为: [[0.]
[0.]] 0
误分类点为: [1 1] 此时的 w 和 b 为: [[-3.]
[ 3.]] -1
最终训练得到的 w 和 b 为: [[-2.]
[ 4.]] 0
```

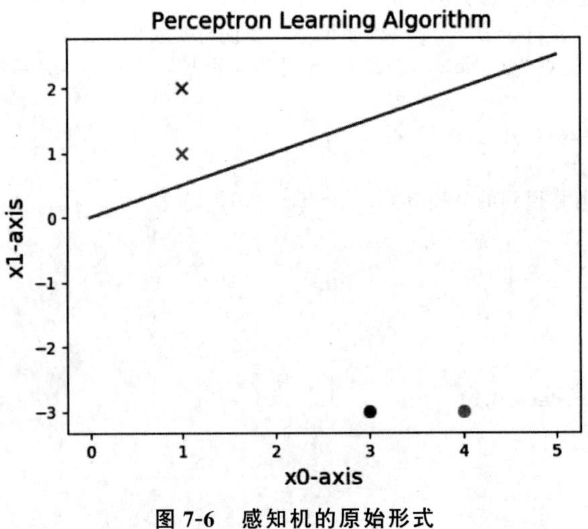

图 7-6 感知机的原始形式

【例 7-2】 利用 Python 实现感知机算法的对偶形式。

```
import numpy as np
import matplotlib.pyplot as plt

#1、创建数据集
def createdata():
  samples = np.array([[3,-3],[4,-3],[1,1],[1,2]])
  labels = np.array([-1,-1,1,1])
  return samples,labels

#训练感知机模型
```

```
class Perceptron:
 def __init__(self,x,y,a=1):
  self.x=x
  self.y=y
  self.w=np.zeros((1,x.shape[0]))
  self.b=0
  self.a=1                      #学习率
  self.numsamples=self.x.shape[0]
  self.numfeatures=self.x.shape[1]
  self.gMatrix=self.cal_gram(self.x)

 def cal_gram(self,x):
  gMatrix=np.zeros((self.numsamples,self.numsamples))
  for i in range(self.numsamples):
   for j in range(self.numsamples):
    gMatrix[i][j]=np.dot(self.x[i,:],self.x[j,:])
  return gMatrix

 def sign(self,w,b,key):
  y=np.dot(w*self.y,self.gMatrix[:,key])+b
  return int(y)

 def update(self,i):
  self.w[i,]=self.w[i,]+self.a
  self.b=self.b+self.y[i]*self.a

 def cal_w(self):
  w=np.dot(self.w*self.y,self.x)
  return w

 def train(self):
  isFind=False
  while not isFind:
   count=0
   for i in range(self.numsamples):
    tmpY=self.sign(self.w,self.b,i)
    if tmpY*self.y[i]<=0:          #如果是一个误分类实例点
     print ('误分类点为:',self.x[i,:],'此时的 w 和 b 为:',self.cal_w(),',',self.b)
     count+=1
     self.update(i)
   if count==0:
    print('最终训练得到的 w 和 b 为:',self.cal_w(),',',self.b)
    isFind=True
  weights=self.cal_w()
  return weights,self.b

#画图描绘
class Picture:
 def __init__(self,data,w,b):
  self.b=b
  self.w=w
```

```
        plt.figure(1)
        plt.title('Perceptron Learning Algorithm',size = 14)
        plt.xlabel('x0 - axis',size = 14)
        plt.ylabel('x1 - axis',size = 14)

        xData = np.linspace(0,5,100)
        yData = self.expression(xData)
        plt.plot(xData,yData,color = 'r',label = 'sample data')

        plt.scatter(data[0][0],data[0][1],s = 50)
        plt.scatter(data[1][0],data[1][1],s = 50)
        plt.scatter(data[2][0],data[2][1],s = 50,marker = 'x')
        plt.scatter(data[3][0],data[3][1],s = 50,marker = 'x')
        plt.savefig('2d.png',dpi = 75)

    def expression(self,x):
        y = ( - self.b - self.w[:,0] * x)/self.w[:,1]
        return y

    def Show(self):
        plt.show()

if __name__ == '__main__':
    samples,labels = createdata()
    myperceptron = Perceptron(x = samples,y = labels)
    weights,bias = myperceptron.train()
    Picture = Picture(samples,weights,bias)
    Picture.Show()
```

运行程序,输出如下,效果如图 7-7 所示。

```
误分类点为: [ 3 -3] 此时的 w 和 b 为: [[0. 0.]] , 0
最终训练得到的 w 和 b 为: [[ -5.  9.]] , -1
```

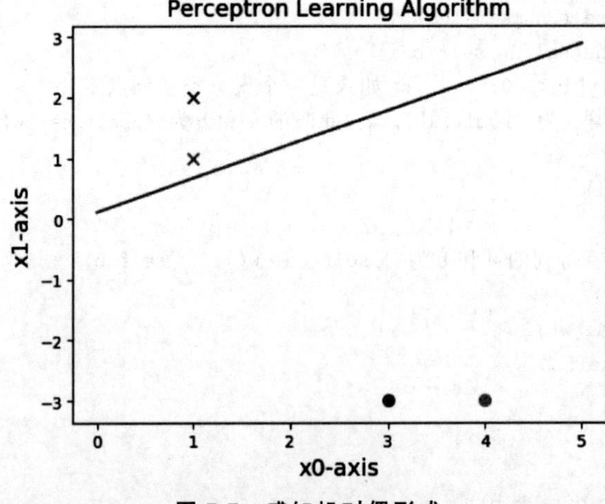

图 7-7　感知机对偶形式

从以上实验结果可以看出，两种方法的结果是不同的。一是由于两种优化方法不同；二是因为与选择实例点的顺序有关系。但是无论用哪种方法，都可以找到一条直线，把数据完全分开。实际上，就算使用同一算法，如果改变初始值 w0 和 b0，或者改变选择实例点的顺序，也可以使得结果不同。

Python 的机器学习包 sklearn 中也包含了感知机学习算法，可以直接调用，因为感知机算法属于线性模型。

【例 7-3】 利用 sklearn 中的感知机学习算法进行实验。

```
import numpy as np
import matplotlib.pyplot as plt
from sklearn.linear_model import Perceptron

#创建数据,直接定义数据列表
def creatdata1():
 samples = np.array([[3, - 3],[4, - 3],[1,1],[1,2]])
 labels = np.array([ - 1, - 1,1,1])
 return samples,labels

def MyPerceptron(samples,labels):
 #定义感知机
 clf = Perceptron(fit_intercept = True,n_iter = 30,shuffle = False)
 #训练感知机
 clf.fit(samples,labels)
 #得到权重矩阵
 weigths = clf.coef_
 #得到截距 bisa
 bias = clf.intercept_
 return weigths,bias

#画图描绘
class Picture:
 def __init__(self,data,w,b):
  self.b = b
  self.w = w
  plt.figure(1)
  plt.title('Perceptron Learning Algorithm',size = 14)
  plt.xlabel('x0 - axis',size = 14)
  plt.ylabel('x1 - axis',size = 14)

  xData = np.linspace(0,5,100)
  yData = self.expression(xData)
  plt.plot(xData,yData,color = 'r',label = 'sample data')

  plt.scatter(data[0][0],data[0][1],s = 50)
  plt.scatter(data[1][0],data[1][1],s = 50)
  plt.scatter(data[2][0],data[2][1],s = 50,marker = 'x')
  plt.scatter(data[3][0],data[3][1],s = 50,marker = 'x')
  plt.savefig('3d.png',dpi = 75)
```

```
def expression(self,x):
 y = ( - self.b - self.w[:,0] * x)/self.w[:,1]
 return y

def Show(self):
 plt.show()

if __name__ == '__main__':
 samples,labels = creatdata1()
 weights,bias = MyPerceptron(samples,labels)
 print('最终训练得到的 w 和 b 为:',weights,',',bias)
 Picture = Picture(samples,weights,bias)
 Picture.Show()
```

运行程序,效果如图 7-8 所示。

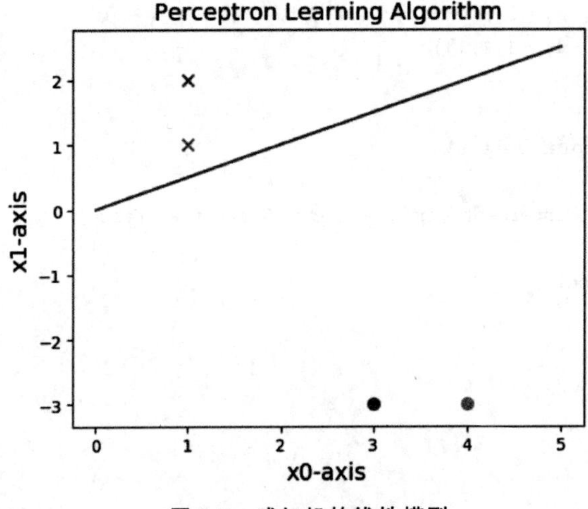

图 7-8　感知机的线性模型

【例 7-4】 利用 sklearn 包中的感知机算法进行测试与评估。

```
from sklearn.datasets import make_classification
from sklearn.linear_model import Perceptron
from sklearn.cross_validation import train_test_split
from matplotlib import pyplot as plt
import numpy as np
#利用算法进行创建数据集
def creatdata():
 x,y = make_classification(n_samples = 1000, n_features = 2,n_redundant = 0,n_informative =
1,n_clusters_per_class = 1)
 '''
 #n_samples:生成样本的数量
 #n_features = 2:生成样本的特征数,特征数 = n_informative() + n_redundant + n_repeated
 #n_informative:多信息特征的个数
 #n_redundant:冗余信息,informative 特征的随机线性组合
 #n_clusters_per_class :某一个类别是由几个 cluster 构成的
```

```
    make_calssification默认生成二分类的样本,上面的代码中,x代表生成的样本空间(特征空间)
    y代表了生成的样本类别,使用1和0分别表示正例和负例
    y=[0 0 0 1 0 1 1 1... 1 0 0 1 1 0]
    '''
    return x,y

if __name__ == '__main__':
    x,y=creatdata()

    #将生成的样本分为训练数据和测试数据,并将其中的正例和负例分开
    x_train,x_test,y_train,y_test=train_test_split(x,y,test_size=0.2,random_state=0)

    #正例和负例
    positive_x1=[x[i,0]for i in range(len(y)) if y[i]==1]
    positive_x2=[x[i,1]for i in range(len(y)) if y[i]==1]
    negetive_x1=[x[i,0]for i in range(len(y)) if y[i]==0]
    negetive_x2=[x[i,1]for i in range(len(y)) if y[i]==0]

    #定义感知机
    clf=Perceptron(fit_intercept=True,n_iter=50,shuffle=False)
    #使用训练数据进行训练
    clf.fit(x_train,y_train)
    #得到训练结果,权重矩阵
    weights=clf.coef_
    #得到截距
    bias=clf.intercept_

    #此时,已经得到了训练出的感知机模型参数,下面用测试数据对其进行验证
    acc=clf.score(x_test,y_test)#Returns the mean accuracy on the given test data and labels.
    print('平均精确度为:%.2f'%(acc*100.0))

    #最后,将结果用图像显示出来,直观地看一下感知机的结果
    #画出正例和负例的散点图
    plt.scatter(positive_x1,positive_x2,c='red')
    plt.scatter(negetive_x1,negetive_x2,c='blue')

    #画出超平面(在本例中即是一条直线)
    line_x=np.arange(-4,4)
    line_y=line_x*(-weights[0][0]/weights[0][1])-bias
    plt.plot(line_x,line_y)
    plt.show()
```

运行程序,输出如下,效果如图7-9所示。

```
平均精确度为:64.00
```

通过例7-3和例7-4可以看出,直接调用开源包中的算法还是比较简单的,思路是通用的。

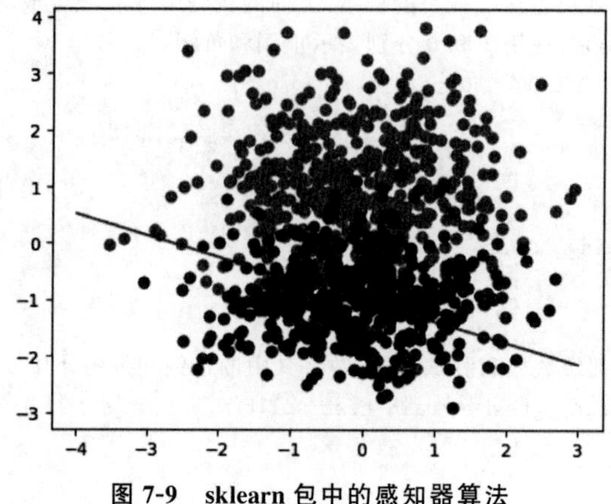

图 7-9 sklearn 包中的感知器算法

【例 7-5】 利用感知机对给定数据进行分类，得到 $\vec{w}$ 和 b，并将其可视化。

```
import copy
from matplotlib import pyplot as plt
from matplotlib import animation

training_set = [[(1, 2), 1], [(2, 3), 1], [(3, 1), -1], [(4, 2), -1]]  #训练数据集
w = [0, 0]                                                             #参数初始化
b = 0
history = []                              #用来记录每次更新过后的w,b

def update(item):
    """
    随机梯度下降更新参数
    :param item: 参数是分类错误的点
    :return: nothing 无返回值
    """
    global w, b, history                  #把 w, b, history 声明为全局变量
    w[0] += 1 * item[1] * item[0][0]      #根据误分类点更新参数,这里学习效率设为1
    w[1] += 1 * item[1] * item[0][1]
    b += 1 * item[1]
    history.append([copy.copy(w), b])     #将每次更新过后的w,b记录在history数组中

def cal(item):
    """
    计算 item 到超平面的距离,输出 yi(w * xi + b),(我们要根据这个结果来
    判断一个点是否被分类错了.如果 yi(w * xi + b)> 0,则分类错了)
    :param item:
    :return:
    """
    res = 0
    for i in range(len(item[0])):#迭代 item 的每个坐标,对于此处的数据则有两个坐标 x1 和 x2
        res += item[0][i] * w[i]
    res += b
    res * = item[1]                       #这里是乘以公式中的yi
    return res
```

```
def check():
    """
    检查超平面是否已将样本正确分类
    :return: true 如果已正确分类则返回 True
    """
    flag = False
    for item in training_set:
        if cal(item) <= 0:                  # 如果有分类错误的
            flag = True                     # 将 flag 设为 True
            update(item)                    # 用误分类点更新参数
    if not flag:                            # 如果没有分类错误的点了
        print("最终结果: w: " + str(w) + "b: " + str(b))   # 输出达到正确结果时参数的值
    return flag                             # 如果已正确分类则返回 True,否则返回 False

if __name__ == "__main__":
    for i in range(1000):                   # 迭代 1000 遍
        if not check(): break               # 如果已正确分类,则结束迭代
    # 以下代码是将迭代过程可视化
    # 首先建立我们想要做成动画的图像 figure, 坐标轴 axis,和 plot element
    fig = plt.figure()
    ax = plt.axes(xlim=(0, 2), ylim=(-2, 2))
    line, = ax.plot([], [], 'g', lw=2)      # 画一条线
    label = ax.text([], [], '')

    def init():
        line.set_data([], [])
        x, y, x_, y_ = [], [], [], []
        for p in training_set:
            if p[1] > 0:
                x.append(p[0][0])           # 存放 yi=1 的点的 x1 坐标
                y.append(p[0][1])           # 存放 yi=1 的点的 x2 坐标
            else:
                x_.append(p[0][0])          # 存放 yi=-1 的点的 x1 坐标
                y_.append(p[0][1])          # 存放 yi=-1 的点的 x2 坐标
        plt.plot(x, y, 'bo', x_, y_, 'rx')  # 在图里 yi=1 的点用点表示,yi=-1 的点用叉表示
        plt.axis([-6, 6, -6, 6])            # 横纵坐标上下限
        plt.grid(True)                      # 显示网格
        plt.xlabel('x1')
        plt.ylabel('x2')                    # 为了和原理中表达方式一致,横纵坐标应该是 x1,x2
        plt.title('Perceptron Algorithm (www.hankcs.com)')   # 给图一个标题:感知机算
        return line, label

    def animate(i):
        global history, ax, line, label
        w = history[i][0]
        b = history[i][1]
        if w[1] == 0: return line, label
        # 因为图中坐标上下限为-6~6,所以在横坐标为-7 和 7 的两个点之间画一条线就够了,
        # 这里代码中的 xi,yi 其实是原理中的 x1,x2
        x1 = -7
```

```
        y1 = -(b + w[0] * x1) / w[1]
        x2 = 7
        y2 = -(b + w[0] * x2) / w[1]
        line.set_data([x1, x2], [y1, y2]) #设置线的两个点
        x1 = 0
        y1 = -(b + w[0] * x1) / w[1]
        label.set_text(history[i])
        label.set_position([x1, y1])
        return line, label

    print("参数 w,b 更新过程:", history)
    anim = animation.FuncAnimation(fig, animate, init_func = init, frames = len(history),
interval = 1000, repeat = True,blit = True)
    plt.show()
```

运行程序,输出如下,效果如图 7-10 所示。

```
最终结果: w: [-3, 4]b: 1
参数 w,b 更新过程: [[[1, 2], 1], [[-2, 1], 0], [[-1, 3], 1], [[-4, 2], 0], [[-3, 4], 1]]
```

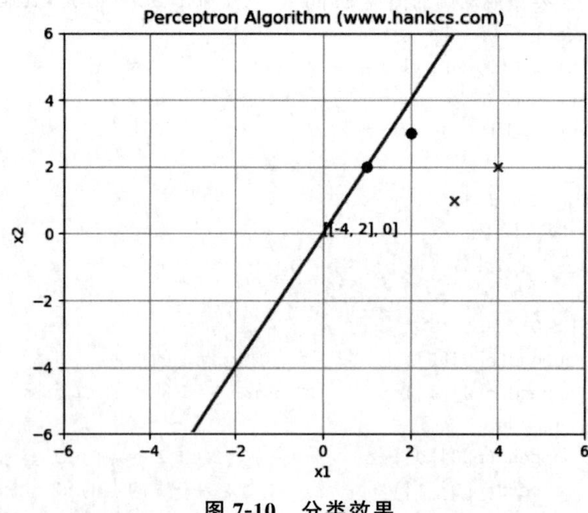

图 7-10 分类效果

【例 7-6】 利用 sklearn 包中的感知机算法进行分类算法的实现。

```
import numpy as np
'''
以 scikit-learn 中的 perceptron 为例介绍分类算法
应用及其学习分类算法的五个步骤
(1) 选择特征
(2) 选择一个性能指标
(3) 选择一个分类器和一个优化算法
(4) 评价模型的性能
(5) 优化算法
以 scikit-learn 中的 perceptron 为例介绍分类算法
1 读取数据-iris
2 分配训练集和测试集
```

```
3 标准化特征值
4 训练感知器模型
5 用训练好的模型进行预测
6 计算性能指标
7 描绘分类界面
'''
from sklearn import datasets
import numpy as np
import matplotlib.pyplot as plt

iris = datasets.load_iris()
X = iris.data[:,[2,3]]
y = iris.target
#训练数据和测试数据分为 7:3
from sklearn.cross_validation import train_test_split
x_train,x_test,y_train,y_test = train_test_split(X,y,test_size = 0.3,random_state = 0)
#标准化数据
from sklearn.preprocessing import StandardScaler
sc = StandardScaler()
sc.fit(x_train)
x_train_std = sc.transform(x_train)
x_test_std = sc.transform(x_test)
#引入 skleran 的 Perceptron 并进行训练
from sklearn.linear_model import Perceptron
ppn = Perceptron(n_iter = 40,eta0 = 0.01,random_state = 0)
ppn.fit(x_train_std,y_train)

y_pred = ppn.predict(x_test_std)
print('错误分类数: %d' % (y_test!= y_pred).sum())
from sklearn.metrics import accuracy_score
print('准确率为: %.2f' % accuracy_score(y_test,y_pred))

#绘制决策边界
from matplotlib.colors import ListedColormap
import warnings

def versiontuple(v):
 return tuple(map(int,(v.split('.'))))

def plot_decision_regions(X,y,classifier,test_idx = None,resolution = 0.02):
 #设置标记点和颜色
 markers = ('s','x','o','^','v')
 colors = ('red','blue','lightgreen','gray','cyan')
 cmap = ListedColormap(colors[:len(np.unique(y))])

 #绘制决策面
 x1_min, x1_max = X[:, 0].min() - 1, X[:, 0].max() + 1
 x2_min, x2_max = X[:, 1].min() - 1, X[:, 1].max() + 1
 xx1, xx2 = np.meshgrid(np.arange(x1_min, x1_max, resolution),
       np.arange(x2_min, x2_max, resolution))
 Z = classifier.predict(np.array([xx1.ravel(), xx2.ravel()]).T)
 Z = Z.reshape(xx1.shape)
 plt.contourf(xx1, xx2, Z, alpha = 0.4, cmap = cmap)
```

```
    plt.xlim(xx1.min(), xx1.max())
    plt.ylim(xx2.min(), xx2.max())

    for idx, cl in enumerate(np.unique(y)):
     plt.scatter(x = X[y == cl, 0], y = X[y == cl, 1],
         alpha = 0.8, c = cmap(idx),
         marker = markers[idx], label = cl)

    if test_idx:
     #绘制所有数据点
     if not versiontuple(np.__version__) >= versiontuple('1.9.0'):
      X_test, y_test = X[list(test_idx), :], y[list(test_idx)]
      warnings.warn('Please update to NumPy 1.9.0 or newer')
     else:
      X_test, y_test = X[test_idx, :], y[test_idx]
     plt.scatter(X_test[:, 0], X_test[:, 1], c = '',
       alpha = 1.0, linewidth = 1, marker = 'o',
       s = 55, label = 'test set')

def plot_result():
 X_combined_std = np.vstack((x_train_std, x_test_std))
 y_combined = np.hstack((y_train, y_test))
 plot_decision_regions(X = X_combined_std, y = y_combined,
      classifier = ppn, test_idx = range(105,150))
 plt.xlabel('petal length [standardized]')
 plt.ylabel('petal width [standardized]')
 plt.legend(loc = 'upper left')
 plt.tight_layout()
 plt.show()

plot_result()
```

运行程序,输出如下,效果如图 7-11 所示。

```
错误分类数:4
准确率为:0.91
```

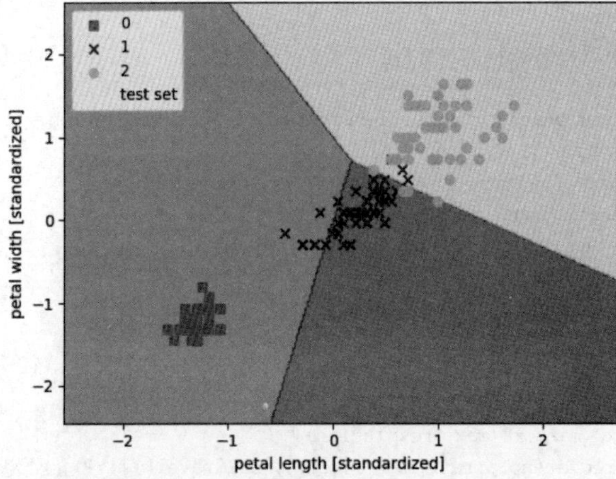

图 7-11 利用 sklearn 包实现分类算法

7.2 BP 神经网络

BP(Back Propagation,BP)算法的基本思想是：学习过程由信号的正向传播与误差的反向传播两个过程组成。正向传播时，输入样本从输入层传入，经各隐含层处理后，传向输出层，若输出层的实际输出与期望的输出不符合要求，则转入误差的反向传播阶段。误差反向传播是将输出误差以某种形式通过隐含层向输入层逐层反向传播，并将误差分摊给各层的所有单元，从而获得各层单元的误差信号，此误差信号即作为修正各单元的依据。这种信号正向传播与误差反向传播的各层权值调整过程，是周而复始地进行的。权值不断调整的过程，也就是网络的学习训练过程。此过程一直进行到网络输出的误差减少到可接受的程度或进行到预先设定的学习次数为止。

7.2.1 BP 神经网络原理

经典的 BP 神经网络通常由 3 层组成：输入层、隐含层与输出层，通常输入层神经元的个数与特征数相关，输出层的个数与类别数相同，隐含层的层数与神经元数均可以自定义。一个典型的 BP 神经网络结构如图 7-12 所示。

每个神经元代表对数据的一次处理，如图 7-13 所示。

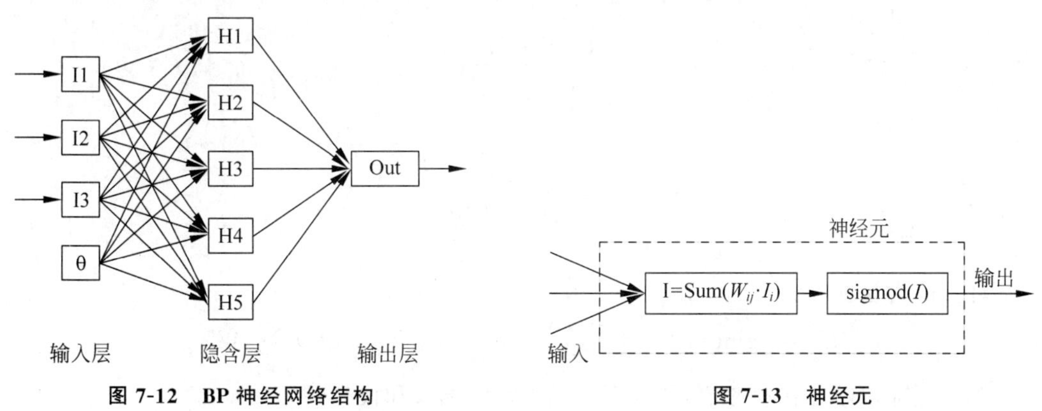

图 7-12 BP 神经网络结构

图 7-13 神经元

每个隐含层和输出层神经元输出与输入的函数关系为：

$$I_j = \sum_i W_{ij} O_i$$

$$O_j = \text{sigmoid}(I_l) = \frac{1}{1+\mathrm{e}^{-I_l}}$$

其中，W_{ij} 表示神经元 i 与神经元 j 之间连接的权重；O_j 代表神经元 j 的输出；sigmoid 是一个特殊的函数，用于将任意实数映射到(0,1)区间，其中，sigmoid 称为神经元的激励函数(activation function)，除了 sigmoid 函数$\frac{1}{1+\mathrm{e}^{-I_l}}$外，常用还有 tanh 和 ReLU 函数。

用一个完成训练的神经网络处理回归，每个样本拥有 n 个输入。相应地，神经网络拥

有 n 个输入神经元和 1 个输出神经元。在实际应用中，通常在输入层额外增加一个偏置神经元，提供一个可控的输入修正；或者为每个隐含层神经元设置一个偏置参数，将 n 个特征依次送入输入神经元，隐含层神经元获得输入层的输出并计算输出值，输出层的神经元根据隐含层输出计算出回归值。

上述过程一般称为前馈(Feed-Forward)过程，该过程中神经网络的输入输出与多维函数无异。

现在的问题是如何训练这个神经网络。

作为监督学习算法，BP 神经网络的训练过程即是将前馈得到的预测和参考值进行比较，根据误差调整连接权重 W_{ij} 的过程。

训练过程称为反向传播过程(Back Propagation)，数据流正好与前馈过程相反。首先随机初始化连接权重 W_{ij}，对某一训练样本进行一次前馈过程得到各神经元的输出。先计算输出层的误差：

$$E_j = \text{sigmoid}'(O_j) \times (T_j - O_j) = O_j(1 - O_j)(T_j - O_j)$$

其中，E_j 代表神经元 j 的误差，O_j 表示神经元 j 的输出，T_j 表示当前训练样本的参考输出，sigmoid$'(x)$是 sigmoid 函数的一阶导数，

$$\begin{aligned}\frac{\mathrm{d}}{\mathrm{d}x}\sigma(x) &= \frac{\mathrm{d}}{\mathrm{d}x}\left(\frac{1}{1+\mathrm{e}^{-x}}\right)\\ &= \frac{\mathrm{e}^{-x}}{(1+\mathrm{e}^{-x})^2}\\ &= \frac{(1+\mathrm{e}^{-x})-1}{(1+\mathrm{e}^{-x})^2}\\ &= \frac{1+\mathrm{e}^{-x}}{(1+\mathrm{e}^{-x})^2} - \left(\frac{1}{1+\mathrm{e}^{-x}}\right)^2\\ &= \sigma(x) - \sigma(x)^2\end{aligned}$$

$$\sigma' = \sigma(1-\sigma)$$

计算隐含层误差：

$$E_j = \text{sigmoid}'(O_j) \times \sum_k E_k W_{jk} = O_j(1 - O_j)\sum_k {}_k W_{jk}$$

隐含层输出不存在参考值，使用下一层误差的加权和代替$(T_j - O_j)$。

计算完误差后就可以更新 W_{ij} 和 θ_j：

$$W_{ij} = W_{ij} + \lambda E_j O_i$$

其中，λ 为一个称为学习率的参数，一般在(0,0.1)区间取值。

实际上，为了提高学习的效率，我们引入称为校正矩阵的机制。校正矩阵记录上一次反向传播过程中的 $E_j O_i$ 值，这样 W_{ij} 更新公式变为：

$$W_{ij} = W_{ij} + \lambda E_j O_i + \mu C_{ij}$$

μ 是一个称为校正率的参数，随后更新校正矩阵：

$$C_{ij} = E_j O_i$$

每一个训练样本都会更新一次整个网络的参数，这时需要额外设置训练终止的条件。最简单的训练终止条件为设置最大迭代次数，如将数据集迭代 1000 次后终止训练。单纯地设置最大迭代次数不能保证训练结果的精确度，更好的办法是以损失函数(loss function)作

为终止训练的依据。

损失函数可以选用输出层各节点的方差：

$$L = \sum_{j} (T_j - O_j)^2$$

为了避免神经网络进行无意义的迭代，通常在训练数据集中抽出一部分用作校验，当预测误差高于阈值时提前终止训练。

7.2.2 BP 神经网络的实现

前面介绍了 BP 神经网络的相关概念，下面直接通过例子来演示 BP 网络的 Python 实现。

【例 7-7】 BP 神经网络的 Python 实现。

```
import math
import random
random.seed(0)
def rand(a,b):                       #随机函数
    return (b - a) * random.random() + a

def make_matrix(m,n,fill = 0.0): #创建一个指定大小的矩阵
    mat = []
    for i in range(m):
        mat.append([fill] * n)
    return mat

#定义 sigmoid 函数和它的导数
def sigmoid(x):
    return 1.0/(1.0 + math.exp( - x))
def sigmoid_derivate(x):
    return x * (1 - x)               #sigmoid 函数的导数

class BPNN:
    def __init__(self):#初始化变量
        self.input_n = 0
        self.hidden_n = 0
        self.output_n = 0
        self.input_cells = []
        self.hidden_cells = []
        self.output_cells = []
        self.input_weights = []
        self.output_weights = []
        self.input_correction = []
        self.output_correction = []
    #三个列表维护:输入层,隐含层,输出层神经元
    def setup(self,ni,nh,no):
        self.input_n = ni + 1    #输入层 + 偏置项
        self.hidden_n = nh       #隐含层
        self.output_n = no       #输出层
        #初始化神经元
```

```
        self.input_cells = [1.0] * self.input_n
        self.hidden_cells = [1.0] * self.hidden_n
        self.output_cells = [1.0] * self.output_n

        #初始化连接边的边权
        self.input_weights = make_matrix(self.input_n,self.hidden_n)    #邻接矩阵存边权:
                                                                        #输入层->隐含层
        self.output_weights = make_matrix(self.hidden_n,self.output_n)  #邻接矩阵存边权:
                                                                        #隐含层->输出层
        #随机初始化边权:为了反向传导做准备--->随机初始化的目的是使对称失效
        for i in range(self.input_n):
            for h in range(self.hidden_n):
        #由输入层第 i 个元素到隐含层第 j 个元素的边权为随机值
                self.input_weights[i][h] = rand(-0.2 , 0.2)
        for h in range(self.hidden_n):
            for o in range(self.output_n):
        #由隐含层第 i 个元素到输出层第 j 个元素的边权为随机值
                self.output_weights[h][o] = rand(-2.0, 2.0)
        #保存校正矩阵,为了以后对误差做调整
        self.input_correction = make_matrix(self.input_n , self.hidden_n)
        self.output_correction = make_matrix(self.hidden_n,self.output_n)

    #输出预测值
    def predict(self,inputs):
        #对输入层进行操作转化样本
        for i in range(self.input_n-1):
            self.input_cells[i] = inputs[i]             #n个样本从0~n-1
        #计算隐含层的输出,每个节点最终的输出值就是权值*节点值的加权和
        for j in range(self.hidden_n):
            total = 0.0
            for i in range(self.input_n):
                total += self.input_cells[i] * self.input_weights[i][j]
            #此处为何是先 i 再 j,以隐含层节点做大循环,输入样本为小循环,是为了每一个隐
            #含节点计算一个输出值,传输到下一层
            self.hidden_cells[j] = sigmoid(total)       #此节点的输出是前一层所有输入点
                                                        #和到该点之间的权值加权和

        for k in range(self.output_n):
            total = 0.0
            for j in range(self.hidden_n):
                total += self.hidden_cells[j] * self.output_weights[j][k]
            self.output_cells[k] = sigmoid(total)       #获取输出层每个元素的值
        return self.output_cells[:]                     #最后输出层的结果返回

    #反向传播算法:调用预测函数,根据反向传播获取权重后前向预测,将结果与实际结果返回比
    #较误差
    def back_propagate(self,case,label,learn,correct):
        #对输入样本做预测
        self.predict(case)                              #对实例进行预测
        output_deltas = [0.0] * self.output_n           #初始化矩阵
        for o in range(self.output_n):
```

```
            error = label[o] - self.output_cells[o]    #正确结果和预测结果的误差:0,1,-1
        output_deltas[o] = sigmoid_derivate(self.output_cells[o]) * error#误差稳定在0~1内

        #隐含层误差
        hidden_deltas = [0.0] * self.hidden_n
        for h in range(self.hidden_n):
            error = 0.0
            for o in range(self.output_n):
                error += output_deltas[o] * self.output_weights[h][o]
            hidden_deltas[h] = sigmoid_derivate(self.hidden_cells[h]) * error
        #反向传播算法求W
        #更新隐含层->输出权重
        for h in range(self.hidden_n):
            for o in range(self.output_n):
                change = output_deltas[o] * self.hidden_cells[h]
                #调整权重:上一层每个节点的权重学习*变化+校正率
                self.output_weights[h][o] += learn * change +
correct * self.output_correction[h][o]
        #更新输入->隐含层的权重
        for i in range(self.input_n):
            for h in range(self.hidden_n):
                change = hidden_deltas[h] * self.input_cells[i]
                self.input_weights[i][h] += learn * change +
correct * self.input_correction[i][h]
                self.input_correction[i][h] =  change
        #获取全局误差
        error = 0.0
        for o in range(len(label)):
            error = 0.5 * (label[o] - self.output_cells[o]) ** 2    #平方误差函数
        return error

    def train(self,cases,labels,limit = 10000,learn = 0.05,correct = 0.1):
        for i in range(limit):                                      #设置迭代次数
            error = 0.0
            for j in range(len(cases)):                             #对输入层进行访问
                label = labels[j]
                case = cases[j]
          #样例,标签,学习率,正确阈值
                error += self.back_propagate(case,label,learn,correct)
        print(error)                                                #误差

def test(cases,labels):                                             #学习异或
        B = BPNN()
        B.setup(2,5,1)                      #初始化神经网络:输入层,隐含层,输出层元素个数
        B.train(cases,labels,10000,0.05,0.1)                        #可以更改
        for case in  cases:
            print(B.predict(case))

if __name__ == '__main__':
    cases = [
            [0, 0],
```

```
        [0, 1],
        [1, 0],
        [1, 1],
    ] # 测试样例
labels = [[0], [1], [1], [0]]                        # 标签
test(cases,labels)
```

运行程序,输出如下:

```
0.006087602564450266
[0.04847783770721433]
[0.9376598668750223]
[0.9492119494746079]
[0.0578982298159337]
```

【例 7-8】 利用 BP 神经网络对 iris.txt 数据进行训练。

```
# 一个 BP 神经网络
import random
import numpy as np
import copy
class BPANN():

    def __init__(self,learningRate = .1, stepNum = 1000, hiddenLayerStruct = [5, 5]):
        self.weights = None # 一个三维矩阵,第一维对应神经网络的层数,第二维对应一层神经
                            # 网络的神经元的序号,第三维对应
        # 一个神经元接收的输入的序号
        # 这里为了方便,截距被当作一个取值固定的变量来处理,系数是 1,模型输入后,会初始化
        # 这个向量
        self.learningRate = learningRate # 学习率,这里每个参数的学习率是一样的;我们也
                                         # 可以为各个参数设置不同的学习率
        # hiddenLayerStruct,隐含层的结构,默认是两层,分别有 5 个神经元
        self.hiddenLayerStruct = hiddenLayerStruct
        self.layerStruct = [0] + hiddenLayerStruct + [0]# 一个实用的 ANN,需要一个假想的
        # 输入层和一个真的会用到的输出层."真"和"假"会在后面的部分体现出来
        self.classNum = None
        self.featureNum = None
        self.weightMatrixList = None# 存储各层神经元的权重矩阵
        self.gradsList = []# 在训练中记录各个神经元的参数对应的梯度,训练完成后,要清空
                            # 这个变量,控制内存消耗
        self.stepNum = stepNum

    # 初始化权重
    def initANNWeight(self, trainInput, trainOutput):
        self.classNum = len(trainOutput[0])# 类别的个数
        self.featureNum = len(trainInput[0])# 输入特征的个数
        self.weightMatrixList = []# 各层的权重矩阵
        # 输入层的神经元个数与特征数相同,这样第一层隐含层就可以接收输入特征
        # 输出层的神经元个数与类别个数相同,这样我们就可以把最后一层隐含层的输出变换为
        # 我们需要的类别概率了
        self.layerStruct[0], self.layerStruct[ - 1] = self.featureNum, self.classNum
        for i in range(1, len(self.layerStruct)):
```

```
            nodeNum_i = self.layerStruct[i]# 本层神经元的个数
            inputNum = self.layerStruct[i-1]# 上一层神经元的输出个数,也就是本层神经元
                                            # 的输入个数
            weighMatrix_i = []# 本层神经元的权重向量组成的矩阵
            for j in range(nodeNum_i):# 本层的每一个神经元都需要一个权重向量
                weights4Node_i_j = [random.uniform(-0.1,0.1) for _ in range(inputNum)] +
[random.uniform(-0.1,0.1)]# 这是一个神经元接收到输入信号后,对输入进行线性组合
# 使用的权重向量,每一个输入对应一个权重.最后加上的那个权重,是多项式的截距
                weighMatrix_i.append(weights4Node_i_j)
    # 处理成 numpy.array,后面我们会直接使用矩阵运算,这样可以减少代码量
            weighMatrix_i = np.array(weighMatrix_i)
            # 同时利用 numpy 加快运算速度
          self.weightMatrixList.append(weighMatrix_i)# 把这层的权重矩阵存储起来

    def predict4Train(self, inputData):# 训练里使用的一个 predict 函数
        res = inputData
        outputOfEachLayer = [inputData]
        for i in range(1, len(self.layerStruct)):
            weightMatrix = self.weightMatrixList[i-1]
            res = np.concatenate((res,np.array([1])))# 为截距增加一列取值为 1 的变量
            res = np.dot(weightMatrix, res)# 计算线性组合的结果
            res = self.sigmoid(res)# 使用 sigmoid 函数进行映射
            outputOfEachLayer.append(res)
        return res, outputOfEachLayer

    # 基于本次计算的输出,以及当前网络参数,逐层计算各个参数对应的梯度
    def calGrad4Weights(self, predOutput, realOutput, outputOfEachLayer ):
        # 存储每一层的神经元与
        self.gradsList = [None for _ in range(len(self.layerStruct))]
        """前一层神经元的连接权重对应的梯度"""
        # 存储反向传播过程中
        self.errorFromLaterLayerNodeList = [None for _ in range(len(self.layerStruct))]
        # 一个神经元接收的来自后面一层神经元的误差
        error = predOutput - realOutput # 这是最后一层神经元的输出与真实值的误差
                                        # 是一个向量
        self.errorFromLaterLayerNodeList[-1] = error
        # 计算一层节点与之前一层节点连接权重的梯度,并计算这一层节点反向传播给前一层每
        # 一个神经元的误差
        for i in range(len(self.layerStruct) - 1, 0, -1):# 从后向前遍历每一层神经元
            nodeNumOfThisLayer = self.layerStruct[i]# 这一层节点的个数
            nodeNumOfFormerLayer = self.layerStruct[i-1]# 前一层节点的个数
           # 这是后一层节点传播过来的误差数据
            error4EveryNode = self.errorFromLaterLayerNodeList[i]
            # 这一层神经元与前一层神经元的连接权重矩阵
            weightMatrix4ThisLayer = self.weightMatrixList[i-1]
            # 现在计算连接权重对应的梯度
            # 这一层神经元接收到的前一层神经元的输出,也就是这一层的输入
            inputOfThisLayer = outputOfEachLayer[i-1]
            outputOfThisLayer = outputOfEachLayer[i]            # 这一层神经元的输出
            tempGradMatrix = np.zeros(weightMatrix4ThisLayer.shape)
            for j in range(nodeNumOfFormerLayer):# 遍历每一个输入
```

```
                for n in range(nodeNumOfThisLayer):#遍历这一层的每一个节点
                #前一层神经元传播给这个神经元的误差
                    sumErrorFromFormerLayer = error4EveryNode[n]
                  tempGradMatrix[n,j] = inputOfThisLayer[j] * outputOfThisLayer[n] *\
                    (1 - outputOfThisLayer[n]) * sumErrorFromFormerLayer
            #收集这一层神经元与前一层神经元连接权重的梯度
            self.gradsList[i] = tempGradMatrix
            #开始计算这一层神经元传播给前一层神经元的误差
            tempErrorMatrix = copy.deepcopy(weightMatrix4ThisLayer)#存储每个神经元向前
                                                                   #传播的误差
            errorArray4FormerLayer = []
            for j in range(nodeNumOfThisLayer):#遍历这一层的每一个神经元
            #取出这个神经元接收得到的来自后一层所有神经元的误差
                error4ThisNode = error4EveryNode[j]
               for n in range(nodeNumOfFormerLayer):#遍历前一层的每一个神经元
                    tempErrorMatrix[j,n] * = error4ThisNode#权重乘以对应的误差
            for n in range(nodeNumOfFormerLayer):#遍历前一层的每一个神经元
              #神经元接收的来自后一层神经元传播的误差
                error4FormerLayerNode = sum(tempErrorMatrix[:, n])
                errorArray4FormerLayer.append(error4FormerLayerNode)
            self.errorFromLaterLayerNodeList[i - 1] = errorArray4FormerLayer

    def updateWeightsWithGrad(self):
        for i in range(1, len(self.gradsList)):
            self.weightMatrixList[i - 1] -= self.learningRate * self.gradsList[i]

    def calCost(self, predOutput, trainOutput):
        cost = 0.
        for i in range(len(trainOutput)):
            if predOutput[i]> 0:
                cost += - trainOutput[i] * np.log2(predOutput[i])
        return cost

    def fit(self, trainInput, trainOutput):
        self.initANNWeight(trainInput, trainOutput)
        totalCostList = []
        for i in range(self.stepNum):#数据需要学习多次
            totalCost = 0.
            for n in range(0, len(trainInput)):#遍历样本
                thisInput = trainInput[n, :]
                thisOutPut = trainOutput[n, :]
                #基于当前网络参数计算输出
                predOutput, outputOfEachLayer = self.predict4Train(thisInput)
                totalCost += self.calCost(predOutput, thisOutPut)
                self.calGrad4Weights(predOutput, thisOutPut, outputOfEachLayer)
                self.updateWeightsWithGrad()
            print('step', i, "cost is", totalCost)
            totalCostList.append(totalCost)
        import matplotlib.pyplot as plt
        plt.plot(totalCostList)
        plt.show()
```

```
    #计算一个观测值的输出
    def predictOne(self, inputData):
        res = inputData
        for i in range(1, len(self.layerStruct)):
            weightMatrix = self.weightMatrixList[i-1]
            res = np.concatenate((res,np.array([1])))#为截距增加一列取值为1的变量
            res = np.dot(weightMatrix, res)#计算线性组合的结果
            res = self.sigmoid(res)#使用 sigmoid 函数进行映射
        res = list(res)
        maxV = np.max(res)
        label = [0 for _ in range(self.classNum)]
        label[res.index(maxV)] = 1
        return label

    def predict(self, inputList):
        resList = []
        for line in inputList:
            res = self.predictOne(line)
            resList.append(res)
        return resList

    #sigmoid 函数
    def sigmoid(self, x):
        res = 1/(1 + np.exp(-x))
        return res

    #统计并打印混淆矩阵
    def showConfusionMaxtrix(self, predOutput, realOutput):
        confusionMatrix = np.zeros((self.classNum, self.classNum))
        for i in range(len(predOutput)):
            output = list(realOutput[i])
            classIndex = output.index(1)
            confusionMatrix[classIndex, :] += predOutput[i]
        print("混淆矩阵:")
        print("列表示预测类别;行表示真实类别")
        print(confusionMatrix)

from sklearn.cross_validation import train_test_split
if __name__ == '__main__':
    fileName = 'iris.txt'
    lines = dataStr.split('\n')
    with open(fileName, 'r') as f:
        lines = f.readlines()
        lines = list(map(lambda x: x.replace('\n', '').split(','), lines))
    outputList = []
    inputList = []
    for line in lines[:-1]:
```

```
        label = line[ - 1]
        line = list(map(lambda x: float(x)/5, line[ : - 1]))
        if label == 'Iris - virginica':
            outputList.append([1., 0., 0.])
        elif label == 'Iris - setosa':
            outputList.append([0., 1., 0.])
        else:
            outputList.append([0., 0., 1.])
        inputList.append(line)

    inputList, testInput, outputList, testOutput = train_test_split(inputList, outputList,
test_size = 0.2)
    inputList = np.array(inputList)
    outputList = np.array(outputList)
    #初始化
    model = BPANN(stepNum = 4000, learningRate = 0.1, hiddenLayerStruct = [15])
    model.fit(inputList, outputList)          #训练
    myX = inputList[5]
    #这里直接使用训练样本来测试模型,实际上是违规的
    predList = model.predict(testInput)      #预测
     for i in range(len(predList)):
         print('myX 对应的输出是', predList[i], '实际类别是', outputList[i])
    model.showConfusionMaxtrix(predList, testOutput)
```

运行程序,输出如下,效果如图 7-14 所示。

```
…
step 3998 cost is 0.29106118380159895
step 3999 cost is 0.2910246385723044
混淆矩阵:
列表示预测类别;行表示真实类别
[[ 0.   0.   0.]
 [ 0.   0.   0.]
 [ 0.   0. 30  .]]
```

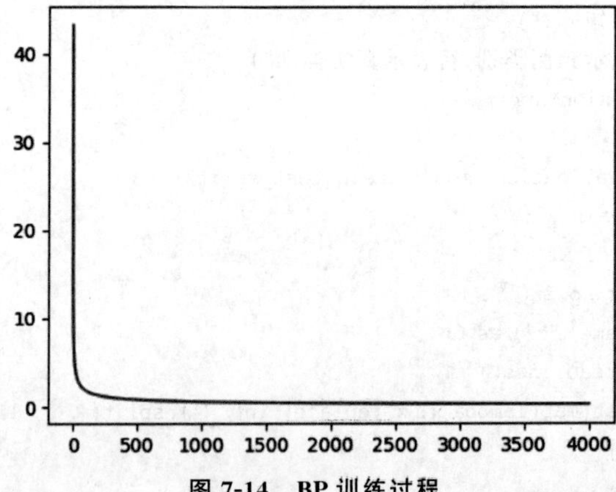

图 7-14　BP 训练过程

7.3　径向基神经网络

RBF(Radial-Basis Function,径向基)网络能够逼近任意的非线性函数,可以处理系统内难以解析的规律性,具有良好的泛化能力,并有很快的学习收敛速度,已成功应用于非线性函数逼近、时间序列分析、数据分类、模式识别、信息处理、图像处理、系统建模、控制和故障诊断等。

简单说明一下为什么 RBF 网络学习收敛得比较快。当网络的一个或多个可调参数(权值或阈值)对任何一个输出都有影响时,这样的网络称为全局逼近网络。由于对每次输入,网络上的每一个权值都要调整,从而导致全局逼近网络的学习速度很慢。BP 网络就是一个典型的例子。

如果对于输入空间的某个局部区域只有少数几个连接权值影响输出,则该网络称为局部逼近网络。常见的局部逼近网络有 RBF 网络、小脑模型(CMAC)网络、B 样条网络等。

7.3.1　径向基函数解决插值问题

完全内插法要求插值函数经过每个样本点,即 $F(\boldsymbol{X}^p)=d^p$。样本点总共有 p 个。

RBF 的方法是要选择 p 个基每个基函数对应一个训练数据,各基形式为 $\varphi(\|\boldsymbol{X}-\boldsymbol{X}^p\|)$,由于距离是径向同性的,因此称为径向基函数。$\|\boldsymbol{X}-\boldsymbol{X}^p\|$ 表示差向量的模,或者叫 2 范数。

基于为径向基函数的插值函数为:

$$F(\boldsymbol{x})=\sum_{p=1}^{P} w_p\varphi_p(\|\boldsymbol{X}-\boldsymbol{X}^p\|)$$

$$=w_1\varphi_1(\|\boldsymbol{X}-\boldsymbol{X}^1\|)+w_2\varphi_2(\|\boldsymbol{X}-\boldsymbol{X}^2\|)+\cdots+w_v\varphi_p(\|\boldsymbol{X}-\boldsymbol{X}^p\|)$$

其对应径向基网络结构如图 7-15 所示。

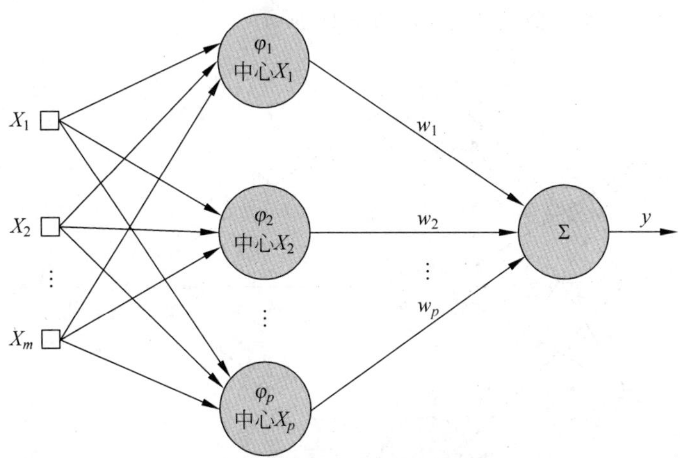

图 7-15　径向基网络结构图

其中,输入 $\boldsymbol{x}$ 是 m 维的向量,样本容量为 P,$P>m$。可以看到输入数据点 $\boldsymbol{X}^p$ 是径向基函数 Φ_p 的中心。隐含层的作用是把向量从低维 m 映射到高维 P,低维线性不可分的情况到高维就线性可分了。将插值条件代入：

$$\begin{cases} w_1\varphi_1(\|\boldsymbol{X}^1-\boldsymbol{X}^1\|)+w_2\varphi_2(\|\boldsymbol{X}^1-\boldsymbol{X}^2\|)+\cdots+w_p\varphi_p(\|\boldsymbol{X}^1-\boldsymbol{X}^p\|)=d^1 \\ w_1\varphi_1(\|\boldsymbol{X}^2-\boldsymbol{X}^1\|)+w_2\varphi_2(\|\boldsymbol{X}^2-\boldsymbol{X}^2\|)+\cdots+w_p\varphi_p(\|\boldsymbol{X}^2-\boldsymbol{X}^p\|)=d^2 \\ \vdots \\ w_1\varphi_1(\|\boldsymbol{X}^p-\boldsymbol{X}^1\|)+w_2\varphi_2(\|\boldsymbol{X}^p-\boldsymbol{X}^2\|)+\cdots+w_p\varphi_p(\|\boldsymbol{X}^p-\boldsymbol{X}^p\|)=d^p \end{cases}$$

写成向量的形式为$\boldsymbol{\Phi W}=d$，显然$\boldsymbol{\Phi}$是个规模为P的对称矩阵，且与$\boldsymbol{X}$的维度无关，当$\boldsymbol{\Phi}$可逆时，有$\boldsymbol{W}=\boldsymbol{\Phi}^{-1}d$。对于一大类函数，当输入的$\boldsymbol{X}$各不相同时，$\boldsymbol{\Phi}$就是可逆的。下面的几个函数就属于“一大类”：

(1) 高斯(Gauss)函数。

$$\varphi(r)=\exp\left(-\frac{r^2}{2\sigma^2}\right)$$

(2) 反常S型(Reflected Sigmoidal)函数。

$$\varphi(r)=\frac{1}{1+\exp\left(\frac{r^2}{\sigma^2}\right)}$$

(3) 逆多二次(Inverse Multiquadrics)函数。

$$\varphi(r)=\frac{1}{\sqrt{r^2+\sigma^2}}$$

σ称为径向基函数的扩展常数，它反映了函数图像的宽度，σ越小，宽度越窄，函数越具有选择性。

但是，值得注意的是，完全内插存在一些问题，主要表现在：

(1) 插值曲面必须经过所有样本点，当样本中包含噪声时，神经网络将拟合出一个错误的曲面，从而使泛化能力下降。

由于输入样本中包含噪声，所以可以设计隐含层大小为k，$k<p$，从样本中选取K个(假设不包含噪声)作为$\boldsymbol{\Phi}$函数的中心，如图7-16所示。

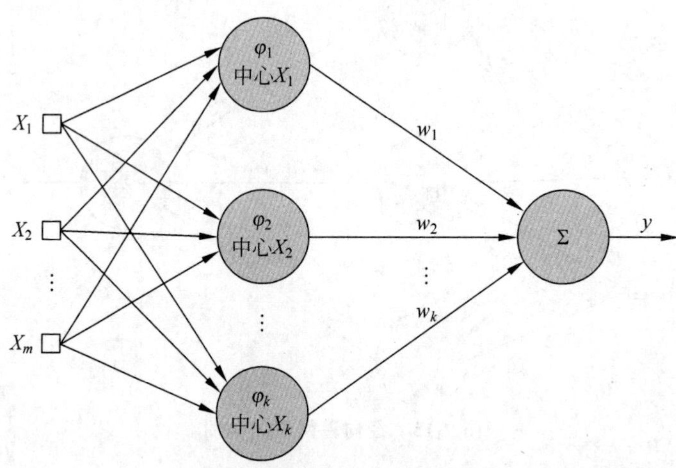

图7-16 隐含层$k<p$时的结构图

(2) 基函数个数等于训练样本数目，当训练样本数远远大于物理过程中固有的自由度时，问题就称为超定的，插值矩阵求逆时可能导致不稳定。

拟合函数 F 的重建问题满足以下 3 个条件时，称问题为适定的：

(1) 解的存在性。

(2) 解的唯一性。

(3) 解的连续性。

不适定的问题大量存在，为解决这个问题，就引入了正则化理论。

7.3.2 正则化理论

正则化的基本思想是通过加入一个含有解的先验知识的约束来控制映射函数的光滑性，这样相似的输入就对应着相似的输出。

寻找逼近函数 $F(x)$ 通过最小化下面的目标函数来实现：

$$\min_F \quad E(F)=\frac{1}{2}\sum_{p=1}^{P}[d^p-F(\boldsymbol{X}^{-1})]^2+\frac{1}{2}\lambda\parallel \boldsymbol{D}F\parallel^2 \tag{7-1}$$

加式的第一项好理解，这是均方误差，寻找最优的逼近函数，自然要使均方误差最小。第二项是用来控制逼近函数光滑程度的，称为正则化项，λ 是正则化参数，$\boldsymbol{D}$ 是一个线性微分算子，代表了对 $F(x)$ 的先验知识。曲率过大(光滑度过低)的 $F(x)$ 通常具有较大的 $\parallel \boldsymbol{D}F\parallel$ 值，因此将受到较大的惩罚。

接着，直接给出式(7-1)的解：

$$F(\boldsymbol{X})=\sum_{p=1}^{P}w_pG(\boldsymbol{X},\boldsymbol{X}^p) \tag{7-2}$$

权向量为

$$\boldsymbol{W}=(\boldsymbol{G}+\lambda\boldsymbol{I})^{-1}d \tag{7-3}$$

$G(\boldsymbol{X},\boldsymbol{X}^p)$ 称为 Green 函数，$\boldsymbol{G}$ 称为 Green 矩阵。Green 函数与算子 $\boldsymbol{D}$ 的形式有关，当 D 具有旋转不变性和平移不变性时，即 $G(\boldsymbol{X},\boldsymbol{X}^p)=G(\parallel \boldsymbol{X}-\boldsymbol{X}^p\parallel)$。这类 Green 函数的一个重要例子是多元高斯函数。

7.3.3 正则化 RBF 网络

输入样本有 P 个时，隐含层神经元数目为 P，且第 P 个神经元采用的变换函数为 $G(\boldsymbol{X},\boldsymbol{X}^p)$，它们相同的扩展常数 σ。输出层神经元直接把净输入作为输出。输入层到隐含层的权值全设为 1，隐含层到输出层的权值是需要训练得到的：逐一输入所有的样本，计算隐含层上所有的 Green 函数，根据式(7-3)计算权值。

7.3.4 广义 RBF 网络

Cover 定理指出：将复杂的模式分类问题非线性地映射到高维空间将比投影到低维空间更可能线性可分。

广义 RBF 网络：从输入层到隐含层相当于是把低维空间的数据映射到高维空间，输入层细胞个数为样本的维度，所以隐含层的细胞个数一定要比输入层的细胞个数多。从隐含层到输出层是对高维空间的数据进行线性分类的过程，可以采用单层感知器常用的那些学习规则。

注意广义 RBF 网络只要求隐含层的神经元个数大于输入层的神经元个数，并没有要求等于输入样本个数，实际上它比样本数目要少得多。因为在标准 RBF 网络中，当样本数目很大时，就需要很多基函数，权值矩阵就会很大，计算复杂且容易产生病态问题。另外广义 RBF 网络与传统 RBF 网络相比，还有以下不同：

- 径向基函数的中心不再限制在输入数据点上，而由训练算法确定。
- 各径向基函数的扩展常数不再统一，而由训练算法确定。
- 输出函数的线性变换中包含阈值参数，用于补偿基函数在样本集上的平均值与目标值之间的差别。

因此广义 RBF 网络的设计包括：

- 结构设计——隐含层含有几个节点合适。
- 参数设计——各基函数的数据中心及扩展常数、输出节点的权值。

下面给出计算数据中心的两种方法：

（1）数据中心从样本中选取。样本密集的地方多采集一些。各基函数采用统一的扩展常数：

$$\delta = \frac{d_{\max}}{\sqrt{2M}}$$

其中，$d_{\max}$ 是所选数据中心之间的最大距离；M 是数据的中心的个数。扩展常数这样计算是为了避免径向基函数太尖或太平。

（2）自组织选择法，比如对样本进行聚类、梯度训练法、资源分配网络等。各聚类中心确定以后，根据各中心之间的距离确定对应径向基函数的扩展常数：

$$d_j = \min_i \| c_j - c_i \|$$

$$\delta_j = \lambda d_j$$

其中，λ 为重叠系数。

接着，求权值 $\boldsymbol{W}$ 时就不能再用 $\boldsymbol{W}=\boldsymbol{\Phi}^{-1}d$ 了，因为对于广义 RBF 网络，其行数大于列数，此时可以求$\boldsymbol{\Phi}$ 伪逆：

$$\boldsymbol{W} = \boldsymbol{\Phi}^{+} d$$

$$\boldsymbol{\Phi}^{+} = (\boldsymbol{\Phi}^{\mathrm{T}}\boldsymbol{\Phi})^{-1}\boldsymbol{\Phi}^{\mathrm{T}}$$

7.3.5 数据中心的监督学习算法

最一般的情况，RBF 函数中心、扩展常数、输出权值都应该采用监督学习算法进行一个误差修正学习的过程，与 BP 网络的学习原理一样。同样采用梯度下降法，定义目标函数为：

$$\boldsymbol{E} = \frac{1}{2}\sum_{i=1}^{P} e_i^2$$

其中，e_i 为输入第 i 个样本的误差信号。

$$e_i = \boldsymbol{d}_i - F(\boldsymbol{X}_i) = \boldsymbol{d}_i - \sum_{j=1}^{M} \boldsymbol{w}_j G(\| \boldsymbol{X}_i - \boldsymbol{c}_j \|)$$

上式的输出函数中忽略了阈值。

为使目标函数最小化，各参数的修正量应与其负梯度成正比，即：

$$\Delta \boldsymbol{c}_j = -\eta \frac{\partial \boldsymbol{E}}{\partial \boldsymbol{c}_j}$$

$$\Delta \boldsymbol{\delta}_j = -\eta \frac{\partial \boldsymbol{E}}{\partial \boldsymbol{\delta}_j}$$

$$\Delta \boldsymbol{w}_j = -\eta \frac{\partial \boldsymbol{E}}{\partial \boldsymbol{w}_j}$$

具体计算为：

$$\Delta \boldsymbol{c}_j = -\eta \frac{\boldsymbol{w}_j}{\boldsymbol{\delta}_j^2} \sum_{i=1}^{P} e_i G(\| \boldsymbol{X}_i - \boldsymbol{c}_j \|)(\boldsymbol{X}_i - \boldsymbol{c}_j)$$

$$\Delta \boldsymbol{\delta}_j = -\eta \frac{\boldsymbol{w}_j}{\boldsymbol{\delta}_j^3} \sum_{i=1}^{P} e_i G(\| \boldsymbol{X}_i - \boldsymbol{c}_j \|) \| \boldsymbol{X}_i - \boldsymbol{c}_j \|^2$$

$$\Delta \boldsymbol{w}_j = -\eta \sum_{i=1}^{P} e_i G(\| \boldsymbol{X}_i - \boldsymbol{c}_j \|)$$

上述目标函数是所有训练样本引起的误差总和，导出的参数修正公式是一种批处理式调整，即所有样本输入一轮后调整一次。目标函数也可以为瞬时值形式，即当前输入引起的误差：

$$\boldsymbol{E} = \frac{1}{2} e^2$$

此时参数的修正值为：

$$\boldsymbol{E} = \frac{1}{2} e^2$$

此时参数的修正值为：

$$\Delta \boldsymbol{c}_j = \eta \frac{\boldsymbol{w}_j}{\boldsymbol{\delta}_j^2} e \sum_{i=1}^{P} G(\| \boldsymbol{X} - \boldsymbol{c}_j \|)(\boldsymbol{X} - \boldsymbol{c}_j)$$

$$\Delta \boldsymbol{\delta}_j = \eta \frac{\boldsymbol{w}_j}{\boldsymbol{\delta}_j^3} e \sum_{i=1}^{P} G(\| \boldsymbol{X} - \boldsymbol{c}_j \|) \| \boldsymbol{X} - \boldsymbol{c}_j \|^2$$

$$\Delta \boldsymbol{w}_j = \eta e G(\boldsymbol{X} - \boldsymbol{c}_j)$$

【例 7-9】 利用 Python 实现径向基网络。

```
from scipy import *
from scipy.linalg import norm, pinv
from matplotlib import pyplot as plt

class RBF:
    def __init__(self, indim, numCenters, outdim):
        self.indim = indim
        self.outdim = outdim
        self.numCenters = numCenters
        self.centers = [random.uniform(-1, 1, indim) for i in range(numCenters)]
        self.beta = 8
```

```
        self.W = random.random((self.numCenters, self.outdim))

    def _basisfunc(self, c, d):
        assert len(d) == self.indim
        return exp( - self.beta * norm(c - d) ** 2)

    def _calcAct(self, X):
        # 计算 RBF 的激活函数值
        G = zeros((X.shape[0], self.numCenters), float)
        for ci, c in enumerate(self.centers):
            for xi, x in enumerate(X):
                G[xi,ci] = self._basisfunc(c, x)
        return G

    def train(self, X, Y):
        """ X: n x indim 维的矩阵
            y: n x 1 维的列向量"""
        # 从训练集随机选择中心向量
        rnd_idx = random.permutation(X.shape[0])[:self.numCenters]
        self.centers = [X[i,:] for i in rnd_idx]
        print("center", self.centers)
        # 计算 RBFs 的激活函数值
        G = self._calcAct(X)
        print(G)
        # 计算输出层的权值
        self.W = dot(pinv(G), Y)

    def test(self, X):
        """ X: n x indim 维的矩阵 """

        G = self._calcAct(X)
        Y = dot(G, self.W)
        return Y

if __name__ == '__main__':
    n = 100
    x = mgrid[ - 1:1:complex(0,n)].reshape(n, 1)                    # 设置 x 的值
    y = sin(3 * (x + 0.5) ** 3 - 1)                                 # 设置 y 的值
    # rbf 回归
    rbf = RBF(1, 10, 1)
    rbf.train(x, y)
    z = rbf.test(x)
    # 画原始图像
    plt.figure(figsize = (12, 8))
    plt.plot(x, y, 'k - ')
    # 画学习后的图像
    plt.plot(x, z, 'r - ', linewidth = 2)
    # 画 RBF
    plt.plot(rbf.centers, zeros(rbf.numCenters), 'gs')
    for c in rbf.centers:
        # RF 的预测线条
```

```
        cx = arange(c - 0.7, c + 0.7, 0.01)
        cy = [rbf._basisfunc(array([cx_]), array([c])) for cx_ in cx]
        plt.plot(cx, cy, '-', color = 'gray', linewidth = 0.2)
    plt.xlim( - 1.2, 1.2)
    plt.show()
```

运行程序,输出如下,效果如图 7-17 所示。

```
center [array([ - 0.93939394]), array([ - 0.57575758]), array([ - 0.5959596]), array([ - 0.
45454545]), array([0.97979798]), array([0.25252525]), array([0.63636364]), array([0.
65656566]), array([0.37373737]), array([0.01010101])]
[[9.71042777e-01 2.36962572e-01 2.70904428e-01 9.25352812e-02
  2.40943186e-14 3.54293150e-06 4.97469134e-10 2.92172073e-10
  2.77558261e-07 2.85167907e-04]
 [9.87025018e-01 2.70904428e-01 3.07692233e-01 1.10016852e-01
  4.55424927e-14 5.29385210e-06 8.41506855e-10 4.97469134e-10
…
 [8.55230198e-14 2.36120088e-09 1.41420789e-09 4.45960818e-08
  9.96740351e-01 1.14502011e-02 3.47201061e-01 3.89232983e-01
  4.33851086e-02 3.93984070e-04]]
```

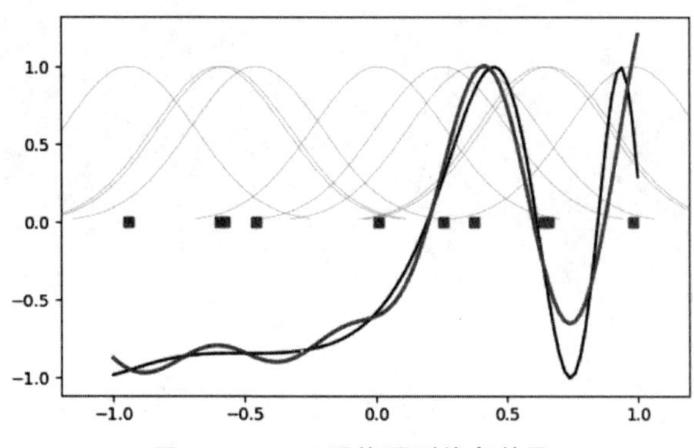

图 7-17 RBF 网络预测线条效果

7.4 小结

神经网络是一种重要的机器学习技术。它是目前最为火热的研究方向。本章从感知机、BP 神经网络、径向基神经网络等介绍神经网络,通过理论与实例相结合,帮助读者快速掌握神经网络。

7.5 习题

1. 原始形式和对偶形式的选择是根据什么进行的?
2. 多层前馈神经网络有哪些特点?
3. 完全内插存在一些问题,主要表现在哪些方面?

4. BP算法的基本思想是：学习过程由信号的________与误差的________两个过程组成。

5. 已知数组([3, 3], [4, 3], [1, 1])，用Python代码实现感知机，加深对感知机的理解。

6. 利用Python实现BP神经网络异或问题。

第 8 章 Python 推荐算法

CHAPTER 8

在如今的大数据时代，数据呈现出爆炸式的增长，生活在其中的人们正饱受着信息过载带来的困扰，推荐系统（Recommendation System，RS）的出现为用户提供了很多便利，并为企业带来了很多实际的价值。

随着互联网技术的发展，网络中的信息量在急剧上升，使得信息过载的问题变得尤为突出，当无明确的信息需求时，用户无法从大量的信息中获取到感兴趣的信息，同时，信息量的急剧上升也导致了大量信息被埋没，无法使一些有用信息传递给潜在的用户。RS 系统被称为连接用户与信息的桥梁，它一方面帮助用户从海量数据中找到感兴趣的信息，另一方面将有价值的信息传递给潜在的用户。

1. 推荐问题的描述

推荐系统的核心问题是为用户推荐与其兴趣相似度比较高的商品。此时，需要一个函数 $f(x)$，函数 $f(x)$ 可以计算候选商品与用户之间的相似度，并向用户推荐相似度较高的商品。为了能够预测出函数 $f(x)$，可以利用的历史数据主要有：用户的历史行为数据、与该用户相关的其他用户信息、商品之间的相似性、文本的描述等。

假设集合 C 表示所有的用户，集合 S 表示所有需要推荐的商品。函数 f 表示商品 x 到用户 c 之间的有效性的效用函数，例如：

$$f: C \times S \rightarrow R$$

其中，R 是一个全体的排序集合。对于每一个用户 $c \in C$，希望从商品的集合中选择出商品，即 $s \in S$，以使得应用函数 f 的值最大。

2. 推荐的常用方法

在推荐系统中，常用的推荐算法主要有：

- 协同过滤推荐（Collaborative Filtering Recommendation）。
- 基于内容的推荐（Content-based Recommendation）。
- 基于关联规则的推荐（Association Rule-based Recommendation）。
- 基于效用的推荐（Utility-based Recommendation）。
- 基于知识的推荐（Knowledge-based Recommendation）。
- 组合推荐（Hybrid Recommendation）。

8.1 协同过滤算法

协同过滤(Collaborative Filtering,CF)算法是最基本的推荐算法,CF算法从用户的历史行为数据中挖掘出用户的兴趣,为用户推荐其感兴趣的项。根据挖掘方法的不同,协同过滤算法可以分为基于用户的(User-based)协同过滤算法和基于项的(Item-based)协同过滤算法。

8.1.1 协同过滤算法概述

基于协同过滤的推荐算法理论上可以推荐世界上的任何一种东西,图片、音乐,样样可以。协同过滤算法主要是通过对未评分项进行评分预测来实现的。不同的协同过滤之间也有很大的不同。

基于用户的协同过滤算法:基于一个这样的假设“跟你喜好相似的人喜欢的东西你也很有可能喜欢”。所以基于用户的协同过滤的主要任务就是找出用户的最近邻居,从而根据最近邻居的喜好做出未知项的评分预测。这种算法主要分为3个步骤:

(1) 用户评分。可以分为显性评分和隐性评分两种。显性评分就是直接给项目评分,隐性评分就是通过评价或是购买的行为给项目评分。

(2) 寻找最近邻居。这一步就是寻找与你距离最近的用户,测算距离一般采用3种算法:皮尔森相关系数、余弦相似性、调整余弦相似性。

(3) 推荐。产生了最近邻居集合后,就根据这个集合对未知项进行评分预测。把评分最高的N个项推荐给用户。这种算法存在性能上的瓶颈,当用户数越来越多的时候,寻找最近邻居的复杂度也会大幅度增长。

因而这种算法无法满足即时推荐的要求。基于项的协同过滤解决了这个问题。基于项的协同过滤算法跟基于用户的算法相似,只不过第二个步骤改为计算项之间的相似度。由于项之间的相似度比较稳定,可以在线下进行,所以解决了基于用户的协同过滤算法存在的性能瓶颈。

8.1.2 协同过滤算法的分类

为了能够为用户推荐与其品味相似的项,通常有两种方法:

(1) 通过相似用户进行推荐。通过比较用户之间的相似性,越相似表明两者之间的品味越相近,这样的方法被称为基于用户的协同过滤算法(User-based Collaborative Filtering)。

(2) 通过相似项进行推荐。通过比较项之间的相似性,为用户推荐与其打过分的项相似的项,这样的方法被称为基于项的协同过滤算法(Item-based Collaborative Filtering)。

在基于用户的协同过滤算法中,利用用户访问行为的相似性向目标用户推荐其可能感兴趣的项,如图8-1所示。

在图8-1中,假设用户分别为u_1、u_2和u_3,其中,用户u_1互动过的商品有i_1和i_3,用户u_2互动过的商品为i_2,用户u_3互动过的商品有i_1、i_3和i_4。通过计算,用户u_1和用户u_3较为相似,对于用户u_1来说,用户u_3互动过的商品i_4是用户u_1未互动过的,因此会为用户u_1推荐商品i_4。

在基于项的协同过滤算法中，根据所有用户对物品的评价，发现物品和物品之间的相似度，然后根据用户的历史偏好将类似的物品推荐给该用户，如图 8-2 所示。

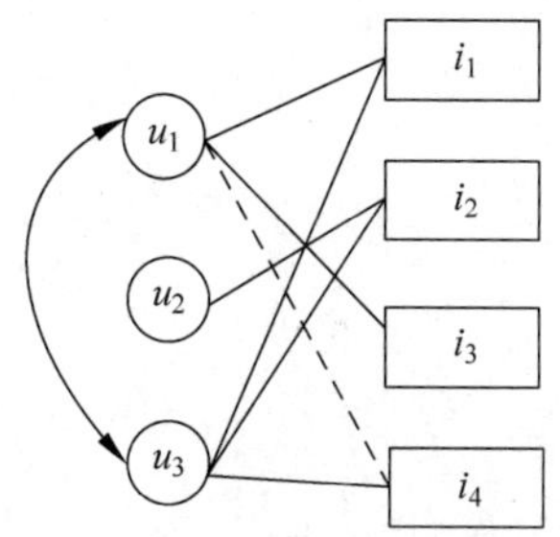

图 8-1 基于用户的协同过滤算法

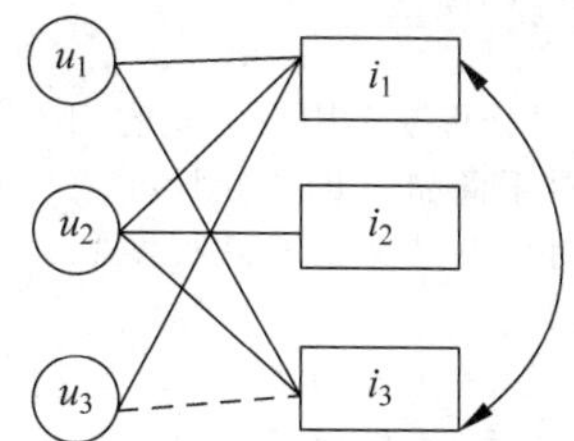

图 8-2 基于项的协同过滤算法

在图 8-2 中，假设用户分别为 u_1、u_2 和 u_3，其中，用户 u_1 互动过的商品有 i_1 和 i_3，用户 u_2 互动过的商品为有 i_1、i_2 和 i_3，用户 u_3 互动过的商品有 i_1。通过计算，商品 i_1 和商品 i_3 较为相似，对于用户 u_3 来说，用户 u_1 互动过的商品 i_3 是用户 u_3 未互动过的，因此会为用户 u_3 推荐商品 i_3。

8.1.3 相似度的度量方法

相似度的度量方法有很多种，不同的度量方法的应用范围也不一样。相似性的度量方法在不同的机器学习算法中都有应用，如应用在 k-Means 聚类算法中。

相似性的度量方法必须满足拓扑学中的度量空间的基本条件：假设 d 是度量空间 M 上的度量：$d=M\times M\rightarrow R$，其中度量 d 满足：

- 非负性：$d(x,y)\geqslant 0$，当且仅当 $x=y$ 时取等号；
- 对称性：$d(x,y)=d(y,x)$；
- 三角不等性：$d(x,z)\leqslant d(x,y)+d(y,z)$。

本节主要介绍 4 种相似性的度量方法，分别为离散图、欧几里得距离、皮尔逊相关系数和余弦相似度。

1. 离散图

欧氏距离是使用较多的相似性的度量方法，在第 9 章的 k-Means 算法中使用欧氏距离作为样本之间的相似性的度量。在此直接通过离散图表示。

例如，目前有 5 个用户对商品 1 和商品 2 的喜爱程度，分析用户之间的关系如表 8-1 所示。

表 8-1 用户之间的关系

用　　户	商品 1	商品 2
1	3.3	6.5
2	5.8	2.6
3	3.6	6.3
4	3.4	5.8
5	5.2	3.1

下面通过 Python 代码来寻找其相似度，实现代码为：

```
#coding = utf8
import matplotlib.pyplot as plt
import numpy as np

#以离散图分析 5 个用户之间的相关程度
#x 轴为对于商品 1 的喜欢程度
#y 轴是对于商品 2 的喜欢程度
#数据如下
#商品 1 [3.3, 5.8, 3.6, 3.4, 5.2]
#商品 2 [6.5, 2.6, 6.3, 5.8, 3.1]

shop1 = [3.3, 5.8, 3.6, 3.4, 5.2]
shop2 = [6.5, 2.6, 6.3, 5.8, 3.1]
color = ['r', 'b', 'c', 'g', 'y', 'k', 'm', '0xff0012']
for i in range(0, len(shop1)):
    plt.scatter(shop1[i], shop2[i], c = color[i])
plt.xlim(0, 10)
plt.ylim(0, 10)
plt.ylabel("shopping 2")
plt.xlabel("shopping 1")
plt.legend('12345')
plt.show()
```

运行程序，效果如图 8-3 所示。

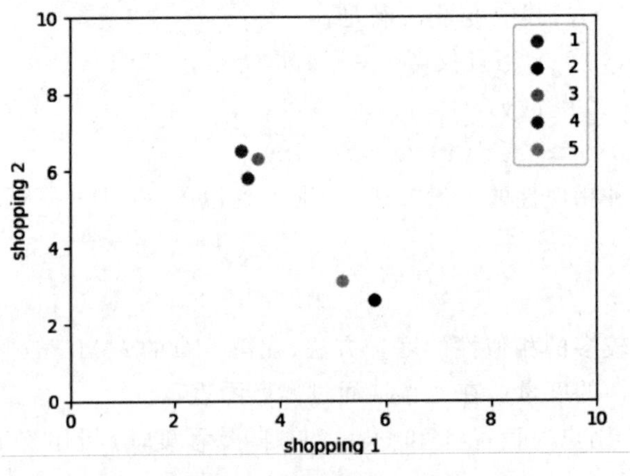

图 8-3　以离散图表示效果

由图 8-3 可以看出，用户 1、用户 3 及用户 4 之间是存在关系的。

2. 欧几里得距离

欧几里得距离是最常用的距离公式，用于计算两点之间的距离。公式如下：

$$d = \sum 1^n (p_i - q_i)^2$$

通过计算两点之间的距离来表示它们之间的相关程度。

下面通过 Python 代码，计算表 8-1 中数据的欧几里得距离。

```
#coding = utf8
import matplotlib.pyplot as plt
import numpy as np
#          1    2    3   4   5
shop1 = [3.3, 5.8, 3.6, 3.4, 5.2]
shop2 = [6.5, 2.6, 6.3, 5.8, 3.1]
for i in range(0, len(shop1) - 1):
    for j in range(i + 1, len(shop2)):
        distance = (shop1[i] - shop1[j]) ** 2 + (shop2[i] - shop2[j]) ** 2
        correlation = 1 / (1 + distance)                  #将范围缩小至 0 ~ 1
        if correlation > 0.60:                            #根据需求更换相关系数
            print("第 {} and {}  distance is {}".format(i + 1, j + 1, correlation))
```

运行程序,输出如下:

```
第 1 and 3   distance is 0.8849557522123891
第 1 and 4   distance is 0.6666666666666665
第 2 and 5   distance is 0.6211180124223604
第 3 and 4   distance is 0.7751937984496123
```

得出结论,基本和离散图相似。这样就可以根据需求来判断用户之间的相似度。

3. 皮尔逊相关系数

皮尔逊相关系数同样也是计算距离的一种方式,通过相关系数可以计算出它们的相关程度。皮尔逊相关系数具有一定的适用性。

当两个变量的标准差都不为零时,相关系数才有定义,皮尔逊相关系数适用于如下情形:

(1) 两个变量之间是线性关系,都是连续数据。

(2) 两个变量的总体是正态分布,或接近正态的单峰分布。

(3) 两个变量的观测值是成对的,每对观测值之间相互独立。

同样,这个算法也是有缺陷的,但数据越少的时候,波动性越大。当数据很少的时候,不建议使用。

皮尔逊相关系数公式有 4 个。

公式一:

$$\rho_{X,Y}=\frac{\operatorname{cov}(X,Y)}{\sigma_X\sigma_Y}=\frac{E(X-\mu_X)(Y-\mu_Y)}{\sigma_X\sigma_Y}=\frac{E(XY)-E(X)E(Y)}{\sqrt{E(X^2)-E^2(X)}\sqrt{E(Y^2)-E^2(Y)}}$$

公式二:

$$\rho_{X,Y}=\frac{N\sum XY-\sum X\sum Y}{\sqrt{N\sum X^2-(\sum X)^2}\sqrt{N\sum Y^2-(\sum Y)^2}}$$

公式三:

$$\rho_{X,Y}=\frac{\sum(X-\bar{X})(Y-\bar{Y})}{\sqrt{\sum(X-\bar{X})^2}\sqrt{\sum(Y-\bar{Y})^2}}$$

公式四：

$$\rho_{X,Y} = \frac{\sum XY - \frac{\sum X \sum Y}{N}}{\sqrt{\sum X^2 - \frac{\left(\sum X\right)^2}{N}} \sqrt{\sum Y^2 - \frac{\left(\sum Y\right)^2}{N}}}$$

其相关系数取值范围与对应的强度为：

- 0.8～1.0——极强相关；
- 0.6～0.8——强相关；
- 0.4～0.6——中等程度相关；
- 0.2～0.4——弱相关；
- 0.0～0.2——极弱相关或无相关。

通过第四个公式进行计算：

$$\rho_{X,Y} = \frac{\sum XY - \frac{\sum X \sum Y}{N}}{\sqrt{\left(\sum X^2 - \frac{\left(\sum X\right)^2}{N}\right)\left(\sum Y^2 - \frac{\left(\sum Y\right)^2}{N}\right)}}$$

【例 8-1】 通过 Python 计算出皮尔逊相关系数。

```
#coding = utf8
import matplotlib.pyplot as plt
import numpy as np
#皮尔逊相关系数计算
def PearsonCorrelationSimilarity(vec1, vec2):
    value = range(len(vec1))
    sum_vec1 = sum([vec1[i] for i in value])
    sum_vec2 = sum([vec2[i] for i in value])
    square_sum_vec1 = sum([pow(vec1[i], 2) for i in value])
    square_sum_vec2 = sum([pow(vec2[i], 2) for i in value])
    product = sum([vec1[i] * vec2[i] for i in value])
    numerator = product - (sum_vec1 * sum_vec2 / len(vec1))
    dominator = ((square_sum_vec1 - pow(sum_vec1, 2) / len(vec1)) * (
        square_sum_vec2 - pow(sum_vec2, 2) / len(vec2))) ** 0.5
    if dominator == 0:
        return 0
    result = numerator / (dominator * 1.0)
    return result

if __name__ == '__main__':
    #5 个用户对 5 个商品的评价
    user1 = [3.3, 5.8, 3.6, 3.4, 5.2]
    user2 = [6.5, 2.6, 6.3, 5.8, 3.1]
    user3 = [5.5, 3.2, 6.5, 4.7, 4.4]
    user4 = [4.4, 6.2, 2.3, 5.1, 3.3]
    user5 = [2.1, 5.2, 4.2, 2.2, 4.1]
```

```
    userlist = [user1, user2, user3, user4, user5]
    for i in range(0, len(userlist) - 1):
        for j in range(i + 1, len(userlist)):
            result = PearsonCorrelationSimilarity(userlist[i], userlist[j])
            print("user %d 和 user %d 的相关系数是 %f" % (i + 1, j + 1, result))
```

运行程序，输出如下：

```
user1 和 user2 的相关系数是 - 0.983482
user1 和 user3 的相关系数是 - 0.796494
user1 和 user4 的相关系数是 0.358401
user1 和 user5 的相关系数是 0.824986
user2 和 user3 的相关系数是 0.851494
user2 和 user4 的相关系数是 - 0.397325
user2 和 user5 的相关系数是 - 0.733081
user3 和 user4 的相关系数是 - 0.804258
user3 和 user5 的相关系数是 - 0.393643
user4 和 user5 的相关系数是 0.007507
```

4. 余弦相似度

余弦相似度是文本相似度度量中使用较多的一种方法，对于两个向量 $\boldsymbol{X}$ 和 $\boldsymbol{Y}$，其对应的形式如下：

$$\boldsymbol{X}=(x_1,x_2,\cdots,x_n)\in\mathbf{R}^n$$

$$\boldsymbol{Y}=(y_1,y_2,\cdots,y_n)\in\mathbf{R}^n$$

其对应的余弦相似度为：

$$\mathrm{ConSim}(\boldsymbol{X},\boldsymbol{Y})=\frac{\sum_i x_i y_i}{\sqrt{\sum_i x_i^2}\sqrt{\sum_i y_i^2}}=\frac{\langle\boldsymbol{X},\boldsymbol{Y}\rangle}{\|\boldsymbol{X}\|\ \|\boldsymbol{Y}\|}$$

其中，$\langle\boldsymbol{X},\boldsymbol{Y}\rangle$表示的是向量 $\boldsymbol{X}$ 和 $\boldsymbol{Y}$ 的内积；$\|\cdot\|$ 表示的是向量的范数。

【例 8-2】 已知下列句子的词频向量，通过余弦定理计算相似度。

```
A (1,1,1,1,1,1,1,1,0,0)
B (1,0,1,1,1,1,1,1,1,1)
```

Python 实现代码为：

```
import math
#余弦定理
def cos(v1, v2):
    l = 0.0
    for i in range(0, len(v1)):
        l += v1[i] * v2[i]
    v = 0.0
    w = 0.0
    for i in range(0, len(v1)):
        v += math.pow(v1[i], 2)
        w += math.pow(v2[i], 2)
```

```
    cos = 1 / (math.sqrt(v) * math.sqrt(w))
    return cos

if __name__ == '__main__':
    v1 = [1, 1, 1, 1, 1, 1, 1, 1, 0, 0]
    v2 = [1, 0, 1, 1, 1, 1, 1, 1, 1, 1]
    l = cos(v1, v2)
    print(l)
```

运行程序,输出如下:

```
0.8249579113843053
```

8.1.4 基于用户的协同过滤算法

在基于项的协同过滤算法中,是基于项之间的相似性计算的。对于如表8-2所示的用户-商品数据,将其转换成商品-用户矩阵。

表 8-2 用户-商品数据

	D_1	D_2	D_3	D_4	D_5
U_1	4	3	—	5	—
U_2	5	—	4	4	—
U_3	4	—	5	—	3
U_4	2	3	—	1	—
U_5	—	4	2	—	5

$$\begin{pmatrix} 4 & 5 & 4 & 2 & 0 \\ 3 & 0 & 0 & 3 & 4 \\ 0 & 4 & 5 & 0 & 2 \\ 5 & 4 & 0 & 1 & 0 \\ 0 & 0 & 3 & 0 & 5 \end{pmatrix}$$

利用以上的similarity函数计算商品-用户矩阵中的商品之间的相似度,得到商品的相似度矩阵:

$$\begin{pmatrix} 0 & 0.39524659 & 0.76346445 & 0.82977382 & 0.26349773 \\ 0.39524659 & 0 & 0.204524 & 0.47633051 & 0.58823529 \\ 0.76346445 & 0.204524 & 0 & 0.63913749 & 0.63913749 \\ 0.82977382 & 0.47633051 & 0.63913749 & 0 & 0 \\ 0.26349773 & 0.58823529 & 0.63913749 & 0 & 0 \end{pmatrix}$$

其中,商品相似度矩阵是一个对称矩阵,且其对角线上全是0。

计算完成商品之间的相似度后,利用商品之间的相似度为用户中没有打分的项打分,其方法为:

$$P(u,i) = \sum_{j \in I(u)} w_{i,j} r_{j,u}$$

其中,$I(u)$表示的是用户u打过分的商品的集合,如在表8-1中,用户U_1打过分的商品为

D_1、D_2 和 D_4。$w_{i,j}$ 表示的是商品 i 和商品 j 之间的相似度，$r_{j,u}$ 表示的是用户 u 对商品 j 的打分。打分的具体代码为：

```
def item_based_recommend(data, w, user):
    '''基于商品相似度为用户 user 推荐商品
    input:  data(mat):商品用户矩阵
            w(mat):商品与商品之间的相似性
            user(int):用户的编号
    output: predict(list):推荐列表
    '''
    m, n = np.shape(data)             #m:商品数量 n:用户数量
    interaction = data[:,user].T      #用户 user 的互动商品信息

    #1. 找到用户 user 没有互动的商品
    not_inter = []
    for i in range(n):
        if interaction[0, i] == 0:    #用户 user 未打分项
            not_inter.append(i)

    #2. 对没有互动过的商品进行预测
    predict = {}
    for x in not_inter:
        item = np.copy(interaction) #获取用户 user 对商品的互动信息
        for j in range(m):            #对每一个商品
            if item[0, j] != 0:       #利用互动过的商品预测
                if x not in predict:
                    predict[x] = w[x, j] * item[0, j]
                else:
                    predict[x] = predict[x] + w[x, j] * item[0, j]
    #按照预测的大小从大到小排序
    return sorted(predict.items(), key = lambda d:d[1], reverse = True)
```

在以上代码中，函数 item_based_recommend 基于商品之间的相似性为用户 user 推荐商品。在函数 item_based_recommend 中，主要分为 3 步，即：

(1) 找到用户 user 未互动的商品，存放到 not_inter 中；

(2) 对没有互动过的商品进行打分，在打分的过程中，首先找到 user 互动过的商品，再利用上述的打分公式对该商品打分；

(3) 将打分的最终结果按照降序进行排序并返回。

8.1.5 基于项的协同过滤算法

在基于项的协同过滤算法中，是基于项之间的相似性计算的。对于如表 8-2 所示的用户-商品数据，将其转换成商品-用户矩阵：

$$\begin{pmatrix} 4 & 5 & 4 & 2 & 0 \\ 3 & 0 & 0 & 3 & 4 \\ 0 & 4 & 5 & 0 & 2 \\ 5 & 4 & 0 & 1 & 0 \\ 0 & 0 & 3 & 0 & 5 \end{pmatrix}$$

利用以上的 similarity 函数计算商品-用户矩阵中的商品之间的相似度，得到商品的相似度矩阵：

$$
\begin{pmatrix}
0 & 0.39524659 & 0.76346445 & 0.82977382 & 0.26349773 \\
0.39524659 & 0 & 0.204524 & 0.47633051 & 0.58823529 \\
0.76346445 & 0.204524 & 0 & 0.63913749 & 0.63913749 \\
0.82977382 & 0.47633051 & 0.63913749 & 0 & 0 \\
0.26349773 & 0.58823529 & 0.63913749 & 0 & 0
\end{pmatrix}
$$

其中，商品相似度矩阵是一个对称矩阵，且其对角线上全是 0。

计算完成商品之间的相似度后，利用商品之间的相似度为用户中没有打分的项打分，其方法为：

$$P(u,i)=\sum_{j\in I(u)} w_{i,j} r_{j,u}$$

其中，$I(u)$表示的是用户 u 打过分的商品的集合，如在表 8-1 中，用户 U_1 打过分的商品为 D_1、D_2 和 D_4。$w_{i,j}$ 表示的是商品 i 和商品 j 之间的相似度，$r_{j,u}$ 表示的是用户 u 对商品 j 的打分。打分的具体代码为：

```
def item_based_recommend(data, w, user):
    '''基于商品相似度为用户 user 推荐商品
    input:  data(mat):商品用户矩阵
            w(mat):商品与商品之间的相似性
            user(int):用户的编号
    output: predict(list):推荐列表
    '''
    m, n = np.shape(data)             # m:商品数量 n:用户数量
    interaction = data[:,user].T      # 用户 user 的互动商品信息

    # 1. 找到用户 user 没有互动的商品
    not_inter = []
    for i in range(n):
        if interaction[0, i] == 0:    # 用户 user 未打分项
            not_inter.append(i)

    # 2. 对没有互动过的商品进行预测
    predict = {}
    for x in not_inter:
        item = np.copy(interaction) # 获取用户 user 对商品的互动信息
        for j in range(m):            # 对每一个商品
            if item[0, j] != 0:       # 利用互动过的商品预测
                if x not in predict:
                    predict[x] = w[x, j] * item[0, j]
                else:
                    predict[x] = predict[x] + w[x, j] * item[0, j]
    # 按照预测的大小从大到小排序
    return sorted(predict.items(), key = lambda d:d[1], reverse = True)
```

在以上代码中，函数 item_based_recommend 基于商品之间的相似性为用户 user 推荐

商品。在函数 item_based_recommend 中,主要分为 3 步,即:

(1) 找到用户 user 未互动的商品,存放到 not_inter 中;

(2) 对没有互动过的商品进行打分,在打分的过程中,首先找到 user 互动过的商品,再利用上述的打分公式对该商品打分;

(3) 将打分的最终结果按照降序进行排序并返回。

8.1.6 基于物品的协同过滤算法

1. 基础算法

基于物品的协同过滤算法(简称 ItemCF)给用户推荐那些和他们之前喜欢的物品相似的物品。不过 ItemCF 不是利用物品的内容计算物品之间相似度,而是利用用户的行为记录。

该算法认为物品 A 和物品 B 具有很大的相似度,是因为喜欢物品 A 的用户大都也喜欢物品 B。这里蕴含着一个假设,就是每个用户的兴趣都局限在某几个方面,因此如果两个物品属于同一个用户的兴趣列表,那么这两个物品可能就属于有限的几个领域。而如果两个物品同时出现在很多用户的兴趣列表,那么它们可能就属于同一领域,因而具有很大的相似度。

从上述概念出发,定义物品 i 和 j 的相似度为:

$$w_{ij}=\frac{|N(i)\cap N(j)|}{\sqrt{|N(i)||N(j)|}}$$

其中,$|N(i)|$ 是喜欢物品 i 的用户数,$|N(i)\cap N(j)|$ 是同时喜欢物品 i 和物品 j 的用户数。分母是惩罚物品 i 和 j 的权重,因此惩罚了热门物品和很多物品相似的可能性。

在得到物品相似度后,ItemCF 通过以下公式计算用户 u 对未产生行为的物品 j 的感兴趣程度。

$$p_{uj}=\sum_{i\in N(u)\cap S(j,K)} w_{ji}r_{ui}$$

这里的 $N(u)$ 是用户喜欢的物品集合,$S(j,K)$ 是和物品 j 最相似的 K 个物品的集合,w_{ji} 是物品 j 和 i 的相似度,r_{ui} 是用户 u 对物品 i 的兴趣评分(简单来说,如果用户 u 对物品 i 有过购买行为,即可令 $r_{ui}=1$)。

下面举一个例子说明(只考虑用户有历史购买行为的物品)。

用户 A 购买物品 a b d,用户 B 购买物品 b c e,用户 C 购买物品 c d,用户 D 购买物品 b c d,用户 E 购买物品 a d,如表 8-3 所示。

表 8-3 用户与物品关系

用 户	物 品
A	a b d
B	b c e
C	c d
D	b c d
E	a d

数据集格式为(用户,$r_{ui}=1$,物品),每行记录都是唯一的,兴趣评分由 r_{ui} 决定。

uid_score_bid= ['A,1,a','A,1,b','A,1,d','B,1,b','B,1,c','B,1,e','C,1,c','C,1,d','D,1,b','D,1,c','D,1,d','E,1,a','E,1,d']

Python 实现代码为:

```
import math
uid_score_bid = ['A,1,a','A,1,b','A,1,d','B,1,b','B,1,c','B,1,e','C,1,c','C,1,d','D,1,b','D,1,
c','D,1,d','E,1,a','E,1,d']
class ItemBasedCF:
    def __init__(self,train_file):
        self.train_file = train_file
        self.readData()
    def readData(self):
        #读取文件,并生成数据集(用户,兴趣程度,物品)
        self.train = dict()
        for line in self.train_file:
            user,score,item = line.strip().split(",")
            self.train.setdefault(user,{})
            self.train[user][item] = int(float(score))
        print(self.train)              #输出数据集

    def ItemSimilarity(self):
        C = dict()                     #物品-物品的共现矩阵
        N = dict()                     #物品被多少个不同用户购买
        for user,items in self.train.items():
            for i in items.keys():
                N.setdefault(i,0)
                N[i] += 1              #物品i出现一次就计数加一
                C.setdefault(i,{})
                for j in items.keys():
                    if i == j : continue
                    C[i].setdefault(j,0)
                    C[i][j] += 1       #物品i和j共现一次就计数加一
        print('N:',N)
        print('C:',C)

        #计算相似度矩阵
        self.W = dict()
        for i,related_items in C.items():
            self.W.setdefault(i,{})
            for j,cij in related_items.items():
              #按上述物品相似度公式计算相似度
                self.W[i][j] = cij / (math.sqrt(N[i] * N[j]))
        for k,v in self.W.items():
            print(k+':'+str(v))
        return self.W
    #给用户user推荐前N个最感兴趣的物品
    def Recommend(self,user,K=3,N=10):
        rank = dict()                  #记录user的推荐物品(没有历史行为的物品)和兴趣程度
```

```
        action_item = self.train[user]    #用户 user 购买的物品和兴趣评分 r_ui
        for item,score in action_item.items():
        #使用与物品 item 最相似的 K 个物品进行计算
            for j,wj in sorted(self.W[item].items(),key = lambda x:x[1],reverse = True)[0:K]:
                if j in action_item.keys():   #如果物品 j 已经购买过,则不进行推荐
                    continue
                rank.setdefault(j,0)
 #如果物品 j 没有购买过,则累计物品 j 与 item 的相似度 * 兴趣评分,作为 user 对物品 j 的兴趣程度
                rank[j] += score * wj
        return dict(sorted(rank.items(),key = lambda x:x[1],reverse = True)[0:N])
#声明一个 ItemBased 推荐的对象
Item = ItemBasedCF(uid_score_bid)
Item.ItemSimilarity()
recommedDic = Item.Recommend("A")    #计算给用户 A 的推荐列表
for k,v in recommedDic.items():
    print(k,"\t",v  )
```

运行程序,输出结果:

```
数据集 self.train
{'A': {'a': 1, 'b': 1, 'd': 1}, 'B': {'b': 1, 'c': 1, 'e': 1}, 'C': {'c': 1, 'd': 1}, 'D': {'b': 1,
'c': 1, 'd': 1}, 'E': {'a': 1, 'd': 1}}
```

物品被多少个不同用户购买:

```
N: {'a': 2, 'b': 3, 'd': 4, 'c': 3, 'e': 1}
```

物品-物品的相似度矩阵:

```
C: {'a': {'b': 1, 'd': 2}, 'b': {'a': 1, 'd': 2, 'c': 2, 'e': 1}, 'd': {'a': 2, 'b': 2, 'c': 2}, 'c':
{'b': 2, 'e': 1, '
物品相似矩阵:
a:{'b': 0.4082482904638631, 'd': 0.7071067811865475}
b:{'a': 0.4082482904638631, 'd': 0.5773502691896258, 'c': 0.6666666666666666, 'e':
0.5773502691896258}
d:{'a': 0.7071067811865475, 'b': 0.5773502691896258, 'c': 0.5773502691896258}
c:{'b': 0.6666666666666666, 'e': 0.5773502691896258, 'd': 0.5773502691896258}
e:{'b': 0.5773502691896258, 'c': 0.5773502691896258}
```

用户 A 的推荐列表:

```
c         1.2440169358562925
e         0.5773502691896258
```

2. 用户活跃度对物品相似度的影响

在 ItemCF 中,两个物品产生相似度是因为它们共同出现在很多用户的兴趣列表中。假设有这样一个用户,他是开书店的,并且买了当当网上 80%的书准备用来自己卖。那么,他的购物车里包含当当网 80% 的书。所以这个用户对于他所购买书的两两相似度的贡献应该远远小于一个只买了十几本自己喜欢的书的文学青年。

下面提出一个称为 IUF(Inverse User Frequence),即用户活跃度对数的倒数的参数,来修正物品相似度的计算公式。认为活跃用户对物品相似度的贡献应该小于不活跃的

用户。

$$w_{ij}=\frac{\sum\limits_{w\in N(i)\cap N(j)}\frac{1}{\log 1+|N(u)|}}{\sqrt{|N(i)||N(j)|}}$$

3. 物品相似度的归一化

对于已经得到的物品相似度矩阵 w,按以下公式对 w 进行按列归一化,不仅可以增加推荐的准确度,它还可以提供推荐的覆盖率和多样性。

$$w_{ij}=\frac{w_{ij}}{\max\limits_{j} w_{ij}}$$

假设物品分为两类: A 和 B,A 类物品之间的相似度为 0.5,B 类物品之间的相似度为 0.6,而 A 类物品和 B 类物品之间的相似度是 0.2。在这种情况下,如果一个用户喜欢了 5 个 A 类物品和 5 个 B 类物品,用 ItemCF 给他进行推荐,推荐的就都是 B 类物品,因为 B 类物品之间的相似度大。但如果归一化之后,A 类物品之间的相似度变成了 1,B 类物品之间的相似度也是 1,那么这种情况下,用户如果喜欢 5 个 A 类物品和 5 个 B 类物品,那么他的推荐列表中 A 类物品和 B 类物品的数目也应该是大致相等的。从这个例子可以看出,相似度的归一化可以提高推荐的多样性。

一般来说,热门的类其类内物品相似度一般比较大。如果不进行归一化,就会推荐比较热门的类中的物品,而这些物品也是比较热门的。因此,推荐的覆盖率就比较低。相反,如果进行相似度的归一化,则可以提高推荐系统的覆盖率。

结合上面的第 2、3 条改进算法,得到如下 Python 代码:

```
import math
uid_score_bid = ['A,1,a','A,1,b','A,1,d','B,1,b','B,1,c','B,1,e','C,1,c','C,1,d','D,1,b','D,1,
c','D,1,d','E,1,a','E,1,d']
class ItemBasedCF:
    def __init__(self,train_file):
        self.train_file = train_file
        self.readData()
    def readData(self):
        #读取文件,并生成数据集(用户,兴趣程度,物品)
        self.train = dict()
        for line in self.train_file:
            user,score,item = line.strip().split(",")
            self.train.setdefault(user,{})
            self.train[user][item] = int(float(score))
        print(self.train)              #输出数据集

    def ItemSimilarity(self):
        C = dict()
        N = dict()
        for user,items in self.train.items():
            for i in items.keys():
                N.setdefault(i,0)
                N[i] += 1
```

```
            C.setdefault(i,{})
            for j in items.keys():
                if i == j : continue
                C[i].setdefault(j,0)
                #C[i][j] += 1                     #基础算法
                C[i][j] += 1/math.log(1 + len(items) * 1.0)    #改进第一点

    print('N:',N)
    print('C:',C)

    #计算相似度矩阵
    self.W = dict()
    self.W_max = dict()                          #记录每一列的最大值
    for i,related_items in C.items():
        self.W.setdefault(i,{})

        for j,cij in related_items.items():
            self.W_max.setdefault(j,0.0)#
            self.W[i][j] = cij / (math.sqrt(N[i] * N[j]))
            if self.W[i][j]> self.W_max[j]:#
                self.W_max[j] = self.W[i][j]   #记录第 j 列的最大值,按列归一化
    print('W:',self.W)
    for i,related_items in C.items():  #
        for j,cij in related_items.items(): #
            self.W[i][j] = self.W[i][j] / self.W_max[j] #

    print('W_max:',self.W_max)
    for k,v in self.W.items():
        print (k + ':' + str(v))
    return self.W

#给用户 user 推荐前 N 个最感兴趣的物品
def Recommend(self,user,K = 3,N = 10):
    rank = dict()                              #记录 user 的推荐物品(没有历史行为的
                                               #物品)和兴趣程度
    action_item = self.train[user]             #用户 user 购买的物品和兴趣评分 r_ui
    for item,score in action_item.items():
    #使用与物品 item 最相似的 K 个物品进行计算
        for j,wj in sorted(self.W[item].items(),key = lambda x:x[1],reverse = True)[0:K]:
            if j in action_item.keys():        #如果已经购买过物品 j,则不进行推荐
                continue
            rank.setdefault(j,0)
        #如果物品 j 没有购买过,则累计物品 j 与 item 的相似度 * 兴趣评分,作为 user 对物
#品 j 的兴趣程度
            rank[j] += score * wj
    return dict(sorted(rank.items(),key = lambda x:x[1],reverse = True)[0:N])
#声明一个 ItemBased 推荐的对象
Item = ItemBasedCF(uid_score_bid)
Item.ItemSimilarity()
recommedDic = Item.Recommend("A")                #计算给用户 A 的推荐列表
for k,v in recommedDic.items():
```

```
    print(k,"\t",v)
```

运行程序,输出如下:

```
物品相似度矩阵 W(归一化之前):
W: {'a': {'b': 0.2944888920518062, 'd': 0.576853026474115}, 'b': {'a': 0.2944888920518062, 'd': 0.4164701851078906, 'c': 0.4808983469629878, 'e': 0.4164701851078906}, 'd': {'a': 0.576853026474115, 'b': 0.4164701851078906, 'c': 0.470998523813926}, 'c': {'b': 0.4808983469629878, 'e': 0.4164701851078906, 'd': 0.470998523813926}, 'e': {'b': 0.4164701851078906, 'c': 0.4164701851078906}}
矩阵 W 的每列最大值:
W_max: {'b': 0.4808983469629878, 'd': 0.576853026474115, 'a': 0.576853026474115, 'c': 0.4808983469629878, 'e': 0.4164701851078906}
物品相似度矩阵 W(归一化之后):
a:{'b': 0.6123724356957947, 'd': 1.0}
b:{'a': 0.5105093993383438, 'd': 0.721969316263228, 'c': 1.0, 'e': 1.0}
d:{'a': 1.0, 'b': 0.8660254037844387, 'c': 0.9794138964885573}
c:{'b': 1.0, 'e': 1.0, 'd': 0.8164965809277261}
e:{'b': 0.8660254037844387, 'c': 0.8660254037844387}
用户 A 的推荐列表:
c        1.9794138964885573
e        1.0
```

8.2 基于矩阵分解的推荐算法

在基于用户或者基于项的协同过滤推荐算法中,基于用户与用户或者项与项之间的相关性来推荐不同的项。为了能够对指定的用户进行推荐,需要计算用户之间或者项之间的相关性,这样的过程计算量比较大,同时难以实现大量数据下的实时推荐。

基于模型的协同算法有效地解决了实时推荐的问题,在基于模型的协同过滤算法中,利用历史的用户-商品数据训练得到模型,并利用该模型实现实时推荐。矩阵分解(Matrix Factorization,MF)是基于模型的协同过滤算法中的一个。

8.2.1 矩阵分解

假设用户-商品数据如表 8-2 所示,将其转换成用户-商品矩阵 $\boldsymbol{R}_{m\times n}$,则 $\boldsymbol{R}_{m\times n}$ 为:

$$\begin{pmatrix} 4 & 3 & - & 5 & - \\ 5 & - & 4 & 4 & - \\ 4 & - & 5 & - & 3 \\ 2 & 3 & - & 1 & - \\ - & 4 & 2 & - & 5 \end{pmatrix}$$

其中矩阵中的"-"表示的是未打分项。矩阵分解是指将一个矩阵分解成两个或者多个矩阵的乘积。对于上述的用户-商品矩阵 $\boldsymbol{R}_{m\times n}$,可以将其分解成两个或者多个矩阵的产程,假设分解成两个矩阵 $\boldsymbol{P}_{m\times k}$ 和 $\boldsymbol{Q}_{k\times n}$ 的乘积能够还原原始的矩阵 $\boldsymbol{R}_{m\times n}$:

$$\boldsymbol{R}_{m\times n} \approx \boldsymbol{P}_{m\times k} \times \boldsymbol{Q}_{k\times n} = \hat{\boldsymbol{R}}_{m\times n}$$

其中，矩阵 $\boldsymbol{P}_{m\times k}$ 表示的是 $m\times k$ 的矩阵，而矩阵 $\boldsymbol{Q}_{k\times n}$ 表示的是 $k\times n$ 的矩阵，k 是隐含的参数。

8.2.2 基于矩阵分解的推荐算法

矩阵分解(Matrix Factorization,MF)算法属于基于模型的协同过滤算法，在基于模型的协同过滤算法中，主要分为：

(1) 建立模型；

(2) 利用训练好的模型进行推荐。

在基于矩阵分解的推荐算法中，上述的两步分别为：

(1) 对用户商品矩阵分解；

(2) 利用分解后的矩阵预测原始矩阵中的未打分项。

1. 损失函数

可以使用原始的评分矩阵 $\boldsymbol{R}_{m\times n}$ 与重新构建的评分矩阵 $\hat{\boldsymbol{R}}_{m\times n}$ 之间的误差的平方作为损失函数，即：

$$e_{i,j}^2=(r_{i,j}-\hat{r}_{i,j})^2=\left(r_{i,j}-\sum_{k=1}^{K}p_{i,k}q_{k,j}\right)^2$$

最终，需要求解所有的非"—"项的损失之和的最小值：

$$\text{minloss}=\sum_{r_{i,j}\neq -}e_{i,j}^2$$

2. 损失函数的求解

对于上述的平方损失函数的最小值，可以通过梯度下降法求解，梯度下降法的核心步骤如下所示：

- 求解损失函数的负梯度。

$$\frac{\partial}{\partial p_{i,k}}e_{i,j}^2=-2\left(r_{i,j}-\sum_{k=1}^{K}p_{i,k}q_{k,j}\right)q_{k,j}=-2e_{i,j}q_{k,j}$$

$$\frac{\partial}{\partial q_{k,j}}e_{i,j}^2=-2\left(r_{i,j}-\sum_{k=1}^{K}p_{i,k}q_{k,j}\right)p_{i,k}=-2e_{i,j}p_{i,k}$$

- 根据负梯度的方向更新变量。

$$p'_{i,k}=p_{i,k}-\alpha\frac{\partial}{\partial p_{i,k}}e_{i,j}^2=p_{i,k}+2\alpha e_{i,j}q_{k,j}$$

$$q'_{k,j}=q_{k,j}-\alpha\frac{\partial}{\partial q_{k,j}}e_{i,j}^2=q_{k,j}+2\alpha e_{i,j}p_{i,k}$$

通过迭代，直到算法最终收敛。

3. 加入正则项的损失函数即求解方法

通常在求解的过程中，为了能够有较好的泛化能力，会在损失函数中加入正则项，以对参数进行约束，加入 L_2 正则的损失函数为：

$$E_{i,j}^2=\left(r_{i,j}-\sum_{k=1}^{K}p_{i,k}q_{k,j}\right)^2+\frac{\beta}{2}\sum_{k=1}^{K}(p_{i,j}^2q_{k,j}^2)$$

利用梯度下降法的求解过程为:

• 求解损失函数的负梯度。

$$\frac{\partial}{\partial p_{i,k}}E_{i,j}^2=-2\left(r_{i,j}-\sum_{k=1}^{K}p_{i,k}q_{k,j}\right)q_{k,j}+\beta p_{i,k}=-2e_{i,j}q_{k,j}+\beta p_{i,k}$$

$$\frac{\partial}{\partial q_{k,j}}E_{i,j}^2=-2\left(r_{i,j}-\sum_{k=1}^{K}p_{i,k}q_{k,j}\right)p_{i,k}+\beta q_{k,j}=-2e_{i,j}p_{i,k}+\beta q_{k,j}$$

• 根据负梯度的方向更新变量。

$$p'_{i,k}=p_{i,k}-\alpha\left(\frac{\partial}{\partial p_{i,k}}e_{i,j}^2+\beta p_{i,k}\right)=p_{i,k}+\alpha(2e_{i,j}q_{k,j}-\beta p_{i,k})$$

$$q'_{k,j}=q_{k,j}-\alpha\left(\frac{\partial}{\partial q_{k,j}}e_{i,j}^2+\beta q_{k,j}\right)=q_{k,j}+\alpha(2e_{i,j}p_{i,k}-\beta q_{k,j})$$

通过迭代,直到算法最终收敛。

现在,一起利用 Python 实现矩阵分解的 gradAscent 函数,在实现矩阵分解的过程中,需要使用到矩阵的相关运算,因此需要导入 numpy 模块。

【例 8-3】 对于上述的评分矩阵,通过矩阵分解的方法对其未打分项进行预测。

```
import numpy as np

def load_data(path):
    '''导入数据
    input:  path(string):用户商品矩阵存储的位置
    output: data(mat):用户商品矩阵
    '''
    f = open(path)
    data = []
    for line in f.readlines():
        arr = []
        lines = line.strip().split("\t")
        for x in lines:
            if x != "-":
                arr.append(float(x))
            else:
                arr.append(float(0))
        data.append(arr)
    f.close()
    return np.mat(data)

def gradAscent(dataMat, k, alpha, beta, maxCycles):
    '''利用梯度下降法对矩阵进行分解
    input:  dataMat(mat):用户商品矩阵
            k(int):分解矩阵的参数
            alpha(float):学习率
            beta(float):正则化参数
            maxCycles(int):最大迭代次数
    output: p,q(mat):分解后的矩阵
    '''
    m, n = np.shape(dataMat)
```

```
    #1.初始化 p 和 q
    p = np.mat(np.random.random((m, k)))
    q = np.mat(np.random.random((k, n)))

    #2.开始训练
    for step in range(maxCycles):
        for i in range(m):
            for j in range(n):
                if dataMat[i, j] > 0:
                    error = dataMat[i, j]
                    for r in range(k):
                        error = error - p[i, r] * q[r, j]
                    for r in range(k):
                        #梯度上升
                        p[i, r] = p[i, r] + alpha * (2 * error * q[r, j] - beta * p[i, r])
                        q[r, j] = q[r, j] + alpha * (2 * error * p[i, r] - beta * q[r, j])

        loss = 0.0
        for i in range(m):
            for j in range(n):
                if dataMat[i, j] > 0:
                    error = 0.0
                    for r in range(k):
                        error = error + p[i, r] * q[r, j]
                    #3.计算损失函数
                    loss = (dataMat[i, j] - error) * (dataMat[i, j] - error)
                    for r in range(k):
                        loss = loss + beta * (p[i, r] * p[i, r] + q[r, j] * q[r, j]) / 2

        if loss < 0.001:
            break
        if step % 1000 == 0:
            print ("\titer: ", step, " loss: ", loss)
    return p, q

def save_file(file_name, source):
    '''保存结果
    input:  file_name(string):需要保存的文件名
            source(mat):需要保存的文件
    '''
    f = open(file_name, "w")
    m, n = np.shape(source)
    for i in range(m):
        tmp = []
        for j in range(n):
            tmp.append(str(source[i, j]))
        f.write("\t".join(tmp) + "\n")
    f.close()

def prediction(dataMatrix, p, q, user):
    '''为用户 user 未互动的项打分
```

```
    input:  dataMatrix(mat):原始用户商品矩阵
            p(mat):分解后的矩阵p
            q(mat):分解后的矩阵q
            user(int):用户的id
    output: predict(list):推荐列表
    '''
    n = np.shape(dataMatrix)[1]
    predict = {}
    for j in range(n):
        if dataMatrix[user, j] == 0:
            predict[j] = (p[user,] * q[:,j])[0,0]

    #按照打分从大到小排序
    return sorted(predict.items(), key = lambda d:d[1], reverse = True)

def top_k(predict, k):
    '''为用户推荐前k个商品
    input:  predict(list):排好序的商品列表
            k(int):推荐的商品个数
    output: top_recom(list):top_k个商品
    '''
    top_recom = []
    len_result = len(predict)
    if k >= len_result:
        top_recom = predict
    else:
        for i in range(k):
            top_recom.append(predict[i])
    return top_recom

if __name__ == "__main__":
    #1.导入用户商品矩阵
    print("----------- 1.load data -----------")
    dataMatrix = load_data("data.txt")
    #2.利用梯度下降法对矩阵进行分解
    print("----------- 2.training -----------")
    p, q = gradAscent(dataMatrix, 5, 0.0002, 0.02, 5000)
    #3.保存分解后的结果
    print("----------- 3.save decompose -----------")
    save_file("p", p)
    save_file("q", q)
    #4.预测
    print("----------- 4.prediction -----------")
    predict = prediction(dataMatrix, p, q, 0)
    #5.进行Top-K推荐
    print("----------- 5.top_k recommendation ------------")
    top_recom = top_k(predict, 2)
    print(top_recom)
    print(p * q)
```

运行程序,输出如下:

```
----------- 1.load data -----------
----------- 2.training -----------
        iter:  0   loss:  10.370543535827249
        iter:  1000  loss:  0.4402439078898078
        iter:  2000  loss:  0.12022829444807848
        iter:  3000  loss:  0.10458969414622368
        iter:  4000  loss:  0.10401270556169614
----------- 3.save decompose -----------
----------- 4.prediction -----------
----------- 5.top_k recommendation ------------
[(4, 4.202292248172375), (2, 3.1099151826490106)]
[[4.04399538 2.99094915 3.10991518 4.93121904 4.20229225]
[4.90008539 4.73991567 4.00287644 4.06079442 4.52938699]
[3.98762489 4.27107883 4.97309294 3.0448665 3.00460059]
[2.08899932 2.94017242 1.85128419 0.94922336 1.68730454]
[4.37295482 4.00092019 2.00163688 4.09943871 4.97377927]]
```

8.2.3 非负矩阵分解

通常在矩阵分解的过程中,需要分解后的矩阵的每一项都是非负的,即:

$$P_{m,k} \geqslant 0$$

$$Q_{k,n} \geqslant 0$$

这便是非负矩阵分解(Non-negtive Matrix Factorization,NMF)的来源。

1. 非负矩阵分解的形式来定义

上面简单介绍了非负矩阵分解的基本含义,非负矩阵分解是在矩阵分解的基础上对分解完成的矩阵加上非负的限制条件,即对用户-商品矩阵 $\boldsymbol{R}_{m\times n}$,找到两个矩阵 $\boldsymbol{P}_{m\times k}$ 和 $\boldsymbol{Q}_{k\times n}$,使得:

$$\boldsymbol{R}_{m\times n} \approx \boldsymbol{P}_{m\times k} \times \boldsymbol{Q}_{k\times n} = \hat{\boldsymbol{R}}_{m\times n}$$

同时要求:

$$\boldsymbol{P}_{m\times k} \geqslant 0$$

$$\boldsymbol{Q}_{k\times n} \geqslant 0$$

2. 损失函数

为了能够定量比较矩阵 $\boldsymbol{R}_{m\times n}$ 和矩阵 $\hat{\boldsymbol{R}}_{m\times n}$ 的近似程度,除了上述的平方损失函数,还可以使用 KL 散度。

$$D(A \parallel B) = \sum_{i,j}\left(A_{i,j}\log\frac{A_{i,j}}{B_{i,j}} - A_{i,j} + B_{i,j}\right)$$

其中,在 KL 散度的定义中,$D(A||B) \geqslant 0$,当且仅当 $A=B$ 时,取等号。

当定义好损失函数后,需要求解的问题就变成了如下的形式:

- minimize $\parallel \boldsymbol{R} - \boldsymbol{PQ} \parallel^2$ s. t. $\boldsymbol{P} \geqslant 0, \boldsymbol{Q} \geqslant 0$
- minimize$D \parallel \boldsymbol{R} || \boldsymbol{PQ} \parallel^2$ s. t. $\boldsymbol{P} \geqslant 0, \boldsymbol{Q} \geqslant 0$

3. 优化问题的求解

为了保证在求解的过程中 $\boldsymbol{P}\geqslant 0,\boldsymbol{Q}\geqslant 0$，可以使用乘法更新规则(Multiplicative Update Rule)，具体操作为：

对于平方距离的损失函数，

$$P_{i,k}=P_{i,k}\frac{(\boldsymbol{R}\boldsymbol{Q}^{\mathrm{T}})_{i,k}}{(\boldsymbol{P}\boldsymbol{Q}\boldsymbol{Q}^{\mathrm{T}})_{i,k}}$$

$$Q_{k,j}=Q_{k,j}\frac{(\boldsymbol{P}^{\mathrm{T}}R)_{k,j}}{(\boldsymbol{P}^{\mathrm{T}}\boldsymbol{P}\boldsymbol{Q})_{k,j}}$$

对于 KL 散度的损失函数，

$$P_{i,k}=P_{i,k}\frac{\dfrac{\sum_{u}Q_{k,u}R_{i,u}}{(\boldsymbol{R}\boldsymbol{Q}^{\mathrm{T}})_{i,k}}}{\sum_{v}Q_{k,v}}$$

$$Q_{k,j}=Q_{k,j}\frac{\dfrac{\sum_{u}P_{u,k}R_{u,j}}{(\boldsymbol{P}\boldsymbol{Q}^{\mathrm{T}})_{u,j}}}{\sum_{v}P_{v,k}}$$

上述的乘法规则主要是为了在计算的过程中保证非负，而在基于梯度下降的方法中，加减运算无法保证非负，其实上述的乘法更新规则与基于梯度下降的算法是等价的。下面以平方距离为损失函数说明上述过程的等价性。

平方损失函数可以写成：

$$l=\sum_{i=1}^{m}\sum_{j=1}^{n}\left[R_{i,j}-\left(\sum_{r=1}^{k}P_{i,r}\cdot Q_{r,j}\right)\right]^{2}$$

使用损失函数对 $Q_{r,j}$ 求偏导数：

$$\begin{aligned}\frac{\partial l}{\partial Q_{r,j}}&=\sum_{i=1}^{m}\sum_{j=1}^{n}\left[2\left(R_{i,j}-\left(\sum_{r=1}^{k}P_{i,r}\cdot Q_{r,j}\right)\right)\cdot(-Q_{r,j})\right]\\&=-2\left[(\boldsymbol{P}^{\mathrm{T}}\boldsymbol{R})_{r,j}-(\boldsymbol{P}^{\mathrm{T}}\boldsymbol{P}\boldsymbol{Q})_{r,j}\right]\end{aligned}$$

按照梯度下降法的思路：

$$Q_{r,j}=Q_{r,j}-\eta_{r,j}\frac{\partial l}{\partial Q_{r,j}}$$

即：

$$Q_{r,j}=Q_{r,j}+\eta_{r,j}\left[(\boldsymbol{P}^{\mathrm{T}}\boldsymbol{R})_{r,j}-(\boldsymbol{P}^{\mathrm{T}}\boldsymbol{P}\boldsymbol{Q})_{r,j}\right]$$

令 $\eta_{r,j}=\dfrac{Q_{r,j}}{(\boldsymbol{P}^{\mathrm{T}}\boldsymbol{P}\boldsymbol{Q})_{r,j}}$，即可得到上述的乘法更新规则的形式。

【例 8-4】 对于上述的评分矩阵，通过非矩阵分解的方法对其未打分项进行预测。

```
import numpy as np
from mf import load_data, save_file, prediction, top_k


def train(V, r, maxCycles, e):
```

```
    m, n = np.shape(V)
    #1.初始化矩阵
    W = np.mat(np.random.random((m, r)))
    H = np.mat(np.random.random((r, n)))

    #2.非负矩阵分解
    for step in range(maxCycles):
        V_pre = W * H
        E = V - V_pre
        err = 0.0
        for i in range(m):
            for j in range(n):
                err += E[i, j] * E[i, j]

        if err < e:
            break
        if step % 1000 == 0:
            print ("\titer: ", step, " loss: " , err)
        a = W.T * V
        b = W.T * W * H
        for i_1 in range(r):
            for j_1 in range(n):
                if b[i_1, j_1] != 0:
                    H[i_1, j_1] = H[i_1, j_1] * a[i_1, j_1] / b[i_1, j_1]
        c = V * H.T
        d = W * H * H.T
        for i_2 in range(m):
            for j_2 in range(r):
                if d[i_2, j_2] != 0:
                    W[i_2, j_2] = W[i_2, j_2] * c[i_2, j_2] / d[i_2, j_2]
    return W, H

if __name__ == "__main__":
    #1.导入用户商品矩阵
    print("------------ 1.load data ------------")
    V = load_data("data.txt")
    #2.非负矩阵分解
    print("------------ 2.training ------------")
    W, H = train(V, 5, 10000, 1e-5)
    #3.保存分解后的结果
    print("------------ 3.save decompose ------------")
    save_file("W", W)
    save_file("H", H)
    #4.预测
    print("------------ 4.prediction ------------")
    predict = prediction(V, W, H, 0)
    #5.进行Top-K推荐
    print("------------ 5.top_k recommendation ------------")
```

```
top_recom = top_k(predict, 2)
print(top_recom)
print(W * H)
```

运行程序,输出如下:

```
----------- 1.load data -----------
----------- 2.training -----------
        iter: 0     loss: 134.5715812246799
        iter: 1000  loss: 0.0004894857140612256
        iter: 2000  loss: 0.0001436581808906832
        iter: 3000  loss: 6.904346091285921e-05
        iter: 4000  loss: 4.076327891642405e-05
        iter: 5000  loss: 2.6978884284503957e-05
        iter: 6000  loss: 1.9207748419757152e-05
        iter: 7000  loss: 1.4387451073905566e-05
        iter: 8000  loss: 1.1187828723488015e-05
----------- 3.save decompose -----------
----------- 4.prediction -----------
----------- 5.top_k recommendation ------------
[(4, 0.00039216136433475386), (2, 0.00038299493402027486)]
[[4.00000009e+00 2.99999995e+00 3.82994934e-04 4.99999990e+00
  3.92161364e-04]
 [5.00000354e+00 5.52612226e-04 3.99999626e+00 3.99999923e+00
  1.93340709e-04]
 [3.99999379e+00 6.06272742e-04 5.00000426e+00 2.90094518e-03
  2.99999826e+00]
 [2.00000011e+00 2.99999995e+00 1.89428380e-04 9.99999753e-01
  3.92236973e-04]
 [3.21484518e-04 3.99999992e+00 1.99999748e+00 5.28777112e-04
  5.00000099e+00]]
```

8.3 基于图的推荐算法

在推荐系统中,用户-商品数据可以转换成用户-商品矩阵的存储形式,利用前面的协同过滤算法或者基于矩阵分解的方法实现推荐的功能。同时,用户-商品数据可以转换成二部图的存储形式,其中,在转化后的用户-商品二部图中,两个子集 V_1 和 V_2 分别为用户节点的集合和商品节点的集合。

PersonalRank 算法是计算图中节点相对于某个节点的重要性的算法,利用 PersonalRank 算法可以计算所有其他节点相对于用户(user)节点的重要性,从而实现为用户推荐。

8.3.1 二部图

在许多问题中都常用到二部图,常见的二部图如图 8-4 所示。

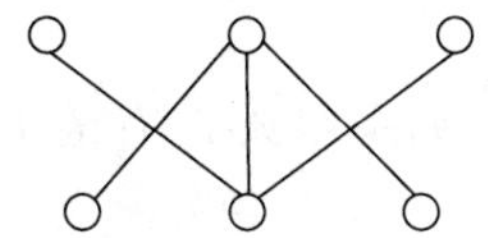
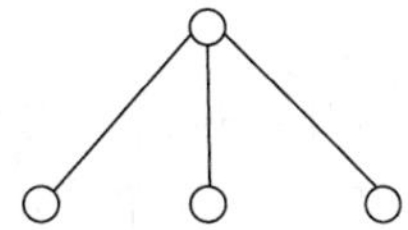
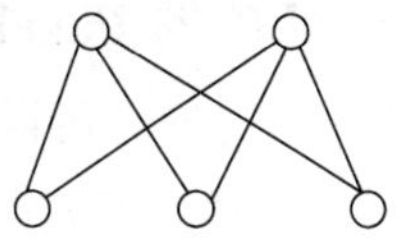

图 8-4　二部图

二部图是无向图的一种，在无向图 $G=\langle V,E\rangle$ 中，其中，V 是无向图中顶点的集合，E 是无向图中边的集合。在无向图 G 中，边的集合 V 可以分成两个子集 V_1 和 V_2，且满足：

- $V=V_1\cup V_2, V_1\cap V_2=\phi$。
- $\forall e=(u,v)\in E$，均有 $u\in V_1, v\in V_2$。

则称无向图 G 为二部图(Bipartite Graph)，V_1 和 V_2 称为互补顶点子集。特别地，如果 V_1 中的每个顶点都与 V_2 中的所有顶点邻接，则称 G 为完全二部图(Complete Bipartite Graph)。

8.3.2　由用户商品矩阵到二部图

在推荐算法中，通常利用用户的行为，如用户对商品的打分，如表 8-2 所示。

其中，用户 U 对商品 D 的打分范围为：{1,2,…,5}，“-”表示的是未打分。在基于协同过滤的推荐算法中，通常将上述用户-商品数据转换成如下所示的用户-商品矩阵：

$$\begin{pmatrix} 4 & 3 & 0 & 5 & 0 \\ 5 & 0 & 4 & 4 & 0 \\ 4 & 0 & 5 & 0 & 3 \\ 2 & 3 & 0 & 1 & 0 \\ 0 & 4 & 2 & 0 & 5 \end{pmatrix}$$

其中，未打分的项“-”用 0 表示。

对于表 8-2 中的用户-商品数据，可以由上述的二部图表示，表示的形式如图 8-5 所示。

在图 8-4 所示的二部图中，左侧是用户节点的集合$\{U_1,U_2,\cdots,U_5\}$，右侧是商品节点的集合$\{D_1,D_2,\cdots,D_5\}$。用户节点 U_i 和商品节点 D_j 之间的边表示的是用户 U_i 对商品 D_j 有过打分行为。

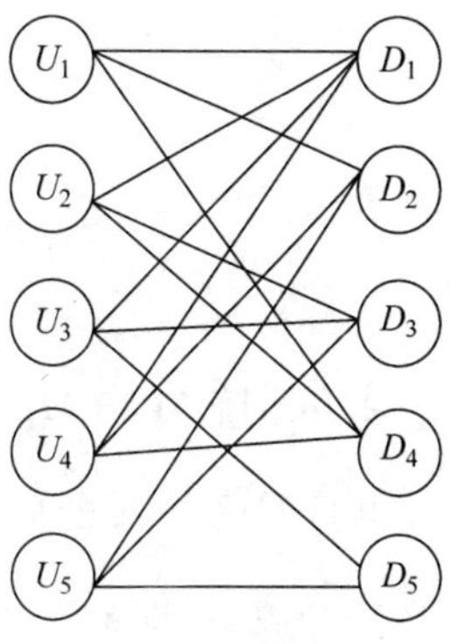

图 8-5　用户商品的二部图表示

在推荐系统中，其最终的目的是为用户 U_i 推荐相关的商品，此时，对于用户 U_i，需要计算商品列表$\{D_1,D_2,\cdots,D_5\}$中的商品对其重要程度，并根据重要程度生成最终的推荐列表。PageRank 算法是用于进行图的重要性排名的算法。

8.3.3　PageRank 算法

PageRank 算法即网页排名算法，是由佩奇和布林在 1997 年提出来的链接分析算法。PageRank 是用来标识网页的等级重要性的一种方法，是衡量一个网页的重要指标。

1. 最简单的 PageRank 模型

互联网中的网页可以看作是一个有向图，其中网页是节点，如果网页 A 有链接到网页 B，则存在一条有向边 A－＞B，图 8-6 是一个简单的示例。

这个例子中只有 4 个网页，如果当前在 A 网页，那么悠闲的上网者将会各以$\frac{1}{3}$的概率跳转到 B、C、D，这里的 3 表示 A 有 3 条出链。如果一个网页有 k 条出链，那么跳转任意一个出链上的概率是$\frac{1}{k}$，同理，D 到 B、C 的概率各为$\frac{1}{2}$，而 B 到 C 的概率为 0。一般用转移矩阵表示上网者的跳转概率，如果用 n 表示网页的数目，则转移矩阵 $\boldsymbol{M}$ 是一个 $n\times n$ 的方阵；

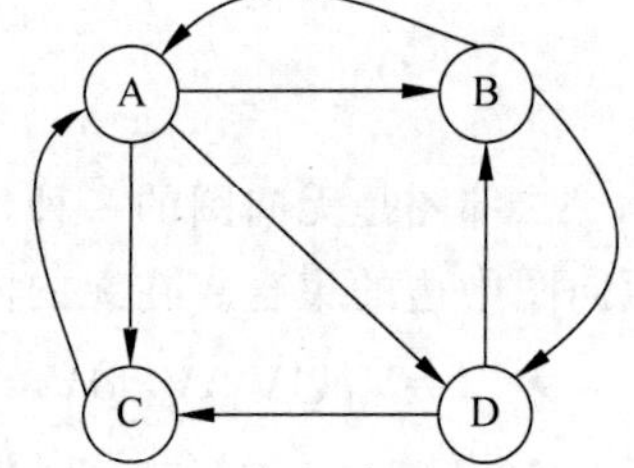

图 8-6 一个简单的有向图

如果网页 j 有 k 个出链，那么对每一个出链指向的网页 i，有 $M_{ij}=\frac{1}{k}$，而其他网页的 $M_{ij}=0$；图 8-6 对应的转移矩阵如下：

$$\boldsymbol{M}=\begin{pmatrix}0 & 1/2 & 1 & 0\\ 1/3 & 0 & 0 & 1/2\\ 1/3 & 0 & 0 & 1/2\\ 1/3 & 1/2 & 0 & 0\end{pmatrix}$$

初始时，假设上网者在每一个网页的概率都是相等的，即$\frac{1}{n}$，于是初始的概率分布就是一个所有值都为$\frac{1}{n}$的 n 维列向量 $\boldsymbol{V}_0$，用 $\boldsymbol{V}_0$ 去右乘转移矩阵 $\boldsymbol{M}$，就得到了第一步之后上网者的概率分布向量 $\boldsymbol{MV}_0$，$(n\times n)\times(n\times 1)$依然得到一个 $n\times 1$ 的矩阵，下面是 $\boldsymbol{V}_1$ 的计算过程：

$$\boldsymbol{V}_1=\boldsymbol{MV}_0=\begin{pmatrix}0 & 1/2 & 1 & 0\\ 1/3 & 0 & 0 & 1/2\\ 1/3 & 0 & 0 & 1/2\\ 1/3 & 1/2 & 0 & 0\end{pmatrix}\begin{pmatrix}1/4\\ 1/4\\ 1/4\\ 1/4\end{pmatrix}=\begin{pmatrix}9/24\\ 5/24\\ 5/24\\ 4/24\end{pmatrix}$$

注意矩阵 $\boldsymbol{M}$ 中 M_{ij} 不为 0 表示用一个链接从 j 指向 i，$\boldsymbol{M}$ 的第一行乘以 $\boldsymbol{V}_0$，表示累加所有网页到网页 A 的概率即得到$\frac{9}{24}$。得到了 $\boldsymbol{V}_1$ 后，再用 $\boldsymbol{V}_1$ 去右乘 $\boldsymbol{M}$ 得到 $\boldsymbol{V}_2$，一直下去，最终 $\boldsymbol{V}$ 会收敛，即 $\boldsymbol{V}_n=\boldsymbol{MV}_{n-1}$，不断迭代，最终

$$\boldsymbol{V}=\begin{pmatrix}1/4\\ 1/4\\ 1/4\\ 1/4\end{pmatrix}\begin{pmatrix}9/24\\ 5/24\\ 5/24\\ 4/24\end{pmatrix}\begin{pmatrix}15/48\\ 11/48\\ 11/48\\ 11/48\end{pmatrix}\begin{pmatrix}11/32\\ 7/32\\ 7/32\\ 7/32\end{pmatrix}\cdots\begin{pmatrix}3/9\\ 2/9\\ 2/9\\ 2/9\end{pmatrix}$$

2. 终止点问题

上述上网者的行为是一个马尔可夫过程的实例，要满足收敛性，需要具备一个条件：

- 图是强连通的，即从任意网页可以到达其他任意网页。

互联网上的网页不满足强连通的特性，因为有一些网页不指向任何网页，如果按照上面的计算，上网者到达这样的网页后便走投无路、四顾茫然，导致前面累计得到的转移概率被清零，这样下去，最终得到的概率分布向量的所有元素几乎都为0。假设把图8-8中C到A的链接丢掉，C变成了一个终止点，得到图8-7。

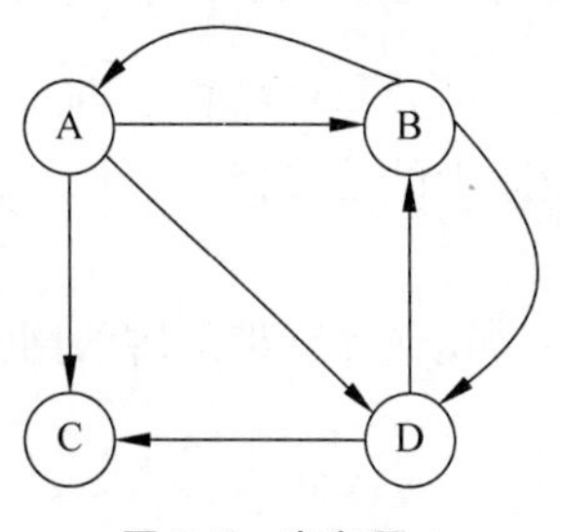

图8-7 有向图2

对应的转换矩阵为：

$$M=\begin{pmatrix}0 & 1/2 & 1 & 0\\1/3 & 0 & 0 & 1/2\\1/3 & 0 & 0 & 1/2\\1/3 & 1/2 & 0 & 0\end{pmatrix}$$

连续迭代下去，最终所有元素都为0：

$$\begin{pmatrix}1/4\\1/4\\1/4\\1/4\end{pmatrix}\begin{pmatrix}3/24\\5/24\\5/24\\5/24\end{pmatrix}\begin{pmatrix}5/48\\7/48\\7/48\\7/48\end{pmatrix}\begin{pmatrix}21/288\\31/288\\31/288\\31/288\end{pmatrix}\cdots\begin{pmatrix}0\\0\\0\\0\end{pmatrix}$$

3. 陷阱问题

另外一个问题就是陷阱问题，即有些网页不存在指向其他网页的链接，但存在指向自己的链接，比如图8-8。

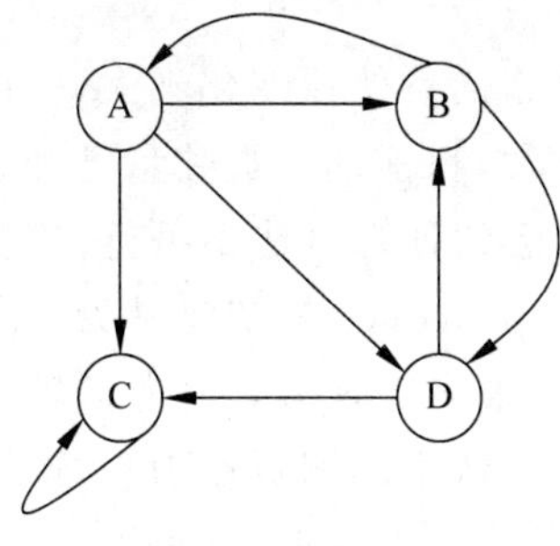

图8-8 有向陷阱图

上网者来到C网页后，就像跳进了陷阱，陷入了旋涡，再也不能从C中出来，将最终导致概率分布值全部转移到C上来，这使得其他网页的概率分布值为0，从而整个网页排名就失去了意义。由图8-8，对应的转移矩阵为：

$$M=\begin{pmatrix}0 & 1/2 & 0 & 0\\1/3 & 0 & 0 & 1/2\\1/3 & 0 & 1 & 1/2\\1/3 & 1/2 & 0 & 0\end{pmatrix}$$

不断迭代下去，就变成了这样：

$$\begin{pmatrix}1/4\\1/4\\1/4\\1/4\end{pmatrix}\begin{pmatrix}3/24\\5/24\\11/24\\5/24\end{pmatrix}\begin{pmatrix}5/48\\7/48\\29/48\\7/48\end{pmatrix}\begin{pmatrix}21/288\\31/288\\205/288\\31/288\end{pmatrix}\cdots\begin{pmatrix}0\\0\\1\\0\end{pmatrix}$$

4. 解决终止点问题和陷阱问题

在上面的过程中，我们忽略了一个问题，那就是上网者是一个悠闲的上网者，而不是一个愚蠢的上网者，我们的上网者是聪明而悠闲的，他悠闲、漫无目的，总是随机地选择网页，他聪明，在走到一个终结网页或者一个陷阱网页（比如两个示例中的C），不会傻傻地干着急，他会在浏览器的地址栏随机输入一个地址，当然这个地址可能又是原来的网页，但这里给了他一个逃离的机会，让他离开这万丈深渊。模拟聪明而又悠闲的上网者，对算法进行改进，在每一步，上网者都可能不想看当前网页了，不看当前网页也就不会点击上面的链接，而是悄悄地在地址栏输入另外一个地址，而在地址栏输入而跳转到各个网页的概率是$\frac{1}{n}$。假设上网者每一步查看当前网页的概率为 α，那么他从浏览器地址栏跳转的概率为$(1+\alpha)$，于是原来的迭代公式转化为：

$$\boldsymbol{V}'=\alpha\boldsymbol{MV}+(1+\alpha)\boldsymbol{e}$$

现在计算带陷阱的网页图的概率分布：

$$\boldsymbol{V}_1=\alpha\boldsymbol{MV}_0+(1+\alpha)\boldsymbol{e}=0.8\times\begin{pmatrix}0&1/2&0&0\\1/3&0&0&1/2\\1/3&0&1&1/2\\1/3&1/2&1/2&0\end{pmatrix}\begin{pmatrix}1/4\\1/4\\1/4\\1/4\end{pmatrix}+0.2\times\begin{pmatrix}1/4\\1/4\\1/4\\1/4\end{pmatrix}=\begin{pmatrix}9/60\\13/60\\25/60\\13/60\end{pmatrix}$$

重复迭代下去，得到：

$$\begin{pmatrix}1/4\\1/4\\1/4\\1/4\end{pmatrix}\begin{pmatrix}9/60\\13/60\\25/60\\13/60\end{pmatrix}\begin{pmatrix}41/300\\53/300\\153/300\\53/300\end{pmatrix}\begin{pmatrix}15/4500\\707/4500\\2543/4500\\707/450\end{pmatrix}\cdots\begin{pmatrix}15/148\\19/148\\95/148\\19/148\end{pmatrix}$$

可以看到，C 虽然占了很大一部分 PageRank 值，但其他网页获得了一些值，因此 C 的链接结构的权值确实应该会大些。

5. 用 Map-Reduce 计算 PageRank

上面的演算过程采用矩阵相乘，不断迭代，迭代前后概率分布向量的值变化不大，一般迭代到 30 次以上就收敛了。实际的 Web 结构的转移矩阵非常大，目前的网页数量已经超过 100 亿，转移矩阵是 100 亿×100 亿的矩阵，直接进行矩阵乘法的计算方法不可行，需要借助 Map-Reduce 的计算方式来解决。实际上，Google 发明 Map-Reduce 最初就是为了分布式计算大规模网页的 PageRank，Map-Reduce 的 PageRank 有很多实现方式。考虑转移矩阵可以用稀疏矩阵的形式表示，把 Web 图中的每一个网页及其链出的网页作为一行，这样 Web 图结构用如下方式表示：

1 A　B　C　D
2 B　A　D
3 C　C
4 D　B　C

A 有 3 条出链，分别指向 B、C、D，实际上，我们爬取的网页结构数据就是这样的。

(1) Map 阶段：Map 操作的每一行，对所有出链发射当前网页概率值的$\frac{1}{k}$，k 是当前网页的出链数，比如对第一行输出$\left\langle \mathrm{B},\frac{1}{3}\times\frac{1}{\mathrm{C}}\right\rangle$，$\left\langle \mathrm{C},\frac{1}{3}\times\frac{1}{\mathrm{C}}\right\rangle$，$\left\langle \mathrm{D},\frac{1}{3}\times\frac{1}{\mathrm{C}}\right\rangle$；

(2) Reduce 阶段：Reduce 操作收集网页 Id 相同的值，累加并按权重计算，$p_j=\alpha\times(p_1+p_2+\cdots+p_m)+(1-\alpha)\times\frac{1}{n}$，其中 m 是指向网页 j 的网页 j 数，n 为所有网页数。

思路就是这样，但是实践的时候，怎样在 Map 阶段知道当前行网页的概率值，需要一个单独的文件专门保存上一轮的概率分布值，先进行一次排序，让出链行与概率值按网页 Id

出现在同一映射中，整个流程如图 8-9 所示。

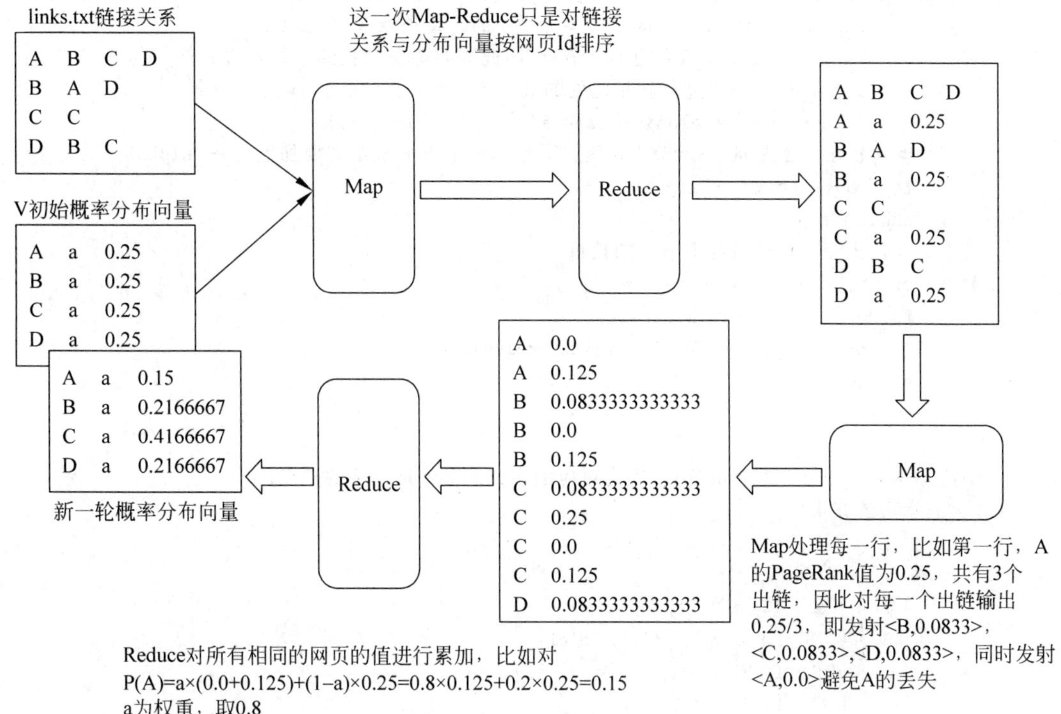

图 8-9　Reduce 阶段流程图

【例 8-5】　假设要给用户 u 进行个性化推荐，可以从用户 u 对应的节点 V_u 开始在用户物品二部图上进行随机游走。游走到任何一个节点时，首先按照概率 α 决定是继续游走，还是停止这次游走并从 V_u 节点开始重新游走。如果决定继续游走，那么从当前节点指向的节点中按照均匀分布随机选择一个节点作为游走下次经过的节点。这样，经过很多次随机游走后，每个物品节点被访问到的概率会收敛到一个数。最终的推荐列表中物品的权重就是物品节点的访问概率。

Python 实现代码为：

```
'''
G:二部图
alpha:随机游走的概率
root:游走的初始节点
max_step;最大走动步数
'''
def PersonalRank(G, alpha, root, max_step):
    rank = dict()
    rank = {x:0 for x in G.keys()}
    rank[root] = 1
    #开始迭代
    for k in range(max_step):
        tmp = {x:0 for x in G.keys()}
        #取节点 i 和它的出边尾节点集合 ri
```

```
        for i, ri in G.items():  #i是顶点.ri是与其相连的顶点及其边的权重
    #取节点 i 的出边的尾节点 j 以及边 E(i,j)的权重 wij, 边的权重都为 1,在这不起实际作用
            for j, wij in ri.items():  #j是 i 的连接顶点,wij是权重
            #i是 j 的其中一条入边的首节点,因此需要遍历图找到 j 的入边的首节点,
                #这个遍历过程就是此处的 2 层 for 循环,一次遍历就是一次游走
                tmp[j] += alpha * rank[i] / (1.0 * len(ri))
        #每次游走都是从 root 节点出发,因此 root 节点的权重需要加上(1 - alpha)
        tmp[root] += (1 - alpha)
        rank = tmp
        #输出每次迭代后各个节点的权重
        print('iter:  ' + str(k) + "\t",  )
        for key, value in rank.items():
            print ("%s:%.3f, \t"%(key, value), )
        print()
    return rank
'''
主函数,G表示二部图,'A'表示节点,后边对应的字典的 key 是连接的顶点,
value 表示边的权重
'''
if __name__ == '__main__':
    G = {'A' : {'a' : 1, 'c' : 1},
         'B' : {'a' : 1, 'b' : 1, 'c':1, 'd':1},
         'C' : {'c' : 1, 'd' : 1},
         'a' : {'A' : 1, 'B' : 1},
         'b' : {'B' : 1},
         'c' : {'A' : 1, 'B' : 1, 'C':1},
         'd' : {'B' : 1, 'C' : 1}}
    PersonalRank(G, 0.85, 'A', 100)
```

运行程序,输出如下:

```
iter:  0
A:0.150,
B:0.000,
C:0.000,
a:0.425,
b:0.000,
c:0.425,
d:0.000,

iter:  1
A:0.451,
B:0.301,
C:0.120,
a:0.064,
b:0.000,
c:0.064,
d:0.000,
…
iter:  99
```

```
A:0.269,
B:0.185,
C:0.086,
a:0.154,
b:0.039,
c:0.190,
d:0.076,
```

与 A 相关度最高的依次是 A(0.269)、c(0.190)、B(0.185)、a(0.154)、C(0.086)、d(0.076)、b(0.039)，去除 A 已经连接的 a、c，剩下的推荐依次为 B、a、C、d、b。

8.3.4 问题说明

虽然 PersonalRank 算法可以通过随机游走进行比较好的理论解释，但该算法在时间复杂度上有明显的缺点。因为在为每个用户进行推荐时，都需要在整个用户-物品二部图上进行迭代，直到整个图上的每个顶点的 PR 值收敛。这一过程的时间复杂度非常高，不仅无法在线提供实时推荐，甚至离线生成推荐结果也很耗时。

为了解决 PersonalRank 每次都需要在全图迭代并因此造成时间复杂度很高的问题，这里给出两种解决方案。第一种很容易想到，就是减少迭代次数，在收敛之前就停止。这样会影响最终的精度，但一般来说影响不会特别大。第二种方法就是从矩阵论出发，重新设计算法。

对矩阵运算比较熟悉的读者可以轻松将 PersonalRank 转化为矩阵的形式。令 $\boldsymbol{M}$ 为用户-物品二部图的转移概率矩阵，即：

$$\boldsymbol{M}(v,v')=\frac{1}{|\mathrm{out}(v)|}$$

那么，迭代公式可以转化为：

$$r=(1-\alpha)r_0+\alpha\boldsymbol{M}^{\mathrm{T}}r$$

对矩阵论稍微了解的读者都可以解出上面的方程，得到：

$$r=(1-\alpha)(1-\alpha\boldsymbol{M}^{\mathrm{T}})^{-1}r_0$$

因此，只需要计算一次 $(1-\alpha\boldsymbol{M}^{\mathrm{T}})^{-1}$，这里 $1-\alpha\boldsymbol{M}^{\mathrm{T}}$ 是稀疏矩阵。

【例 8-6】 在 Python 中，可以借助官方库 scipy.sparse 和 numpy 中的 dot 实现稀疏矩阵和稠密矩阵的相乘。

```
import numpy as np
import scipy.sparse as sparse
r = np.array([0,3,1,2,6,3,6,3,4])
c = np.array([0,0,2,2,2,4,5,6,3])
data = np.array([1,1,1,1,1,1,1,1,1])
a = np.ones(7)
sparse_matrix = sparse.coo_matrix((data, (r,c)), shape = (7,7))
print(sparse_matrix)
print(sparse_matrix.todense())
M = sparse_matrix.dot(a)
print(M)
```

运行程序，输出如下：

```
  (0, 0)	1
  (3, 0)	1
  (1, 2)	1
  (2, 2)	1
  (6, 2)	1
  (3, 4)	1
  (6, 5)	1
  (3, 6)	1
  (4, 3)	1
[[1 0 0 0 0 0 0]
 [0 0 1 0 0 0 0]
 [0 0 1 0 0 0 0]
 [1 0 0 0 1 0 1]
 [0 0 0 1 0 0 0]
 [0 0 0 0 0 0 0]
 [0 0 1 0 0 1 0]]
[1. 1. 1. 3. 1. 0. 2.]
```

8.4 小结

推荐算法大致可以分为 3 类：基于内容的推荐算法、协同过滤推荐算法和基于项的推荐算法。本章从协同过滤算法、基于矩阵分解算法、基于图的算法这 3 方面来介绍了推荐算法。每节实现理论与实践相结合展示，让读者快速上手，掌握利用 Python 解决推荐算法问题。

8.5 习题

1. RS 系统被称为连接________与________的桥梁，一方面帮助用户从________中找到感兴趣的信息，另一方面将有价值的信息传递给________的用户。

2. 本章主要介绍 4 种相似性的度量方法，分别为________、________、________和________。

3. 协同过滤算法的主要有几个步骤？分别是什么？

4. PersonalRank 算法是什么？

5. 分别对下面两个字符串实现相似度计算和距离算法。

str1="未来资金还款来源主要包括上市公司分红"

str2="未来还款资金来源主要包括个人日常收入"

第9章 Python 频繁项集

CHAPTER 9

频繁模式和对应的关联或相关规则在一定程度上刻画了属性条件与类标号之间的有趣联系，因此将关联规则挖掘用于分类也会产生比较好的效果。

9.1 关联分析

关联分析指的是在交易数据、关系数据或其他信息载体中，查找存在于项目集合或对象集合之间的频繁模式、关联、相关性或因果结构。或者说，关联分析是发现交易数据库中不同商品(项)之间的联系。

关联分析是一种简单、实用的分析技术，通过发现存在于大量数据集中的关联性或相关性，从而描述一个事物中某些属性同时出现的规律和模式。

关联分析是从大量数据中发现项集之间有趣的关联。关联分析的一个典型例子是购物篮分析。该过程通过发现顾客放入其购物篮中的不同商品之间的联系，分析顾客的购买习惯。通过了解哪些商品频繁地被顾客同时购买，这种关联的发现可以帮助零售商制定营销策略。其他的应用还包括价目表设计、商品促销、商品的排放和基于购买模式的顾客划分。例如，在著名的购物篮事务(market basket transactions)问题中，关联分析被用来找出此类规则：顾客在买了某种商品时也会买另一种商品。在上述例子中，大部分都知道关联规则：{Diapers} → {Beer}；即顾客在买完尿布之后通常会买啤酒。后来通过调查分析，原来妻子嘱咐丈夫给孩子买尿布时，丈夫在买完尿布后通常会买自己喜欢的啤酒。但是，如何衡量这种关联规则是否靠谱呢？表9-1给出了度量标准。

表 9-1 度量标准

TID	Items
1	{Bread, Milk}
2	{Bread, Diapers, Beer, Eggs}
3	{Milk, Diapers, Beer, Cola}
4	{Bread, Milk, Diapers, Beer}
5	{{Bread, Milk, Beer, Cola}}

9.1.1 支持度与置信度

关联规则可以描述成：项集→项集。项集 X 出现的事务次数(也称 support count)定义为：

$$\sigma(X) = |t_i \mid X \in t_i, t_i \in T|$$

其中，t_i 表示某个事务(TID)，T 表示事务的集合。关联规则 $X \to Y$ 的支持度(support)：

$$s(X \to Y) = \frac{\sigma(X \cup Y)}{|T|}$$

支持度刻画了项集 $X \cup Y$ 的出现频次。置信度(confidence)定义如下：

$$c(X \to Y) = \frac{\sigma(X \cup Y)}{\sigma(X)}$$

对概率论稍有了解的人，都应该能看出来：置信度可理解为条件概率 $p(Y|X)$，度量在已知事务中包含了 X 时包含 Y 的概率。

对于可靠的关联规则，其支持度与置信度均应大于设定的阈值。那么，关联分析问题即等价于：对给定的支持度阈值 min_sup、置信度阈值 min_conf，找出所有的满足下列条件的关联规则：

支持度>=min_sup

置信度>=min_conf

支持度大于阈值的项集称为频繁项集(frequent itemset)。因此，关联规则分析可分为下列两个步骤：

- 生成频繁项集 $F = X \cup Y$；
- 在频繁项集 F 中，找出所有置信度大于最小置信度的关联规则 $X \to Y$。

9.1.2 穷举法

如果(对于所有事务集合)项的个数为 d，则所有关联规则的数量：

$$\begin{aligned}
&\sum_i^d C_d^i \sum_j^{d-i} C_{d-i}^j \\
&= \sum_i^d C_d^i (2^{d-i} - 1) \\
&= \sum_i^d C_d^i \times 2^{d-i} - 2^d + 1 \\
&= (3^d - 2^d) - 2^d + 1 \\
&= 3^d - 2^{d+1} + 1
\end{aligned}$$

如果采用暴力方法，穷举所有的关联规则，找出符合要求的规则，那么其时间复杂度将达到指数级。因此，需要找出复杂度更低的算法用于关联分析。

9.2 Apriori 算法

Apriori 算法是一种挖掘关联规则的频繁项集算法，其核心思想是通过候选集生成和向下封闭检测两个阶段来挖掘频繁项集。该算法已经被广泛应用到商业、网络安全等领域。

9.2.1 Apriori 算法简介

Apriori 算法是一种最有影响的挖掘布尔关联规则频繁项集的算法。其核心是基于两阶段频集思想的递推算法。该关联规则在分类上属于单维、单层、布尔关联规则。在这里，所有支持度大于最小支持度的项集称为频繁项集，简称频集。

9.2.2 Apriori 定理

Agrawal 与 Srikant 提出 Apriori 算法，用于进行快速的关联规则分析。

1. 频繁项集生成

根据支持度的定义，得到如下的先验定理。

定理 1：如果一个项集是频繁的，那么其所有的子集(subsets)也一定是频繁的。

这个比较容易证明，因为某项集的子集的支持度一定不小于该项集。

定理 2：如果一个项集是非频繁的，那么其所有的超集(supersets)也一定是非频繁的。

定理 2 是定理 1 的逆反定理。根据定理 2，可以对项集树进行剪枝，如图 9-1 所示。

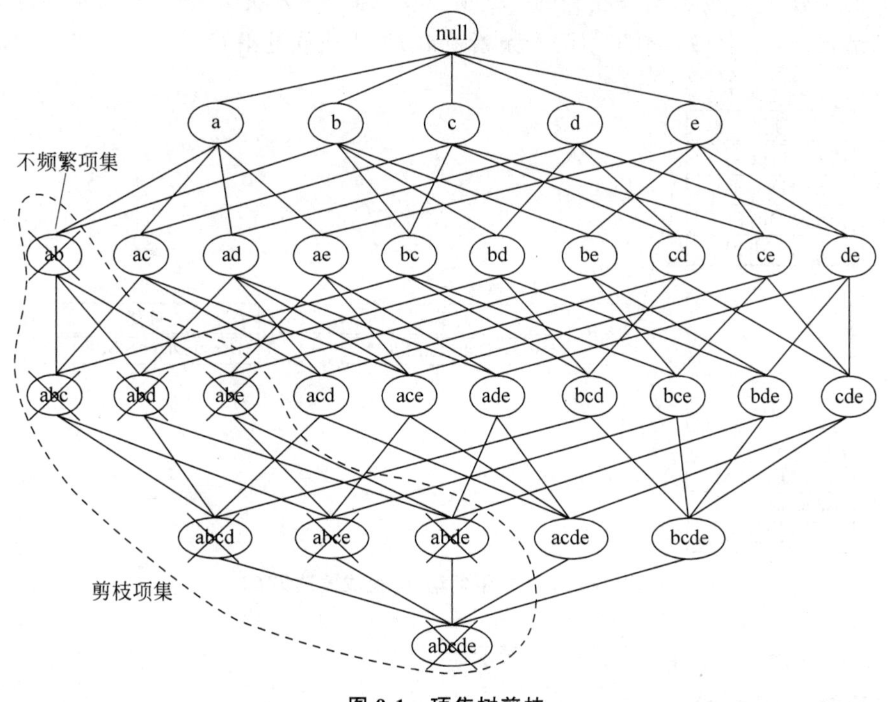

图 9-1 项集树剪枝

项集树共有项集数：$\sum_{k=1}^{d} k \times C_d^k = d \cdot 2^{d-1}$。显然，用穷举的办法会导致计算复杂度太高。对于大小为 $k-1$ 的频繁项集 F_{k-1}，如何计算大小为 k 的频繁项集 F_k 呢？Apriori 算法给出了两种策略。

(1) $F_k = F_{k-1} \times F_1$ 方法。之所以没有选择 F_{k-1} 与(所有)1 项集生成 F_k，是因为为了满足其定义。图 9-2 给出由频繁项集 F_2 与 F_1 生成候选项集 C_3。

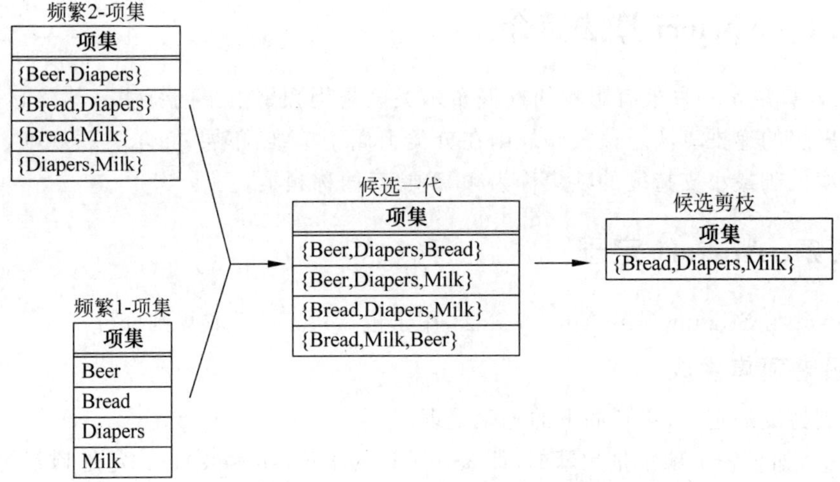

图 9-2 频繁项集 F_2 与 F_1 生成候选项集 C_3

(2) $F_k=F_{k-1}\times F_{k-1}$ 方法。选择前 $k-2$ 项均相同的 f_{k-1} 进行合并,生成 F_{k-1}。当然,F_{k-1} 的所有 f_{k-1} 都是有序排列的。之所以要求前 $k-2$ 项均相同,是为了确保 F_k 的 $k-2$ 项都是频繁的。图 9-3 给出由两个频繁项集 F_2 生成候选集 C_3。

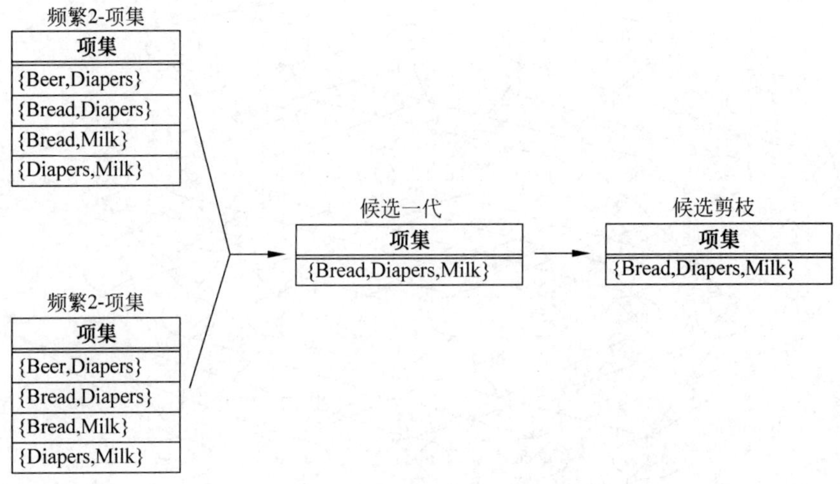

图 9-3 两个频繁项集 F_2 生成候选集 C_3

生成频繁项集 F_k 的算法如图 9-4 所示。

2. 关联规则生成

关联规则是由频繁项集生成的,即对于 F_k,找出项集 h_m,使得规则 $f_k-h_m\rightarrow h_m$ 的置信度大于置信度阈值。同样地,根据置信度定义,可得到如下定理:

定理 3:如果规则 $X\rightarrow Y-X$ 不满足置信度阈值,则对于 X 的子集 X',规则 $X'\rightarrow Y-X'$ 也不满足置信度阈值。

根据定理 3,可对规则树进行如图 9-5 所示的剪枝。

关联规则的生成算法如图 9-6 所示。

```
k = 1.
F_k = { i | i ∈ I ∧ σ({i}) ≥ N × minsup}.   {Find all frequent 1-itemsets}
repeat
  k = k + 1.
  C_k = apriori-gen(F_{k-1}).   {Generate candidate itemsets}
  for each transaction t ∈ T do
    C_t = subset(C_k, t).   {Identify all candidates that belong to t}
    for each candidate itemset c ∈ C_t do
      σ(c) = σ(c) + 1.   {Increment support count}
    end for
  end for
  F_k = { c | c ∈ C_k ∧ σ(c) ≥ N × minsup}.   {Extract the frequent k-itemsets}
until F_k = ∅
Result = ⋃ F_k.
```

图 9-4 生成频繁项集 F_k 的算法

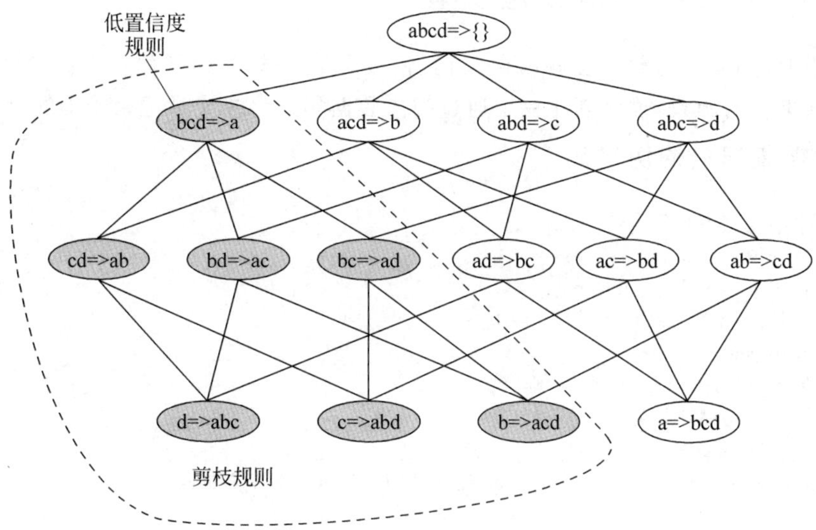

图 9-5 树的剪枝效果

```
k = |f_k|   {size of frequent itemset.}
m = |H_m|   {size of rule consequent.}
if k > m + 1 then
  H_{m+1} = apriori-gen(H_m).
  for each h_{m+1} ∈ H_{m+1} do
    conf = σ(f_k)/σ(f_k − h_{m+1}).
    if conf ≥ minconf then
      output the rule (f_k − h_{m+1}) ⟶ h_{m+1}.
    else
      delete h_{m+1} from H_{m+1}.
    end if
  end for
  call ap-genrules(f_k, H_{m+1}.)
end if
```

图 9-6 关联规则的生成算法

9.2.3 Apriori 算法应用

经典的关联规则数据挖掘算法 Apriori 算法广泛应用于各个领域，通过对数据的关联性进行分析和挖掘，挖掘出的信息在决策制定过程中具有重要的参考价值。

(1) Apriori 算法广泛应用于商业中，应用于消费市场价格分析中，它能够很快地求出各种产品之间的价格关系和它们之间的影响。

(2) Apriori 算法应用于网络安全领域，例如网络入侵检测技术中。

(3) Apriori 算法应用于高校管理中。随着高校贫困生人数的不断增加，学校管理部门资助工作难度也不断增大。针对这一现象，提出一种基于数据挖掘算法的解决方法。

(4) Apriori 算法被广泛应用于移动通信领域。

9.2.4 Python 生成候选项集

在使用 Python 来对整个程序编码之前，需要创建一些辅助函数。下面会创建一个用于构建初始集合的函数，也会创建一个通过扫描数据集以寻找交易记录子集的函数。

1. 数据集扫描的伪代码

```
对数据集中的每条交易记录 tran
对每个候选项集 can:
    检查一下 can 是否是 tran 的子集:
    如果是,则增加 can 的计算
对每个候选项集:
    如果其支持度不低于最小值,则保留该项集
    返回所有频率项集列表
from numpy import *
def loadDataSet():                    # 创建一个用于测试的简单数据集
    return [[1, 3, 4], [2, 3, 5], [1, 2, 3, 5], [2, 5]]

def createC1(dataSet):                # 构建集合 C1
    C1 = []
    for transaction in dataSet:
        for item in transaction:
            if not [item] in C1:
                C1.append([item])
    C1.sort()
    return map(frozenset, C1)         # 对 C1 中每个项构建一个不变集合

# 用于从 C1 生成 L1,它有 3 个参数,分别是数据集、候选项集列表 Ck 以及感兴趣项集的最小支持
度 minSupport
def scanD(D, Ck, minSupport):
    ssCnt = {}
    for tid in D:
        for can in Ck:
            if can.issubset(tid):
                if not ssCnt.has_key(can): ssCnt[can] = 1
                else: ssCnt[can] += 1
```

```
    numItems = float(len(D))
    retList = []
    supportData = {}
    for key in ssCnt:                #计算所有项集的支持度
        support = ssCnt[key]/numItems
        if support >= minSupport:
            retList.insert(0,key)
        supportData[key] = support
    return retList, supportData
```

2. 组织完整的 Apriori 算法

整个 Apriori 算法的伪代码为：

```
当集合中项的个数大于 0 时
    构建一个 k 个项组成的候选项集的列表
    检查数据以确认每个项集都是频繁的
    保留频繁项集并构建 k+1 项组成的候选项集的列表
```

即可以过滤集合,那么就能够构建完整的 Apriori 算法了,实现 Apriori 算法的代码为:

```
def aprioriGen(Lk, k):               #创建 Ck
    retList = []
    lenLk = len(Lk)
    for i in range(lenLk):
        for j in range(i+1, lenLk):
            L1 = list(Lk[i])[:k-2]; L2 = list(Lk[j])[:k-2]
            L1.sort(); L2.sort()
            if L1 == L2:
                retList.append(Lk[i] | Lk[j])
    return retList

def apriori(dataSet, minSupport = 0.5):
    C1 = createC1(dataSet)
    D = map(set, dataSet)
    L1, supportData = scanD(D, C1, minSupport)
    L = [L1]
    k = 2
    while (len(L[k-2]) > 0):
        Ck = aprioriGen(L[k-2], k)
        Lk, supK = scanD(D, Ck, minSupport)
        supportData.update(supK)
        L.append(Lk)
        k += 1
    return L, supportData
```

aprioriGen()的输入参数为频繁项集列表 Lk 与项集元素个数 k,输出为 Ck。举例来说,该函数以{0}、{1}、{2}作为输入,会生成{0,1}、{0,2}以及{1,2}。要完成这一点,首先创建一个空列表,然后计算 Lk 中的元素数目。接着,比较 Lk 中的每一个元素与其他元素,这可以通过两个 for 循环来实现。

以上所有的操作都被封装在 apriori()函数中。给该函数传递一个数据集以及一个支持度，函数就会生成候选项集的列表，这通过首先创建 C1，然后读入数据集并将其转化为 D（集合列表）来完成。程序中使用 map 函数将 set 映射到 dataSet 列表中的每一项。

9.3 FP-Growth 算法

FP-Growth 算法是韩嘉炜等人在 2000 年提出的关联分析算法，它采取如下分治策略：将提供频繁项集的数据库压缩到一棵频繁模式树（FP 树），但仍保留项集关联信息。

在算法中使用了一种称为频繁模式树（Frequent Pattern Tree）的数据结构。FP 树是一种特殊的前缀树，由频繁项头表和项前缀树构成。FP-Growth 算法基于以上的结构加快了整个挖掘过程。

9.3.1 用 FP 树编码数据集

FP-Growth 算法将数据存储在一个称为 FP 树的紧凑数据结构中，它与计算机科学中的其他树的结构类似，但是它通过链接来连接相似元素，被连起来的元素可以看作是一个链表，如图 9-7 所示。

FP 树会存储项集出现的频率，每个项集都会以路径的形式存储在树中，存在相似元素的集合会共享树的一部分。只有当集合之间完全不同时树才会分叉，树节点会给出集合中单个元素及其在序列中出现的次数，路径会给出该序列的出现次数。

相似项之间的链接即节点链接，用于快速发现相似项的位置，举例如图 9-8 所示。

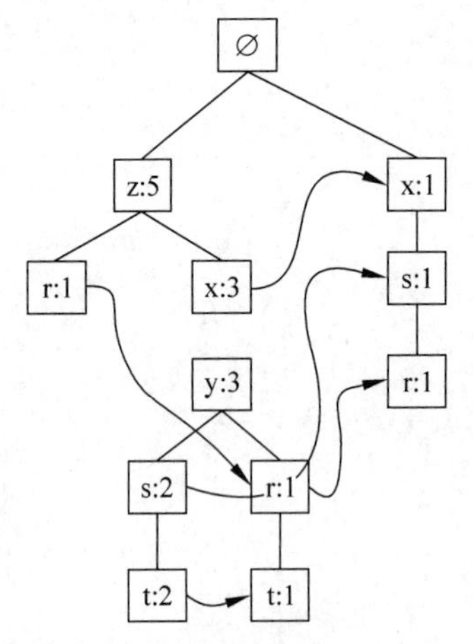

图 9-7 FP 树的结构图

TID	事务中的元素项
001	r, z, h, j, p
002	z, y, x, w, v, u, t, s
003	z
004	r, x, n, o, s
005	y, r, x, z, q, t, p
006	y, z, x, e, q, s, t, m

图 9-8 用于发现图 9-7 中 FP 树的事务数据样例

第一列是事务的 ID，第二列是事务中的元素项，在图 9-7 中 z 出现了 5 次，而{r，z}项只出现了 1 次，集合{t，s，y，x，z}出现了 2 次，集合{t，r，y，x，z}出现了 1 次，所以 z 本身出现了 1 次。看了图 9-8 可能会有疑问：为什么在图 9-7 中没有 p、q、w、v 等元素呢？这是因为通常会给所有的元素设置一个阈度值（Apriori 里的支持度），低于这个阈值的元素不加以研究。

构建 FP 树

构建 FP 树是算法的第一步，在 FP 树的基础之上再对频繁项集进行挖掘。为了构建 FP 树，要对数据集扫描两次：第一次对所有元素项出现次数进行计数，记住如果一个元素不是频繁的，那么包含这个元素的超集也不是频繁的，所以不需要考虑这些超集；第二遍的扫描只考虑那些频繁元素。

除了图 9-7 给出的 FP 树，还需要一个头指针表来指向给定类型的第一个实例。利用头指针表可以快速访问 FP 树中一个给定类型的所有元素，发现相似元素项，如图 9-9 所示。

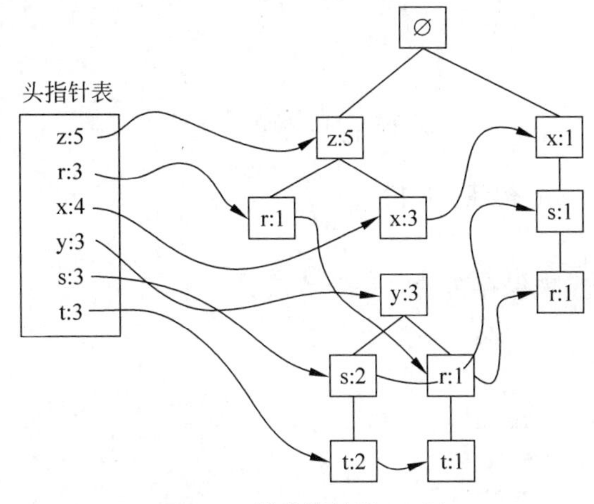

图 9-9　带头指针的 FP 树

头指针表的数据结构是字典，除了存放头指针元素之外，还可以存放 FP 中每类元素的个数。第一次遍历数据集得到每个元素项出现的频率，接下来去掉不满足最小支持度的元素项，然后就可以创建 FP 树了。构建时，将每个项集添加到一个已经存在的路径中，如果该路径不存在，则创建一个新的路径。每个事务都是一个无序的集合，然而在 FP 树中相同项只会出现一次，{x，y，z}和{y，z，x}应该在同一个路径上，所以在将集合添加到树之前要对每个集合进行排序，排序是基于各个元素出现的频率来进行的，使用图 9-9 头指针表中单个元素的出现值，对图 9-9 中的数据进行过滤，重排序后的新数据如图 9-10 所示。

TID	事务中的元素项	排序后的事务
001	r, z, h, j, p	z, r
002	z, y, x, w, v, u, t, s	z, x, y, s, t
003	z	z
004	r, x, n, o, s	x, s, r
005	y, r, x, z, q, t, p	z, x, y, r, t
006	y, z, x, e, q, s, t, m	z, x, y, s, t

图 9-10　移除非频繁项，重新排序后的事务表

现在，就可以构建 FP 树了，从空集开始，向其中不断添加频繁项集。过滤，排序后的事务依次添加到树中，如果树中已有现有元素，则增加该元素的值；如果该元素不存在，则添加新分支。图 9-10 中事务表前两条事务添加的过程如图 9-11 所示。

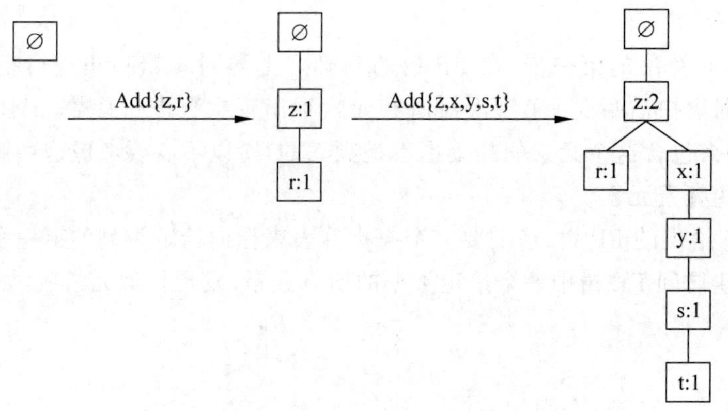

图 9-11 FP 构建过程图

【例 9-1】 采用 Python 构建 FP 树。

实现步骤为：

(1) 首先创建一个类来保存树的每一个节点。

```
from numpy import *
class treeNode:
    def __init__(self, nameValue, numOccur, parentNode):
        self.name = nameValue
        self.count = numOccur
        self.nodeLink = None
        self.parent = parentNode        #需要更新
        self.children = {}

    def inc(self,numOccur):
        self.count += numOccur

    def disp(self,ind = 1):
        print(''* ind,self.name,'',self.count)
        for child in self.children.values():
            child.disp(ind+1)
```

(2) 这样，FP 树对应的数据结构就建好了，现在就可以构建 FP 树了。FP 树的构建函数如下：

```
#FP 构建函数
def createTree(dataSet,minSup = 1):
    headerTable = {}
    for trans in dataSet:
        for item in trans:
            headerTable[item] = headerTable.get(item,0) + dataSet[trans]#记录每个元素项
出现的频度
    for k in headerTable.keys():
        if headerTable[k] < minSup:
            del(headerTable[k])
    freqItemSet = set(headerTable.keys())
```

```
    if len(freqItemSet) == 0:      #不满足最小值支持度要求的除去
        return None,None
    for k in headerTable:
        headerTable[k] = [headerTable[k],None]
    retTree = treeNode('Null Set',1,None)
    for tranSet,count in dataSet.items():
        localD = {}
        for item in tranSet:
            if item in freqItemSet:
                localD[item] = headerTable[item][0]
        if len(localD) > 0:
             orderedItems = [v[0] for v in sorted(localD.items(),key = lambda p:p[1],
reverse = True)]
            updateTree(orderedItems,retTree,headerTable,count)
    return retTree,headerTable

def updateTree(items, inTree, headerTable, count):
    if items[0] in inTree.children:
        inTree.children[items[0]].inc(count)
    else:
        inTree.children[items[0]] = treeNode(items[0], count, inTree)
        if headerTable[items[0]][1] == None:
            headerTable[items[0]][1] = inTree.children[items[0]]
        else:
            updateHeader(headerTable[items[0]][1], inTree.children[items[0]])
    if len(items) > 1:
        updateTree(items[1::], inTree.children[items[0]], headerTable, count)
```

(3) 在运行上例之前还需要一个真正的数据集，结合之前的数据自定义数据集：

```
def updateHeader(nodeToTest, targetNode):
    while (nodeToTest.nodeLink != None):
        nodeToTest = nodeToTest.nodeLink
    nodeToTest.nodeLink = targetNode

def loadSimpDat():
    simpDat = [['r', 'z', 'h', 'j', 'p'],
               ['z', 'y', 'x', 'w', 'v', 'u', 't', 's'],
               ['z'],
               ['r', 'x', 'n', 'o', 's'],
               ['y', 'r', 'x', 'z', 'q', 't', 'p'],
               ['y', 'z', 'x', 'e', 'q', 's', 't', 'm']]
    return simpDat

def createInitSet(dataSet):
    retDict = {}
    for trans in dataSet:
        retDict[frozenset(trans)] = 1
    return retDict
```

(4) 测试。

```
rootNode = treeNode('pyramid',9,None)
rootNode.children['eye'] = treeNode('eye',13,None)
a = rootNode.disp()
print(a)
```

运行程序,输出如下:

```
  pyramid   9
    eye   13
None
```

9.3.2 从FP树中挖掘频繁项

有了FP树之后就可以抽取频繁项集了,思路与Apriori算法大致一样,从单元素项集开始,逐步构建更大的集合,只不过不需要原始的数据集了。

从FP树中抽取频繁项集的3个基本步骤如下:

(1) 从FP树中获得条件模式基;

(2) 利用条件模式基,构建一个条件FP树;

(3) 迭代重复步骤(1)和步骤(2),直到树只包含一个元素项为止。

1. 抽取条件模式基

条件模式基是以所查找元素项为结尾的路径集合,每一条路径包含一条前缀路径和结尾元素。在图9-9中,符号r的前缀路径有{x,s}、{z,x,y}和{z},每一条前缀路径都与一个数据值关联,这个值等于路径上r的数目,图9-12中列出单元素频繁项的所有前缀路径。

频繁项	前缀路径
z	{}5
r	{x,s}1, {z,x,y}1, {z}1
x	{z}3, {}1
y	{z,x}3
s	{z,x,y}2, {x}1
t	{z,x,y,s}2, {z,x,y,r}1

图9-12 每个频繁项的前缀路径

前缀路径将被用于构建条件FP树。为了获得这些路径,可以对FP树进行穷举式搜索,直到获得想要的频繁项为止,但可以使用一个更为有效的方法加速搜索过程。可以用先前的头指针表来创建一种更为有效的方法,头指针表中包含相同类型元素链表的起始指针。一旦到达了每一个元素项,就可以上溯这棵树直到根节点为止。Python实现代码如下:

```
def ascendTree(leafNode, prefixPath):           #从叶节点上溯到根节点
    if leafNode.parent != None:
        prefixPath.append(leafNode.name)
        ascendTree(leafNode.parent, prefixPath)
```

```
def findPrefixPath(basePat, treeNode):      #treeNode取自头指针表
    condPats = {}
    while treeNode != None:
        prefixPath = []
        ascendTree(treeNode, prefixPath)
        if len(prefixPath) > 1:
            condPats[frozenset(prefixPath[1:])] = treeNode.count
        treeNode = treeNode.nodeLink
    return condPats

#测试
simpDat = loadSimpDat()
initSet  = createInitSet(simpDat)
myFPtree,myHeaderTab = createTree(initSet,3)
a = myFPtree.disp()
b = findPrefixPath('x',myHeaderTab['x'][1])
print b
```

2. 创建条件FP树

对于每一个频繁项，都要创建一个条件FP树，将上面的条件模式基作为输入，通过相同的建树方法来构建这些条件树，然后递归地发现频繁项、发现条件模式基，以及发现另外的条件树。举个例子，假定为频繁项t创建一个条件FP树，然后对{t,y}、{t,x}……重复该过程。元素项t的条件FP树的构建过程如图9-13所示。

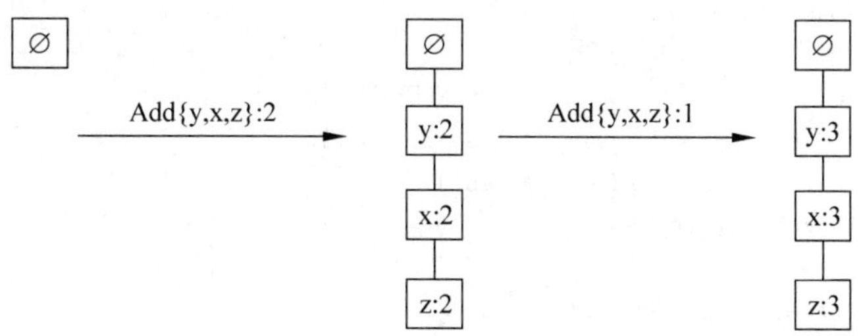

图9-13 元素项t的条件FP树的构建过程

s和r虽然是条件模式基的一部分，且单独看都是频繁项，但是在t的条件树中，它却是不频繁的，分别出现了2次和1次，小于阈值3，所以{t,r}和{t,s}不是频繁的。接下来对集合{t,z}、{t,x}、{t,y}来挖掘对应的条件树，会产生更复杂的频率项集，该过程重复进行，直到条件树中没有元素为止。Python实现代码如下：

```
def mineTree(inTree, headerTable, minSup, preFix, freqItemList):
    bigL = [v[0] for v in sorted(headerTable.items(), key = lambda p: p[1])] #(sort header
table)
    for basePat in bigL:
        newFreqSet = preFix.copy()
        newFreqSet.add(basePat)
        freqItemList.append(newFreqSet)
        condPattBases = findPrefixPath(basePat, headerTable[basePat][1])
        myCondTree, myHead = createTree(condPattBases, minSup)
        if myHead != None:
```

```
            mineTree(myCondTree, myHead, minSup, newFreqSet, freqItemList)
```

结合之前的数据验证发现无误。

9.3.3 从新闻网站点击流中挖掘

上述在自定义的数据中对算法进行了验证，现在选取实际的数据进行测试。在这个数据集合中，包含了100万条记录，文件中的每一行都包含某个用户浏览过的新闻报道，用来寻找那些至少被10万人浏览过的报道。代码如下：

```
#encoding:utf-8
import numpy as py
from numpy import *
from audioop import reverse
#fp树的定义
class treeNode:
    def __init__(self, nameValue, numOccur, parentNode):
        self.name = nameValue          #树节点的名字
        self.count = numOccur          #树节点的计数
        self.nodeLink = None           #链接下一棵树的线索,好像指针
        self.parent = parentNode       #该树节点的父节点
        self.children = {}             #该树节点的子节点

    def inc(self, numOccur):           #计算该树节点出现的支持度数,就是出现了几次
        self.count += numOccur

    def disp(self, ind=1):             #遍历这棵树
        print('  '*ind, self.name, '', self.count)
        for child in self.children.values():
            child.disp(ind+1)
#构建FP树
def createTree(dataSet, minSup=1):
    headerTable = {}                   #头节点的字典
    ##1.统计元素出现的次数
    for trans in dataSet:#字典中的每条记录即俗称的事务
        for item in trans:             #遍历的是事务中的每个元素
            #dict.get(key, default = None) 如果有该键值,就返回对应的键值,如果不存在键
#值,就返回用户指定的值
            headerTable[item] = headerTable.get(item, 0) + dataSet[trans]
    #2. 删除小于该支持度的元素项
    for k in headerTable.keys():
        if headerTable[k] < minSup:
            del(headerTable[k])
     #3. 对元素项去重得到频繁集
    freqItemSet = set(headerTable.keys())
    ##如果为空,则返回,无须进行下一项
    if len(freqItemSet) == 0: return None, None
    #在头指针中,保留计数的数值以及指向每种类型的第一个指针
    for k in headerTable:
        headerTable[k] = [headerTable[k], None]
```

```
    #根节点为空  并且出现的次数为一
    retTree = treeNode('Null Set', 1, None)
    '''第二次遍历数据集 建立 fp 树'''
    for tranSet, count in dataSet.items(): #transSet 代表事务(一条物品的组合)  也就是一个
                                         #集合 dataSet 的键值,count 代表出现的次数
        localD = {}                                     #key 每项物品,count 商品出现的次数
        for item in tranSet:
            if item in freqItemSet:
                localD[item] = headerTable[item][0] #记录商品出现的次数
        if len(localD) > 0:
            #对这个事务(一条物品的组合)按照出现的度数从大到小进行排序,为插入进行准备
            orderedItems = [v[0] for v in sorted(localD.items(), key = lambda p: p[1],
reverse = True)]
            #构建树
            updateTree(orderedItems, retTree, headerTable, count)
            #返回 FP 树结构,头指针
    return retTree, headerTable
'''已经排好序的物品 items,构建 fp 树'''
def updateTree(items, inTree, headerTable, count):
    if items[0] in inTree.children:          #若该项已经在树中出现则计数加一,
        inTree.children[items[0]].inc(count)
    else:                                    ##如果没有这个元素项,那么创建一个子节点
        inTree.children[items[0]] = treeNode(items[0], count, inTree)
        if headerTable[items[0]][1] == None: #如果头指针没有指向任何元素,那么指向该
                                             #节点
            headerTable[items[0]][1] = inTree.children[items[0]]
        else: #如果已经指向,那么就继续加入这个链表,updateHeader 这个函数的作用就是让已
            #经加入的该链表的最后一项,指向这个新的节点
            updateHeader(headerTable[items[0]][1], inTree.children[items[0]])
    #对剩下的元素项迭代调用,updateTree
    #不断调用自身,每次调用就会去掉列表的第一个元素
    #通过 items[1::]实现
    if len(items) > 1:
        updateTree(items[1::], inTree.children[items[0]], headerTable, count)
'''更新相似元素的链表,相当于延长这个链表'''
def updateHeader(nodeToTest, targetNode):    #this version does not use recursion
    while (nodeToTest.nodeLink != None):     #Do not use recursion to traverse a linked list!
        nodeToTest = nodeToTest.nodeLink
    nodeToTest.nodeLink = targetNode
'''挖掘频繁集'''
#向上搜索,寻找到 leafNode 当前节点的路径
def ascendTree(leafNode, prefixPath):        #如果父节点不为空就继续向上寻找并记录
    if leafNode.parent != None:
        prefixPath.append(leafNode.name)
        ascendTree(leafNode.parent, prefixPath)    #递归向上查找
'''为给定的元素项找到前缀路径(条件模式基)'''
def findPrefixPath(basePat, treeNode):       #basePat 要发掘的元素  treeNode 发掘的节点
    condPats = {}                      #存放条件模式基,即含元素项 basePat 的前缀路径以及计数
    #<key,value>  key:前缀路径 value:路径计数
    while treeNode != None:
        prefixPath = []        #存放不同路线的前缀路径,包含 basePat 自身,在下面会去掉自身
```

```
            ascendTree(treeNode, prefixPath)
            if len(prefixPath) > 1:
                condPats[frozenset(prefixPath[1:])] = treeNode.count
            treeNode = treeNode.nodeLink
        return condPats
# inTree 为生成的 Fp 树,头指针表 headerTable, preFix 空集合 Set()
# freItemList 保存生成的频繁集
def mineTree(inTree, headerTable, minSup, preFix, freqItemList):
# 对头指针出现的元素按照出现的频率从小到大进行排序
# 遍历头指针表,挖掘频繁集
    bigL = [v[0] for v in sorted(headerTable.items(), key = lambda p: p[1])] # (sort header
table)
    for basePat in bigL:                          ## 保存当前前缀路径 basePat
        newFreqSet = preFix.copy()
        newFreqSet.add(basePat)
        # 将每个频繁项添加到频繁项集列表 freqItemList
        freqItemList.append(newFreqSet)
        # 递归调用 findPrefixPath 函数找到到元素项 basePat 的前缀路径
        condPattBases = findPrefixPath(basePat, headerTable[basePat][1])
        # 根据当前元素项生成的前缀路径和最小支持度生成条件树
        myCondTree, myHead = createTree(condPattBases, minSup)
        # 若条件 fp 树有元素项,可以再次递归生成条件树
        if myHead != None:                        # 3. mine cond. FP - tree
            # 递归挖掘该条件树
            mineTree(myCondTree, myHead, minSup, newFreqSet, freqItemList)

def loadSimpDat():
    simpDat = [['r', 'z', 'h', 'j', 'p'],
               ['z', 'y', 'x', 'w', 'v', 'u', 't', 's'],
               ['z'],
               ['r', 'x', 'n', 'o', 's'],
               ['y', 'r', 'x', 'z', 'q', 't', 'p'],
               ['y', 'z', 'x', 'e', 'q', 's', 't', 'm']]
    return simpDat
# 对数据进行格式化处理转化成字典类型,<交易记录,count = 1>
def createInitSet(dataSet):
    retDict = {}
    for trans in dataSet:
        retDict[frozenset(trans)] = 1
    return retDict

import twitter
from time import sleep
import re

def textParse(bigString):
    urlsRemoved = re.sub('(http:[/][/]|www.)([a - z]|[A - Z]|[0 - 9]|[/.]|[~])*', '',
bigString)
    listOfTokens = re.split(r'\W*', urlsRemoved)
    return [tok.lower() for tok in listOfTokens if len(tok) > 2]
```

```
def getLotsOfTweets(searchStr):
    CONSUMER_KEY = ''
    CONSUMER_SECRET = ''
    ACCESS_TOKEN_KEY = ''
    ACCESS_TOKEN_SECRET = ''
    api = twitter.Api(consumer_key = CONSUMER_KEY, consumer_secret = CONSUMER_SECRET,
                      access_token_key = ACCESS_TOKEN_KEY,
                      access_token_secret = ACCESS_TOKEN_SECRET)
    resultsPages = []
    for i in range(1,15):
        print ("fetching page %d" % i)
        searchResults = api.GetSearch(searchStr, per_page = 100, page = i)
        resultsPages.append(searchResults)
        sleep(6)
    return resultsPages

def mineTweets(tweetArr, minSup = 5):
    parsedList = []
    for i in range(14):
        for j in range(100):
            parsedList.append(textParse(tweetArr[i][j].text))
    initSet = createInitSet(parsedList)
    myFPtree, myHeaderTab = createTree(initSet, minSup)
    myFreqList = []
    mineTree(myFPtree, myHeaderTab, minSup, set([]), myFreqList)
    return myFreqList
    print(mat(freItemList))
```

9.4　小结

有一系列集合，这些集合有些相同的元素，集合中出现频率高的元素形成一个子集，满足一定阈值条件，就是频繁项集。本章从关联分析、Apriori 算法、FP-Growth 算法等方面介绍了频率项集的相关概念，每节通过算法与应用相结合，帮助读者学会快速利用 Python 解决频繁项集问题。

9.5　习题

1. 关联分析是一种________、________的分析技术，就是发现存在于大量数据集中的________或________。
2. FP 树是一种特殊的________，由________和________构成。
3. Apriori 算法的核心思想是什么？
4. Apriori 算法广泛应用于各个领域，主要表现在哪几方面？
5. FP-Growth 算法采取什么样的分治策略？

第 10 章 Python 数据预处理

CHAPTER 10

当今现实世界的数据库极易受噪声、缺失值和不一致数据的侵扰，因为数据库太大(常常多达数太字节，甚至更多)。“如何对数据进行预处理，提高数据质量，从而提高挖掘结果的质量？如何对数据预处理，使得挖掘过程更加有效、更加容易？”

有大量数据预处理技术。数据清理可以清除数据中的噪声，纠正不一致；数据集成将数据由多个数据源合并成一致的数据存储，如数据仓库；数据归约可以通过如聚集、删除冗余特征或聚类来降低数据的规模；数据变换(例如，规范化)可以用来把数据压缩到较小的区间，如 0.0～1.0。这可以提高涉及距离度量的挖掘算法的精确率和效率。这些技术不是相互排斥的，可以一起使用。

10.1 概述

10.1.1 为什么要对数据预处理

数据如果能满足其应用要求，那么它是高质量的。数据质量涉及许多因素，包括准确性、完整性、一致性、时效性、可信性和可解释性。

不正确、不完整和不一致的数据是现实世界大型数据库和数据仓库的共同特点。

导致数据不正确(即具有不正确的属性值)可能有多种原因：收集数据的设备可能出故障；可能在数据输入时出现人或计算机的错误；当用户不希望提交个人信息时，可能故意向强制输入字段输入不正确的值(例如，为生日选择默认值“1 月 1 日”)。这称为被掩盖的缺失数据。错误也可能在数据传输中出现。这可能是由于技术的限制。不正确的数据也可能是由命名约定或所用的数据代码不一致，或输入字段(如日期)的格式不一致而导致的。

不完整数据的出现可能有多种原因。有些感兴趣的属性，如销售事务数据中顾客的信息，并非总是可以得到的。其他数据没有包含在内，可能只是因为输入时被认为是不重要的。相关数据没有记录可能是由于理解错误，或者因为设备故障。与其他记录不一致的数据可能已经被删除。此外，历史或修改的数据可能被忽略。缺失的数据，特别是某些属性上缺失值的元组，可能需要推导出来。

数据质量依赖于数据的应用。对于给定的数据库，两个不同的用户可能有完全不同的评估。

时效性也影响数据的质量。影响数据质量的另外两个因素是可信性和可解释性。可信性反映有多少数据是用户信赖的,而可解释性反映数据是否容易理解。

10.1.2 数据预处理的主要任务

数据预处理的主要步骤:数据清理、数据集成、数据规约和数据变换。

数据清理例程通过填写缺失的值,光滑噪声数据,识别或删除离群点,并解决不一致问题来“清理”数据。

数据集成涉及集成多个数据库、数据立方体或文件。代表同一概念的属性在不同的数据库中可能具有不同的名字,这又导致了不一致性和冗余。有些属性可能是由其他属性导出的(例如,年收入)。除数据清理之外,必须采取步骤,避免数据集成时的冗余。通常,在为数据仓库准备数据时,数据清理和集成将作为预处理步骤进行。还可以再次进行数据清理,检测和删除可能由集成导致的冗余。

数据规约得到数据集的简化表示,它小得多,但能够产生同样的(或几乎同样的)分析结果。数据规约策略包括维规约和数值规约。

在维规约中,使用数据编码方案,以便得到原始数据的简化或“压缩”表示。具体例子包括数据压缩技术(例如,小波变换和主成分分析)、属性子集选择(例如,去掉不相关的属性)和属性构造(例如,从原来的属性集导出更有用的小属性集)。

在数值规约中,使用参数模型(例如,回归和对数线性模型)或非参数模型(例如,直方图、聚类、抽样或数据聚集),通过选择替代的、较小的数据来减少数据量。

10.2 数据清理

现实世界的数据一般是不完整的、有噪声的和不一致的。数据清理例程试图填充缺失的值,光滑噪声和识别离群点,并纠正数据中的不一致。

10.2.1 数据缺失

数据缺失在大部分数据分析应用中都很常见,Pandas 使用浮点值 NaN 表示浮点和非浮点数组中的缺失数据,它只是一个便于被检测出来的数据而已。例如:

```
from pandas import Series,DataFrame
string_data = Series(['abcd','efgh','ijkl','mnop'])

print(string_data)
print("..........\n")
print(string_data.isnull())
```

运行程序,输出如下:

```
0    abcd
1    efgh
2    ijkl
```

```
3     mnop
dtype: object
..........
0     False
1     False
2     False
3     False
dtype: bool
```

同时,Python 内置的 None 值也会被当作 NA 处理,例如:

```
from pandas import Series,DataFrame

string_data = Series(['abcd','efgh','ijkl','mnop'])
print(string_data)
print("...\n")

string_data[0] = None
print(string_data.isnull())
```

运行程序,输出如下:

```
0     abcd
1     efgh
2     ijkl
3     mnop
dtype: object
...
0      True
1     False
2     False
3     False
dtype: bool
```

在 Python 中,处理 NA 的方法有 4 种,分别为 notnull、dropna、fillna、isnull。

- is(not)null,该方法对对象做出元素级的应用,然后返回一个布尔型数组,一般可用于布尔型索引。
- dropna,对于一个 Series,dropna 返回一个仅含非空数据和索引值的 Series。
- fillna,fillna(value=None,method=None,axis=0)中的 value 除了基本类型外,还可以使用字典,这样可以实现对不同列填充不同的值。

10.2.2 过滤数据

对于一个 Series,dropna 返回一个仅含非空数据和索引值的 Series,如:

```
from pandas import Series,DataFrame
from numpy import nan as NA

data = Series([1,NA,3.5,NA,7])
print(data.dropna())
```

运行程序，输出如下：

```
0     1.0
2     3.5
4     7.0
dtype: float64
```

另一个过滤 DataFrame 行的问题涉及问题序列数据。假设只想留一部分观察数据，可以用 thresh 参数实现此目的，如：

```
from pandas import Series,DataFrame, np
from numpy import nan as NA

data = DataFrame(np.random.randn(7,3))
data.ix[:4,1] = NA
data.ix[:2,2] = NA

print(data)
print("...")
print(data.dropna(thresh = 2))
```

运行程序，输出如下：

```
          0         1         2
0  0.713136       NaN       NaN
1 -0.454822       NaN       NaN
2 -0.759146       NaN       NaN
3 -1.634279       NaN  0.804786
4 -1.484465       NaN  0.543231
5  0.614726 -0.898486 -0.828976
6  0.455362  0.520449 -1.525765
…
          0         1         2
3 -1.634279       NaN  0.804786
4 -1.484465       NaN  0.543231
5  0.614726 -0.898486 -0.828976
6  0.455362  0.520449 -1.525765
```

如果不想滤除缺失的数据，而是通过其他方式填补“空洞”，那么 fillna 是最主要的函数。通过一个常数调用 fillna 就会将缺失值替换为那个常数值，例如：

```
from pandas import Series,DataFrame, np
from numpy import nan as NA

data = DataFrame(np.random.randn(7,3))
data.ix[:4,1] = NA
data.ix[:2,2] = NA

print(data)
print("...")
print(data.fillna(0))
```

运行程序，输出如下：

```
          0          1          2
0   1.605012        NaN        NaN
1  -0.912894        NaN        NaN
2  -0.615053        NaN        NaN
3   1.791421        NaN   2.311304
4   0.785041        NaN   0.125386
5  -0.257834  -0.453319   0.667121
6  -1.555289  -1.744342   1.312505
...
          0          1          2
0   1.605012   0.000000   0.000000
1  -0.912894   0.000000   0.000000
2  -0.615053   0.000000   0.000000
3   1.791421   0.000000   2.311304
4   0.785041   0.000000   0.125386
5  -0.257834  -0.453319   0.667121
6  -1.555289  -1.744342   1.312505
```

如果是通过一个字典调用 fillna，那么可以实现对不同列填充不同的值。例如：

```
from pandas import Series,DataFrame, np
from numpy import nan as NA

data = DataFrame(np.random.randn(7,3))
data.ix[:4,1] = NA
data.ix[:2,2] = NA

print(data)
print("...")
print(data.fillna({1:111,2:222}))
```

运行程序，输出如下：

```
          0          1          2
0  -0.879375        NaN        NaN
1   1.044676        NaN        NaN
2  -0.880627        NaN        NaN
3   0.287570        NaN  -1.436204
4   1.118397        NaN  -0.092546
5   0.073206  -1.570416   1.183299
6   0.264986  -0.308207   0.815396
…
          0           1            2
0  -0.879375  111.000000   222.000000
1   1.044676  111.000000   222.000000
2  -0.880627  111.000000   222.000000
3   0.287570  111.000000    -1.436204
4   1.118397  111.000000    -0.092546
5   0.073206   -1.570416     1.183299
6   0.264986   -0.308207     0.815396
```

此外，还可以利用 fillna 实现许多其他功能，例如可以传入 Series 的平均值或中位数：

```
from pandas import Series,DataFrame, np
from numpy import nan as NA

data = Series([1.0,NA,3.5,NA,7])
print(data)
print("...\n")
print(data.fillna(data.mean()))
```

运行程序，输出如下：

```
0     1.0
1     NaN
2     3.5
3     NaN
4     7.0
dtype: float64
…
0     1.000000
1     3.833333
2     3.500000
3     3.833333
4     7.000000
dtype: float64
```

10.2.3　检测和过滤异常值

异常值(outlier)的过滤或变换运算在很大程度上就是数组运算。如(1000,4)的标准正态分布数组：

```
from pandas import Series,DataFrame, np
from numpy import nan as NA

data = DataFrame(np.random.randn(1000,4))
print(data.describe())
print("\n....找出某一列中绝对值大小超过 3 的项...\n")
col = data[3]
print(col[np.abs(col) > 3] )
print("\n....找出全部绝对值超过 3 的值的行...\n")
print(col[(np.abs(data) > 3).any(1)] )
```

运行程序，输出如下：

```
                 0            1            2            3
count  1000.000000  1000.000000  1000.000000  1000.000000
mean     -0.002700     0.013526     0.029266     0.084204
std       1.021925     1.013899     1.006159     0.993735
min      -3.167850    -3.049579    -3.043208    -3.437815
25%      -0.681783    -0.704434    -0.625142    -0.506658
50%       0.000332     0.029499     0.003097     0.127208
75%       0.668055     0.717349     0.688190     0.716419
max       3.508357     3.199985     3.411027     3.686488
```

```
....找出某一列中绝对值大小超过 3 的项...
398      3.686488
460     -3.437815
727      3.567717
924      3.029504
Name: 3, dtype: float64
....找出全部绝对值超过 3 的值的行...
308       1.415459
398       3.686488
412       0.000640
460      -3.437815
489       0.349437
533       0.545795
634      -0.578895
710       0.237128
727       3.567717
760      -0.063484
826      -1.370170
843      -0.621313
881      -0.520935
924       3.029504
977       1.046539
989      -1.244755
Name: 3, dtype: float64
```

10.2.4 移除重复数据

DataFrame 的 duplicated 方法返回一个布尔型 Series，表示各行是否为重复行。例如：

```
from pandas import Series,DataFrame, np
from numpy import nan as NA
import pandas as pd
import numpy as np

data = pd.DataFrame({'k1':['one'] * 3 + ['two'] * 4, 'k2':[1,1,2,2,3,3,4]})
print(data)
print("...\n")
print(data.duplicated())
```

运行程序，输出如下：

```
    k1  k2
0  one   1
1  one   1
2  one   2
3  two   2
4  two   3
5  two   3
6  two   4
...
0    False
```

```
1    True
2    False
3    False
4    False
5    True
6    False
dtype: bool
```

与此相关的还有一个 drop_duplicated 方法，它用于返回一个移除了重复行的 DataFrame，例如：

```
from pandas import Series,DataFrame, np
from numpy import nan as NA
import pandas as pd
import numpy as np

data = pd.DataFrame({'k1':['one'] * 3 + ['two'] * 4, 'k2':[1,1,2,2,3,3,4]})
print(data)
print("...\n")
print(data.drop_duplicates())
```

运行程序，输出如下：

```
    k1  k2
0  one   1
1  one   1
2  one   2
3  two   2
4  two   3
5  two   3
6  two   4
...
    k1  k2
0  one   1
2  one   2
3  two   2
4  two   3
6  two   4
```

上面的两个方法会默认判断全部列，也可以指定部分列进行重复项判断，假设还有一列值，而只希望根据 k1 列过滤重复项，如：

```
from pandas import Series,DataFrame, np
from numpy import nan as NA
import pandas as pd
import numpy as np

data = pd.DataFrame({'k1':['one'] * 3 + ['two'] * 4, 'k2':[1,1,2,2,3,3,4]})
data['v1'] = range(7)
print(data)
print("...\n")
print(data.drop_duplicates(['k1']))
```

运行程序，输出如下：

```
    k1  k2  v1
0  one   1   0
1  one   1   1
2  one   2   2
3  two   2   3
4  two   3   4
5  two   3   5
6  two   4   6
...
    k1  k2  v1
0  one   1   0
3  two   2   3
```

duplicates 和 drop_duplicates 默认保留第一个出现的值组合。若传入 take_last = True,则保留最后一个:

```
from pandas import Series,DataFrame, np
from numpy import nan as NA
import pandas as pd
import numpy as np

data = pd.DataFrame({'k1':['one'] * 3 + ['two'] * 4, 'k2':[1,1,2,2,3,3,4]})
data['v1'] = range(7)
print(data)
print("...\n")
print(data.drop_duplicates(['k1','k2'],'last'))
```

运行程序,输出如下:

```
    k1  k2  v1
0  one   1   0
1  one   1   1
2  one   2   2
3  two   2   3
4  two   3   4
5  two   3   5
6  two   4   6
...
    k1  k2  v1
1  one   1   1
2  one   2   2
3  two   2   3
5  two   3   5
6  two   4   6
```

10.3 处理缺失值

数据缺失值产生的原因多种多样,主要分为客观原因和人为原因两种。

10.3.1 处理缺失值的方法

缺失值的处理有 3 种方法:

- 直接使用含有缺失值的特征；
- 删除含有缺失值的特征；
- 缺失值补全。

1. 直接使用

对于某些算法可以直接使用含有缺失值的情况。如决策树算法就可以直接使用含有缺失值的数据集。

2. 删除特征

最简单的办法就是删除含有缺失值的特征。给定数据集 $D=\{(\vec{x}_1,y_1),(\vec{x}_2,y_2),\cdots,(\vec{x}_N,y_N)\}$,其中 $\vec{x}_i=(x_i^{(1)},x_i^{(2)},\cdots,x_i^{(d)})^{\mathrm{T}},i=1,2,\cdots,N$。假设 $x^{(t)}$ 属性含有缺失值,则删除该特征,有:

$$\hat{\vec{x}}_i=(x_i^{(1)},x_i^{(2)},\cdots,x_i^{(t-1)},x_i^{(t+1)},\cdots,x_i^{(d)})^{\mathrm{T}},\quad i=1,2,\cdots,N$$

如果 $x^{(t)}$ 含有大量的缺失值,而仅仅包含极少量的有效值,那么该方法是最有效的。但是 $x^{(t)}$ 中包含了大量的有效值,则直接删除该特征会丢失大量有效的信息,这是对信息的极大浪费。此时删除该特征不是一个好办法。

3. 缺失值补全

在缺失值处理的方法中,在实际工程中应用最广泛的是缺失值补全方法。缺失值补全的思想是:用最可能的值来插补缺失值,最常见的有均值插补、同类均值插补、建模预测、高维映射、多重插补、压缩感知、矩阵补全方法。

10.3.2 缺失值补全法

下面介绍几种常用的缺失值补全方法。

1. 均值插补

如果样本属性的距离是可度量的(如身高、体重等),则该属性的缺失值就以该属性有效值的平均值来插补缺失的值。如果样本属性的距离是不可度量的(如性别、国籍等),则该属性的缺失值就以该属性有效的众数(出现频率最高的值)来插补缺失的值。

给定数据集 $D=\{(\vec{x}_1,y_1),(\vec{x}_2,y_2),\cdots,(\vec{x}_N,y_N)\}$,其中 $\vec{x}_i=(x_i^{(1)},x_i^{(2)},\cdots,x_i^{(d)})^{\mathrm{T}}$,$i=1,2,\cdots,N$。假设 $x^{(t)}$ 属性含有缺失值。抽取 $x^{(t)}$ 上的有效值为$(x_1^{(t)},x_2^{(t)},\cdots,x_{N1}^{(t)})$在 $x^{(t)}$ 属性上含有有效值,$(x_{N+1}^{(t)},x_{N+2}^{(t)},\cdots,x_N^{(t)})$在 $x^{(t)}$ 属性为缺失值。提取 $x^{(t)}$ 上的有效值为$(x_1^{(t)},x_2^{(t)},\cdots,x_{N1}^{(t)})$。

- 如果 $x^{(t)}$ 是可度量的,则:

$$\bar{x}^{(t)}=\frac{1}{N1}\sum_{i=1}^{N1}x_i^{(t)}$$

$$\hat{x}_i^{(t)}=\begin{cases}x_i^{(t)}, & i=1,2,\cdots,N1\\ \bar{x}^{(t)}, & i=N1+1,N1+2,\cdots,N\end{cases}$$

- 如果 $x^{(t)}$ 是不可度量的,则:

$$\bar{x}^{(t)}=\underset{x_j^{(t)},1\leqslant j\leqslant N1}{\operatorname{argmax}}\sum_{i=1}^{N1}I(x_i^{(t)}=x_j^{(t)})$$

$$\hat{x}_i^{(t)} = \begin{cases} x_i^{(t)}, & i=1,2,\cdots,N1 \\ \bar{x}^{(t)}, & i=N1+1,N1+2,\cdots,N \end{cases}$$

【例 10-1】 使用均值填充缺失值。

```
import numpy as np
from sklearn.preprocessing import Imputer
imp = Imputer(missing_values = 'NaN', strategy = 'mean', axis = 0)
import numpy as np
from sklearn.preprocessing import Imputer
###使用均值填充缺失值
imp = Imputer(missing_values = 'NaN', strategy = 'mean', axis = 0)
imp.fit([[1, 2], [np.nan, 3], [7, 6]])
X = [[np.nan, 2], [6, np.nan], [7, 6]]
print(imp.transform(X))
```

运行程序,输出如下:

```
[[4.          2.         ]
 [6.          3.66666667]
 [7.          6.         ]]
```

2. 同类均值插补

采用均值插补有个缺点:含有缺失值的属性 $x^{(t)}$ 上的所有缺失值都填补为同样的值。同类均值插补的思想是:首先将样本进行分类,然后以该类中样本的均值来插补缺失值。

给定数据集 $D=\{(\vec{x}_1,y_1),(\vec{x}_2,y_2),\cdots,(\vec{x}_N,y_N)\}$,其中 $\vec{x}_i=(x_i^{(1)},x_i^{(2)},\cdots,x_i^{(d)})^{\mathrm{T}}$,$i=1,2,\cdots,N$。假设 $x^{(t)}$ 属性含有缺失值,将数据划分为 $D_l=\{(\vec{x}_1,y_1),(\vec{x}_2,y_2),\cdots,(\vec{x}_l,y_l)\}$ 和 $D_u=\{(\vec{x}_{l+1},y_{l+1}),(\vec{x}_{l+2},y_{l+2}),\cdots,(\vec{x}_N,y_N)\}$,其中 $x^{(t)}$ 在 D_l 上含有有效数据,在 D_u 上有缺失值。

首先利用层次聚类算法对 D_l 进行聚类。设聚类的结果为 K 个簇 $C_1,C_2,\cdots,C_K$,计算这 K 个簇在 $x^{(t)}$ 上的均值 $\mu_1,\mu_2,\cdots,\mu_K$。

- 对于 $\vec{x}_i\in D_l$,有 $\hat{x}_i^{(t)}=x_i^{(t)}$。
- 对于 $\vec{x}_i\in D_u$,先对其进行聚类预测,设它被判定为属于簇 $C_K(1\leqslant k\leqslant K)$,则有 $\hat{x}_i^{(t)}=\mu_K$。

3. 建模预测

建模预测的思想是:将缺失的属性作为预测目标来预测。给定数据集 $D=\{(\vec{x}_1,y_1),(\vec{x}_2,y_2),\cdots,(\vec{x}_N,y_N)\}$,其中 $\vec{x}_i=(x_i^{(1)},x_i^{(2)},\cdots,x_i^{(d)})^{\mathrm{T}}$,$i=1,2,\cdots,N$。假设 $x^{(t)}$ 属性含有缺失值,且假设 $(x_1^{(t)},x_2^{(t)},\cdots,x_{N1}^{(t)})$ 在 $x^{(t)}$ 属性上含有有效值,$(x_{N+1}^{(t)},x_{N+2}^{(t)},\cdots,x_N^{(t)})$ 在 $x^{(t)}$ 属性为缺失值。

构建新的训练数据集 $D_t=\{(\hat{\vec{x}}_1,x_1^{(t)}),(\hat{\vec{x}}_2,x_2^{(t)}),\cdots,(\hat{\vec{x}}_{N1},x_{N1}^{(t)})\}$,构建待预测数据集为 $D_p=\{\hat{\vec{x}}_{N1+1},\hat{\vec{x}}_{N1+2},\cdots,\hat{\vec{x}}_N\}$。其中,

$$\hat{\vec{x}}_i=(x_i^{(1)},x_i^{(2)},\cdots,x_i^{(t-1)},x_i^{(t+1)},\cdots,x_i^{(d)})^{\mathrm{T}},\quad i=1,2,\cdots,N$$

利用现有的机器学习算法从 D_t 中学习,设学到的算法为 f,则:

$$\hat{x}_i^{(t)}=\begin{cases}x_i^{(t)}, & i=1,2,\cdots,N1\\ f(\hat{\vec{x}}^{(t)}), & i=N1+1,N1+2,\cdots,N\end{cases}$$

这种方法的效果较好，但是该方法有个根本的缺陷：如果其他属性和缺失属性 $x^{(t)}$ 无关，则预测的结果毫无意义。但是如果预测结果相当准确，则说明这个缺失属性 $x^{(t)}$ 是没必要考虑纳入数据集中的。一般的情况是介于两者之间。

4. 高维映射

高维映射的思想是：将属性映射到高维空间。给定数据集 $D=\{(\vec{x}_1,y_1),(\vec{x}_2,y_2),\cdots,(\vec{x}_N,y_N)\}$，其中 $\vec{x}_i=(x_i^{(1)},x_i^{(2)},\cdots,x_i^{(d)})^{\mathrm{T}},i=1,2,\cdots,N$。假设 $x^{(t)}$ 属性含有缺失值，$x^{(t)}$ 属性的取值为离散值 $\{a_{t,1},a_{t,2},\cdots,a_{t,K}\}$，一共 K 个取值。将该属性扩展为 $K+1$ 个属性 $(x^{(t,1)},x^{(t,2)},\cdots,x^{(t,K)},x^{(t,K+1)})$，其中：

- 如果 $x^{(t)}=a_{i,j},j=1,2,\cdots,K$，则 $x^{(i,j)}=1$；
- 如果 $x^{(t)}$ 属性值缺失，则 $x^{(t,K+1)}=1$；
- 其他情况 $x^{(i,j)}=0$。

于是有：

$$\hat{\vec{x}}_i=(x_i^{(1)},x_i^{(2)},\cdots,x_i^{(t-1)},x_i^{(t,1)},x_i^{(t,2)},\cdots,x_i^{(t,K)},x_i^{(t+1)},x_i^{(d)})^{\mathrm{T}},\quad i=1,2,\cdots,Nf$$

$$x_i^{(i,j)}=\begin{cases}1, & j=K+1\text{ 且 }x_i^{(t)}\text{ 缺失}\\ 1, & 1\leqslant j\leqslant K\text{ 且 }x_i^{(t)}=a_{i,j},j=1,2,\cdots,K+1\\ 0, & \text{其他}\end{cases}$$

这种做法是最精确的，它完全保留了所有信息，也未增加任何额外的信息。例如Google、百度的CTR预估计模型，预处理时会把所有变量都这样处理，达到几亿维。这样做的好处是完整地保留了原始数据的全部信息，不用考虑缺失值。但它的缺点也很明显，就是计算量大大提升，而且只有在样本量非常大的时候效果才好，否则会因为过于稀疏，效果很差。

5. 多重插补

多重插补(Multiple Imputation，MI)认为待插补值是随机的，这个值来自于已观测到的值。具体实践上通常是估计出待插补的值，然后再加上不同的噪声，形成多组可选插补值。根据某种选择依据，选取最合适的插补值。

多重插补方法分为3个步骤：

(1) 通过变量之间的关系对缺失数据进行预测，利用蒙特卡洛方法生成多个完整的数据集。

(2) 在每个完整的数据集上进行训练，得到训练后的模型以及评价函数值。

(3) 对来自各个完整的数据集的结果，根据评价函数值进行选择，选择评价函数值最大的模型，其对应的插值就是最终的插补值。

6. 压缩感知

考虑信号的补全问题，假定有长度为 N 的离散信号 $\vec{x}$。根据奈奎斯特采样定理，当采样频率达到 $\vec{x}$ 最高频率的两倍时，采样后的信号就保留了原信号的全部信息。

假定以远小于奈奎斯特采样定理要求的采样频率进行采样，获得采样信号 $\vec{y}$，其长度为 M，其中 $M<<N$，则有：

$$\vec{y}=\boldsymbol{\Phi}\vec{x}$$

其中$\boldsymbol{\Phi}\in\mathbf{R}^{M\times N}$是对信号$\vec{x}$的测量矩阵，它确定了采样的方式。

如果给定测量值$\vec{y}$、测量矩阵$\boldsymbol{\Phi}$，则还原出原始矩阵$\vec{x}$非常困难。因为当$M<<N$时，$\vec{y}=\boldsymbol{\Phi}\vec{x}$是一个欠定方程，无法简单地求出数值解。

假设存在某种线性变换$\boldsymbol{\psi}\in\mathbf{R}^{M\times N}$，使得$\vec{x}=\boldsymbol{\psi}\vec{s}$，其中$\vec{s}$也和$\vec{x}$一样是$N$维列向量，则$\vec{y}=\boldsymbol{\Phi}\vec{x}=\boldsymbol{\Phi\psi}\vec{s}$。令$\mathbf{A}=\boldsymbol{\Phi\psi}\in\mathbf{R}^{M\times N}$，则$\vec{y}=\mathbf{A}\vec{s}$。如果能从$\vec{y}$中恢复$\vec{s}$，则能通过$\vec{x}=\boldsymbol{\psi}\vec{s}$从$\vec{y}$中恢复出$\vec{x}$。

虽然从数学上看没有什么意思，但是在实际应用中发现：如果$\vec{s}$具有稀疏性（即大量的分量为零），则该问题能够很好地求解。这就是压缩感知的基本思想。

压缩感知通过利用信号本身所具有的稀疏性，从部分观测样本中恢复原信号。压缩感知分为感知测量和重构恢复两个阶段。

- 感知测量：此阶段对原始信号进行处理以获得稀疏样本表示。常用的手段是傅里叶变换、小波变换、字典学习、稀疏编码等。
- 重构恢复：此阶段基于在稀疏性少量观测中恢复原信号。这是压缩感知的核心。

此处介绍限定等距性（Restricted Isometry Property，RIP）：对于大小为$M\times N$，$M<<N$的矩阵$\mathbf{A}$，如果存在常数$\delta_k\in(0,1)$，使得对于任意向量$\vec{s}$和$\mathbf{A}$的所有子矩阵$\mathbf{A}_k\in\mathbf{R}^{M\times N}$都有：

$$(1-v)\|\vec{s}\|_2^2\leqslant\|\mathbf{A}_k\vec{s}\|_2^2\leqslant(1+\delta_k)\|\vec{s}\|_2^2$$

则称$\mathbf{A}$满足k限定等距性k-RIP。此时可通过求解下面的最优化问题恢复出稀疏信号$\vec{s}$，进而恢复出$\vec{y}$：

$$\min_s\|\vec{s}\|_0$$

$$\text{s.t.}\quad\vec{y}=\mathbf{A}\vec{s}$$

这里L_0范数表示向量中非零元素的个数。该最优化问题涉及L_0范数最小化，这是个NP难问题。但是L_1范数最小化在一定条件下与L_0范数最小化问题共解，于是实际上只需要求解最优化问题：

$$\min_s\|\vec{s}\|_1$$

$$\text{s.t.}\quad\vec{y}=\mathbf{A}\vec{s}$$

可以将该问题转化为LASSO等价形式，然后通过梯度下降法来求解。

7. 矩阵补全

一个现实的例子是对电影进行评分。假设有100部电影让网友评分，通常每个网友只是观赏过部分电影，因此他们只会对这100部电影的一部分进行评分。因此我们采集的仅仅是部分有效信息，其中有大量的未知项，用“?”表示，如表10-1所示。

表10-1 电影评分

	电影1	电影2	电影3	…	电影100
网友1	5	?	?	…	3
网友2	?	7	8	…	5
…	…	…	…	…	…
网友xx	8	6	7	…	?

矩阵补全技术基于压缩感知的思想，将由网友评价得到的数据当作部分信号，从而恢复出完整信号。

矩阵补全(matrix completion)技术解决的问题是：

$$\min_{\boldsymbol{X}} \operatorname{rank}(\boldsymbol{X})$$
$$\text{s.t.}\quad x_{i,j}=a_{i,j},(i,j)\in\Omega$$

其中，

$$\boldsymbol{X}=\begin{bmatrix} x_{1,1} & x_{1,2} & \cdots & x_{1,n} \\ x_{2,1} & x_{2,2} & \cdots & x_{2,n} \\ \vdots & \vdots & \ddots & \vdots \\ x_{m,1} & x_{m,2} & \cdots & x_{m,n} \end{bmatrix},\quad \boldsymbol{A}=\begin{bmatrix} a_{1,1} & a_{1,2} & \cdots & a_{1,n} \\ a_{2,1} & a_{2,2} & \cdots & a_{2,n} \\ \vdots & \vdots & \ddots & \vdots \\ a_{m,1} & a_{m,2} & \cdots & a_{m,n} \end{bmatrix}$$

$\boldsymbol{A}$ 为观测矩阵；Ω 为 $\boldsymbol{A}$ 中所有有数值的下标的集合；$\boldsymbol{X}$ 为需要恢复的稀疏信号；rank($\boldsymbol{X}$)为矩阵 $\boldsymbol{X}$ 的秩。该最优化问题也是一个 NP 难问题。

考虑到 rank($\boldsymbol{X}$)在集合$\{\boldsymbol{X}\in\mathbf{R}^{m\times n}:\|\boldsymbol{X}\|_F^2\leqslant 1\}$上的凸包是 X 的核范数(nuclear norm)：

$$\|\boldsymbol{X}\|_*=\sum_{j=1}^{\min\{m,n\}}\sigma_j(\boldsymbol{X})$$

其中，$\sigma_j(\boldsymbol{X})$表示 $\boldsymbol{X}$ 的奇异值，于是可以通过最小化矩阵核范数来近似求解：

$$\min_{\boldsymbol{X}}\|\boldsymbol{X}\|_*$$
$$\text{s.t.}\quad x_{i,j}=a_{i,j},(i,j)\in\Omega$$

该最优化问题是一个凸优化问题，可以通过半定规划(Semi-Definite Programming, SDP)求解。

10.3.3 特征编码

在实际的应用场景中，有非常多的特征不是连续的数值变量，而是某一些离散的类别。比如用户的性别、用户的地址、用户的兴趣爱好等一系列特征，都是一些分类值。这些特征一般都无法直接应用在需要进行数值型计算的算法中。

1. 独热编码

独热编码(one hot)便可解决这个问题，具体方法是使用 N 位状态寄存器来对 N 个状态进行编码，每个状态都有独立的寄存器位，并且在任意时候，其中只有一位有效。

如自然编码为：0,1。

独热编码为：10,01 (2 位中只有 1 位有效)。

如数字字体识别 0～9 中，6 的独热编码为：

0000001000(6 位中只有 1 位有效)

2. 独热编码的优点

独热编码的优点主要表现在：

(1) 能够处理非连续型数值特征。

(2) 在一定程度上扩充了特征。比如性别本身是一个特征，经过独热编码以后，就变成了男或女两个特征。

但是，当特征类别较多时，数据经过独热编码可能会变得过于稀疏。

3. 独热编码原理

使用独热编码，将离散特征的取值扩展到了欧氏空间，离散特征的某个取值就对应欧氏空间的某个点。

对离散型特征使用独热编码，可以让特征之间的距离计算更加合理。我们常用的距离或相似度的计算都是在欧氏空间的相似度计算，计算余弦相似性，就是基于欧氏空间进行的。

例如，有一个离散型特征，代表工作类型，该离散型特征，共有3个取值，不使用独热编码，其表示分别是：$x_1=(1)$，$x_2=(2)$，$x_3=(3)$。两个工作之间的距离是$(x_1,x_2)=1$，$d(x_2,x_3)=1$，$d(x_1,x_3)=2$，那么x_1和x_3工作之间就越不相似吗？显然计算出来的特征的距离是不合理。

如果使用独热编码，则得到$x_1=(1,0,0)$，$x_2=(0,1,0)$，$x_3=(0,0,1)$。那么两个工作之间的距离就都是sqrt(2)，即每两个工作之间的距离是一样的，这显得更加合理。

【例 10-2】 实现独热编码。

```
import numpy as np
from sklearn.preprocessing import OneHotEncoder

enc = OneHotEncoder()
enc.fit([[0, 0, 3], [1, 1, 0], [0, 2, 1],[1, 0, 2]])
print("enc.n_values_ is:",enc.n_values_)
print("enc.feature_indices_ is:",enc.feature_indices_)
print(enc.transform([[0, 1, 1]]).toarray())
```

运行程序，输出如下：

```
enc.n_values_ is: [2 3 4]
enc.feature_indices_ is: [0 2 5 9]
[[1. 0. 0. 1. 0. 0. 1. 0. 0.]]
```

10.3.4 数据标准化、正则化

1. 数据标准化

数据标准化是将样本的属性缩放到某个指定的范围。数据标准化的两个原因如下：

(1) 某些算法要求样本数据具有零均值和单位方差。

(2) 样本不同属性具有不同量级时，消除数量级的影响。如图10-1所示为两个属性的目标函数的等高线。

- 数量级的差异将导致量级较大的属性占据主导地位。从图10-1中可以看到：如果样本的某个属性的量级特别巨大，则可将原本为椭圆的等高线压缩成直线，从而使得目标函数值仅依赖于该属性。
- 数量级的差异将导致迭代收敛速度减慢。从图10-1中可以看到：原始的特征进行梯度下降时，每一步梯度的方向会偏离最小值（等高线中心点）的方向，迭代次数较

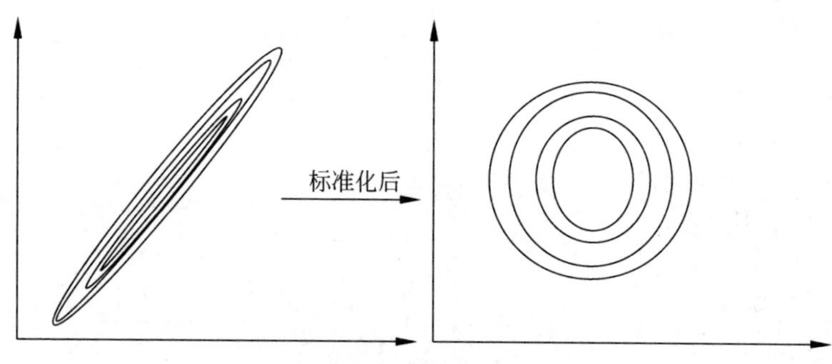

图 10-1　标准化效果

多。标准化后进行梯度下降时，每一步梯度的方向几乎都指向最小值（等高线中心点）的方向，迭代次数较少。

- 所有依赖于样本距离的算法对于数据的数量级都非常敏感。如果 k 近邻法需要计算距离当前样本最近的 k 个样本。当属性的量级不同时，选取的最近的 k 个样本也会不同。

设数据集 $D=\{(\vec{x}_1,y_1),(\vec{x}_2,y_2),\cdots,(\vec{x}_N,y_N)\}$，$\vec{x}_i=(x_i^{(1)},x_i^{(2)},\cdots,x_i^{(d)})^{\mathrm{T}}$。常用的标准化算法有：

- min-max 标准化。对于每个属性 $x^{(j)},j=1,2,\cdots,d$，根据下式计算标准化后的属性值：

$$\hat{x}_i^{(j)}=\frac{x_i^{(j)}-\min x^{(j)}}{\max x^{(j)}-\min x^{(j)}},\quad i=1,2,\cdots,N;j=1,2,\cdots,d$$

$$\hat{\vec{x}}_i=(\hat{x}_i^{(1)},\hat{x}_i^{(2)},\cdots,\hat{x}_i^{(d)})^{\mathrm{T}},\quad i=1,2,\cdots,N$$

其中，$\max x^{(j)}=\max\{x_1^{(j)},x_2^{(j)},\cdots,x_N^{(j)}\}$为属性 $x^{(j)}$ 的最大值；$\min x^{(j)}=\min\{x_1^{(j)},x_2^{(j)},\cdots,x_N^{(j)}\}$为属性 $x^{(j)}$ 的最小值。标准化之后，样本 $\vec{x}_i$ 的所有属性都在[0,1]之间。

- z-score 标准化。对于每个属性 $x^{(j)},j=1,2,\cdots,d$，先计算该属性的标准值和标准：

$$\mu^{(j)}=\frac{1}{N}\sum_{i=1}^{N}x_i^{(j)}$$

$$\sigma^{(j)}=\sqrt{\frac{1}{N}\sum_{i=1}^{N}(x_i^{(j)}-\mu^{(j)})^2}$$

然后根据下式计算标准化后的属性值：

$$\hat{x}_i^{(j)}=\frac{x_i^{(j)}-\mu^{(j)}}{\sigma^{(j)}},\quad i=1,2,\cdots,N;j=1,2,\cdots,d$$

$$\hat{\vec{x}}_i=(\hat{x}_i^{(1)},\hat{x}_i^{(2)},\cdots,\hat{x}_i^{(d)})^{\mathrm{T}},\quad i=1,2,\cdots,N$$

标准化后，样本集的所有属性的均值都为 0，标准差均为 1。

【例 10-3】 对数据进行标准化。

```
import numpy as np

arr = np.asarray([0, 10, 50, 80, 100])
for x in arr:
    x = float(x - arr.mean())/arr.std()
```

```
print (x)
```

运行程序，输出如下：

```
-1.241010455988046
-0.9824666109905364
0.051708768999501914
0.8273403039920306
1.3444279939870498
```

2. 数据正则化

数据正则化是将样本的某个范围(如 L_1 范数)缩放到单位 1。正则化的过程是针对单个样本的，对于每个样本将样本缩放到单位范数。通常如果使用二次型(如点积)或者其他核方法计算两个样本之间的相似性时，该方法会很有用。设数据集 $D=\{(\vec{x}_1,y_1),(\vec{x}_2,y_2),\cdots,(\vec{x}_N,y_N)\}$，$\vec{x}_i=(x_i^{(1)},x_i^{(2)},\cdots,x_i^{(d)})^{\mathrm{T}}$。对于样本 $\vec{x}_i$，首先计算其 L_p 范数：

$$L_p(\vec{x}_i)=(|x_i^{(1)}|^p+|x_i^{(2)}|^p+\cdots+|x_i^{(d)}|^p)^{\frac{1}{p}}$$

样本 $\vec{x}_i$ 正则化后的结果为：每个属性值除以其 L_p 范数，

$$\hat{\vec{x}}_i=\left(\frac{x_i^{(1)}}{L_p(\vec{x}_i)},\frac{x_i^{(2)}}{L_p(\vec{x}_i)},\cdots,\frac{x_i^{(d)}}{L_p(\vec{x}_i)}\right)^{\mathrm{T}}$$

在 Python 中，可以使用 preprocessing. normalize()函数对指定数据进行转换：

```
>>> from sklearn import preprocessing
>>> import numpy as np
>>> X = [[ 1., -1., 2.],[ 2., 0., 0.],[ 0., 1., -1.]]
>>> X_normalized = preprocessing.normalize(X, norm='l2')
>>> X_normalized
array([[ 0.40824829, -0.40824829,  0.81649658],
       [ 1.        ,  0.        ,  0.        ],
       [ 0.        ,  0.70710678, -0.70710678]])
```

还可以使用 processing. Normalizer()类实现对训练集和测试集的拟合和转换：

```
>>> normalizer = preprocessing.Normalizer().fit(X)      #适合什么也不做
>>> normalizer
Normalizer(copy=True, norm='l2')
>>> normalizer.transform(X)
array([[ 0.40824829, -0.40824829,  0.81649658],
       [ 1.        ,  0.        ,  0.        ],
       [ 0.        ,  0.70710678, -0.70710678]])
```

10.3.5 特征选择

在学习任务中，当给定了属性集时，其中某些属性可能对于学习来说是很关键的，但是有些属性可能就没有什么用。

- 对于当前学习任务有用的属性称为相关特征(relevant feature)。
- 对于当前学习任务没有的属性称为无关特征(irrelevant feature)。

从给定的特征集合中选出相关特征子集的过程称为特征选择(feature selection)。进行特征选择有两个重要原因：

- 首先维数灾难问题就是由于属性过多造成的。如果挑选出重要特征，使得后续学习过程仅仅需要在这小部分特征上构建模型，则维数灾难问题会大大减轻。
- 去除不相关特征通常会降低学习任务的难度。

进行特征选择必须确保不丢失重要特征。如果重要信息缺失则学习效果会大打折扣。常见的特征选择方法大致分为 3 类：过滤式(filter)、包裹式(wrapper)、嵌入式(embedding)。

1. 过滤式

过滤式方法先对数据集进行特征选择，然后再训练学习器。特征选择过程与后续学习器无关。Relief(Relevant Features)就是一种著名的过滤式特征选择方法。

给定训练集 $D=\{(\vec{x}_1,y_1),(\vec{x}_2,y_2),\cdots,(\vec{x}_N,y_N)\}$，$\vec{x}_i=(x_i^{(1)},x_i^{(2)},\cdots,x_i^{(d)})^{\mathrm{T}}$，$y_i\in\{-1,+1\}$。Relief 步骤如下：

对于每个样本 $\vec{x}_i$，$i=1,2,\cdots,N$：

- 先在 $\vec{x}_i$ 同类样本中寻找其最近邻 $\vec{x}_{i,nh}$，称为猜中近邻(near-hit)。
- 然后从 $\vec{x}_i$ 的异类样本中寻找其最近邻 $\vec{x}_{i,nm}$，称为猜错近邻(near-miss)。
- 再计算 $\vec{\delta}_i=(\delta_i^{(1)},\delta_i^{(2)},\cdots,\delta_i^{(d)})^{\mathrm{T}}$ 的对应于属性 j 的分量($j=1,2,\cdots,d$)。

$$\delta_i^{(j)}=\sum_{i=1}^{N}(-\operatorname{diff}(x_i^{(j)},\vec{x}_{i,nh}^{(j)})^2+\operatorname{diff}(x_i^{(j)},\vec{x}_{i,nm}^{(j)})^2)$$

其中，$\operatorname{diff}(x_a^{(j)},x_b^{(j)})$为两个样本在属性 j 上的差异值，其结果取决于该属性是离散的还是连续的。

如果属性 j 是离散的，则：

$$\operatorname{diff}(x_a^{(j)},x_b^{(j)})=\begin{cases}0, & x_a^{(j)}=x_b^{(j)}\\ 1, & \text{其他}\end{cases}$$

如果属性 j 是连续的，则：

$$\operatorname{diff}(x_a^{(j)},x_b^{(j)})=|x_a^{(j)}-x_b^{(j)}|$$

- 计算 $\vec{\delta}$ 为 $\vec{\delta}_i$ 的均值，

$$\vec{\delta}=\sum_{i=1}^{N}\frac{1}{N}\vec{\delta}_i$$

- 根据指定的阈值 τ，如果 $\delta^{(j)}>\tau$，则样本属性 j 被选中。

Relief 是为二分类问题设计的，其推广形式 Relief-f 用于处理多分类问题。假定数据集 D 的样本类别是 $c_1,c_2,\cdots,c_K$。对于样本 $\vec{x}_i$。假设其类别为 $y_i=c_k$。Relief-F 与 Relief 的区别如下。

(1) Relief-F 先在类别 c_k 的样本中寻找 $\vec{x}_i$ 的最近邻 $\vec{x}_{i,nh}$ 作为猜中近邻。

(2) 然后在 c_k 之外的每个类别中分别找到一个 $\vec{x}_i$ 的最近邻 $x_{i,nm,l}$，$l=1,2,\cdots,K;l\neq k$ 作为猜错近邻。

(3) 计算 $\vec{\delta}_i=(\delta_i^{(1)},\delta_i^{(2)},\cdots,\delta_i^{(d)})^{\mathrm{T}}$ 的对应于属性 j 的分量为($j=1,2,\cdots,d$)

$$\delta_i^{(j)}=\sum_{i=1}^{N}(-\operatorname{diff}(x_i^{(j)},\vec{x}_{i,nh}^{(j)})^2+\sum_{i\neq k}(p_l\times\operatorname{diff}(x_i^{(j)},\vec{x}_{i,nm,l}^{(j)})^2))$$

其中，p_l 为第 l 类的样本在数据集 D 中所占的比例。

【例 10-4】 对数据进行过滤式选择。

```
"""1.过滤式"""
from sklearn.datasets import load_iris
from sklearn.feature_selection import SelectKBest
from sklearn.feature_selection import chi2

iris = load_iris()
X,y = iris.data,iris.target
print('过滤式选择:')
print(X.shape)
X_new = SelectKBest(chi2,k = 2).fit_transform(X,y)
print(X_new.shape)
```

运行程序，输出如下：

```
过滤式选择:
(150, 4)
(150, 2)
```

2. 包裹式

包裹式特征选择直接把最终将要使用的学习器的性能作为特征子集的评价准则。其优点是：由于包裹式特征选择方法直接针对特定学习器进行优化，因此通常包裹式特征选择比过滤式特征选择更好。其缺点是：由于特征选择过程中需要多次训练学习器，因此计算开销通常比过滤式特征选择要大得多。

LVW(Las Vegas Wrapper)是一个典型的包裹式特征选择方法。它在 Las Vegas method 框架下使用随机策略来进行子集搜索，并以最终分类器的误差作为特征子集的评价标准。

LWV 算法如下：

(1) 输入。

- 数据集 $D=\{(\vec{x}_1,y_1),(\vec{x}_2,y_2),\cdots,(\vec{x}_N,y_N)\}$，$\vec{x}_i=(x_i^{(1)},x_i^{(2)},\cdots,x_i^{(d)})^{\mathrm{T}}$；
- 特征集 $A=\{x^{(1)},x^{(2)},\cdots,x^{(d)}\}$；
- 学习器 estimator；
- 迭代停止条件 T。

(2) 输出：最优特征子集 A^*。

(3) 算法步骤如下。

- 初始化：将候选的最优特征子集 $\widetilde{A}^*=A$，然后学习器 estimator 在特征子集 $\widetilde{A}^*$ 上使用交叉验证法进行学习，通过学习结果评估学习器 estimator 的误差 err*。
- 迭代，停止条件为迭代次数到达 T。迭代过程为：

  ◎随机产生特征子集 A'；

  ◎学习器 estimator 在特征子集 A' 上使用交叉验证法进行学习，通过学习结果评估学习器 estimator 的误差 err；

  ◎如果 err 比 err* 更小，或者 err＝err*，但是 A' 的特征数量比 $\widetilde{A}^*$ 的特征数量更

少,则将 A 作为候选的最优特征子集:

$$\widetilde{A}^* = A', \quad \text{err}^* = \text{err}$$

- 最终 $A^* = \widetilde{A}^*$。

【例 10-5】 对数据进行包裹式选择。

```
"""2.包裹式"""
from sklearn.feature_selection import RFE
from sklearn.linear_model import LinearRegression
from sklearn.datasets import load_boston

boston = load_boston()
X = boston["data"]
Y = boston["target"]
names = boston["feature_names"]
lr = LinearRegression()
rfe = RFE(lr,n_features_to_select = 1)        #选择剔除 1 个
rfe.fit(X,Y)
print('包裹式选择:')
print("features sorted by their rank:")
print(sorted(zip(map(lambda x:round(x,4), rfe.ranking_),names)))
```

运行程序,输出如下:

```
包裹式选择:
features sorted by their rank:
[(1, 'NOX'), (2, 'RM'), (3, 'CHAS'), (4, 'PTRATIO'), (5, 'DIS'). (6, 'LSTAT'), (7, 'RAD'), (8, 'CRIM'),
(9, 'INDUS'), (10, 'ZN'), (11, 'TAX'), (12, 'B'), (13, 'AGE')]
```

3. 嵌入式

在前两种特征选择方法中,特征选择过程和学习器训练过程有明显的差别。嵌入式特征选择是在学习器训练过程中自动进行特征选择。

以最简单的线性回归模型为例。给定数据集 $D=\{(\vec{x}_1,y_1),(\vec{x}_2,y_2),\cdots,(\vec{x}_N,y_N)\}$,$\vec{x}_i=(x_i^{(1)},x_i^{(2)},\cdots,x_i^{(d)})^{\mathrm{T}}$,$y_i=R$,如果损失函数为平方损失函数,则优化目标为:

$$\min_{\vec{w}} \sum_{i=1}^{N} (y_i - \vec{w}^{\mathrm{T}} \vec{x}_i)^2$$

引入正则化项。

- 如果使用 L_2 范数正则化,则优化目标为:

$$\min_{\vec{w}} \sum_{i=1}^{N} (y_i - \vec{w}^{\mathrm{T}} \vec{x}_i)^2 + \lambda \| \vec{w} \|_2^2, \quad \lambda > 0$$

此时称为岭回归(ridge regression)。

- 如果使用 L_1 范数正则化,则优化目标为,

$$\min_{\vec{w}} \sum_{i=1}^{N} (y_i - \vec{w}^{\mathrm{T}} \vec{x}_i)^2 + \lambda \| \vec{w} \|_1, \quad \lambda > 0$$

此时称为 LASSO(Least Absolute Shrinkage and Selection Operator)回归。

引入 L_1 范数除了降低过拟合风险之外,还有一个好处:它求得的 $\vec{w}$ 会有较多的分量

为零，即它更容易获得稀疏(sparse)解。

假设 $\vec{w}=(w^{(1)},w^{(2)},\cdots,w^{(d)})^{\mathrm{T}}$ 的解为 $(w^{(1*)},w^{(2*)},\cdots,w^{(v*)},0,0,\cdots,0)^{\mathrm{T}}$，即前 v 个分量非零，后面的 $d-v$ 个分量为零；则这意味着初始的 d 个特征中，只有前 v 个特征才会出现在最终模型中。

于是基于 L_1 正则化的学习方法就是一种嵌入式特征选择方法，其特征选择过程也就是学习器训练过程。

L_1 正则化问题的求解可以用梯度下降(Proximal Gradient Descent，PGD)算法求解。

【例 10-6】 对数据进行嵌入式选择。

```
"""3.嵌入式，旧的版本没有 SelectFromModel"""
from sklearn.svm import   LinearSVC
from sklearn.datasets import load_iris
from sklearn.feature_selection import SelectFromModel

iris = load_iris()
X,y = iris.data,iris.target
print('嵌入式选择:')
print(X.shape)
lsvc = LinearSVC(C = 0.01,penalty = 'l1',dual = False).fit(X,y)
model = SelectFromModel(lsvc,prefit = True)
X_new = model.transform(X)
print(X_new.shape)
```

运行程序，输出如下：

```
嵌入式选择:
(150, 4)
(150, 3)
```

10.3.6 稀疏表示和字典学习

对于 $D=\{(\vec{x}_1,y_1),(\vec{x}_2,y_2),\cdots,(\vec{x}_N,y_N)\}$，$\vec{x}_i=(x_i^{(1)},x_i^{(2)},\cdots,x_i^{(d)})^{\mathrm{T}}$，$y_i=R$，构建矩阵 $\boldsymbol{D}=(\vec{x}_1,\vec{x}_2,\cdots,\vec{x}_N)^{\mathrm{T}}$，其内容为：

$$\boldsymbol{D}=\begin{bmatrix} x_1^{(1)} & x_1^{(2)} & \cdots & x_1^{(d)} \\ x_2^{(1)} & x_2^{(2)} & \cdots & x_2^{(d)} \\ \vdots & \vdots & \ddots & \vdots \\ x_N^{(1)} & x_N^{(2)} & \cdots & x_N^{(d)} \end{bmatrix}$$

其中每一行对应一个样本，每一列对应一个特征。考虑以下两类情况：

- 矩阵中可能许多列与当前学习任务无关。如果通过特征选择去除这些列，则学习器训练过程仅需要在较小的矩阵上进行。这就是特征选择要解决的问题。
- D 中有大量元素为 0，这称为稀疏矩阵。如果数据集具有高度的稀疏性，则该问题很可能是线性可分的。而对于线性支持向量机，能取得更佳的性能。另外稀疏矩阵有很多很高效的存储方法，可以节省存储空间。这就是字典学习要考虑的问题。

字典学习(dictionary learning)：学习一个字典，通过该字典将样本转化为合适的稀疏表示形式。稀疏编码(sparse coding)：获取样本的稀疏表达，不一定需要通过字典。这两者通常是在同一个优化求解过程中完成的。因此这里不做区分，统称为字典学习。

给定数据集 $D=\{(\vec{x}_1,y_1),(\vec{x}_2,y_2),\cdots,(\vec{x}_N,y_N)\}$，$\vec{x}_i=(x_i^{(1)},x_i^{(2)},\cdots,x_i^{(d)})^{\mathrm{T}}$。希望对样本 $\vec{x}_i$，学习到它的一个稀疏表示 $\vec{\alpha}_i\in\mathbf{R}^k$(一个 k 维列向量)。一个自然的想法是进行线性变换，即寻找一个矩阵 $\boldsymbol{p}\in\mathbf{R}^{k\times d}$，使得 $\boldsymbol{p}\vec{x}_i=\vec{\alpha}_i$。

现在的问题是：既不知道变换矩阵 $\boldsymbol{p}$，也不知道 $\vec{x}_i$ 的稀疏表示 $\vec{\alpha}_i$。因此要求解它们，求解的目标是：

- 根据 $\vec{\alpha}_i$ 能正确还原 $\vec{x}_i$，或者还原的误差最小。
- $\vec{\alpha}_i$ 尽量稀疏，即它的分量尽量为零。

因此给出字典学习的最优化目标：

$$\min_{\boldsymbol{B},\vec{\alpha}_i}\sum_{i=1}^{N}\|\vec{x}_i-\boldsymbol{B}\vec{\alpha}_i\|_2^2+\lambda\sum_{i=1}^{N}\|\vec{\alpha}_i\|_1$$

其中 $\boldsymbol{B}\in\mathbf{R}^{d\times k}$ 为字典矩阵，k 称为字典的词汇量，通常由用户指定。上式中第一项希望 $\vec{\alpha}_i$ 能够很好地重构 $\vec{x}_i$，第二项希望 $\vec{\alpha}_i$ 尽可能地稀疏(即尽可能多的项为0)。

求解该问题采用类似 LASSO 的解法，但是使用变量交替优化的策略。

- 第一步，固定字典 $\boldsymbol{B}$，为每一个样本 $\vec{x}_i$ 找到相应的 $\vec{\alpha}_i$。这是通过求解下式来实现的。

$$\min_{\vec{\alpha}_i}\|\vec{x}_i-\boldsymbol{B}\vec{\alpha}_i\|_2^2+\lambda\sum_{i=1}^{N}\|\vec{\alpha}_i\|_1$$

- 第二步，根据下式，以 $\vec{\alpha}_i$ 为初值来更新字典 $\boldsymbol{B}$，即求解下式，

$$\min_{\boldsymbol{B}}\|\boldsymbol{X}-\boldsymbol{BA}\|_{\mathrm{F}}^2$$

其中，$\boldsymbol{X}=(\vec{x}_1,\vec{x}_2,\cdots,\vec{x}_N)\in\mathbf{R}^{d\times N}$，$\boldsymbol{A}=(\vec{\alpha}_1,\vec{\alpha}_2,\cdots,\vec{\alpha}_N)^{\mathrm{T}}\in\mathbf{R}^{k\times N}$。写成矩阵的形式为：

$$\boldsymbol{X}=\begin{bmatrix}x_1^{(1)} & x_2^{(1)} & \cdots & x_N^{(1)}\\ x_1^{(2)} & x_2^{(2)} & \cdots & x_N^{(2)}\\ \vdots & \vdots & \ddots & \vdots\\ x_1^{(d)} & x_2^{(d)} & \cdots & x_N^{(d)}\end{bmatrix},\quad \boldsymbol{A}=\begin{bmatrix}\alpha_1^{(1)} & \alpha_2^{(1)} & \cdots & \alpha_N^{(1)}\\ \alpha_1^{(2)} & \alpha_2^{(2)} & \cdots & \alpha_N^{(2)}\\ \vdots & \vdots & \ddots & \vdots\\ \alpha_1^{(k)} & \alpha_2^{(k)} & \cdots & \alpha_N^{(k)}\end{bmatrix}$$

这里 $\|\cdot\|_{\mathrm{F}}$ 为矩阵的 Frobenius 范数(所有元素的平方和的平方根)。对于矩阵 $\boldsymbol{M}$，有 $\|\boldsymbol{M}\|_{\mathrm{F}}=\sqrt{\sum_i\sum_j|m_{ij}|^2}$。

反复迭代上述两步，最终可求得字典 $\boldsymbol{B}$ 和样本 $\vec{x}_i$ 的稀疏表示 $\vec{\alpha}^{(i)}$。其中用户可以通过设置词汇量 k 的大小来控制字典的规模，从而影响到稀疏程度。

这里有个最优化问题：

$$\min_{\boldsymbol{B}}\|\boldsymbol{X}-\boldsymbol{BA}\|_{\mathrm{F}}^2$$

该问题有多种求解方法，常用的有基于逐列更新策略的 KSVD 算法。令 $\vec{b}_i$ 为字典矩阵 $\boldsymbol{B}$ 的第 i 列，$\vec{\alpha}^i$ 表示稀疏矩阵 $\boldsymbol{A}$ 的第 i 行，则上式可以重写为：

$$\min_{\vec{b}_i}\left\|\boldsymbol{X}-\sum_{j=1}^{k}\vec{b}_j\vec{\alpha}^j\right\|_{\mathrm{F}}^2=\min_{\vec{b}_i}\left\|\left(\boldsymbol{X}-\sum_{j=1,j\neq i}^{k}\vec{b}_j\vec{\alpha}^j\right)-\vec{b}_i\vec{\alpha}^i\right\|_{\mathrm{F}}^2$$

考虑更新字典的第 i 列 $\vec{b}_i$ 时，其他各列都是固定的，因此令：

$$E_i = X - \sum_{j=1, j\neq i}^{k} \vec{b}_j \vec{\alpha}^j$$

E_i 是固定的，它表示去掉 $\vec{x}_i$ 的稀疏表示之后，稀疏表示与原样本集的误差矩阵。那么最优化问题转换为：

$$\min_{\vec{b}_i} \| E_i - \vec{b}_i \vec{\alpha}^i \|_F^2$$

求解该最优化问题只需要对 E_i 进行奇异值分解，以取得最大奇异值所对应的正交向量。

然而直接对 E_i 进行奇异值分解会同时修改 $\vec{b}_i$ 和 $\vec{\alpha}^i$，从而可能破坏 A 的稀疏性。因为第二步"以 $\vec{\alpha}^i$ 为初值来更新字典 B"，在更新 B 前后 $\vec{\alpha}^i$ 的非零元素所处的位置和非零元素的值很可能不一致。为了避免发生这样的情况，KSVD 对 E_i 和 $\vec{\alpha}^i$ 进行了如下的专门处理：

- $\vec{\alpha}^i$ 仅仅保留非零元素；
- E_i 仅保留 $\vec{b}_i$ 和 $\vec{\alpha}^i$ 的非零元素的乘积项，然后再进行奇异值分解，这样就保持了第一步得到的稀疏性。

【例 10-7】 图片的稀疏字典学习。

(1) 首先是各种工具包的导入和测试样例的导入。

```
#导入 time 模块,用于测算一些步骤的时间消耗
from time import time
#导入 Python 科学计算的基本需求模块,主要包括 NumPy(矩阵计算模块)、SciPy(科学计算模块)和
#matplotlib.pyplot 模块(画图).有了这 3 个模块,Python 俨然已是基础版的 Matlab
import matplotlib.pyplot as plt
import numpy as np
import scipy as sp
from sklearn.decomposition import MiniBatchDictionaryLearning
from sklearn.feature_extraction.image import extract_patches_2d
#导入稀疏字典学习所需要的函数
from sklearn.feature_extraction.image import reconstruct_from_patches_2d
from sklearn.utils.testing import SkipTest
from sklearn.utils.fixes import sp_version
#检测 SciPy 版本,如果版本太低就抛出一个异常
if sp_version < (0, 12):
    raise SkipTest("Skipping because SciPy version earlier than 0.12.0 and "
                   "thus does not include the scipy.misc.face() image.")
#尝试打开样本测试用例,如果打不开就抛出一个异常
try:
    from scipy import misc
    face = misc.face(gray = True)
except AttributeError:
    #旧版本的 scipy 在顶层包中有 face
    face = sp.face(gray = True)
```

(2) 通过测试样例计算字典 V。

```
#读入的 face 大小为 0~255,所以通过除以 255 将 face 的大小映射到 0~1
face = face / 255.0
```

```
#对图形进行采样,把图片的长和宽各缩小一半.记住 array 矩阵的访问方式 array[起始点:终止点
#(不包括):步长]
face = face[::2, ::2] + face[1::2, ::2] + face[::2, 1::2] + face[1::2, 1::2]
#图片的长宽大小
face = face / 4.0
height, width = face.shape
print('Distorting image...')
#将 face 的内容复制给 distorted,这里不用等号,因为等号在 Python 中其实是地址的引用
distorted = face.copy()
distorted[:, width // 2:] += 0.075 * np.random.randn(height, width // 2)
print('Extracting reference patches...')
#开始计时,并保存在 t0 中
t0 = time()
#tuple 格式的 pitch 大小
patch_size = (7, 7)
#对图片的左半部分(未加噪声的部分)提取 pitch
data = extract_patches_2d(distorted[:, :width // 2], patch_size)
#用 reshape 函数对 data(94500,7,7)进行整形,reshape 中如果某一位是 - 1,则这一维会根据(元素
#个数/已指明的维度)来计算,这里经过整形后 data 变成(94500,49)
data = data.reshape(data.shape[0], - 1)
#每一行的 data 减去均值除以方差,这是 zscore 标准化的方法
data -= np.mean(data, axis = 0)
data /= np.std(data, axis = 0)
print('done in %.2fs.' % (time() - t0))
print('Learning the dictionary...')
t0 = time()
#初始化 MiniBatchDictionaryLearning 类,并按照初始参数初始化类的属性
dico = MiniBatchDictionaryLearning(n_components = 100, alpha = 1, n_iter = 500)
#调用 fit 方法对传入的样本集 data 进行字典提取,components_返回该类 fit 方法的运算结果,也
#就是我们想要的字典 V
V = dico.fit(data).components_
dt = time() - t0
print('done in %.2fs.' % dt)
#画出 V 中的字典
plt.figure(figsize = (4.2, 4))                #figsize 方法指明图片的大小,4.2 英寸宽,
                                              #4 英寸高.其中一英寸的定义是 80 个像素点
for i, comp in enumerate(V[:100]):            #循环画出 100 个字典 V 中的字
    plt.subplot(10, 10, i + 1)
    plt.imshow(comp.reshape(patch_size), cmap = plt.cm.gray_r,
               interpolation = 'nearest')
    plt.xticks(())
    plt.yticks(())
plt.suptitle('Dictionary learned from face patches\n' +
             'Train time %.1fs on %d patches' % (dt, len(data)),
             fontsize = 16)
plt.subplots_adjust(0.08, 0.02, 0.92, 0.85, 0.08, 0.23)#6 个参数与注释后的 6 个属性对应
```

运行程序,效果如图 10-2 所示。

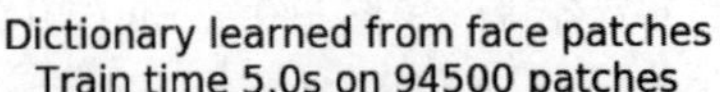

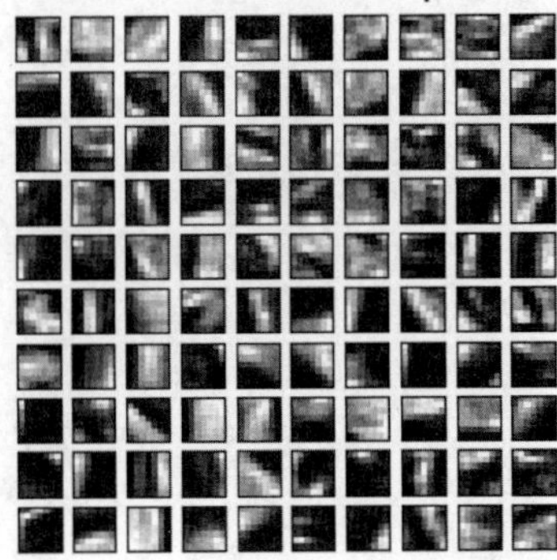

图 10-2 字典从人脸进行贴片

(3) 画出标准图像和真正的噪声,方便同之后字典学习学到的噪声进行比较。

```
def show_with_diff(image, reference, title):
    """Helper function to display denoising"""
    plt.figure(figsize = (5, 3.3))
    plt.subplot(1, 2, 1)
    plt.title('Image')
    plt.imshow(image, vmin = 0, vmax = 1, cmap = plt.cm.gray,
               interpolation = 'nearest')
    plt.xticks(())
    plt.yticks(())
    plt.subplot(1, 2, 2)
    difference = image - reference

    plt.title('Difference (norm: %.2f)' % np.sqrt(np.sum(difference ** 2)))
    plt.imshow(difference, vmin = -0.5, vmax = 0.5, cmap = plt.cm.PuOr,
               interpolation = 'nearest')
    plt.xticks(())
    plt.yticks(())
    plt.suptitle(title, size = 16)
    plt.subplots_adjust(0.02, 0.02, 0.98, 0.79, 0.02, 0.2)
show_with_diff(distorted, face, 'Distorted image')
```

运行程序,效果如图 10-3 所示。

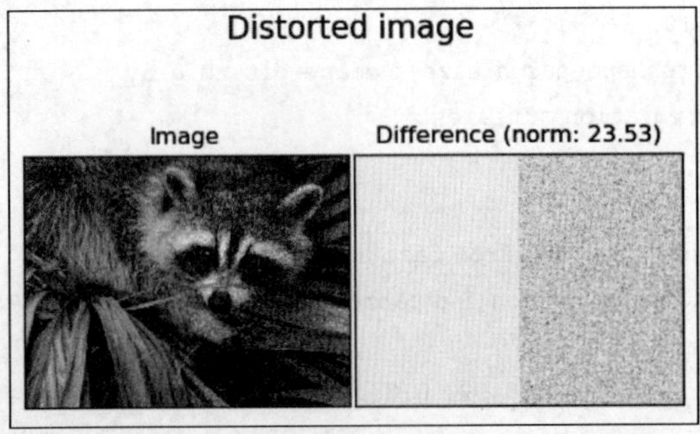

图 10-3 图像的扭曲

(4) 测试不同的字典学习方法和参数对字典学习的影响。

```
print('Extracting noisy patches... ')
t0 = time()
#提取照片中被污染过的右半部进行字典学习
data = extract_patches_2d(distorted[:, width // 2:], patch_size)
data = data.reshape(data.shape[0], -1)
intercept = np.mean(data, axis=0)
data -= intercept
print('done in %.2fs.' % (time() - t0))
#4 种不同的字典表示策略
transform_algorithms = [
    ('Orthogonal Matching Pursuit\n1 atom', 'omp',
     {'transform_n_nonzero_coefs': 1}),
    ('Orthogonal Matching Pursuit\n2 atoms', 'omp',
     {'transform_n_nonzero_coefs': 2}),
    ('Least-angle regression\n5 atoms', 'lars',
     {'transform_n_nonzero_coefs': 5}),
    ('Thresholding\n alpha=0.1', 'threshold', {'transform_alpha'': .1})]

reconstructions = {}
for title, transform_algorithm, kwargs in transform_algorithms:
    print(title + '...')
    reconstructions[title] = face.copy()
    t0 = time()
    '''transform 根据 set_params 对设完参数的模型进行字典表示,表示结果放在 code
    中。code 总共有 100 列,每一列对应着 V 中的一个字典元素,所谓稀疏性,就是
  code 中每一行的大部分元素都是 0,这样就可以用尽可能少的字典元素表示'''
    code = dico.transform(data)
    #code 矩阵乘 V 得到复原后的矩阵 patches
    patches = np.dot(code, V)

    patches += intercept
    #将 patches 从(94500,49)变回(94500,7,7)
    patches = patches.reshape(len(data), *patch_size)
    if transform_algorithm == 'threshold':
        patches -= patches.min()
        patches /= patches.max()
   #通过 reconstruct_from_patches_2d 函数将 patches 重新拼接回图片
    reconstructions[title][:, width // 2:] = reconstruct_from_patches_2d(
        patches, (height, width // 2))
    dt = time() - t0
    print('done in %.2fs.' % dt)
    show_with_diff(reconstructions[title], face,
                   title + '(time: %.1fs)' % dt)
plt.show()
```

运行程序,输出如下,得到 4 种不同转换算法下的降噪效果,如图 10-4～图 10-7 所示。

```
Distorting image...
Extracting reference patches...
done in 0.12s.
Learning the dictionary...
done in 5.51s.
```

```
Extracting noisy patches...
done in 0.04s.
Orthogonal Matching Pursuit
1 atom...
done in 24.57s.
Orthogonal Matching Pursuit
2 atoms...
done in 24.94s.
Least - angle regression
5 atoms...
done in 25.53s.
Thresholding
 alpha = 0.1...
done in 29.87s.
```

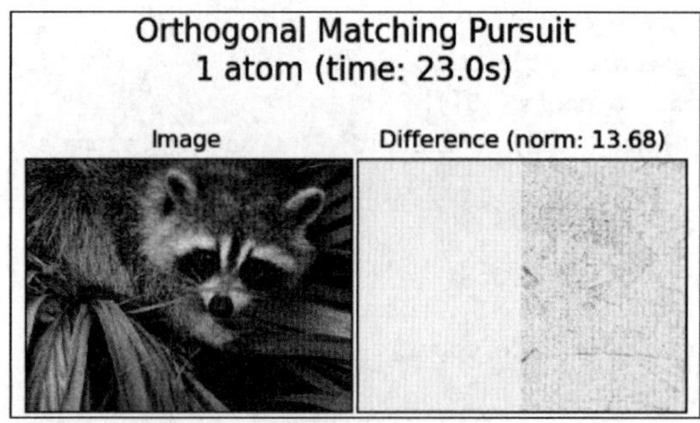

图 10-4　Orthogonal Matching Pursuit 1 atom 降噪效果

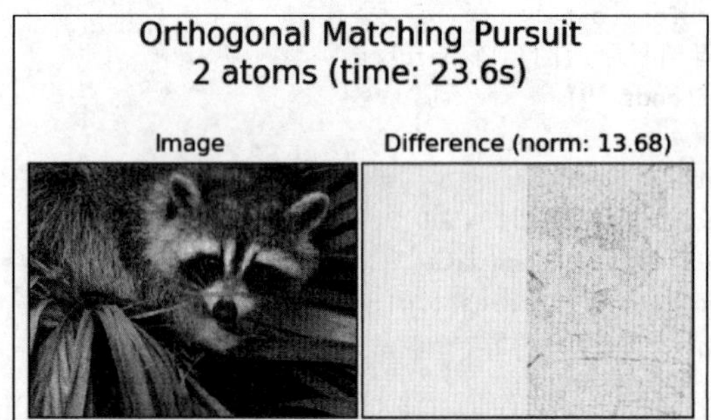

图 10-5　Orthogonal Matching Pursuit 2 atoms 降噪效果

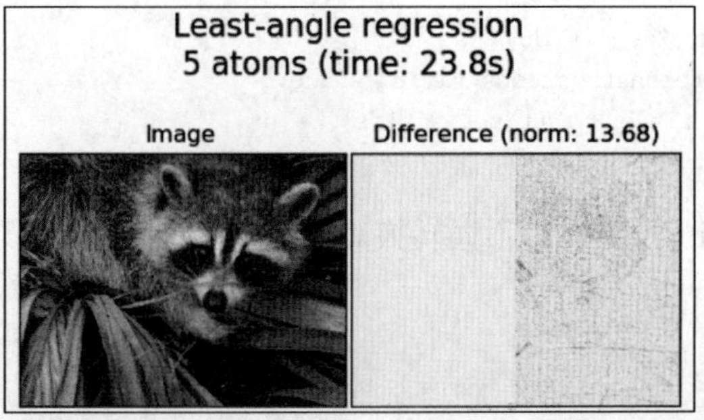

图 10-6　Least-angle regression 5 atoms 降噪效果

图 10-7 Thresholding alpha=0.1 降噪效果

10.4 机器模型

评价一个机器学习模型的好坏需要特定的评估方法,并据此对模型进行选择,从而得到一个更好的模型。

10.4.1 损失函数和风险函数

1. 损失函数

对于给定的输入样本 $\vec{x}$,设其真实值为 y。由决策函数 $\hat{y}=f(\vec{x})$或者 $\hat{y}=\underset{y}{\operatorname{argmax}} p\left(\frac{y}{\vec{x}}\right)$预测的输出值 $\hat{y}$ 与真实值 y 可能不一致。用损失函数度量错误的程度,也就是损失的程度,记作 $L(y,f(\vec{x}))$或者 $L\left(y,p\left(\frac{y}{\vec{x}}\right)\right)$。常用的损失函数有:

- 0-1 损失函数

$$L(y,f(\vec{x}))=\begin{cases}1, & y \neq f(\vec{x}) \\ 0, & y=f(\vec{x})\end{cases}$$

【例 10-8】 0-1 损失函数。

```
from sklearn.metrics import zero_one_loss

y_true = [1,1,1,1,1,0,0,0,0,0]
y_pred = [0,0,0,1,1,1,1,1,0,0]
print('zero_one_loss < fraction >:',zero_one_loss(y_true,y_pred,normalize = True))
print('zero_one_loss < num >:',zero_one_loss(y_true,y_pred,normalize = False))
```

运行程序,输出如下:

```
zero_one_loss < fraction >: 0.6
zero_one_loss < num >: 6
```

- 平方损失函数

$$L(y,f(\vec{x}))=(Y-f(\vec{x}))^2$$

- 绝对损失函数：$L(y,f(\vec{x}))=|Y-f(\vec{x})|$。
- 对数损失函数：$L\left(y,p\left(\frac{y}{\vec{x}}\right)\right)=-\log p\left(\frac{y}{\vec{x}}\right)$。

【例 10-9】 对数损失函数。

```
from sklearn.metrics import log_loss
y_true = [1,1,1,0,0,0]
y_pred = [
    [0.1,0.9],
    [0.2,0.8],
    [0.3,0.7],
    [0.7,0.3],
    [0.8,0.2],
    [0.9,0.1]
]
print('log_loss<average>:',log_loss(y_true,y_pred,normalize = True))
print('log_loss,total.:',log_loss(y_true,y_pred,normalize = False))
```

运行程序，输出如下：

```
log_loss<average>: 0.22839300363692283
log_loss,total.: 1.370358021821537
```

上面给出单个样本的损失函数。对于样本集合，其损失函数等于所有样本的损失之和。

2. 风险函数和经验函数

通常，损失函数值越小，模型越好。假设$(\vec{x},y)$服从联合分布$p(\vec{x},y)$，定义风险函数为损失函数的期望：

$$R_{\exp}(f)=E_p[L(y,f(\vec{x}))]=\int_{x\times y}L(y,f(\vec{x}))p(\vec{x},y)\mathrm{d}\vec{x}\mathrm{d}y$$

其中，x 和 y 分别为输入空间和输出空间。学习的目标是选择风险函数最小的模型。但是问题是 $p(\vec{x},y)$未知。实际上如果它已知，则可以轻而易举地求得条件概率分布，也就不需要学习了。

给定训练集 $T=\{(\vec{x}_1,y_1),(\vec{x}_2,y_2),\cdots,(\vec{x}_N,y_N)\}$，模型 $f(X)$关于 T 的经验风险定义为：

$$R_{\mathrm{emp}}(f)=\frac{1}{N}\sum_{i=1}^{N}L(y_i,f(\vec{x}_i))$$

经验风险是模型在 T 上的平均损失。根据大数定律，当 $N\to\infty$时，$R_{\mathrm{emp}}(f)\to R_{\exp}(f)$。

但是由于现实中训练集中样本数量有限，所以需要对经验风险进行校正。有以下两种常用的策略。

- 经验风险最小化(Empirical Risk Minimization，ERM)：经验风险最小的模型就是最优的模型。即，

$$\min_{f\in F}\frac{1}{N}\sum_{i=1}^{N}L(y_i,f(\vec{x}_i))$$

- 结构风险最小化(Structural Risk Minimization，SRM)：它是在经验风险上加上表示模型复杂度的正则化项(或者称为罚项)。这是为了防止过拟合而提出的。结构

风险定义为：

$$R_{\text{srm}}(f)=\frac{1}{N}\sum_{i=1}^{N}L(y_i,f(\vec{x}_i))+\lambda J(f)$$

其中，$J(f)$为模型复杂度，是定义在假设空间 F 上的泛函。f 越复杂，则 $J(f)$越大。$\lambda\geqslant 0$ 为系数，用于对经验风险和模型复杂度进行折中。SRM 策略认为，结构风险最小的模型是最优的模型：

$$\min_{f\in F}\left[\frac{1}{N}\sum_{i=1}^{N}L(y_i,f(\vec{x}_i))+\lambda J(f)\right]$$

极大似然估计就是经验风险最小化的例子。极大似然估计：已知样本集 $T=\{(\vec{x}_1,y_1),(\vec{x}_2,y_2),\cdots,(\vec{x}_N,y_N)\}$，则出现这种训练集的概率为 $\prod_{i=1}^{N}p\left(\frac{y_i}{\vec{x}_i}\right)$，根据 T 出现概率最大为：

$$\max\prod_{i=1}^{N}p\left(\frac{y_i}{\vec{x}_i}\right)\rightarrow\max\sum_{i=1}^{N}\log p\left(\frac{y_i}{\vec{x}_i}\right)\rightarrow\min\sum_{i=1}^{N}\left(-\log p\left(\frac{y_i}{\vec{x}_i}\right)\right)$$

$$\text{def}:L\left(Y,p\left(\frac{Y}{X}\right)\right)=-\log p\left(\frac{Y}{X}\right)$$

$$\min\sum_{i=1}^{N}\left(-\log p\left(\frac{y_i}{\vec{x}_i}\right)\right)\rightarrow\min\sum_{i=1}^{N}L\left(y_i,p\left(\frac{y_i}{\vec{x}_i}\right)\right)\rightarrow\min\frac{1}{N}\sum_{i=1}^{N}L\left(y_i,p\left(\frac{y_i}{\vec{x}_i}\right)\right)$$

即经验风险最小化 ERM。

最大后验概率估计就是结构风险最小化的例子。已知样本集 $T=\{(\vec{x}_1,y_1),(\vec{x}_2,y_2),\cdots,(\vec{x}_N,y_N)\}$，假设已知参数 θ 的先验分布为 $g(\theta)$，出现这种训练集的概率为 $\prod_{i=1}^{N}p\left(\frac{y_i}{\vec{x}_i}\right)g(\theta)$，则根据 T 出现概率最大为：

$$\max\prod_{i=1}^{N}p\left(\frac{y_i}{\vec{x}_i}\right)g(\theta)\rightarrow\max\sum_{i=1}^{N}\log p\left(\frac{y_i}{\vec{x}_i}\right)+\log g(\theta)\rightarrow\min\sum_{i=1}^{N}\left(-\log p\left(\frac{y_i}{\vec{x}_i}\right)\right)+\log\frac{1}{g(\theta)}$$

$$\text{def}:L\left(Y,p\left(\frac{Y}{X}\right)\right)=-\log p\left(\frac{Y}{X}\right),\lambda=\frac{1}{N},J(f)=\log\frac{1}{g(\theta)}$$

$$\min\sum_{i=1}^{N}\left(-\log p\left(\frac{y_i}{\vec{x}_i}\right)\right)+\log\frac{1}{g(\theta)}\rightarrow\min\sum_{i=1}^{N}L\left(y_i,p\left(\frac{y_i}{\vec{x}_i}\right)\right)+$$

$$J(f)\rightarrow\min\frac{1}{N}\sum_{i=1}^{N}L\left(y_i,p\left(\frac{y_i}{\vec{x}_i}\right)\right)+\lambda J(f)$$

即结构风险最小化 SRM。

10.4.2 模型评估

通常用测试集对学习方法进行评估，这是因为我们需要挑选泛化能力最强的那个模型。评估的方法有留出法、交叉验证法、留一法、自助法等。

1. 留出法

留出法(hold-out)：直接将数据切分为 3 个互斥的部分(也可以切分成两部分，此时训练集也是验证集)，然后在训练集上训练模型，在验证集上选择模型，最后用测试集上的误差作为泛化误差的估计。

数据集的划分要尽可能保持数据分布的一致性，如在分类任务中至少要保持样本的类别比例相似。此时可以使用分层采样来保留各个集合中的类别比例。如果训练集、验证集、测试集中类别比例差别很大，那么由于训练/验证/测试数据分布的差异将导致误差估计偏差。

即使进行了分层采样，仍然存在多种划分方式，从而产生不同的训练集/验证集/测试集。在使用留出法时，通常采用多次随机划分，并取平均值作为留出法的评估结果。

2. 交叉验证法

S 折交叉验证法(S-Fold Cross Validation，S-Fold CV)：数据随机划分为 S 个互不相交且大小相同的子集，利用 $S-1$ 个子集数据训练模型，利用余下的一个子集测试模型(一共有 $C_s^{s-1}=S$ 种组合)。对 S 种组合依次重复进行，获取测试误差的均值。将这个均值作为泛化误差的估计。

将数据集划分为 S 个子集同样存在多种划分方式。S 折交叉验证通常需要随机使用不同的划分重复 p 次，最终的测试误差均值是 p 次 S 折交叉验证的测试误差均值。

3. 留一法

留一法(Leave-One-Out，LOO)是 $S=N$ 时的 S 折交叉验证的一个特例，其中 N 为初始数据集的大小。由于训练集与初始数据集只少了一个样本，因此训练出来的模型与真实模型比较近似。因此留一法评估的结果往往比较准确。

留一法的缺点是：在数据集比较大时计算量太大。例如数据集为一千万个样本，则留一法需要训练一千万个模型(相比于 S 折交叉验证，假设 $S=100$，$p=100$，则只需要训练一万个模型)。

4. 自助法

自助法(bootstrapping)以自助采样法(bootstrap sampling)为基础。

给定包含 N 个样本的原始数据集 T，自助采样法是这样进行的：先从 T 中随机取出一个样本放入采样集 T_s 中，再把该样本放回 T 中(有放回的重复独立采样)。经过 N 次随机采样操作，得到包含 N 个样本的采样集 T_s。

注意：数据集 T 中可能有的样本在采样集 T_s 中出现多次，但是 T 中也可能有样本在 T_s 中从未出现。一个样本始终不在采样集中出现的概率是 $\left(1-\frac{1}{N}\right)^N$。根据：

$$\lim_{N\to\infty}\left(1-\frac{1}{N}\right)^N=\frac{1}{\mathrm{e}}\approx 0.368$$

因此 T 中约有 63.2%的样本出现在 T_s 中。将 T_s 用作训练集，$T-T_s$ 用作测试集。这样的测试称为包外(Out-Of-Bag，OOB)估计。

自助法在数据集较小时比较好用。它能从初始数据集中产生多个不同的训练集，这对集成学习等方法有很大的吸引力。自助法产生的数据集改变了初始数据集的分布，从而引入估计偏差。因此在初始数据量足够时，留出法和交叉验证法更为常用。

【例 10-10】 Python 机器学习库 sklearn——模型评估。

```
from sklearn import svm, datasets
from sklearn.model_selection import cross_val_score,cross_validate  #交叉验证中的模型度量
import numpy as np                                          #快速操作结构数组的工具
import matplotlib.pyplot as plt                             #可视化绘制
from sklearn.linear_model import LinearRegression           #线性回归
from sklearn.metrics import make_scorer
from sklearn import metrics
#  =================== 分类度量 ==========================
print('===================== 分类度量 =========================')
iris = datasets.load_iris()                                 #加载 iris 数据集;用于分类问题
X, y = iris.data, iris.target                               #150 个样本,4 个属性,3 种分类
clf = svm.SVC(probability = True, random_state = 0)
# ========================= 交叉验证获取度量 ====================
score = cross_val_score(clf, X, y, scoring = 'accuracy',cv = 3)  #默认进行 3 次交叉验证
print('交叉验证度量:',score)
# ========================= 自定义度量 ======================
#自定义度量函数,输入为真实值和预测值
def my_custom_loss_func(ground_truth, predictions):
    diff = np.abs(ground_truth - predictions).max()
    return np.log(1 + diff)
loss = make_scorer(my_custom_loss_func, greater_is_better = False)   #自定义度量对象
#结果越小越好。greater_is_better 设置为 false,系统认为是损失函数,则会将计分函数取反
score = make_scorer(my_custom_loss_func, greater_is_better = True)   #自定义度量对象结果
                                                                     #越大越好

clf = svm.SVC()
clf.fit(X, y)
print(loss(clf,X,y))                             #对模型进行度量,系统会自动调用模型对
#输入进行预测,并和真实输出值进行比较,计算损失函数
print(score(clf,X,y))                            #对模型进行度量,系统会自动调用模型对
                                                 #输入进行预测,并和真实输出值进行比较,计算得分
# ======================== 多种度量值 =======================
scoring = ['precision_macro', 'recall_macro']
                                      #precision_macro 为精度,recall_macro 为召回率
scores = cross_validate(clf, X, y,scoring = scoring,cv = 5, return_train_score = True)
sorted(scores.keys())
print('多种度量的测试结果:',scores)                      #scores 类型为字典.包含训练得分,拟合
                                                       #次数, score - times (得分次数)
# ======================== 分类指标 =======================
clf = svm.SVC()                                                #构建模型
clf.fit(X, y)                                                  #训练模型
predict_y = clf.predict(X)                                     #预测数据
print('准确率指标:',metrics.accuracy_score(y, predict_y))       #计算准确率
print('Kappa 指标:',metrics.cohen_kappa_score(y, predict_y))    #Kappa 检验
print('混淆矩阵:\n',metrics.confusion_matrix(y, predict_y))     #混淆矩阵
target_names = ['class 0', 'class 1', 'class 2']
#分类报告
print('分类报告:\n',metrics.classification_report(y, predict_y, target_names = target_
names))
#汉明损失 ,在多分类中, 汉明损失对应于 y 和 predict_y 之间的汉明距离
```

```
print('汉明损失:',metrics.hamming_loss(y, predict_y))
#Jaccard 相似系数
print('Jaccard 相似系数:',metrics.jaccard_similarity_score(y, predict_y))
#下面的系数在二分类中不需要使用 average 参数,在多分类中需要使用 average 参数进行多个
#二分类的平均
#average 可取值:macro(宏)、weighted(加权)、micro(微)、samples(样本)、None(返回每个类的分数)
print('精度计算:',metrics.precision_score(y, predict_y, average = 'macro'))
print('召回率:',metrics.recall_score(y, predict_y,average = 'micro'))
print('F1 值:',metrics.f1_score(y, predict_y,average = 'weighted'))
print('FB 值:',metrics.fbeta_score(y, predict_y,average = 'macro', beta = 0.5))
print('FB 值:',metrics.fbeta_score(y, predict_y,average = 'macro', beta = 1))
print('FB 值:',metrics.fbeta_score(y, predict_y,average = 'macro', beta = 2))
print('精确召回曲线:',metrics.precision_recall_fscore_support(y, predict_y,beta = 0.5,
average = None))
print('零一损失:',metrics.zero_one_loss(y, predict_y))
#ROC 曲线(二分类)
y1 = np.array([0, 0, 1, 1])                    #样本类标号
y_scores = np.array([0.1, 0.4, 0.35, 0.8])  #样本的得分(属于正例的概率估计或置信度值)
fpr, tpr, thresholds = metrics.roc_curve(y1, y_scores, pos_label = 1)
print('假正率:',fpr)
print('真正率:',tpr)
print('门限:',thresholds)
print('AUC 值:',metrics.roc_auc_score(y1, y_scores))
labels = np.array([0, 1, 2])                   #3 种分类的类标号
pred_decision = clf.decision_function(X)     #计算样本属于每种分类的得分,所以 pred_
decision 是一个 3 列的矩阵
print('hinge_loss:',metrics.hinge_loss(y, pred_decision, labels = labels))
#逻辑回归损失,对真实分类和预测分类概率进行对比的损失
y_true = [0, 0, 1, 1]
y_pred = [[.9, .1], [.8, .2], [.3, .7], [.01, .99]]
print('log_loss:',metrics.log_loss(y_true, y_pred))
# ====================== 回归度量 ========================
print(' =================== 回归度量 ======================== ')
diabetes = datasets.load_diabetes()            #加载糖尿病数据集;用于回归问题
X, y = diabetes.data, diabetes.target          #442 个样本,10 个属性,数值输出
model = LinearRegression(copy_X = True, fit_intercept = True, n_jobs = 1, normalize = False)
model.fit(X, y)                                #线性回归建模
predicted_y = model.predict(X)                 #使用模型预测
print('解释方差得分:',metrics.explained_variance_score(y, predicted_y)) #解释方差得分
print('平均绝对误差:',metrics.mean_absolute_error(y, predicted_y))       #平均绝对误差
print('均方误差:',metrics.mean_squared_error(y, predicted_y))            #均方误差
print('均方误差对数:',metrics.mean_squared_log_error(y, predicted_y))    #均方误差对数
print('中位绝对误差:',metrics.median_absolute_error(y, predicted_y))     #中位绝对误差
        #可决系数
print('可决系数:',metrics.r2_score(y, predicted_y, multioutput = 'variance_weighted'))
print('可决系数:',metrics.r2_score(y, predicted_y, multioutput = 'raw_values'))
        #可决系数
print('可决系数:',metrics.r2_score(y, predicted_y, multioutput = 'uniform_average'))
```

运行程序,输出如下:

```
==================== 分类度量 ==============================
交叉验证度量: [0.98039216 0.96078431 0.97916667]
- 0.6931471805599453
0.6931471805599453
多种度量的测试结果: {'fit_time': array([0.0009973 , 0.00099659, 0.00099683, 0.        ,
0.        ]), 'score_time': array([0.0009973 , 0.00099778, 0.0009973 , 0.00099778,
0.00199866]), 'test_precision_macro': array([0.96969697, 1.        , 0.96969697,
0.96969697, 1.        ]), 'train_precision_macro': array([0.98412698, 0.98412698,
0.99186992, 0.98412698, 0.97519283]), 'test_recall_macro': array([0.96666667, 1.        ,
0.96666667, 0.96666667, 1.        ]), 'train_recall_macro': array([0.98333333, 0.98333333,
0.99166667, 0.98333333, 0.975     ])}
准确率指标: 0.9866666666666667
Kappa 指标: 0.98
混淆矩阵:
 [[50  0  0]
 [ 0 48  2]
 [ 0  0 50]]
分类报告:
             precision    recall  f1 - score   support
    class 0       1.00      1.00      1.00        50
    class 1       1.00      0.96      0.98        50
    class 2       0.96      1.00      0.98        50
avg / total       0.99      0.99      0.99       150
汉明损失: 0.013333333333333334
Jaccard 相似系数: 0.9866666666666667
精度计算: 0.9871794871794872
召回率: 0.9866666666666667
F1 值: 0.9866613311991462
FB 值: 0.9869092617506995
FB 值: 0.9866613311991462
FB 值: 0.9866018091824543
精确召回曲线: (array([1.        , 1.        , 0.96153846]), array([1.  , 0.96, 1.  ]),
array([1.        , 0.99173554, 0.96899225]), array([50, 50, 50], dtype = int64))
零一损失: 0.013333333333333308
假正率: [0.  0.5 0.5 1. ]
真正率: [0.5 0.5 1.  1. ]
门限: [0.8  0.4  0.35 0.1 ]
AUC 值: 0.75
hinge_loss: 0.02770596235264729
log_loss: 0.1738073366910675
 ========================== 回归度量 ======================
解释方差得分: 0.5177494254132934
平均绝对误差: 43.27739508374988
均方误差: 2859.6903987680657
均方误差对数: 0.17215834438973418
中位绝对误差: 38.52283366266068
可决系数: 0.5177494254132934
可决系数: [0.51774943]
可决系数: 0.5177494254132934
```

10.4.3 性能度量

对学习器的泛化性能进行评估，不仅需要有效可行的实验评估方法，还要有衡量模型泛化能力的评价标准，这就是性能度量(performance measure)。

1. 测试准确率和测试错误率

用于度量学习器的预测性能指标如下。

- 测试准确率：测试数据集上的准确率，

$$r_{\text{test}}=\frac{1}{N'}\sum_{i=1}^{N'}I(y_i=\hat{f}(\vec{x}_i))$$

其中，I 为示性函数。准确率衡量的是有多少比例的样本被正确判别。

- 测试错误率：测试数据集上的错误率，

$$e_{\text{test}}=\frac{1}{N'}\sum_{i=1}^{N'}I(y_i\neq\hat{f}(\vec{x}_i))$$

其中，I 为示性函数。错误率衡量的是有多少比例的样本被判别错误。

2. 混淆矩阵

对于二分类问题，通常将关注的类分为正例，其他类分为负例。分类器在测试集上的预测或者正确或者不正确，令

- TP——分类器将正例预测为正例的数量(True Positive)。
- FN——分类器将正例预测为负例的数量(False Negative)。
- FP——分类器将负例预测为正例的数量(False Positive)。
- TN——分类器将负例预测为负例的数量(True Negative)。

分类结果的混淆矩阵(confusion matrix)定义如下：

真实情况	预测结果	
	正　例	负　例
正例	TP(真正例)	FN(假负例)
负例	FP(假正例)	TN(真负例)

- 查准率(precision)为：$P=\frac{\text{TP}}{\text{TP}+\text{FP}}$，即所有预测为正例的结果中，真正的正例的比例。
- 查全率(recall)为：$R=\frac{\text{TP}}{\text{TP}+\text{FN}}$，即真正的正例中，被分类器找出的比例。

不同的问题，判别标准不同。对于推荐系统，更侧重于查准率(即推荐的结果中，用户真正感兴趣的比例)；对于医学诊断系统，更侧重于查全率(即疾病被发现的比例)。

查准率和查全率是一对矛盾的度量。通常查准率高时，查全率往往偏低；而查全率高时，查准率往往偏低。如果希望将所有的正例都找出来(查全率高)，最简单的方法就是将所有的样本都视为正例，此时有 FN=0。此时查准率就偏低(准确性降低)。如果希望查准率高，则可以只挑选有把握的正例。最简单的就是挑选最有把握的那一个样本。此时有 FP=0，查全率就偏低(只挑出一个正例)。

3. P-R 曲线

根据分类器的预测结果对样例进行排序：排在最前面的是分类器认为"最可能"是正例的样本，排在最后面的是分类器认为"最不可能"是正例的样本。假设排序后的样本集合为 $(\vec{x}_1, y_1), (\vec{x}_2, y_2), \cdots, (\vec{x}_N, y_N)$。

根据此顺序，从前到后依次将样本作为正例负例的分界来进行预测。假设第 i 轮，挑选到了样本 $(\vec{x}_i, y_i)$，直接将 $\vec{x}_i$ 记作正例。然后统计 $\vec{x}_1, \vec{x}_2, \cdots, \vec{x}_i$ 全部判定为正例，$\vec{x}_{i+1}, \vec{x}_{i+2}, \cdots, \vec{x}_N$ 全部判定为负例时的查全率 R_i、查准率 P_i。

以查准率为纵轴、查全率为横轴作图，就得到查准率-查全率曲线(该曲线由点$\{(R_1, P_1), (R_2, P_2), \cdots, (R_N, P_N)\}$组成)。简称为 P-R 曲线，显示该曲线的图称为 P-R 图，如图 10-8 所示。

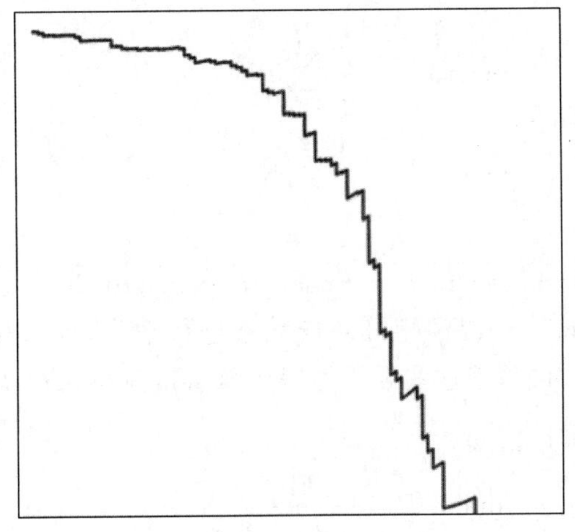

图 10-8 P-R 曲线

P-R 曲线可以用于比较两个分类器的优劣。在进行比较时：

- 如果一个分类器 A 的 P-R 曲线被另一个分类器 B 的曲线完全包围，则 B 的性能好于 A；
- 如果一个分类器 A 的 P-R 曲线与另一个分类器 B 的曲线发生了交叉，则只能在具体的查准率和查全率下进行比较了。

在 P-R 曲线交叉的情况下，可以考查平衡点。平衡点(Break-Even Point，BEP)是 P-R 曲线上查准率等于查全率的点，通常认为平衡点较远的 P-R 曲线较好，如图 10-9 所示。

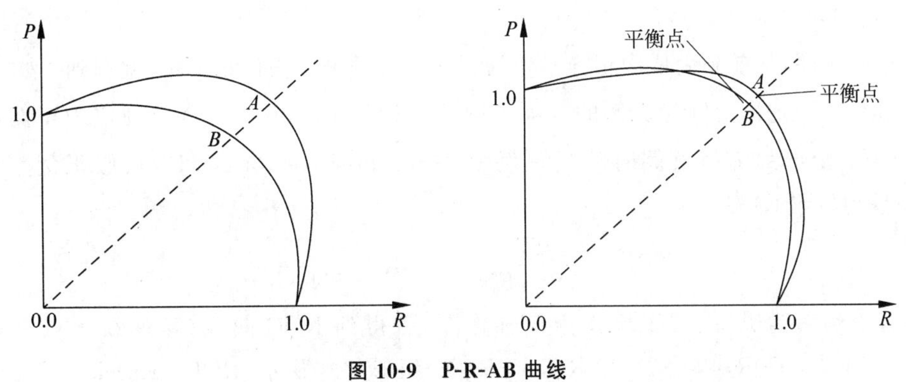

图 10-9 P-R-AB 曲线

定义查准率与查全率的调和均值为$\frac{2}{F_1}=\frac{1}{P}+\frac{1}{R}$。

F_1 更一般的形式为$\frac{1}{F_\beta}=\frac{1}{(1+\beta^2)\times P}+\frac{\beta^2}{(1+\beta^2)\times R}$,其中 $\beta>0$ 度量了查全率对查准率的相对重要性。

4. 多类混淆矩阵

有时候可能得到多个二分类混淆矩阵(如在多个数据集上进行训练/测试),希望在 m 个二分类混淆矩阵上综合考查查准率和查全率。

一种方法是:先在各个混淆矩阵上分别计算查准率和查全率,记作:(P_1,R_1),(P_2,R_2),…,(P_m,R_m),然后计算平均值,这样得到的是宏查准率(macro-P)、宏查全率(macro-F)和宏 F_1(macro-F_1)。

$$\text{macro-}P=\frac{1}{m}\sum_{i=1}^{m}P_i$$

$$\text{macro-}R=\frac{1}{m}\sum_{i=1}^{m}R_i$$

$$\frac{2}{\text{macro-}F_1}=\frac{1}{\text{macro-}P}+\frac{1}{\text{macro-}R}$$

另一种方法是:先将一个混淆矩阵对应元素进行平均,得到 TP、FP、TN、FN 的平均值,记作$\overline{\text{TP}}$、$\overline{\text{FP}}$、$\overline{\text{TN}}$、$\overline{\text{FN}}$,再基于这些平均值得到微查准率(micro-P)、微查全率(micro-F)和微 F_1(micro-F_1):

$$\text{micro-}P=\frac{\overline{\text{TP}}}{\overline{\text{TP}}+\overline{\text{FP}}}$$

$$\text{micro-}R=\frac{\overline{\text{TP}}}{\overline{\text{TP}}+\overline{\text{FN}}}$$

$$\frac{2}{\text{micro-}F_1}=\frac{1}{\text{micro-}P}+\frac{1}{\text{micro-}R}$$

5. ROC 曲线

首先根据分类器的预测结果对样例进行排序:排在最前面的是分类器认为"最可能"是正例的样本,排在最后面的是分类器认为"最不可能"是正例的样本。假设排序后的样本集合为$(\vec{x}_1,y_1)$,$(\vec{x}_2,y_2)$,…,$(\vec{x}_N,y_N)$。

根据此顺序,从前到后依次将样本作为正例进行预测。假设第 i 轮,挑选到了样本$(\vec{x}_i,y_i)$。直接将 $\vec{x}_i$ 记作正例与负例的分隔。然后统计 $\vec{x}_1,\vec{x}_2,\cdots,\vec{x}_i$ 全部判定为正例,$\vec{x}_{i+1},\vec{x}_{i+2},\cdots,\vec{x}_N$ 全部判定为负例时的真正例率(True Positive Rate,TPR)、假正例率(False Positive Rate,FPR)为

$$\text{TPR}=\frac{\text{TP}}{\text{TP}+\text{FN}},\quad \text{FPR}=\frac{\text{FP}}{\text{TN}+\text{FP}}$$

以真正例率为纵轴、假正例率为横轴作图,就得到 ROC 曲线(该曲线由点{(TPR_1, FPR_1),(TPR_2, FPR_2),…,(TPR_N, FPR_N)}组成)。显示 ROC(Receiver Operating

Characteristic)曲线的图称为 ROC 图,如图 10-10 所示。

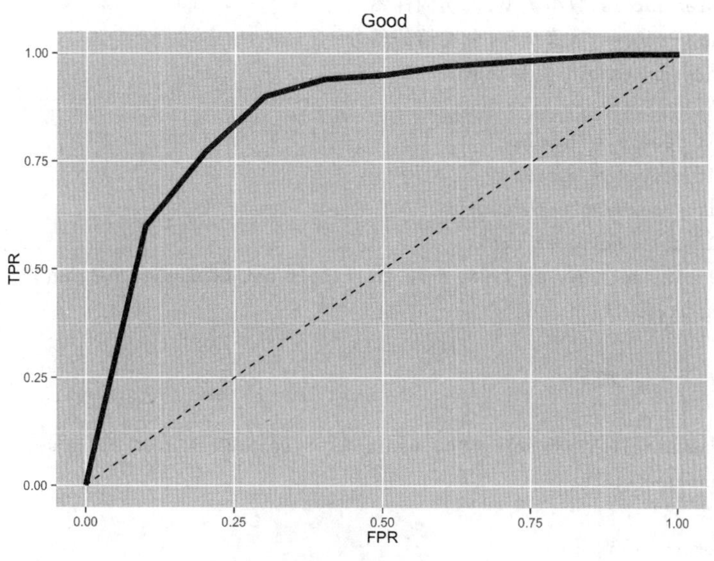

图 10-10　ROC 曲线(一)

在 ROC 图中,对角线对应于随机猜想模型。点(0,1)对应于理想模型(没有预测错误,FPR 恒等于 0,TPR 恒等于 1)。通常 ROC 曲线越靠近点(0,1)越好。

- 如果一个分类器 A 的 ROC 曲线被另一个分类器 B 的曲线完全包住,则可断言:B 的性能好于 A。
- 如果一个分类器 A 的 ROC 曲线与另一个分类器 B 的曲线发生了交叉,此时比较 ROC 曲线下面积的大小,这个面积称为 AUC(Area Under ROC Curve)。

P-R 曲线和 ROC 曲线刻画的都是阈值对于分类性能的影响:通常一个分类器对样本预测的结果是一个概率结果,例如 0.7。但是样本是不是正例还需要与阈值比较。这个阈值究竟是多少,例如究竟是 0.5 还是 0.9,则影响了分类器的分类性能。

- 如果更重视查准率,则将阈值提升,例如为 0.9。
- 如果更重视查全率,则将阈值下降,例如为 0.5。

P-R 曲线和 ROC 曲线刻画的是随着阈值变化时,查准率、查全率、假正例等的变化。每一步中,直接将 $\vec{x}_i$ 记作正例与负例的分隔,假设分类器对 $\vec{x}_i$ 预测为正例的概率为 p,则实际上该正例作为分隔对应着设置正例阈值为 p。迭代过程对应着正例阈值的下降过程(因为所有实例都以降序排列)。

【例 10-11】 Python 实现分类器性能度量。

```
#导入必要的编程库
import numpy as np
import matplotlib.pyplot as plt
class Performance:
    """
    定义一个类,用来分类器的性能度量
    """
    def __init__(self, labels, scores, threshold = 0.5):
```

```
        """
        :param labels:数组类型,真实的标签
        :param scores:数组类型,分类器的得分
        :param threshold:检测阈值
        """
        self.labels = labels
        self.scores = scores
        self.threshold = threshold
        self.db = self.get_db()
        self.TP, self.FP, self.FN, self.TN = self.get_confusion_matrix()
    def accuracy(self):
        """
        :return: 正确率
        """
        return (self.TP + self.TN) / (self.TP + self.FN + self.FP + self.TN)
    def presision(self):
        """
        :return: 准确率
        """
        return self.TP / (self.TP + self.FP)
    def recall(self):
        """
        :return: 召回率
        """
        return self.TP / (self.TP + self.FN)
    def auc(self):
        """
        :return: auc 值
        """
        auc = 0.
        prev_x = 0
        xy_arr = self.roc_coord()
        for x, y in xy_arr:
            if x != prev_x:
                auc += (x - prev_x) * y
                prev_x = x
        return auc
    def roc_coord(self):
        """
        :return: roc 坐标
        """
        xy_arr = []
        tp, fp = 0., 0.
        neg = self.TN + self.FP
        pos = self.TP + self.FN
        for i in range(len(self.db)):
            tp += self.db[i][0]
            fp += 1 - self.db[i][0]
```

```
            xy_arr.append([fp / neg, tp / pos])
        return xy_arr
    def roc_plot(self):
        """
        画 roc 曲线
        :return:
        """
        auc = self.auc()
        xy_arr = self.roc_coord()
        x = [_v[0] for _v in xy_arr]
        y = [_v[1] for _v in xy_arr]
        plt.title("ROC curve (AUC = %.4f)" % auc)
        plt.ylabel("True Positive Rate")
        plt.xlabel("False Positive Rate")
        plt.plot(x, y)
        plt.show()
    def get_db(self):
        db = []
        for i in range(len(self.labels)):
            db.append([self.labels[i], self.scores[i]])
        db = sorted(db, key=lambda x: x[1], reverse=True)
        return db
    def get_confusion_matrix(self):
        """
        计算混淆矩阵
        :return:
        """
        tp, fp, fn, tn = 0., 0., 0., 0.
        for i in range(len(self.labels)):
            if self.labels[i] == 1 and self.scores[i] >= self.threshold:
                tp += 1
            elif self.labels[i] == 0 and self.scores[i] >= self.threshold:
                fp += 1
            elif self.labels[i] == 1 and self.scores[i] < self.threshold:
                fn += 1
            else:
                tn += 1
        return [tp, fp, fn, tn]
if __name__ == '__main__':
    labels = np.array([1, 1, 0, 1, 1, 0, 0, 0, 1, 0])
    scores = np.array([0.9, 0.8, 0.7, 0.6, 0.55, 0.54, 0.53, 0.51, 0.5, 0.4])
    p = Performance(labels, scores)
    acc = p.accuracy()
    pre = p.precision()
    rec = p.recall()
    print('accuracy: %.2f' % acc)
    print('precision: %.2f' % pre)
    print('recall: %.2f' % rec)
    p.roc_plot()
```

运行程序，输出如下，效果如图 10-11 所示。

```
accuracy: 0.60
precision: 0.56
recall: 1.00
```

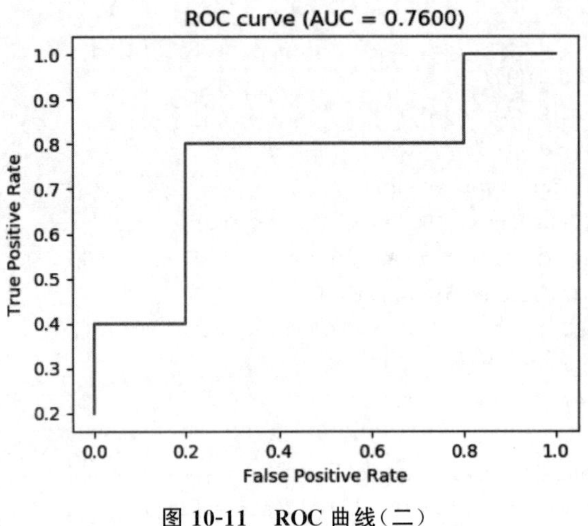

图 10-11　ROC 曲线（二）

10.5　小结

数据预处理(data preprocessing)是指在主要的处理以前对数据进行的一些处理。本章主要从数据预处理的概念、数据清理、处理缺失值以及机器模型介绍了数据预处理，每节通过理论与 Python 实例相结合，帮助读者了解利用 Python 解决数据预处理问题。

10.6　习题

1. 数据缺失值产生的原因多种多样，主要分为________原因和________原因两种。
2. 缺失值的处理有几种方法？分别是什么？
3. 缺失补全的思想是什么？最常见的方法有什么？
4. 常见的特征选择方法大致分为 3 类：________、________、________。
5. 留一法的缺点是什么？
6. 给定下面的数据，对数据进行规范化。

78	521	602	2863
144	-600	-521	2245
95	-457	468	-1283
69	596	695	1054
190	527	691	2051
101	403	470	2487
146	413	435	2571

参 考 文 献

[1] 赵志勇. Python 机器学习算法[M]. 北京：中国工信出版集团，电子工业出版社，2017.

[2] Peter Harrington. 机器学习实战[M]. 李锐，等，译. 北京：人民邮电出版社，2018.

[3] 小甲鱼. 零基础入门学习 Python[M]. 北京：清华大学出版社，2016.

[4] Matthes E. Python 编程从入门到实践[M]. 袁国忠，译. 北京：人民邮电出版社，2016.

[5] Hetland M L. Python 基础教程[M]. 袁国忠，译. 3 版. 北京：人民邮电出版社，2016.

[6] 赵志勇. Python 机器学习算法[M]. 北京：人民邮电出版社，2017.

[7] 唐松，陈智铨. Python 网络爬虫——从入门到实践[M]. 北京：机械工业出版社，2017.

[8] 华校专，王正林. Python 大战机器学习——数据科学家的第一个小目标[M]. 北京：电子工业出版社，2017.

[9] Sweigart A. Python 编程快速上手——让烦琐的工作自动化[M]. 王海鹏，译. 北京：人民邮电出版社，2016.

[10] Seitz J. Python 黑帽子——黑客与渗透测试编程之道[M]. 孙松柏，李聪，润秋，译. 北京：电子工业出版社，2015.

图书资源支持

感谢您一直以来对清华版图书的支持和爱护。为了配合本书的使用，本书提供配套的资源，有需求的读者请扫描下方的“书圈”微信公众号二维码，在图书专区下载，也可以拨打电话或发送电子邮件咨询。

如果您在使用本书的过程中遇到了什么问题，或者有相关图书出版计划，也请您发邮件告诉我们，以便我们更好地为您服务。

资源下载、样书申请

书圈

扫一扫，获取最新目录

课程直播

我们的联系方式：

地　　址：北京市海淀区双清路学研大厦A座701

邮　　编：100084

电　　话：010-83470236　010-83470237

资源下载：http://www.tup.com.cn

客服邮箱：2301891038@qq.com

QQ：2301891038（请写明您的单位和姓名）

用微信扫一扫右边的二维码，即可关注清华大学出版社公众号“书圈”。